吐鲁番红枣标准体系

刘丽媛 主编

中国财富出版社有限公司

图书在版编目（CIP）数据

吐鲁番红枣标准体系 / 刘丽媛主编 . —北京：中国财富出版社有限公司，2021.7
ISBN 978 – 7 – 5047 – 7383 – 8

Ⅰ . ①吐… Ⅱ . ①刘… Ⅲ ①枣—质量管理—标准体系—吐鲁番市 Ⅳ . ①S665.1-65

中国版本图书馆 CIP 数据核字（2021）第 054248 号

策划编辑	李 伟	责任编辑	邢有涛 张天穹		
责任印制	梁 凡	责任校对	杨小静	责任发行	黄旭亮

出版发行	中国财富出版社有限公司				
社　　址	北京市丰台区南四环西路 188 号 5 区 20 楼		邮政编码	100070	
电　　话	010 – 52227588 转 2098（发行部）		010 – 52227588 转 321（总编室）		
	010 – 52227566（24 小时读者服务）		010 – 52227588 转 305（质检部）		
网　　址	http：//www.cfpress.com.cn		排　版	宝蕾元	
经　　销	新华书店		印　刷	宝蕾元仁浩（天津）印刷有限公司	
书　　号	ISBN 978 – 7 – 5047 – 7383 – 8/S · 0050				
开　　本	880mm × 1230mm　1/16		版　次	2022 年 1 月第 1 版	
印　　张	41.5		印　次	2022 年 1 月第 1 次印刷	
字　　数	1227 千字		定　价	219.00 元	

版权所有·侵权必究·印装差错·负责调换

编委会

编委会主任：薛智林

编　　委：王　遥　刘丽媛　许山根

主　　编：刘丽媛

副 主 编：武云龙　王春燕　韩泽云　周　慧　王　婷　周黎明

编写人员：罗闻芙　古亚汗·沙塔尔　阿迪力·阿不都古力　周黎明　马　玲
　　　　　王　磊　徐彦兵　吾尔尼沙·卡得尔　吴玉华　王新丽
　　　　　白克力·铁西塔木尔　赛提尼亚孜·赛提瓦力迪　李万倩　孟建祖
　　　　　王　琼　张晓燕　陈志强　阿依先木·哈力克　古丽扎提·吐尔逊
　　　　　郭宇欢　刘志强　张　伟　罗　燕　马秀丽　李红艳　柯宏英
　　　　　排孜拉·吐尔地　俞　婕

编者的话

吐鲁番优越的光热条件和独特的气候资源，为红枣等特色林果业提供了得天独厚的生长条件，造就了红枣等特色林果的优良品质，红枣产业已经成为促进吐鲁番市农村经济发展和农民持续快速增收的朝阳产业。近年来，按照市委"富农强市"发展战略和"稳定面积、调优结构、强化管理、提质增效"的发展思路，以提升基地建设水平为抓手，以推进产业化经营为手段，以科技能力建设为支撑，以发掘增收潜力为目标，加快发展红枣产业，推动红枣产业高质量发展，促进红枣产业提质增效，努力构建现代产业体系、生产体系、经营体系，为吐鲁番社会稳定、农业升级、农村进步、农民增收提供有力保障。截至2019年年末，全市红枣种植总面积13.64万亩，红枣总产量1.51万吨。

目前，随着吐鲁番红枣产业迅速发展，国内新技术、新工艺、新设备、新材料大量涌现，迫切需要对我市红枣相关技术及产业标准进行整理、补充和完善，建立科学的红枣标准体系十分重要。为此，吐鲁番市林果业技术推广服务中心组织了研究和编制《吐鲁番红枣标准体系》的工作，于2019年1月提出标准体系立项申请、编制标准体系规划，2019年2月经吐鲁番市市场监督管理局批准立项。根据吐鲁番市红枣产业发展特点，吐鲁番市林果业技术推广服务中心通过对红枣及其相关制品标准体系的编制、收集、整理，梳理出涉及红枣产品的国家、行业和地方标准，建立起我市红枣产品行业的信息库，2020年6月下旬组织有关专家审定并于2020年7月15日通过、发布。

经专家反复论证、讨论、审定后一致认为：建立吐鲁番红枣标准体系是一项促进我市红枣产业标准化进程、科学指导我市红枣产业持续发展的十分重要而又基础性的工作，对健全我市红枣全产业链质量安全管控具有重要意义。《吐鲁番红枣标准体系》的内容较全面，系统地反映了吐鲁番红枣产业发展对标准的需求；整个体系结构合理，内容充实可靠，系统完整、技术先进，能够指导果农和企业提高红枣产品质量水平，具有较强的可操作性和创新性，对促进吐鲁番红枣产业提质增效、加快红枣产业标准化进程、提高红枣产业生产力水平具有重要的指导意义。

《吐鲁番红枣标准体系》是融合近年来与红枣相关的国家标准、行业标准、地方标准等，并按其内在联系形成的科学有机整体，是目前和今后一定时期内红枣产业发展，标准制定、修订和管理工作的基本依据。该标准体系分为定义综述、建园、栽培管理、加工储运、检验检测及进口出口六大部分，由国家标准22个、行业标准28个、地方标准13个，共计63个标准组成。

该体系主要具备以下3个特点：

1. 完备性

主要反映了涉及红枣产业的具体性和个性，也体现了对标准化对象红枣产业的管理精度，是标准体系适应现实多样性的一个重要方面。体系内的各项标准在内容方面衔接一致，各标准按红枣产业发展链条的形式排列起来，各种标准互相补充、互相依存，共同构成一个完整整体。

2. 逻辑性

该标准体系所有标准按照一定的结构进行逻辑组合，而不是杂乱无序的堆积，体系内每一部分呈现不同的层次结构，有利于了解每一部分各标准的全貌，同时也是红枣标准化研究领域的重要参考。

3. 动态性

该标准体系具有一定的灵活性与弹性，体系内的所有标准均采用最新的、现行有效的标准，并且该体系随着时间的推移和条件的改变将不断发展更新，从而指导标准化工作，提高标准化工作的科学性、全面性、系统性和预见性。

《吐鲁番红枣标准体系》适用于吐鲁番红枣产业销售、加工、检验、检测等单位，可作为有关部门开展技术培训的教材。为确保该体系的整体性和连续性，部分引用标准在原文内容不改变的前提下，标准格式及页码进行了适当调整。此项体系的完成仅仅是我市红枣产业标准化进步发展的一个阶段，由于产业的发展是一个变化的过程，体系中有些内容还需要进一步完善，如在标准化工作中如何更好地服务果农和企业以及国内外红枣产业最新发展趋势等。因此，我们愿意与国内外同行加强交流，在红枣产业标准化工作中不断研究、不断完善、不断发展，以此进一步推动我市红枣产业转型升级、加速红枣产业发展、加快现代红枣产业体系构建。

编 者

2020 年 7 月 26 日

目 录

DB6521/T 251—2020 吐鲁番红枣标准体系总则 ………………………………………………… 1

第一部分　定义综述

DB6521/T 263—2020 红枣苗木 …………………………………………………………………… 9
NY/T 700—2003 板枣 ……………………………………………………………………………… 17
NY/T 871—2004 哈密大枣 ………………………………………………………………………… 29
NY/T 1274—2007 板枣苗木 ……………………………………………………………………… 37
NY/T 2326—2013 农作物种质资源鉴定评价技术规范　枣 …………………………………… 42
NY/T 2927—2016 枣种质资源描述规范 ………………………………………………………… 57
LY/T 1920—2010 梨枣 …………………………………………………………………………… 71
LY/T 2190—2013 植物新品种特异性、一致性和稳定性测试指南　枣 ……………………… 76
YC 292—2009 烟草添加剂　枣子提取物 ………………………………………………………… 95
GB/T 24691—2009 果蔬清洗剂 …………………………………………………………………… 103
GB/T 26150—2010 免洗红枣 ……………………………………………………………………… 125
GB 1886.133—2015 食品安全国家标准　食品添加剂　枣子酊 ……………………………… 133
GB/T 32714—2016 冬枣 …………………………………………………………………………… 136

第二部分　建园

DB6521/T 252—2020 新建红枣园技术规程 …………………………………………………… 145
DB6521/T 253—2020 红枣归圃苗木技术规程 ………………………………………………… 150
DB6521/T 254—2020 红枣嫁接苗培育技术规程 ……………………………………………… 155
NY/T 391—2013 绿色食品　产地环境质量 …………………………………………………… 161
SN/T 2960—2011 水果蔬菜和繁殖材料处理技术要求 ………………………………………… 171

第三部分　栽培管理

DB6521/T 255—2020 绿色产品　吐鲁番红枣 ………………………………………………… 191
DB6521/T 256—2020 吐鲁番红枣优质高产栽培管理技术规范 ……………………………… 198
DB6521/T 257—2020 吐鲁番有机红枣生产技术规程 ………………………………………… 205
DB6521/T 258—2020 吐鲁番冬枣栽培管理技术规程 ………………………………………… 212
DB6521/T 259—2020 吐鲁番灰枣栽培管理技术规程 ………………………………………… 220
DB6521/T 260—2020 红枣低产园改造技术规程 ……………………………………………… 227
DB6521/T 261—2020 枣树病虫害绿色防控技术规程 ………………………………………… 231

标准号	标准名称	页码
NY/T 970—2006	板枣生产技术规程	236
NY/T 394—2013	绿色食品 肥料使用准则	245
NY/T 393—2013	绿色食品 农药使用准则	252
NY/T 1464.52—2014	农药田间药效试验准则 第52部分：杀虫剂防治枣树盲蝽	262
LY/T 2535—2015	南方鲜食枣栽培技术规程	269
LY/T 2606—2016	枣实蝇防治技术规程	279
LY/T 1497—2017	枣优质丰产栽培技术规程	291
LY/T 2825—2017	枣栽培技术规程	311
GB/Z 26579—2011	冬枣生产技术规范	327

第四部分 加工储运

标准号	标准名称	页码
DB6521/T 262—2020	红枣贮藏保鲜技术规程	355
NY/T 1762—2009	农产品质量安全追溯操作规程 水果	359
NY/T 2860—2015	冬枣等级规格	365
LY/T 1780—2018	干制红枣质量等级	370
GB/T 18525.3—2001	红枣辐照杀虫工艺	379
GB/T 22345—2008	鲜枣质量等级	383
GB/T 5835—2009	干制红枣	393
GB/T 26908—2011	枣贮藏技术规程	404
GB/T 28843—2012	食品冷链物流追溯管理要求	409
GB/T 33129—2016	新鲜水果、蔬菜包装和冷链运输通用操作规程	417

第五部分 检验检测

标准号	标准名称	页码
LY/T 2353—2014	枣大球蚧检疫技术规程	431
LY/T 2426—2015	枣品种鉴定技术规程 SSR分子标记法	442
GB 10468—89	水果和蔬菜产品pH值的测定方法	460
GB 14891.5—1997	辐照新鲜水果、蔬菜类卫生标准	463
GB 16325—2005	干果食品卫生标准	468
GB/T 23380—2009	水果、蔬菜中多菌灵残留的测定 高效液相色谱法	473
GB/T 28107—2011	枣大球蚧检疫鉴定方法	479
GB 23200.8—2016	食品安全国家标准 水果和蔬菜中500种农药及相关化学品残留量的测定 气相色谱-质谱法	492
GB 23200.17—2016	食品安全国家标准 水果、蔬菜中噻菌灵残留量的测定 液相色谱法	563
GB 23200.19—2016	食品安全国家标准 水果和蔬菜中阿维菌素残留量的测定 液相色谱法	571
GB 23200.21—2016	食品安全国家标准 水果中赤霉酸残留量的测定 液相色谱-质谱/质谱法	581
GB 23200.25—2016	食品安全国家标准 水果中噁草酮残留量的检测方法	592

GB 2761—2017　食品安全国家标准　食品中真菌毒素限量 …………………………………………… 602

第六部分　进口出口

SN/T 0315—94　出口无核红枣、蜜枣检验规程 ……………………………………………………… 615
SN/T 1803—2006　进出境红枣检疫规程 ……………………………………………………………… 621
SN/T 1886—2007　进出口水果和蔬菜预包装指南 …………………………………………………… 626
SN/T 2455—2010　进出境水果检验检疫规程 ………………………………………………………… 634
SN/T 4069—2014　输华水果检疫风险考察评估指南 ………………………………………………… 643

ICS

DB

吐 鲁 番 市 地 方 标 准

DB6521/T 251—2020

吐鲁番红枣标准体系总则

2020-06-20 发布　　　　　　　　　　2020-07-15 实施

吐鲁番市市场监督管理局　发布

前 言

本标准根据 GB/T 1.1—2009《标准化工作导则第一部分标准的结构和编写》进行编写。

本标准由吐鲁番市林果业技术推广服务中心提出。

本标准由吐鲁番市林业和草原局归口。

本标准由吐鲁番市林果业技术推广服务中心负责起草。

本标准主要起草人：刘丽媛、周慧、徐彦兵、王春燕、武云龙、韩泽云、周黎明、古亚汗·沙塔尔、王婷。

吐鲁番红枣标准体系总则

1 范围

本标准规定了吐鲁番红枣标准体系编制的基本原则、体系内容和工作程序。

本标准适用于吐鲁番红枣标准体系的建立和评价。

2 基本原则

2.1 本标准体系是围绕林果产业发展，以吐鲁番红枣产品质量标准为主的林果业标准体系。

2.2 本标准体系是以吐鲁番红枣作为综合标准化对象，以影响红枣产品品质的相关要素形成的体系。

2.3 本标准体系以提高红枣产品质量水平为目的。本标准体系的实施对指导吐鲁番红枣的标准化生产，促进红枣产业化发展具有积极的推动作用。

2.4 本标准体系坚持以先进性、系统性、连续性不断制定、修订、完善的准则，有计划、有组织地进行体系建设。

2.5 本标准体系的建立由国家标准、行业标准和地方标准相互配套，坚持以生产实践和新技术推广相结合的原则。

3 体系内容

3.1 本标准体系分为定义综述、建园、栽培管理、加工储运、检验检测及进口出口，共六大部分，由62个标准组成。

3.2 第一部分 定义综述

该部分主要收集了枣种质资源鉴定、枣苗木、枣及其附产品的定义、综述等，共由13个标准组成，其中国家标准4个，行业标准8个，地方标准1个。

3.3 第二部分 建园

该部分主要收集了红枣树建园、育苗技术规程及产地环境要求等，共由5个标准组成，其中行业标准2个，地方标准3个。

3.4 第三部分 栽培管理

该部分主要收集了有关红枣栽培管理的标准，共由16个标准组成，其中国家标准1个，行业标准8个，地方标准7个。

3.5 第四部分　加工储运

该部分主要收集了鲜枣、干枣质量等级及其制品包装、冷藏及物流运输标准，共由10个标准组成，其中国家标准6个，行业标准3个，地方标准1个。

3.6 第五部分　检验检测

该部分主要收集了红枣果品农药残留检测等标准，共由13个标准组成，其中国家标准11个，行业标准2个。

3.7 第六部分　进口出口

该部分主要收集了进、出口红枣检疫规程等，共由5个标准组成，全部为行业标准。

4　工作程序

4.1　规划阶段

4.1.1　2019年1月由吐鲁番市林果业技术推广服务中心提出标准体系立项申请，编制标准体系规划。

4.1.2　2019年2月吐鲁番市市场监督管理局批准立项。

4.1.3　本标准体系由吐鲁番市市场监督管理局管理。

4.1.4　标准体系建设由吐鲁番市林果业技术推广服务中心承担。

4.2　建设阶段

4.2.1　2019年3—12月由承担单位制定标准体系工作计划，分工起草标准草案。

4.2.2　2020年3月承担单位组织有关专家对标准草案进行初审，修改后形成讨论稿。

4.2.3　2020年3—6月承担单位组织科研小组深入生产基地，进行新标准的现场验证。

4.2.4　2020年6月中旬承担单位在现场验证基础上对标准讨论稿进行修改，形成送审稿。

4.2.5　2020年6月下旬吐鲁番市林果业技术推广服务中心组织有关专家对所有新标准进行审定。

4.3　贯彻阶段

4.3.1　本标准体系由吐鲁番市林业和草原部门组织实施。

4.3.2　本标准体系发布后，有关部门做好宣传工作。

4.3.3　本标准体系由吐鲁番市林业和草原部门组织相关部门评价和验收。

5 标准明细表

序号	类别	标准代号	标准名称
1	定义综述	DB6521/T 263—2020	红枣苗木
2		NY/T 700—2003	板枣
3		NY/T 871—2004	哈密大枣
4		NY/T 1274—2007	板枣苗木
5		NY/T 2927—2016	枣种质资源描述规范
6		NY/T 2326—2013	农作物种质资源鉴定评价技术规范 枣
7		LY/T 1920—2010	梨枣
8		LY/T 2190—2013	植物新品种特异性、一致性和稳定性测试指南 枣
9		YC 292—2009	烟草添加剂 枣子提取物
10		GB/T 24691—2009	果蔬清洗剂
11		GB/T 26150—2010	免洗红枣
12		GB 1886.133—2015	食品安全国家标准 食品添加剂 枣子酊
13		GB/T 32714—2016	冬枣
14	建园	DB6521/T 252—2020	新建红枣园技术规程
15		DB6521/T 253—2020	红枣归圃苗木技术规程
16		DB6521/T 254—2020	红枣嫁接苗培育技术规程
17		SN/T 2960—2011	水果蔬菜和繁殖材料处理技术要求
18		NY/T 391—2013	绿色食品 产地环境质量
19	栽培管理	DB6521/T 255—2020	绿色产品 吐鲁番红枣
20		DB6521/T 256—2020	吐鲁番红枣优质高产栽培管理技术规范
21		DB6521/T 257—2020	吐鲁番有机红枣生产技术规程
22		DB6521/T 258—2020	吐鲁番冬枣栽培管理技术规程
23		DB6521/T 259—2020	吐鲁番灰枣栽培管理技术规程
24		DB6521/T 260—2020	红枣低产园改造技术规程
25		DB6521/T 261—2020	枣树病虫害绿色防控技术规程
26		NY/T 970—2006	板枣生产技术规程
27		NY/T 394—2013	绿色食品 肥料使用准则
28		NY/T 393—2013	绿色食品 农药使用准则
29		NY/T 1464.52—2014	农药田间药效试验准则 第52部分：杀虫剂防治枣树盲蝽
30		LY/T 2535—2015	南方鲜食枣栽培技术规程
31		LY/T 2606—2016	枣实蝇防治技术规程
32		LY/T 1497—2017	枣优质丰产栽培技术规程
33		LY/T 2825—2017	枣栽培技术规程
34		GB/Z 26579—2011	冬枣生产技术规范

(续表)

序号	类别	标准代号	标准名称
35	加工储运	DB6521/T 262—2020	红枣贮藏保鲜技术规程
36		NY/T 1762—2009	农产品质量安全追溯操作规程　水果
37		NY/T 2860—2015	冬枣等级规格
38		LY/T 1780—2018	干制红枣质量等级
39		GB/T 18525.3—2001	红枣辐照杀虫工艺
40		GB/T 22345—2008	鲜枣质量等级
41		GB/T 5835—2009	干制红枣
42		GB/T 26908—2011	枣贮藏技术规程
43		GB/T 28843—2012	食品冷链物流追溯管理要求
44		GB/T 33129—2016	新鲜水果、蔬菜包装和冷链运输通用操作规程
45	检验检测	LY/T 2353—2014	枣大球蚧检疫技术规程
46		LY/T 2426—2015	枣品种鉴定技术规程　SSR 分子标记法
47		GB 10468—89	水果和蔬菜产品 pH 值的测定方法
48		GB 14891.5—1997	辐照新鲜水果、蔬菜类卫生标准
49		GB 16325—2005	干果食品卫生标准
50		GB/T 23380—2009	水果、蔬菜中多菌灵残留的测定　高效液相色谱法
51		GB/T 28107—2011	枣大球蚧检疫鉴定方法
52		GB 23200.8—2016	食品安全国家标准　水果和蔬菜中 500 种农药及相关化学品残留量的测定　气相色谱-质谱法
53		GB 23200.17—2016	食品安全国家标准　水果、蔬菜中噻菌灵残留量的测定　液相色谱法
54		GB 23200.19—2016	食品安全国家标准　水果和蔬菜中阿维菌素残留量的测定　液相色谱法
55		GB 23200.21—2016	食品安全国家标准　水果中赤霉酸残留量的测定　液相色谱-质谱/质谱法
56		GB 23200.25—2016	食品安全国家标准　水果中噁草酮残留量的检测方法
57		GB 2761—2017	食品安全国家标准　食品中真菌毒素限量
58	进口出口	SN/T 0315—1994	出口无核红枣、蜜枣检验规程
59		SN/T 1803—2006	进出境红枣检疫规程
60		SN/T 1886—2007	进出口水果和蔬菜预包装指南
61		SN/T 2455—2010	进出境水果检验检疫规程
62		SN/T 4069—2014	输华水果检疫风险考察评估指南

第一部分 定义综述

ICS

DB

吐鲁番市地方标准

DB6521/T 263—2020

红枣苗木

2020-06-20 发布　　　　　　　　　　　　2020-07-15 实施

吐鲁番市市场监督管理局　发 布

前　言

本标准根据 GB/T 1.1—2009《标准化工作导则 第 1 部分：标准的结构和编写》进行编写。

本标准由吐鲁番市林果业技术推广服务中心提出。

本标准由吐鲁番市林业和草原局归口。

本标准由吐鲁番市林果业技术推广服务中心、新疆农业科学院吐鲁番农业科学研究所负责起草。

本标准主要起草人：武云龙、刘丽媛、阿迪力·阿不都古力、周慧、王春燕、韩泽云、吴斌。

红枣苗木

1 范围

本标准规定了红枣苗木的术语与定义、苗木要求、质量分级、检验方法、检验规则及签证、保存与运输要求。

本标准适用于吐鲁番常规红枣苗木的质量分级及检验。

2 规范性引用文件

下列文件对于本文件的应用是必不可少的。凡是注日期的引用文件，仅所注日期的版本适用于本文件。凡是不注日期的引用文件，其最新版本（包括所有的修改单）适用于本文件。

SN/T 1157 进出境植物苗木检疫规程

LY/T 2290 林木种苗标签

3 术语和定义

下列术语和定义适用于本标准。

3.1 实生苗

直接由种子繁殖的苗木。

3.2 实生砧

用种子繁育的砧木。

3.3 根蘖苗

从根上长出不定芽伸出地面而形成的小植株。

3.4 茎高度

指嫁接口至嫁接品种茎顶端芽基部的距离。

3.5 茎粗度

指品种嫁接口以上正常处直径。

3.6 苗高

自土痕处至顶芽基部的苗干长度。

3.7 地径

苗木地际直径。

3.8 主根长度

指主根土痕处至主根断根处的距离。

3.9 Ⅰ级侧根

直接从主根长出的侧根。

3.10 饱满芽

指嫁接部位以上生长发育良好的健康芽。

3.11 接合部愈合程度

指嫁接口的愈合情况。

3.12 假植

起苗后如不能立即栽植或外运，为防止风吹日晒，需进行短期栽植，即将根系及苗木基部埋入湿润的土壤中。

3.13 出圃

苗木长成标准株形后，起苗时从苗圃地连根挖出。

4 要求

4.1 苗木基本要求

4.1.1 品种要求
品种性状完全符合本品种特征、特性，无混杂、变异，接穗采自优良单株。

4.1.2 出圃时间
秋季苗木落叶后至春季树体萌动之前。

4.1.3 苗木整修
苗木起出后立即整修，剪除过长、过密、未成熟、带病虫、伤残和劈裂的枝梢和根系。

4.1.4 检疫
苗木及其包装物检疫要求应符合 SN/T 1157 标准规定。

4.2 苗木质量分级

4.2.1 红枣一年生实生苗木的质量分级指标，见表1。

表1　　　　　　　　　　　红枣一年生实生苗木的质量分级指标

项目	等级		一级	二级
茎	苗高 cm	≥	90	80
	地径 cm	≥	0.7	0.6
饱满芽个数		≥	80	70
主根长度 cm		≥	30	25
大于5cm Ⅰ级侧根数		≥	12	10
根、干损伤			无劈裂，表皮无干缩	

4.2.2　红枣一年生根蘖苗质量分级指标，见表2。

表2　　　　　　　　　　　红枣一年生根蘖苗质量分级指标

项目	等级		一级	二级
茎	苗高 cm	≥	70	50
	地径 cm	≥	0.6	0.5
主根长度 cm		≥	30	25
大于5cm Ⅰ级侧根数		≥	20	15
根、干损伤			无劈裂，表皮无干缩	

4.2.3　红枣二年生根蘖苗质量分级指标，见表3。

表3　　　　　　　　　　　红枣二年生根蘖苗质量分级指标

项目	等级		一级	二级
茎	苗高 cm	≥	140	120
	地径 cm	≥	1.4	1.0
饱满芽个数		≥	90	80
主根长度 cm		≥	30	25
大于5cm Ⅰ级侧根数		≥	14	12
根、干损伤			无劈裂，表皮无干缩	

4.2.4 红枣二年砧一年茎苗木质量分级指标,见表4。

表4 红枣二年砧一年茎苗木质量分级指标

项目		等级	一级	二级
茎	高度 cm ≥		70	50
	粗度 cm ≥		0.6	0.5
	接合部愈合程度		充分愈合,无明显勒痕	
砧段长度 cm			15~25	15~25
饱满芽个数 ≥			70	50
主根长度 cm ≥			30	25
大于5cm Ⅰ级侧根数 ≥			20	18
根、干损伤			无劈裂,表皮无干缩	

4.2.5 红枣三年砧二年茎苗木质量分级指标,见表5。

表5 红枣三年砧二年茎苗木质量分级指标

项目		等级	一级	二级
茎	高度 cm ≥		125	100
	粗度 cm ≥		1.4	1.1
	接合部愈合程度		充分愈合,无明显勒痕	
砧段长度 cm			20~30	20~30
饱满芽个数 ≥			90	80
主根长度 cm ≥			40	30
大于5cm Ⅰ级侧根数 ≥			25	20
根、干损伤			无劈裂,表皮无干缩	

4.3 合格苗木以苗高(茎高度)、地径(茎粗度)、根系来确定。

4.4 分级时,首先看根系指标,以根系所达到的级别,如根系达一级苗要求,苗木可为一级或二级,如根系只达二级苗的要求,该苗木最高只为二级,在根系达到要求后按地径和苗高指标分级,如果根系达不到要求则为不合格苗。

4.5 合格苗分一、二两个等级,由地径和苗高两项指标确定,苗高、地径在不同等级时,以地径所属级别为准。

4.6 苗木分级须在背阴避风处进行,分级后要做好等级标志。

5 检验方法

5.1 抽样

5.1.1 起苗后苗木质量检验要在一个苗批内进行,采样采用随机抽样的方法。999株以下抽样

10%，千株以上，在999株以下抽样10%的基础上，对其余株数再抽样2%。

999株以下抽样数=具体株数×10%

千株以上抽样数=999株以下抽样数+（具体株数-999株）×2%

数值计算精确到0.01，四舍五入取整数。

5.1.2 成捆苗木先抽样捆，再在每个样捆内各抽10株；不成捆苗木直接抽取样株。

5.2 检验

5.2.1 地径用游标卡尺测量，如测量的部位出现膨大或干形不圆，则测量其上部苗干起始正常处，读数精确到0.05cm。

5.2.2 茎粗用游标卡尺测量，测量嫁接部位以上苗干正常处的直径。

5.2.3 茎高度用钢卷尺或直尺测量，自嫁接口沿苗干量至顶芽基部，读数精确到0.1cm。

5.2.4 苗高用钢卷尺或直尺测量，自地径沿苗干量至顶芽基部，读数精确到0.1cm。

5.2.5 砧段长度用钢卷尺或直尺测量，自地径沿苗干量至嫁接部位，读数精确到0.1cm。

5.2.6 根系长度用钢卷尺或直尺测量，从地径处量至根端，读数精确到0.1cm。

5.2.7 大于5cm长Ⅰ级侧根是统计直接从主根上长出的长度在5cm以上的侧根条数。

5.2.8 饱满芽个数指主干上发育正常、健康的芽的个数。

5.2.9 接合部、根、干损伤为感官检验项目，依据表1~表5及红枣品种植物学特征，进行感官检验。

5.2.10 苗木检验工作应在背阴避风处进行，注意防止根系失水风干。

6 检验规则

6.1 苗木成批检验。

6.2 苗木检验允许范围，同一批苗木中低于该等级的苗木数量不得超过5%。

6.3 检验结果若不符合5.2之规定，应进行复检，并以复检结果为准。

6.4 检验结束后，填写苗木质量检验合格证书，见表6。凡出圃的苗木，均应附苗木检验证书，向外地调运的苗木要经过检疫并附检疫证书。

表6 红枣苗木质量检验合格证书

受检单位		出圃日期	
砧木品种		砧木来源	
接穗品种		接穗来源	
苗木数量		苗木等级	
包装日期		收苗单位	
检验单位（检验人）		检疫证书编号	

7 标签、包装、保存与运输

标签应符合LY/T 2290标准规定。

7.1 包装

7.1.1 苗木分级后，运输前应按品种、等级分类包装，按每捆50株从主茎下部、中部捆紧。苗根须包裹湿润的稻草、草帘、麻袋等保湿材料，以不霉、不烂、不干、不冻、不受损等为准。

7.1.2 苗木包装应规范，如发现混淆或错乱，包装不符合规定的，不予验收。

7.1.3 包内、外须附有苗木标签，系挂牢固，标签内容见表7。

表7　苗木标签

苗木类别		树种（品种）名称		产地	
生产者（经销者）名称		生产者（经销者）地址			
树苗数量		植物检疫证书编号			
生产许可证编号		经营许可证编号			
生产日期		质量检验日期			
苗木质量		苗龄：　　苗高：　　地径： 主根长： 大于5cm I 级侧根数： 质量等级：			

7.2 保存

7.2.1 临时存放

起苗后即进行修整、分级，不得延误，如因故拖延，须将苗木置于阴凉潮湿处，根部以湿土掩埋或以保湿物覆盖。不能立即栽植或外运的苗木须临时假植。

7.2.2 越冬保存

如起苗后越冬，则必须将苗木保管在保持一定湿度的假植沟中，假植沟要选在背风、向阳、高燥处。

7.3 运输

苗木运输要注意适时，保证质量。运输中做好防雨、防冻、防风干等工作。到达目的地后，要及时接收，尽快定植或假植。

7.4 其他事项

苗木在运输、存放、假植过程中，要采取必要措施防止混杂、霉烂、冻、晒、鼠害等。

ICS 67.080.10
X 24

NY

中华人民共和国农业行业标准

NY/T 700—2003

板 枣

Jishan jujube

2003-12-01 发布　　　　　　　　　　　　2004-03-01 实施

中华人民共和国农业部　发布

前　言

本标准的附录 A、附录 B 为规范性附录。

本标准由中华人民共和国农业部提出并归口。

本标准起草单位：山西省稷山县枣树科学研究所、山西省农业科学院。

本标准主要起草人：姚彦民、李捷、杨富斗、薛春泰、王改娟、王美刚。

板 枣

1 范围

本标准规定了板枣的术语和定义、要求、试验方法、检验规则、标志、包装、运输和贮存。

本标准适用于板枣干制品的收购和销售。

2 规范性引用文件

下列文件中的条款通过本标准的引用而成为本标准的条款。凡是注日期的引用文件，其随后所有的修改（不包括勘误的内容）或修订版均不适用于本标准。然而，鼓励根据本标准达成协议的各方研究是否可使用这些文件的最新版本。凡是不注日期的文件，其最新版本适用于本标准。

GB/T 5009.12 食品中铅的测定

GB/T 5009.15 食品中镉的测定

GB/T 5009.17 食品中总汞及有机汞的测定

GB/T 5009.18 食品中氟的测定

GB/T 5009.102 植物性食品中辛硫磷农药残留量的测定

GB/T 5009.110 植物性食品中氯氰菊酯、氰戊菊酯和溴氰菊酯残留量的测定

GB/T 5835—1985 红枣

GB 7718 食品标签通用标准

《定量包装商品计量监督规定》

《中华人民共和国农药管理条例》

3 术语和定义

下列术语和定义适用于本标准。

3.1 身干 dryness

板枣果肉的干燥程度，以含水率不超过25%为身干。

3.2 虫果 insect fruit

系桃小食心虫为害的结果，在板枣果上存有直径1mm～2mm的虫口，在果核外围存有大量沙粒状的粪，味苦，不适于食用。

3.3 浆头 starch head

板枣在生长期或干制过程中因受雨水影响，板枣的两头或局部未达到适当干燥，含水率高，色泽

发暗，进一步发展即成霉烂枣。

3.4 不熟果 not ripe fruit

未着色的鲜枣干制后即为不熟果，颜色偏黄，果形干瘦，果肉不饱满，含糖量低。

3.5 干条 dried strip

由未着色，不成熟的鲜枣自然脱落后干制而成，果形细瘦，色泽黄暗，质地坚硬，无食用价值。

3.6 破口 crevasse

由于生长期间自然裂果或碰撞挤压，造成板枣果皮出现长达果长 1/10 以上的破口，凡破口不变色、不霉烂者称为破口枣。

3.7 油头 oil head

由于在干制过程中翻动不匀，枣上有的部分受温过高，引起多酚类物质氧化，使外皮变黑，肉色加深。

3.8 病果 diseases fruit

由细菌或真菌引起枣果病变，造成部分外果皮收缩，变黑、凹陷，果肉变黄、变褐，质硬味苦，失去食用价值。

4 要求

4.1 感官

板枣的感官要求应符合表1的规定。

表1 板枣感官等级指标

项目	特级	一级	二级	三级
基本要求	具有板枣应有的特征，色泽光亮，果皮呈黑红色至暗红色，身干，手握不粘个，无霉烂，可食率≥92%。			
果形	果形饱满	果形饱满	果形较饱满	果形正常
肉质	肉质肥厚	肉质肥厚	肉质较肥厚	肉质肥厚不均
每千克果数/粒	≤170	171~220	221~270	≥271
均匀度	个头大小均匀	个头大小均匀	个头大小较均匀	个头大小不均匀
允许度	杂质不超过0.2%，破口、油头两项不超过2%。	杂质不超过0.5%，虫果不超过1%，破口、油头两项不超过3%。	杂质不超过0.5%，浆头不超过2%，不熟果不超过3%，病虫果、破口两项不超过5%。	杂质不超过0.5%，浆头不超过5%，不熟果不超过5%，病虫果、破口两项不超过5%。

4.2 理化要求

板枣的理化要求应符合表2的规定。

表2　　　　　　　　　　　　　　　　　板枣的理化指标

项目	总糖/（%）	水分/（%）
指标	≥70	≤25

4.3　卫生要求

板枣卫生要求应符合表3的规定。

表3　　　　　　　　　　　　　　　　板枣的卫生指标　　　　　　　　　　　　　　单位：毫克每千克

序　号	名　称	指　标
1	铅（Pb）	≤1.0
2	镉（Cd）	≤0.05
3	汞（Hg）	≤0.01
4	氟（F）	≤1.0
5	溴氰菊酯	≤0.1
6	辛硫磷	≤0.05

注：根据《中华人民共和国农药管理条例》，剧毒和高毒农药不得在果品类产品生产中使用。

5　试验方法

5.1　感官检验

5.1.1　果形及色泽：将样枣铺放在洁净的平面上，用肉眼观察样枣的形状及色泽，记录观察结果。

5.1.2　个头：于样枣中按四分法取样1 000 g，注意观察枣粒大小及其均匀程度。如有粒数规定者，应查点枣粒的数量按数记录，并检验有无不符合标准规定的特小枣。

5.1.3　肉质：板枣果肉的干湿和肥瘦程度，以板枣水分和可食部分的百分率，作为评定的根据。

5.1.4　不合格果：于混合的枣样中，随机取样1 000 g，用肉眼检查，根据标准规定分别拣出不成熟果、病虫果、霉烂及浆头果、破头、油头、其他损伤果及非枣物质，记录粒数。按式（1）计算各项不合格果的百分率：

$$A = \frac{m_1}{m_0} \times 100 \tag{1}$$

式中：

A——单项不合格果，%；

m_1——单项不合格果质量，单位为克（g）；

m_0——试样质量，单位为克（g）。

各单项不合格果及杂质百分率的总和即为该批板枣不合格的百分率。

5.1.5　可食率（按标准含水率换算）：称取具有代表性的样枣200g～300g，逐个切开，将枣肉与枣核分离，分别称量，按式（2）计算可食部分的百分率：

$$B = \frac{m_2}{m_3} \times 100 \tag{2}$$

式中：

B——可食率，%；

m_2——肉果质量，单位为克（g）；

m_3——全果质量，单位为克（g）。

5.2 理化检验

5.2.1 总糖的测定

按附录 A 规定执行。

5.2.2 含水率的测定

按附录 B 规定执行。

5.3 卫生指标检验

5.3.1 铅

按 GB/T 5009.12 规定执行。

5.3.2 镉

按 GB/T 5009.15 规定执行。

5.3.3 汞

按 GB/T 5009.17 规定执行。

5.3.4 氟

按 GB/T 5009.18 规定执行。

5.3.5 溴氰菊酯

按 GB/T 5009.110 规定执行。

5.3.6 辛硫磷

按 GB/T 5009.102 规定执行。

6 检验规则

6.1 组批

同一生产基地、同一包装日期的板枣作为一个批次。

6.2 抽样方法

按 GB/T 5835—1985 中第 3 章检验规则规定执行。

6.3 检验分类

交收检验的项目为感官要求的所有项目。

6.3.1 交收检验

交收检验的项目为感官要求的所有项目。

6.3.2 型式检验

型式检验的项目为要求中的全部项目。有下列情况之一时，应进行型式检验：

a）正式生产后，如原料、工艺有较大变化，可能影响产品品质质量时；

b）产品长期停产后，恢复生产时；
c）交收检验结果与上次型式检验有较大差异时；
d）国家质量监督机构提出进行例行检查的要求时。

6.4 判定

检验项目全部合格者判为合格产品。当理化检验结果出现不合格项目时，可在原批产品中加倍抽样复检，一次为限；感官和卫生指标要求不得复检；复检结果有一项不合格者判为不合格产品。

7 标志

销售包装上应有食品的标识、标签，标签的标注内容应符合 GB 7718 的规定。

8 包装、运输和贮存

8.1 包装

8.1.1 包装材料应符合食品卫生要求。

8.1.2 净含量：单件定量包装产品的净含量负偏差应符合《定量包装商品计量监督规定》。

8.2 运输

8.2.1 运输时应遮篷布，防止日晒雨淋。

8.2.2 装卸应轻拿轻放，防止机械损伤包装，运输工具应清洁卫生，不得与有毒、有害物品混装运输。

8.3 贮存

8.3.1 板枣在存放过程中应注意防潮，堆放板枣的仓库地面应铺设木条或格板，使通风良好。码垛不得过高、垛间留有通道。

8.3.2 贮存板枣的库房中，禁止使用剧毒、高毒的化学合成熏蒸剂杀虫、鼠、菌。禁止其他有毒、有异味、发霉以及易于传播病虫的物品混合存放。

8.3.3 板枣入库后要在库房中加强防蝇、防鼠措施。

8.3.4 板枣中长期贮存时不得使用化学合成添加剂。

附录 A
（规范性附录）
总糖的测定

A.1 原理

样品糖类经盐酸水解后全部转成单糖，当其完全与定量的费林氏试剂反应后，再多加入一滴单糖溶液，使氧化型的亚甲蓝（蓝色）变成还原型（无色），溶液蓝色消失，黄色刚出现时，即为终点。然后与标准葡萄糖滴定结果比较定量。

A.2 试剂

除非另有说明，在分析中仅使用确认为分析纯的试剂和蒸馏水或去离子水或相当纯度的水。

A.2.1 石油醚，沸程60℃~90℃。

A.2.2 盐酸溶液：$c(HCl)=6mol/L$。

A.2.3 氢氧化钠溶液，400g/L：取40g氢氧化钠加水溶解并稀释至100mL。

A.2.4 氢氧化钠溶液，100g/L：取10g氢氧化钠加水溶解并稀释至100mL。

A.2.5 甲基红指示剂：取0.2g甲基红溶于100mL酒精中。

A.2.6 乙酸铅溶液，200g/L：取20g乙酸铅加水溶解并稀释至100mL。

A.2.7 硫酸钠溶液，200g/L：取10g无水硫酸钠加水溶解并稀释至100mL。

A.2.8 费林氏试剂A液：称取分析纯硫酸铜($CuSO_4 \cdot 5H_2O$)15g，亚甲蓝0.05g，加水溶解并稀释至1 000mL。

A.2.9 费林氏试剂B液：称取分析纯酒石酸钾钠50g，分析纯氢氧化钠54g，亚铁氰化钾4g，加水溶解并稀释至1 000mL。

A.2.10 葡萄糖标准溶液：准确称取在100℃~105℃烘至恒重的分析纯无水葡萄糖1g，加少量水溶解，移入1 000mL容量瓶中，加入5 mL浓盐酸，以水稀释至刻度，摇匀，此溶液浓度为1g/L，置冰箱中保存。

A.3 仪器

A.3.1 带塞锥形瓶，250mL。

A.3.2 分液漏斗，125mL。

A.3.3 容量瓶，50、100、500mL。

A.3.4 酸式滴定管，25或50mL。

A.3.5 量筒，50、100mL。

A.3.6 水浴锅。

A.3.7 可调电炉：800W或1 000W，附石棉网。

A.4 试样制备

将板枣按1+2加水打成匀浆，称取10g于125mL分液漏斗中，每次加30mL石油醚振摇提取三次。静置分层，用橡皮头滴管弃去石油醚。将样品全部移入250mL带锥形瓶中，和少量水洗涤原容器，加盐酸（A.2.2）30mL加水至100mL，然后盖住瓶口，置沸水中煮沸2h。煮沸结束后，立即置流水中冷却。

A.4.1 中和剩余盐酸

样品水解液冷却后，于样品液中加入甲基红指示剂（A.2.5）1滴，用400g/L氢氧化钠溶液（A.2.3）滴定至黄色。过量的氢氧化钠再用盐酸（A.2.2）校正，样液转红。再滴加氢氧化钠溶液（A.2.4）1滴~3滴使样液红色刚退为宜。若水解液本身颜色较深，可用精密pH试纸测试，使溶液pH约为7。

A.4.2 沉淀蛋白质

样液调至中性后加入乙酸铅溶液（A.2.6）20mL，摇匀，放置10min。再加入硫酸钠溶液（A.2.7）20mL，以除去过多的铅，用中速滤纸滤入500mL容量瓶中，待滤液流干后，不断加去离子水，洗涤残渣数次，直至滤液接近500mL为止。若滤液呈浑浊，应再过滤一次，弃去残渣，将糖溶液定容至500mL，置冰箱保存，临用时稀释适当倍数即可。

A.5 费林氏试剂标定

准确吸取费林氏试剂A（A.2.8）、B（A.2.9）液各5mL，置于125mL三角烧瓶中，加水10mL放入玻璃珠2粒，将三角烧瓶置800W电炉上加热，使其2min内沸腾，沸腾30s后，立即用葡萄糖标准溶液（A.2.10）在电炉上趁沸滴定至蓝色消失，溶液呈浅黄色。记录消耗标准葡萄糖溶液总体积V_1，进行平行测定，取其平均值。

A.6 样品水解液滴定

准确吸取费林氏试剂A（A.2.8）、B（A.2.9）液各5mL，加水10mL，加入玻璃珠2粒，从滴定管中加入一定量样品水解稀释液（加入该液的数量，应在正式滴定前的预备滴定试验确定），将三角烧瓶置于800W电炉上加热，使其2min内沸腾，沸腾30s后，立即继续用样品水解稀释液趁沸在电炉上滴定至蓝色消失，溶液呈浅黄色，即为终点。记录消耗样品水解稀释液总体积V_2。注意调节样品水解液中糖的浓度，滴定时消耗体积数量最好在10mL左右，太浓太稀误差大，影响结果。也可采用回滴法。

A.7 结果计算

$$Y = \frac{V_1 \times 0.001 \times V_2 \times D}{V_3 \times m \times (1-X)} \times 100 \tag{A.1}$$

式中：

Y——总糖，%；

V_1——标定费林氏试剂时消耗标准葡萄糖溶液的体积，单位为毫升（mL）；

V_2——滴定费林氏试剂消耗样品水解稀释液的体积，单位为毫升（mL）；

V——样品定容体积，单位为毫升（mL）；

D——样品稀释倍数；

m——样品质量，单位为克（g）；

0.001——1mL葡萄糖标准液中葡萄糖质量，单位为克（g）；

X——样品含水量，%。

A.8 允许差

取平行测定结果的算术平均值作为测定结果，保留小数点后两位。

平行测定结果的绝对差值不大于1.00%。

附录 B
（规范性附录）
含水率的测定

B.1 原理

将样品放入与水互混溶的甲苯中一起蒸馏，水分将与甲苯（沸点110.6℃）一起馏出，冷凝后在接收管中分层（甲苯比重0.866），由接收管的刻度可读取样品中蒸馏出的水量。

B.2 试剂

除非另有说明，在分析中仅使用确认为分析纯的试剂和蒸馏水或去离子水或相当纯度的水。

B.2.1 甲苯：以水饱和后分去水层，蒸馏后备用（沸点100℃~111.5℃）。

B.3 仪器

B.3.1 水分蒸馏器：包括40cm直形回流冷凝管，蒸馏液接收管（10mL，0.1刻度，内径1.6cm~1.7cm）连接500mL的圆底烧瓶。

B.3.2 天平：感量0.01g。

B.4 试样的制备

称取去核板枣250g，带果皮纵切成条，然后横切成碎片（每片厚约0.5mm），混合均匀，作为含水率的待分析试样。

B.5 分析步骤

称取25g试样（精确到0.001g），放入洗净并完全干燥的水分蒸馏器烧瓶中，加入甲苯（B.2.1）100mL~120mL（以浸没样品为度），连接好水分接收管、冷凝管。从冷凝管顶端注入甲苯，装满水分接收管。加热缓慢蒸馏，使馏出液保持每秒两滴的速度馏出。待大部分水分蒸出后，加速蒸馏，使馏液每秒4滴，待接收管内水分不再增加时，从冷凝管顶端加入甲苯冲洗。如冷凝管壁附有水滴，可用附有小橡皮头的铜丝擦下，再蒸馏片刻，至冷凝管及接收管上部完全没有水滴为止。读取接收管中水层容积V，按式（B.1），算出样品中水分含量（%）。

B.6 计算

$$X = \frac{V}{m} \times 100 \tag{B.1}$$

式中：
X——样品含水率，%；
V——接收管内水的体积，单位为毫升（mL）；
m——样品质量，单位为克（g）。
计算结果表示到小数点后两位。

B.7 允差

平行试验的绝对差值不大于0.50%。

ICS 67.080.10
B 31

NY

中华人民共和国农业行业标准

NY/T 871—2004

哈密大枣

Hami big jujubes

2005-01-04 发布　　　　　　　　　　　　2005-02-01 实施

中华人民共和国农业部　发布

前 言

本标准由中华人民共和国农业部提出并归口。

本标准起草单位：新疆生产建设兵团农业建设第十三师。

本标准主要起草人：马世杰、苏胜强、游玺剑、李永泉、崔永峰、龚安家、沈自云、杜育林、袁青锋。

哈 密 大 枣

1 范围

本标准规定了哈密大枣的术语和定义、要求、试验方法、检验规则、标志、包装、运输和贮存。
本标准适用于鲜食哈密大枣和干制品。

2 规范性引用文件

下列文件中的条款通过本标准的引用而成为本标准的条款。凡是注日期的引用文件,其随后所有的修改单(不包括勘误的内容)或修订版均不适用于本标准。然而,鼓励根据本标准达成协议的各方研究是否可使用这些文件的最新版本。凡是不注日期的引用文件,其最新版本适用于本标准。

GB/T 5009.3 食品中水分的测定
GB/T 5009.11 食品中总砷及无机砷的测定
GB/T 5009.12 食品中铅的测定
GB/T 5009.17 食品中总汞及有机汞的测定
GB 7788 食品标签通用标准
GB/T 8855 新鲜水果和蔬菜的取样
GB/T 12295 水果、蔬菜制品 可溶性固形物含量的测定——折射仪法(ISO2173:1978,NEQ)

3 术语和定义

下列术语和定义适用于本标准。

3.1 整齐度 tidy degree

果实在形状、大小、色泽等方面的一致程度。

3.2 腐烂果 putrefied fruit

有较明显的微生物寄生痕迹,并带有霉味、酒味和腐味的果实。

3.3 浆头 syrup head

在生长期或干制过程中因受雨水影响,枣的两头或局部未达到适当的干燥,色泽发暗的果实。

3.4 油头 paint head

在干制过程中翻动不匀,果实上有的部分受热过高,使外皮变黑,色泽加深的果实。

3.5 破头 break head

生长期间自然裂果或机械挤压，造成枣果皮出现长达果长 1/10 以上的破裂口，但破裂不变色、不霉烂的果实。

3.6 干条果 dry and thin fruit

未完全成熟的枣干制后颜色偏淡、果形干瘦、果肉不饱满、含糖量低的果实。

3.7 虫蛀枣 moth–eaten of jujube

生长期或干枣在贮存期受到害虫蛀食的果实。

3.8 病果 disease fruit

带有明显或较明显病害特征的果实。

3.9 验收容许度 check before acceptance to allow degree

针对分级中可能出现的疏忽，在对质量等级进行验收时，规定的低于本质量等级的允许限度，在允许限度内出现的质量问题不影响质量等级的确定。

3.10 等外果 the fruit of the grade excluding

品质低于二级品规定的指标及容许度的果实。

4 要求

4.1 鲜枣

4.1.1 外观质量

外观质量应符合表1的规定。

表1　　　　　　　　　等级质量外观指标

项目	特级	一级	二级
果形	饱满，椭圆或近圆		
果面	表皮光滑光亮		
色泽	紫红色		
整齐度	整齐	整齐	比较整齐
缺陷果实	无		

注：缺陷果实指腐烂果、浆头、油头、破头、干条果、虫蛀枣、病果。

4.1.2 理化指标

理化指标应符合表2的规定。

表2　　　　　　　　　　　　　　　　理化指标

项目	特级	一级	二级
单果质量 g，≥	22	16	12
可食率%，≥	95		
可溶性固形物%，≥	39	36	33

4.2 干枣

4.2.1 外观质量

外观质量应符合表3的规定。

表3　　　　　　　　　　　　　　等级质量外观指标

项目	特级	一级	二级
果形	饱满，椭圆或近圆		
果面	光滑无明显皱纹	皱纹浅	皱纹浅
色泽	紫红色		
整齐度	整齐	比较整齐	比较整齐
缺陷果实	无		

4.2.2 理化指标

理化指标应符合表4的规定。

表4　　　　　　　　　　　　　　　　理化指标

项目	特级	一级	二级
单果质量 g，≥	12	9	7
含水率 %，≤	15		
可食率 %，≥	93		
可溶性固形物 g，≥	80		

4.3 卫生指标

卫生指标应符合表5规定。

表5　　　　　　　　　　　　卫生指标　　　　　　　　　　单位：毫克每千克

项　目	指　标
汞（以Hg计）	≤0.01
砷（以As计）	≤0.5
铅（以Pb计）	≤0.2
注：根据《中华人民共和国农药管理条例》，剧毒和高毒农药不得在水果生产中使用。	

5 试验方法

5.1 外观检测

5.1.1 果形、果面、色泽、缺陷果实

从抽样中随机取样枣100枚，采用感官评定。

5.1.2 整齐度

采用感量0.1g的天平测定样枣100枚。

整齐——单果的质量与其平均值偏差小于10%，形状和色泽一致；

比较整齐——单果的重量与其平均值偏差小于20%，形状和色泽较为一致；

不整齐——单果的重量与其平均值偏差大于20%，形状和色泽不一致。

5.2 理化指标检测

5.2.1 单果质量

采用感量1g的天平测定样枣100枚，取其平均质量。

5.2.2 含水率

按GB/T 5009.3规定执行。

5.2.3 可食率

取样枣50枚，采用感量1g的天平测定。首先称取样本的质量，然后称取去核后样本的质量，按式（1）计算，计算结果保留整数。

$$X = \frac{m_1}{m} \times 100 \tag{1}$$

式中：

X——可食率,%；

m_1——样枣去核后的质量，单位为克（g）；

m——样枣质量，单位为克（g）。

5.2.4 可溶性固形物含量

按GB/T 12295执行。

5.3 卫生指标检验

5.3.1 汞

按GB/T 5009.17执行。

5.3.2 砷

按GB/T 5009.11执行。

5.3.3 铅

按GB/T 5009.12执行。

6 检验规则

6.1 检验分类

6.1.1 型式检验

型式检验是对产品进行全面考核,即对本标准规定的全部要求(指标)进行检验。有下列情况之一者应进行型式检验。

a) 因人为或自然条件使生产环境发生较大变化;
b) 前后两次抽样检验结果差异较大;
c) 国家质量监督机构或行业主管部门提出型式检验要求。

6.1.2 交收检验

每批产品交收前,生产单位都应进行交收检验,交收检验内容包括外观、标志及包装,检验合格并附合格证的产品方可交收。

6.2 组批规则

同一等级、同一产地和同一批销售的果实作为一个检验批次。

6.3 抽样

按 GB/T 8855 规定进行。

6.4 验收容许度

一个检验批次的样品容许不符合等级质量的数量(以质量计)见表6。

表6　　　　　　　　　　各等级不符合质量指标要求的容许范围

项目	容许度		
	特级	一级	二级
外观质量:			
缺陷果实率,% ≤	3	5	5
其中:腐烂果	0	0	0
虫蛀枣	0	0	0
干条果	0	1	2
理化指标:			
小果率,% ≤	2	4	6
含水率(干枣)	标准值 +3%	标准值 +3%	标准值 +3%
可溶性固形物含量	标准值 −2%	标准值 −2%	标准值 −2%

6.5 判定准则

6.5.1 凡是符合本标准规定的要求,则判定为合格产品。各等级不符合要求产品的容许度见表6,但应达到下一等级的要求。二级不允许有腐烂果和虫蛀枣。

6.5.2 卫生指标有一项不合格或农药残留量超标,则该批次产品不合格。

6.5.3 复检。

按本标准检验，理化指标如有一项检验不合格，应另取一份样品复检，若仍不合格，则判定该产品不合格；若复检合格，则应再取一份样品作第二次复检，以第二次复检结果为准。

外观指标和卫生指标不进行复检。

7 标志

按 GB 7788 的规定，包装上应有下列标志

a) 品名；
b) 等级；
c) 净含量；
d) 产地；
e) 企业名称；
f) 地址；
g) 生产者姓名或代码；
h) 商品标志；
i) 执行标准；
j) 生产日期。

8 包装、运输、贮存

8.1 包装

8.1.1 采用结构坚固、耐挤压、无异味和符合卫生标准的塑料制品箱或袋、纸箱包装，箱内平滑无尖锐突起。

8.1.2 采摘后装果运输前应注意防雨，果实表面有水不应装箱。

8.1.3 每一件包装应装同一等级的果实，不应混级包装。

8.1.4 同一批货物各件包装的净含重应一致，果品净含量与标识相符。

8.2 运输

8.2.1 运输时要注意防雨防潮。不应与有毒、有害、有腐蚀性、有异味以及不洁物混合装运。

8.2.2 运输工具应保持清洁、卫生、无污染。

8.3 贮存

暂时贮存应于干燥、阴凉、通风、清洁、卫生处，不应与有毒、有害、有腐蚀性、有异味以及不洁物混。

鲜枣长期贮存应置于保鲜库中，贮存温度应控制在 -1℃～3℃ 之间，相对湿度应控制在 90%～95% 之间。干枣的长期贮存应置干燥的环境之中。

ICS 65.020.01
B 61

NY

中华人民共和国农业行业标准

NY/T 1274—2007

板枣苗木

Nursery Stocks of Jishan Jujube

2007-04-17 发布　　　　　　　　　　　　2007-07-01 实施

中华人民共和国农业部　发 布

前 言

本标准的附录 A 为规范性附录。
本标准由中华人民共和国农业部提出并归口。
本标准起草单位：山西省稷山县枣树科学研究所、山西省出入境检验检疫局。
本标准主要起草人：姚彦民、王改娟、薛春泰、吴海军、王美刚。

板 枣 苗 木

1 范围

本标准规定了板枣苗木的有关术语和定义、质量要求、抽验方法、检验规则、打捆包装、运输要求。

本标准适用于板枣苗木的生产、运输。

2 规范性引用文件

下列文件中的条款通过本标准的引用而成为本标准的条款。凡是注日期的引用文件，其随后所有的修改单（不包括勘误的内容）或修订版均不适用于本标准。然而，鼓励根据本标准达成协议的各方研究是否使用这些文件的最新版本。凡是不注日期的引用文件，其最新版本适用于本标准。

GB 6000 主要造林树种苗木质量分级

3 术语和定义

下列术语和定义适用于本标准。

3.1 板枣苗

由板枣根系或枝条作为繁殖材料繁育而成的苗木。一年生板枣苗长势中庸，节间较短，枝梢褐红色，中下部呈红褐色，皮孔较大，呈白色，苗干稍带曲折。

3.2 嫁接苗

用播种、扦插、归圃等方法繁殖的砧木通过嫁接板枣而育成的苗木。

3.3 归圃苗

把板枣根蘖苗集中栽植到苗圃地培育 1 年~2 年的苗木。

3.4 苗木粗度

嫁接苗为接口以上 5cm 的直径；归圃苗为苗干基部土痕处的粗度。

3.5 苗木高度

自地面到苗木顶端的距离。

4 质量要求

4.1 基本条件

无检疫对象病虫害；苗木粗壮通直，色泽正常，充分木质化，无机械损伤，整形带内芽眼饱满；根系发达，长度15cm以上的侧根5条；嫁接部位愈合完整。

4.2 苗木分级

苗木分两级，分级标准见附录A。

5 抽验方法

按 GB 6000 中的规定执行。

6 检验规则

按 GB 6000 中的规定执行。

7 打捆包装

7.1 打捆、贴标志

7.1.1 起出苗木后，经抽验合格，方可进行分级打捆，50株或100株打成1捆。
7.1.2 打成捆后，在每捆中随选一株套上相对应的等级标志。
7.1.3 打成捆的苗木，应采取适宜的根系保湿措施。

7.2 包装

长途运输时，应先用浸透水的草袋或麻袋等材料，包住苗木根部或整捆全包，外部再用一塑料薄膜进行半裹或全包裹，最后用拉力强的封包绳捆绑结实。

8 运输

8.1 苗木装车后必须遮篷，裹盖严实，防止风吹日晒。
8.2 运输时随车要带有当地主管部门发放的苗木检疫证书、苗木合格证和标签。
8.3 装卸时应轻拿轻放，防止苗木损伤。

附录 A
（规范性附录）
板枣苗木分级

单位：厘米

苗木类别	苗木等级					
	Ⅰ级苗			Ⅱ级苗		
	苗木粗度	苗木高度	垂直根系长度	苗木粗度	苗木高度	垂直根系长度
播种嫁接苗	>1.0	>100	>20	0.8~1.0	80~100	15~20
归圃苗	>1.2	>120	>20	1.0~1.2	100~120	15~20

ICS 65.020.20
B 05

NY

中华人民共和国农业行业标准

NY/T 2326—2013

农作物种质资源鉴定评价技术规范 枣

Technical code for evaluating crop germplasm resources—
Chinese Jujube (*Ziziphus jujuba* Mill.)

2013-05-20 发布　　　　　　　　　　　　　　　2013-08-01 实施

中华人民共和国农业部　发布

前　言

本标准按照 GB/T 1.1—2009 给出的规则起草。

本标准由农业部种植业管理司提出。

本标准由全国果品标准化技术委员会（SAC/TC 501）归口。

本标准起草单位：山西省农业科学院果树研究所、中国农业科学院茶叶研究所。

本标准主要起草人：李登科、王永康、江用文、李捷、卢桂宾、隋串玲、熊兴平、赵爱玲、任海燕、杜学梅。

农作物种质资源鉴定评价技术规范 枣

1 范围

本标准规定了枣（*Ziziphus jujuba* Mill.）种质资源鉴定评价的术语和定义、技术要求、鉴定方法和判定。

本标准适用于枣种质资源的鉴定和优异种质资源评价。

2 规范性引用文件

下列文件对于本文件的应用是必不可少的。凡是注日期的引用文件，仅注日期的版本适用于本文件。凡是不注日期的引用文件，其最新版本（包括所有的修改单）适用于本文件。

GB/T 1278 蔬菜及其制品中可溶性糖的测定 铜还原碘量法

GB/T 6195 水果、蔬菜维生素 C 含量测定法（2，6-二氯靛酚滴定法）

GB/T 12456 食品中总酸的测定

ISO 2173 Fruit and vegetable products – Determination of soluble solids – Refractometric method（水果、蔬菜可溶性固形物测定方法——折光率法）

3 术语和定义

下列术语和定义适用于本文件。

3.1 优良种质资源 elite germplasm resources

主要经济性状表现好且具有重要价值的种质资源。

3.2 特异种质资源 rare germplasm resources

性状表现特殊、稀有的种质资源。

3.3 优异种质资源 elite and rare germplasm resources

优良种质资源和特异种质资源的总称。

4 技术要求

4.1 样本采集

除特殊说明外，应在 4 年生以上正常生长结果植株上采集样本，样本树至少选 3 株。

4.2 数据采集

每个性状应在同一地点至少进行3年的重复鉴定。

4.3 鉴定内容

鉴定内容见表1。

表1　　　　　　　　　　　　　枣种质资源鉴定内容

性状	鉴定项目
植物学特征	树姿、树形、主干皮裂状况、枣头长度、枣头节间长度、枣头粗度、枣头色泽、枣头蜡质、二次枝弯曲度、二次枝节间长度、二次枝开张度、针刺、枣吊长度、叶片长度、叶片宽度、叶片形状、叶尖形状、叶基形状、叶缘形状、每花序花朵数、花径大小
生物学特性	成枝力、吊果率、枣头吊果率、采前落果程度、丰产性、萌芽期、盛花期、花粉的有无、花粉发芽率、自花结实率、果实白熟期、果实脆熟期、果实完熟期、果实生育期、落叶期
果实特性	单果重、果实整齐度、果实形状、果肩形状、果顶形状、果实颜色、果面光滑度、果皮厚度、萼片状态、鲜枣核重、核形、枣核的有无、含仁率、果肉质地、果实汁液、果实风味、鲜枣可溶性固形物含量、鲜枣可溶性糖含量、鲜枣可滴定酸含量、鲜枣维生素C含量、鲜枣可食率、鲜枣耐贮性、制干率、干枣色泽、干枣皱缩程度、干枣果肉饱满度、干枣总糖含量、干枣可滴定酸含量
抗逆性	抗裂果性、缩果病抗性

4.4 优异种质资源指标

4.4.1 优良种质资源指标

优良种质资源的指标见表2。

表2　　　　　　　　　　　　　枣优良种质资源指标

序号	性状	指标
1	丰产性	≥2kg/m²
2	吊果率	小枣类（单果重<10.0g）：≥90.0% 大枣类（单果重≥10.0g）：≥60.0%
3	果实整齐度	整齐
4	果肉质地（鲜食）	酥脆
5	鲜枣可溶性固形物含量	≥28.0%
6	鲜枣可食率	≥95.0%
7	鲜枣耐贮性	≥60d
8	制干率	制干种质：≥55.0%
9	干枣总糖含量	制干种质：≥68.0%
10	抗裂果性	裂果率<20.0%
11	缩果病抗性	病果率<10.0%

4.4.2 特异种质资源指标

特异种质资源的指标见表3。

表3　枣特异种质资源指标

序号	性状	指标
1	二次枝弯曲程度	大（参照种质：龙枣）
2	花粉的有无	无
3	丰产性	≥1.8kg/m²
4	果实生育期	<90 d 或 ≥120 d
5	单果重	≥30.0g
6	果实形状	特异（如磨盘枣、茶壶枣）
7	萼片状态	宿存（如柿顶枣）
8	枣核的有无	残核或无核（如无核小枣）
9	含仁率	≥90.0%
10	鲜枣可溶性固形物含量	≥34.0%
11	鲜枣可滴定酸含量	≥1.0%
12	鲜枣维生素C含量	≥600.00mg/100g
13	制干率	≥63.0%
14	抗裂果性	裂果率<5.0%
15	缩果病抗性	病果率<5.0%

注：表中提供的参照种质信息是为了方便本标准的使用，不代表对该种质的认可和推荐，任何可以得到与这些参照种质结果相同的种质均可作为参照样品。

5 鉴定方法

5.1 植物学特征

5.1.1 树姿

在树体休眠期，观测每株树3个基部主枝中心轴线与中央领导干的夹角，按图1确定树姿。分为直立、半开张和开张。

直立　　半开张　　开张

图1　枣树树姿

5.1.2 树形

观察成年树树冠形状，按图2确定树形。分为圆头形、圆柱形、偏斜形、伞形和乱头形。

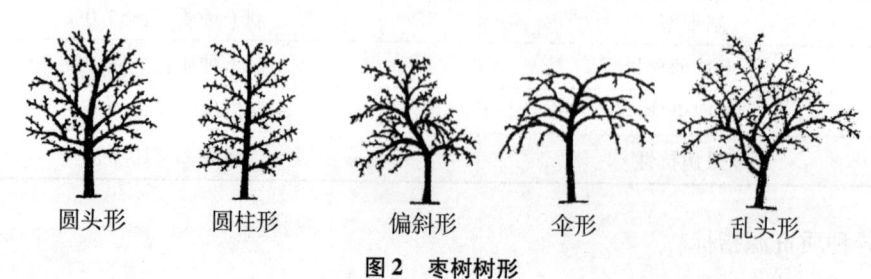

圆头形　　圆柱形　　偏斜形　　伞形　　乱头形

图2　枣树树形

5.1.3 主干皮裂状况

观察成年树主干皮裂状况,确定主干皮裂状况,分为条状和块状。

5.1.4 枣头长度

在枣头停止生长后至整个休眠期,每株树随机选取树冠外围不同方位的当年生枣头10个,测定枣头一次枝的长度,结果以平均值表示,单位为厘米(cm),精确到0.1cm。

5.1.5 枣头节间长度

用5.1.4的样本,测量枣头基部第一个永久性二次枝以上的总长度,计算节间长度,结果以平均值表示,单位为厘米(cm),精确到0.1cm。

5.1.6 枣头粗度

用5.1.4的样本,测量枣头基部靠近第一个永久性二次枝处的直径,结果以平均值表示,单位为厘米(cm),精确到0.01cm。

5.1.7 枣头色泽

用5.1.4的样本,选取、观察有光线直射枣头的向阳面的颜色,确定枣头色泽。分为浅灰色、灰绿、黄褐、红褐、灰褐和紫褐。

5.1.8 枣头蜡质

用5.1.4的样本,观察枣头表面蜡质状况,分为无、少和多。

5.1.9 二次枝弯曲度

用5.1.4的样本,选取枣头中部生长健壮的二次枝10条,观察测定每一节与其相邻节延长线的夹角,根据夹角的大小确定二次枝的弯曲程度。分为小(夹角<15°)、中(15°≤夹角<30°)、大(夹角≥30°)。

5.1.10 二次枝节间长度

用5.1.9的样本,计量每个二次枝的节数和总长度,结果以二次枝长度除以节数表示,取平均值,单位为厘米(cm),精确到0.1cm。

5.1.11 二次枝开张度

用5.1.4的样本,观察测定二次枝与枣头枝两者的中轴线之间的夹角,根据夹角判定二次枝开张度。分为小(夹角<45°)、中(45°≤夹角<70°)、大(夹角≥70°)。

5.1.12 针刺

用5.1.4的样本,测量针刺的平均长度,根据针刺长度(L)确定针刺状况。分为无($L=0$cm)、不发达(0cm<L<1.0cm)、发达(L≥1.0cm)。

5.1.13 枣吊长度

在枣吊停止生长期,选树冠外围不同方位3年~6年生枣股上着生的枣吊,每株树选取20个枣股,每枣股调查有代表性的枣吊2个~3个,测量枣吊长度,结果以平均值表示,单位为厘米(cm),精确到0.1cm。

5.1.14 叶片形状

用5.1.13的样本,观察每个枣吊中部叶片2片~3片,按图3确定叶片的形状。分为椭圆形、卵圆形、卵状披针形。

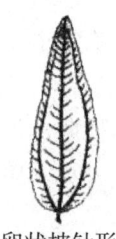

椭圆形　　　　　卵圆形　　　　卵状披针形

图3　枣树叶片形状

5.1.15　叶片长度

用5.1.14的样本，按图4测量叶片长度，结果以平均值表示，单位为厘米（cm），精确到0.1cm。

5.1.16　叶片宽度

用5.1.14的样本，按图4测量叶片宽度，结果以平均值表示，单位为厘米（cm），精确到0.1cm。

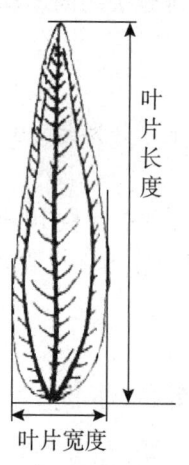

图4　枣叶片示意图

5.1.17　叶尖形状

用5.1.14的样本，按图5观察确定叶尖的形状。分为尖凹、钝尖、急尖、锐尖。

尖凹　　　钝尖　　　急尖　　　锐尖

图5　枣树叶尖形状

5.1.18　叶基形状

用5.1.14的样本，按图6观察确定叶基的形状。分为圆形、心形、截形、圆楔形、偏斜形。

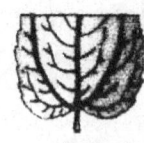

圆形　　心形　　截形　　圆楔形　　偏斜形

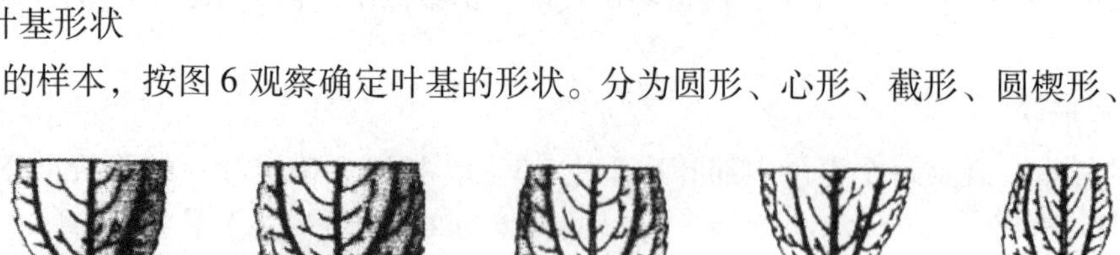

图6　枣树叶基形状

5.1.19　叶缘形状

用5.1.14的样本，按图7观察确定叶缘的形状。分为锐齿、钝齿。

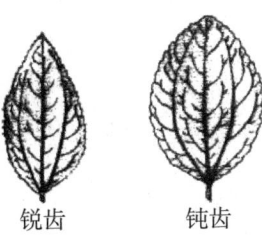

图7 枣树叶缘形状

5.1.20 每花序花朵数

在盛花期选取树冠外围3年~6年生枣股上有代表性枣吊中部的花序，每株样本树选不同方位的至少4个枣股进行调查，每个枣股选1个~3个枣吊，每个枣吊选中部发育成熟的花序2个~3个，调查每花序的花蕾数，结果以平均值表示，单位为朵，精确到整数位。

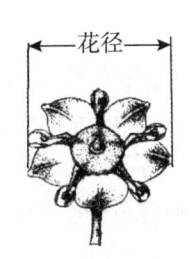

图8 花结构示意图

5.1.21 花径大小

选取5.1.20样本中萼片平展期的零级花（中心花），按图8测量相对萼片边缘的最大距离，结果以平均值表示，单位为毫米（mm），精确到0.1mm。

5.2 生物学特性

5.2.1 成枝力

在萌芽前，每株样本树选择树冠外围20个枣头枝，留2节~3节短截，并剪除剪口下第一个二次枝，在新生枣头停止生长后，调查枣头总数和50cm以上枣头数量，计算50cm以上枣头占枣头总数的百分比，精确到0.1%。分为弱（30.0%以下）、中（30.0%~70.0%）、强（70.0%以上）。

5.2.2 吊果率

在盛花期后45d，每株样本树选取树冠中部外围3年~6年生枣股20个，每个枣股选生长中庸的枣吊2个~3个，调查坐果总数，计算吊果率［吊果率（％）＝总果数/总吊数×100］。结果以平均值表示，精确到0.1%。

5.2.3 枣头吊果率

在盛花期后45d，每株样本树选取树冠中部外围当年新生枣头枝上、生长中庸的枣吊30个，按5.2.2的方法计算枣头吊果率，结果以平均值表示，精确到0.1%。

5.2.4 采前落果程度

采收前1个月内收集并称量落果（不含病虫果）质量，按采前落果质量占结果总质量的比例（A）确定采前落果程度。分为轻（A＜10.0%）、中（10.0%≤A＜30.0%）、重（A≥30.0%）。

5.2.5 丰产性

脆熟期选取至少3株样本树,采收全部果实后称取总质量,换算为单位投影面积产量(Y),确定丰产性。分为不丰产($Y<0.75$ kg/m^2)、中等丰产(0.75 kg/m$^2 \leqslant Y<1.2$ kg/m^2),丰产($Y \geqslant 1.2$ kg/m^2)。

5.2.6 萌芽期

春季观察记录3年~6年生枣股上5%的主芽鳞片膨大开裂、顶部微显绿色时的时期,以"年月日"表示。

5.2.7 盛花期

春季观察记录3年~6年生枣股上着生的枣吊中部25%的零级花开放的时期,以"年月日"表示。

5.2.8 花粉的有无

盛花期观察树冠外围发育正常的枣吊中部处于蕾黄期的花粉状态,分为无和有。

5.2.9 花粉发芽率

盛花期观察蕾裂期的花粉,采用离体培养萌发法[(26 ± 2)℃培养,24h后镜检]测定花粉发芽百分率,精确到0.1%。

5.2.10 自花结实率

在盛花初期,选取近开放状态的花蕾,每个枣吊最多留花4个花序,每花序1朵~2朵花,枣吊摘心后套袋,总花数不少于100朵。1周后除袋,生理落果期开始前调查花朵坐果率,精确到0.1%。

5.2.11 果实白熟期

观察记录25%枣果的果皮褪绿变白到开始着色变红的日期,以"年月日"表示。

5.2.12 果实脆熟期

观察记录25%枣果的果皮开始着色变红到全红的日期,以"年月日"表示。

5.2.13 果实完熟期

观察记录25%枣果全红到果皮色泽加深、果肉变软的日期,以"年月日"表示。

5.2.14 果实生育期

观察记录开始坐果(盛花期)至果实脆熟期持续的间隔天数,精确到整位数。

5.2.15 落叶期

秋季观察记录全树约50%的叶片脱落的日期,以"年月日"表示。

5.3 果实特性

5.3.1 单果重

在果实脆熟期,采集树冠外围不同方位3年~6年生枣股上的果实50个,称其质量,结果以质量平均值表示,单位为克(g),精确到0.1g。

5.3.2 果实整齐度

从5.3.1样本中选取30个果实,称量计算其中10个较小果实的总质量与10个较大果实的总质量的比值(R),根据比值大小确定果实整齐度。分为不整齐($R<0.70$)、较整齐($0.70 \leqslant R<0.90$)、整齐($R \geqslant 0.90$)。

5.3.3 果实形状

用5.3.1的样本,观察代表性果实外形轮廓,按图9确定果实形状。分为圆形、扁圆形、卵圆形、倒卵圆形、圆柱形、圆锥形、磨盘形(带缢痕)、茶壶形。

圆形　扁圆形　卵圆形　倒卵圆形

圆柱形　圆锥形　磨盘形（带缢痕）　茶壶形

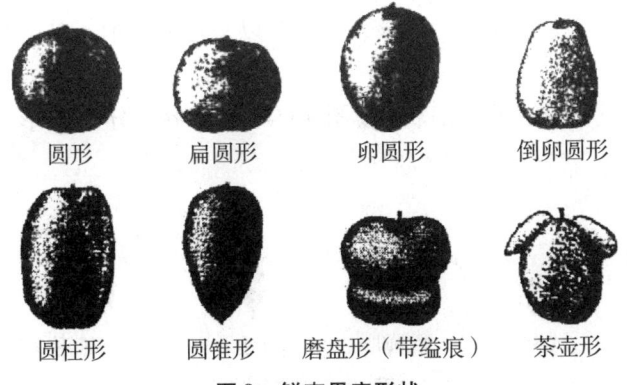

图 9　鲜枣果实形状

5.3.4　果肩形状

用 5.3.3 的样本，观察果肩部位，按图 10 确定果肩形状。分为平圆、凸圆。

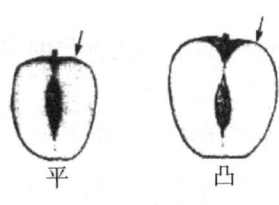

平　凸

图 10　鲜枣果肩形状

5.3.5　果顶形状

用 5.3.3 的样本，按图 11 观察确定果顶形状。分为凹、平、尖。

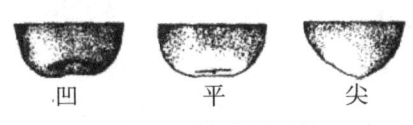

凹　平　尖

图 11　鲜枣果顶形状

5.3.6　果实颜色

用 5.3.3 的样本，观察确定果实颜色。分为浅红、红和紫红。

5.3.7　果面平滑度

用 5.3.3 的样本，目测和手触摸感觉的方法观测果实表面，确定果面光滑度。分为平整（平展、光滑）、粗糙（平展、粗糙）、凸起（有明显隆起，凹凸不平）。

5.3.8　果皮厚度

用 5.3.3 的样本，用品尝的方法确定果皮厚度。分为薄、厚。

5.3.9　萼片状态

用 5.3.3 的样本，按图 12 确定萼片状态。分为宿存、残存、脱落。

宿存　残存　脱落

图 12　枣花萼片状

5.3.10 鲜枣核重

用5.3.1的样本,将果肉剔除干净后称核重,结果以平均值表示,单位为克(g),精确到0.01g。

5.3.11 核形

用5.3.3的样本,观察枣核外形轮廓,按图13判定核形。分为圆形、椭圆形、纺锤形、细圆锥形。

圆形　　椭圆形　　纺锤形　　细圆锥形

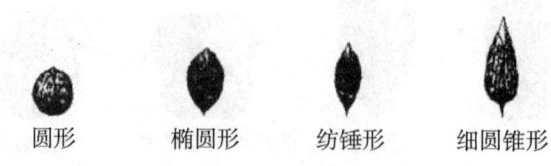

图13 枣核形状

5.3.12 枣核的有无

用5.3.3的样本,切开果实目测或咀嚼判断果实内核壳的状态。分为无核、残存、有核。

5.3.13 含仁率

用5.3.10的样本,去壳剥取种子,统计含有饱满种仁的枣核数的百分率,精确到0.1%。

5.3.14 果实汁液

用5.3.1的样本,品尝确定果实汁液。分为少、多。

5.3.15 果肉质地

用5.3.1的样本,品尝确定果肉质地。分为疏松、酥脆、致密。

5.3.16 果实风味

用5.3.1的样本,品尝感觉确定果实风味。分为酸、甜酸、酸甜、甜、极甜。

5.3.17 鲜枣可溶性固形物含量

用5.3.1的样本,按ISO 2173执行。

5.3.18 鲜枣可溶性糖含量

用5.3.1的样本,按GB/T 1278执行。

5.3.19 鲜枣可滴定酸含量

用5.3.1的样本,按GB/T 12456执行。

5.3.20 鲜枣维生素C含量

用5.3.1的样本,按GB/T 6195执行。

5.3.21 鲜枣可食率

用5.3.1和5.3.10样本的单果重和核重结果,计算鲜枣可食率[鲜枣可食率(%)=(单果重-核重)/单果重×100]。结果以平均值表示,精确到0.1%。

5.3.22 鲜枣耐贮性

按附录A执行。

5.3.23 制干率

在完熟期,每株树采集果皮发亮、略有塌陷的鲜枣2kg,自然晾干至果实明显失水(小枣类:含水量28.0%,大枣类:25.0%)后再称其质量,计算制干率[制干率(%)=干枣总重/鲜枣总重×100]。结果以平均值表示,精确到0.1%。

5.3.24 干枣色泽

用5.3.23的干枣样本,观察确定干枣果皮颜色。分为浅红、赭红、紫红。

5.3.25 干枣皱褶度

用 5.3.23 的干枣样本，观察干枣果皮皱褶度，分为平展（参照种质：板枣）、较平展（参照种质：壶瓶枣）、皱褶（参照种质：赞皇大枣）。

注：表中提供的参照种质信息是为了方便本标准的使用，不代表对该种质的认可和推荐，任何可以得到与这些参照种质结果相同的种质均可作为参照样品。

5.3.26 干枣果肉饱满度

用 5.3.23 的干枣样本，掰开或切开干枣，观察果肉饱满程度。分为饱满（参照种质：壶瓶枣、板枣）、较饱满（参照种质：赞皇大枣、婆枣）、不饱满（参照种质：晋枣、哈密大枣）。

注：表中提供的参照种质信息是为了方便本标准的使用，不代表对该种质的认可和推荐，任何可以得到与这些参照种质结果相同的种质均可作为参照样品。

5.3.27 干枣总糖含量

用 5.3.23 的干枣样本，按 GB/T 1278 执行。

5.3.28 干枣可滴定酸

用 5.3.23 的干枣样本，按 GB/T 12456 执行。

5.4 抗逆性

5.4.1 抗裂果性

按附录 B 执行。

5.4.2 缩果病抗性

按附录 C 执行。

6 优异种质资源判定

6.1 优良种质资源判定

6.1.1 优良鲜食种质

除应同时符合表 2 中丰产性、果肉质地、鲜枣可溶性固形物含量 3 项指标外，还应符合表 2 中其他至少 1 项指标。

6.1.2 优良制干种质

除应同时符合表 2 中丰产性、制干率、干枣总糖含量指标外，还应符合表 2 中其他至少 1 项指标。

6.2 特异种质资源判定

符合表 3 中任何 1 项指标。

6.3 其他

具有除表 2、表 3 规定以外的其他优良和特异性状指标的种质资源。

附录 A
（规范性附录）
枣种质资源果实耐贮性鉴定

A.1 适用范围

本附录适用于鲜食或干鲜兼用枣种质资源果实耐贮性的鉴定。

A.2 鉴定步骤

A.2.1 样品采集

在果实脆熟期，采集无病、无机械损伤、带果梗的半红果实 6.0kg。

A.2.2 样品处理

采集的样品置于温度 -1℃~0℃、相对湿度在 95% 以上的冷库中，预冷至与冷库温度一致，后装入具孔（气孔直径 1cm、双层对打 4 个~6 个）的保鲜塑膜袋（0.06mm 厚的聚乙烯薄膜，70cm×50cm）内。每个塑膜袋装 2.0kg 鲜枣，3 次重复。

A.2.3 样品调查

经过预冷处理的鲜枣样品继续在温度、湿度保持稳定的冷库保存，期间，每 10d 进行一次枣果的褐变、霉烂状况调查记录，并记数无褐变、无霉烂、果梗微绿无明显皱缩的好果数量。

A.3 结果计算

根据贮后 30d 和 60d 时分别调查统计好果数量。按式（A.1）计算好果率。

$$R = \frac{N}{N_0} \times 100 \tag{A.1}$$

式中：

R——好果率，单位为百分率（%）；

N_0——入库时鲜枣果实总个数，单位为个；

N——贮后完好鲜枣果实总个数，单位为个。

计算结果表示到小数点后一位。

A.4 果实贮藏性评价

依据 90% 好果率的贮存天数，按表 A.1 标准确定鲜枣耐贮性。

表 A.1　　　　　　　　　　枣果实耐贮性鉴定评价标准

耐贮性	指标
耐贮	90.0% 好果率的贮存天数 ≥60d
较耐贮	30d ≤ 90.0% 好果率的贮存天数 <60d
不耐贮	90.0% 好果率的贮存天数 <30d

附录 B
（规范性附录）
枣种质资源抗裂果性鉴定

B.1 适用范围

本附录适用于枣种质资源抗裂果性的鉴定。

B.2 鉴定方法与步骤

B.2.1 田间调查鉴定法

当果实进入脆熟期遇到连续降雨后1d～2d，随机选取树冠外围不同方位3年～6年生枣股上生长发育正常的脆熟期枣果100个，观察裂果状况，统计裂果果数。

B.2.2 室内清水诱裂法

采集树冠外围不同方位3年～6年生枣股上发育正常（无病虫害、无裂口和带果柄）、着色均匀的脆熟期枣果100个，立即放入盛有蒸馏水的玻璃容器内，于室温（20℃～26℃）条件下放置48h，观察裂果状况，统计裂果果数。

B.3 结果计算

裂果率以 R_c 表示，按式（B.1）计算。

$$R_c = \frac{n}{N} \times 100 \tag{B.1}$$

式中：

R_c——裂果率，单位为百分率（%）；
n——裂果果数，单位为个；
N——调查总果数，单位为个。

计算结果表示到小数点后一位。

B.4 抗裂果性评价

按表B.1标准确定种质的抗裂果性。

表 B.1　　　　　　　　　枣抗裂果性鉴定评价标准

抗裂果性	指标,%
极抗裂（HR）	裂果率＜10.0
抗裂（R）	10.0≤裂果率＜20.0
中等抗裂（MR）	20.0≤裂果率＜50.0
易裂（S）	50.0≤裂果率＜70.0
极易裂（HS）	裂果率≥70.0

附录 C
（规范性附录）
枣缩果病抗性的鉴定

C.1 适用范围

本附录适用于枣种质资源缩果病抗性的鉴定。

C.2 鉴定方法与步骤

当果实进入脆熟期，在田间自然状态下，果实出现缩果病明显症状后，选取结果数量适中的枝组3个~5个，观察调查所有果实的发病状况。

C.3 结果计算

病果率以 D 表示，按式（C.1）计算。

$$D = \frac{n}{N} \times 100 \qquad (C.1)$$

式中：

D——病果率，单位为百分率（%）；

n——发病果数，单位为个；

N——调查总果数，单位为个。

计算结果表示到小数点后一位。

C.4 评价

依据表 C.1 标准确定枣缩果病抗性。

表 C.1　　枣缩果病抗性鉴定评价标准

病抗性	病果率
高抗（HR）	$D < 5.0$
抗（R）	$5.0 \leqslant D < 10.0$
中抗（MR）	$10.0 \leqslant D < 30.0$
感（S）	$30.0 \leqslant D < 50.0$
高感（HS）	$D \geqslant 50.0$

ICS 67.080.10
B 31

NY

中华人民共和国农业行业标准

NY/T 2927—2016

枣种质资源描述规范

Descriptors for jujube germplasm resources

2016-10-26 发布

2017-04-01 实施

中华人民共和国农业部　发布

前 言

本标准按照 GB/T 1.1—2009 给出的规则起草。

本标准由农业部种植业管理司提出。

本标准由全国果品标准化技术委员会（SAC/TC 510）归口。

本标准起草单位：山西省农业科学院果树研究所、中国农业科学院茶叶研究所。

本标准主要起草人：李登科、王永康、熊兴平、隋串玲、江用文、赵爱玲、任海燕、李捷、杜学梅、薛晓芳。

枣种质资源描述规范

1 范围

本标准规定了枣（*Ziziphus jujuba*）和酸枣（*Ziziphus acidojujuba*）种质资源的描述内容和方式。
本标准适用于枣和酸枣种质资源的描述。

2 规范性引用文件

下列文件对于本文件的应用是必不可少的。凡是注日期的引用文件，仅注日期的版本适用于本文件。凡是不注日期的引用文件，其最新版本（包括所有的修改单）适用于本文件。
GB/T 2260　中华人民共和国行政区划代码
GB/T 2659　世界各国和地区名称代码

3 描述内容

描述内容见表1。

表1　　　　　　　　　　枣种质资源描述内容

描述类型	描述内容
基本信息	全国统一编号、引种号、采集号、种质名称、种质外文名、科名、属名、学名、原产国、原产省、原产地、海拔、经度、纬度、来源地、系谱、选育单位、育成年份、选育方法、种质类型、图像、观测地点
植物学特征	树型、树姿、主干皮裂状况、枣头颜色、枣头蜡质、二次枝弯曲度、二次枝开张度、针刺特征、叶片长度、叶片宽度、叶片颜色、叶片展开状态、叶片形状、叶尖形状、叶基形状、叶缘锯齿形状、每花序花朵数、花径大小、染色体倍性
生物学特性	树势、根蘖多少、成枝力、枣头长度、枣头节间长度、枣头粗度、二次枝长度、二次枝节数、二次枝节间长度、枣吊长度、萌芽期、初花期、盛花期、终花期、果实白熟期、果实脆熟期、果实完熟期、果实生育期、落叶期、营养生长期
产量性状	始果年龄、花粉有无、花粉发芽率、自花结实率、吊果率、枣头吊果率、采前落果程度、产量
果实性状	单果重、果实纵径、果实横径、果实整齐度、果实形状、果肩形状、果顶形状、果实颜色、果面光滑度、果皮厚度、果点大小、果点密度、果柄长度、梗洼深度、梗洼广度、萼片状态、柱头状态、果肉颜色、果肉质地、果肉粗细、果实汁液、果实风味、果实异味、可溶性固形物含量、可溶性糖含量、可滴定酸含量、维生素C含量、可食率、耐储性、枣核的有无、核重、核形、含仁率、种仁饱满程度、制干率、干枣颜色、干枣皱缩程度、干枣果肉饱满度、干枣可溶性糖含量、果实用途
抗逆性状	抗裂果性、枣疯病抗性、缩果病抗性

4 描述方式

4.1 基本信息

4.1.1 全国统一编号

种质的唯一标识号，枣种质资源的全国统一编号由"ZF"加"4位顺序号"共6位字符串组成，由农作物种质资源管理机构命名。如ZF0001。

4.1.2 引种号

枣种质从国外引入时赋予的编号，由"年份""4位顺序号"顺次连续组合而成，"年份"为4位数，"4位顺序号"每年分别编号，每份引进种质具有唯一的引种号。

4.1.3 采集号

枣种质在野外采集时赋予的编号。由"年份""省（自治区、直辖市）代号""顺序号"顺次连续组合而成。其中，"年份"为4位数，"省（自治区、直辖市）代号"按照GB/T 2260的规定执行。"顺序号"为当年采集时的编号，每年分别编号。

4.1.4 种质名称

枣种质的中文名称。国内种质的原始名称，如果有多个名称，可放在括号内，用逗号分隔；国外引进种质如没有中文译名，可直接用外文名。

4.1.5 种质外文名

国外引进种质的外文名或国内种质的汉语拼音名。国内种质中文名称为3字（含3字）以下的拼音连续组合在一起，首字母大写；中文名称为4字（含4字）以上的以词组为单位，首字母大写。

4.1.6 科名

枣种质在植物分类学上的科名。按照植物学分类，枣为鼠李科（Rhamnaceae）。

4.1.7 属名

枣种质在植物分类学上的属名。按照植物学分类，枣为枣属（Ziziphus）。

4.1.8 学名

枣种质在植物分类学上的名称。按照植物学分类，枣学名为 *Ziziphus jujuba*，酸枣为 *Ziziphus acido-jujuba*。

4.1.9 原产国

枣种质原产国家名称、地区名称或国际组织名称。国家和地区名称按照GB/T 2659的规定执行，如该国家已不存在，应在原国家名称前加"原"。国际组织名称用该组织的正式英文缩写。

4.1.10 原产省

枣种质原产省份名称，省份名称按照GB/T 2260的规定执行；国外引进种质原产省用原产国家一级行政区的名称。

4.1.11 原产地

枣种质原产县、乡、村名称，县名按照GB/T 2260的规定执行。

4.1.12 海拔

枣种质原产地的海拔，单位为米（m）。

4.1.13 经度

枣种质原产地的经度，单位为度（°）和分（′）。格式为"DDDFF"，其中，"DDD"为度，"FF"为分。东经为正值，西经为负值。

4.1.14 纬度

枣种质原产地的纬度，单位为度（°）和分（′）。格式为"DDFF"，其中，"DD"为度，"FF"为分。北纬为正值，南纬为负值。

4.1.15 来源地

枣种质的来源国家、省、县或机构名称。

4.1.16 系谱

与选育品种（系）具有共同祖先的各世代成员数目、亲缘关系及有关遗传性状在该家系中的分布情况。

4.1.17 选育单位

选育枣树品种（系）的单位名称或个人姓名，单位名称应写全称。

4.1.18 育成年份

枣品种（系）培育成功的年份，通常为通过审定或正式发表的年份。

4.1.19 选育方法

枣品种（系）的育种方法，如人工杂交、自然实生或芽变选种等。

4.1.20 种质类型

枣种质的类型，分为：1. 野生资源；2. 地方品种；3. 选育品种；4. 品系；5. 其他。

4.1.21 图像

枣种质的图像文件名。文件名由该种质全国统一编号、连字符"-"和图像序号组成。图像格式为.jpg。如有多个图像文件，文件名之间用分号分隔。

4.1.22 观测地点

枣种质的观测地点，记录到省和县名，如山西省太谷县。

4.2 植物学特征

4.2.1 树型

自然生长状态枣树树冠类型（见图1），分为：1. 圆头型；2. 圆柱型；3. 偏斜型；4. 伞型；5. 乱头型。

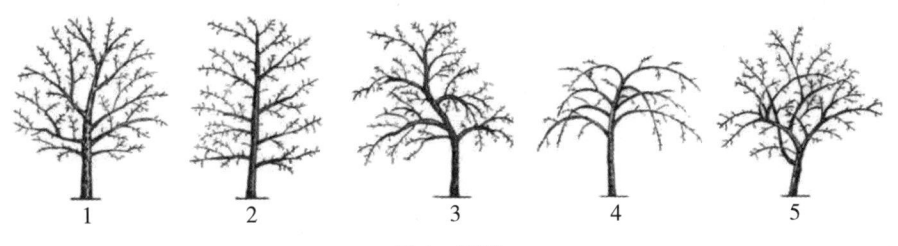

图1 树型

4.2.2 树姿

未整形成龄树的自然分枝习性（见图2），分为：1. 直立；2. 半开张；3. 开张。

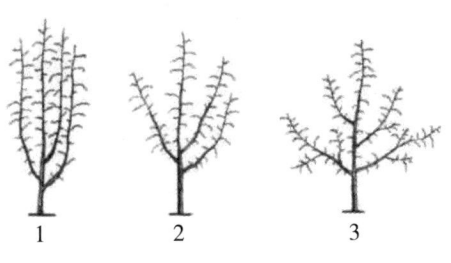

图2 树姿

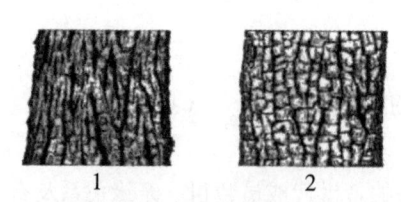

4.2.3 主干皮裂状况
成龄树主干皮裂状况（见图3），分为：1. 条状；2. 块状。

图3 主干皮裂状况

4.2.4 枣头颜色
休眠期光线直射处枣头向阳面的颜色，分为：1. 浅灰；2. 灰绿；3. 黄褐；4. 红褐；5. 灰褐；6. 紫褐。

4.2.5 枣头蜡质
休眠期枣头表面蜡质状况，分为：0. 无；1. 少；2. 多。

4.2.6 二次枝弯曲度
枣头中部生长健壮的二次枝相邻节延伸方向改变的程度，分为：1. 小（＜15°）；2. 中（15°~30°）；3. 大（≥30°）。

4.2.7 二次枝开张度
枣头中部二次枝与枣头枝两者的中轴线之间的夹角大小，分别为：1. 小（夹角＜45°）；2. 中（45°≤夹角＜70°）；3. 大（夹角≥70°）。

4.2.8 针刺特征
枣头中部生长健壮充实的二次枝上直刺的长度（L），分为：0. 无（L＝0cm）；1. 不发达（0cm＜L＜1.0cm）；2. 发达（L≥1.0cm）。

4.2.9 叶片长度
枣吊中部成熟叶片的长度（见图4），单位为厘米（cm）。

4.2.10 叶片宽度
枣吊中部成熟叶片的宽度（见图4），单位为厘米（cm）。

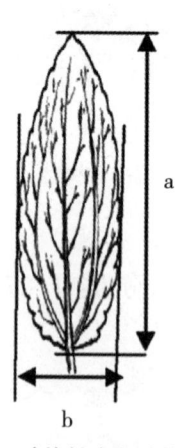

图4 叶片长度和叶片宽度

说明：
a——叶片长度；
b——叶片宽度。

4.2.11 叶片颜色

枣吊中部的成熟叶片正面的颜色。分为：1. 浅绿；2. 绿；3. 浓绿。

4.2.12 叶片展开状态

枣吊中部的成熟叶片的平展或卷曲状态（见图5），分为：1. 合抱；2. 平展；3. 反卷。

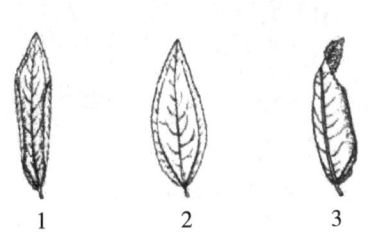

图5 叶片展开状态

4.2.13 叶片形状

枣吊中部成熟叶片的形状（见图6），分为：1. 椭圆形；2. 卵圆形；3. 卵状披针形。

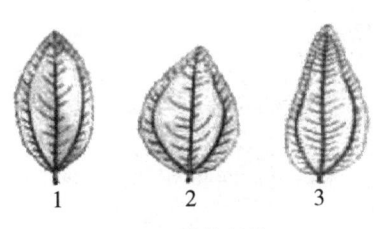

图6 叶片形状

4.2.14 叶尖形状

枣吊中部成熟叶片叶尖的形状（见图7），分为：1. 尖凹；2. 钝尖；3. 急尖；4. 锐尖。

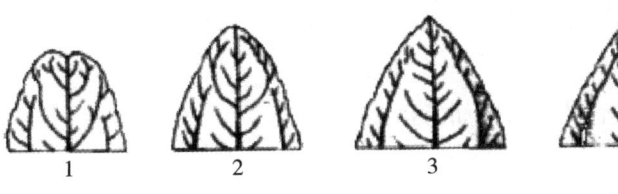

图7 叶尖形状

4.2.15 叶基形状

枣吊中部成熟叶片叶基的形状（见图8），分为：1. 圆形；2. 心形；3. 截形；4. 圆楔形；5. 偏斜型。

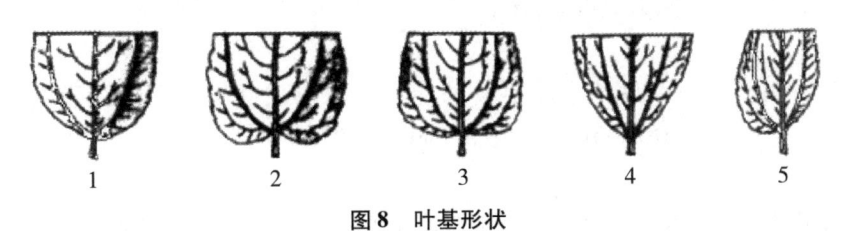

图8 叶基形状

4.2.16 叶缘锯齿形状

枣吊中部成熟叶片叶缘锯齿的形状（见图9），分为：1. 锐齿；2. 钝齿。

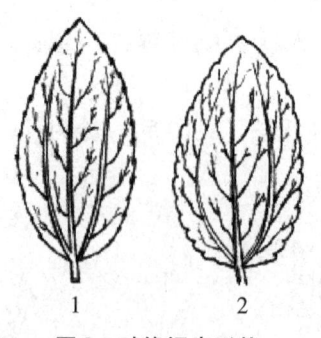

图 9　叶缘锯齿形状

4.2.17　每花序花朵数
盛花期树冠外围 3 年~6 年生枣股上有代表性的枣吊中部的每花序的花朵数，单位为朵。

4.2.18　花径大小
树冠外围 3 年~6 年生枣股上有代表性枣吊中部的花序上萼片平展期的零级花相对萼片边缘的最大距离（见图 10），单位为毫米（mm）。

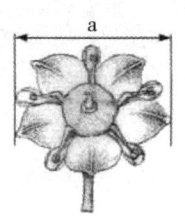

图 10　花径大小

说明：
a——花径。

4.2.19　染色体倍性
枣种质体细胞中包含的染色体倍数，如二倍体。

4.3　生物学特性

4.3.1　树势
正常生长成龄树的生长势状况，分为：1. 弱；2. 中；3. 强。

4.3.2　根蘖多少
成龄期主干周围由根系自然形成根蘖苗的多少，分为：1. 少（<3 株/m²）；2. 多（≥3 株/m²）。

4.3.3　成枝力
成龄树当年生枣头回缩短截后抽生新枣头的能力（以形成新枣头所占的百分比表示），分为：1. 弱（<30.0%）；2. 中（30.0%~70.0%）；3. 强（≥70.0%）。

4.3.4　枣头长度
当年生枣头停止生长期，枣头一次枝基部至先端的平均长度，单位为厘米（cm）。

4.3.5　枣头节间长度
枣头基部第一个永久性二次枝以上节间的平均长度，单位为厘米（cm）。

4.3.6　枣头粗度
枣头停止生长后，枣头基部靠近第一个永久性二次枝处的直径，单位为厘米（cm）。

4.3.7 二次枝长度
停止生长后,枣头中部生长健壮的二次枝的长度,单位为厘米(cm)。

4.3.8 二次枝节数
停止生长后,枣头中部生长健壮的二次枝的节数,单位为节。

4.3.9 二次枝节间长度
停止生长后,枣头中部生长健壮的二次枝节间的长度,单位为厘米(cm)。

4.3.10 枣吊长度
停止生长期,树冠外围不同方位3年~6年生枣股上着生枣吊的长度,单位为厘米(cm)。

4.3.11 萌芽期
春季3年~6年生枣股上5%的主芽鳞片膨大开裂、顶部微显绿色时的日期,以"年月日"表示,格式"YYYYMMDD"。

4.3.12 初花期
春季3年~6年生枣股上着生的枣吊中部5%的零级花开放的日期,以"年月日"表示,格式"YYYYMMDD"。

4.3.13 盛花期
3年~6年生枣股上着生的枣吊中部25%的零级花开放的日期,以"年月日"表示,格式"YYYYM-MDD"。

4.3.14 终花期
3年~6年生枣股上着生的枣吊中部90%的零级花脱落的日期,以"年月日"表示,格式"YYYYM-MDD"。

4.3.15 果实白熟期
25%果实的果皮褪绿变白的日期,以"年月日"表示,格式"YYYYMMDD"。

4.3.16 果实脆熟期
25%果实的果皮开始着色的日期,以"年月日"表示,格式"YYYYMMDD"。

4.3.17 果实完熟期
25%果实全红的日期,以"年月日"表示,格式"YYYYMMDD"。

4.3.18 果实生育期
盛花期至果实脆熟期持续的天数,单位为天(d)。

4.3.19 落叶期
秋季全树约50%的叶片脱落的日期,以"年月日"表示,格式"YYYYMMDD"。

4.3.20 营养生长期
树体从萌芽期到落叶期的天数,单位为天(d)。

4.4 产量性状

4.4.1 始果年龄
定植后正常生长至开始结果的年限,单位为年。

4.4.2 花粉有无
花期树冠外围发育正常的枣吊中部处于蕾黄期的花粉有无,分为:0. 无;1. 有。

4.4.3 花粉发芽率
离体培养蕾裂期的花粉发芽的百分率,单位为百分率(%)。

4.4.4 自花结实率

盛花初期,枣吊摘心、疏花套袋后的花朵坐果率,单位为百分率(%)。

4.4.5 吊果率

在盛花期后45 d(生理落果后),树冠中部外围3年~6年生枝上的坐果数与枣吊数的比值,单位为百分率(%)。

4.4.6 枣头吊果率

在盛花期后45 d(生理落果后),树冠中部外围当年新生枣头枝上的坐果数与枣吊数的比值,单位为百分率(%)。

4.4.7 采前落果程度

采收前1个月内的落果重量占结果总重量的比例(A)。分为:1. 轻(A<10.0%);2. 中(10.0%≤A<30.0%);3. 重(A≥30.0%)。

4.4.8 产量

脆熟期成龄树单位面积所负载果实的重量,单位为千克每666.7平方米(kg/666.7m²)。

4.5 果实性状

4.5.1 单果重

脆熟期单个果实的重量,单位为克(g)。

4.5.2 果实纵径

脆熟期果实纵向最大长度(见图11),单位为厘米(cm)。

4.5.3 果实横径

脆熟期果实横向最大长度(见图11),单位为厘米(cm)。

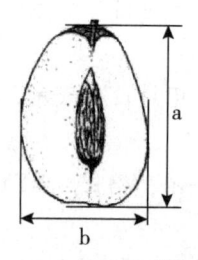

图11 果实纵径和果实横径

说明:
a——果实纵径;
b——果实横径。

4.5.4 果实整齐度

同株树上脆熟期果实大小差异的程度。分为:1. 不整齐;2. 较整齐;3. 整齐。

4.5.5 果实形状

脆熟期果实形状(见图12),分为:1. 扁圆形;2. 圆形;3. 卵圆形;4. 倒卵圆形;5. 圆柱形;6. 圆锥形;7. 磨盘形(带缢痕);8. 茶壶形。

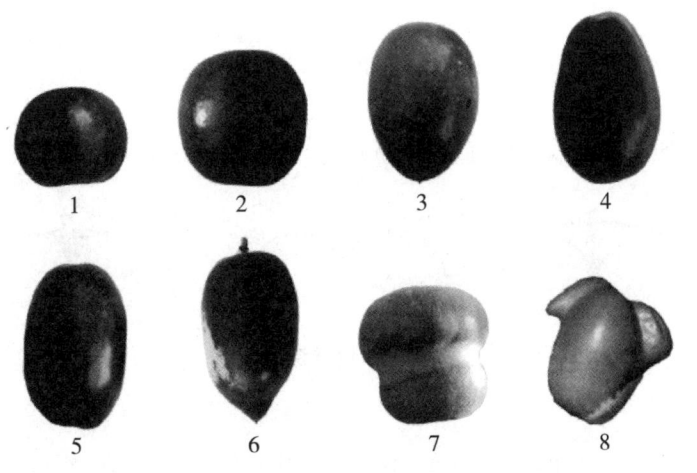

图 12 果实形状

4.5.6 果肩形状
脆熟期果实果肩部位的形状（见图13），分为：1. 平圆；2. 凸圆。

图 13 果肩形状

4.5.7 果顶形状
脆熟期果实果顶的形状（见图14），分为：1. 凹；2. 平；3. 尖。

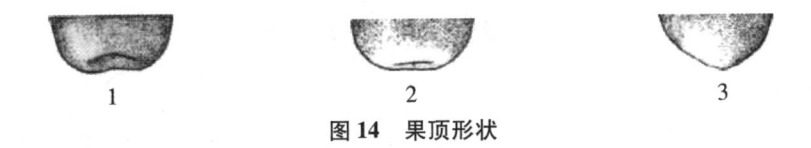

图 14 果顶形状

4.5.8 果实颜色
脆熟期果实果皮的颜色，分为：1. 浅红；2. 红；3. 紫红。

4.5.9 果实平滑度
脆熟期果实的果面平滑度，分为：1. 平整（平展、光滑）；2. 粗糙（平展、粗糙）；3. 凸起（有明显隆起，凹凸不平）。

4.5.10 果皮厚度
脆熟期果实的果皮厚度，分为：1. 薄（参照种质：冬枣）；2. 厚（参照种质：圆铃枣）。

4.5.11 果点大小
脆熟期果实中部果点的大小，分为：1. 小（参照种质：冬枣）；2. 中（参照种质：灰枣）；3. 大（参照种质：临猗梨枣）。

4.5.12 果点密度
脆熟期果实中部果点的疏密程度，分为：1. 疏（参照种质：临猗梨枣）；2. 中（参照种质：赞皇大枣）；3. 密（参照种质：郎枣）。

4.5.13 果柄长度
脆熟期果实梗洼底部至果梗分叉处的长度，单位为毫米（mm）。

4.5.14 梗洼深度
脆熟期果实纵切面梗洼的深浅程度（见图15），分为：1. 浅；2. 中；3. 深。

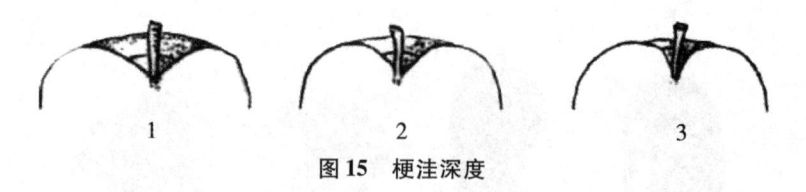

图15 梗洼深度

4.5.15 梗洼广度
脆熟期果实纵切面梗洼的广狭状况（见图16），分为：1. 狭；2. 中；3. 广。

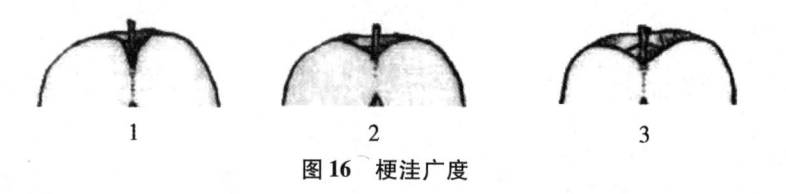

图16 梗洼广度

4.5.16 萼片状态
脆熟期果实的萼片状态（见图17），分为：1. 宿存；2. 残存；3. 脱落。

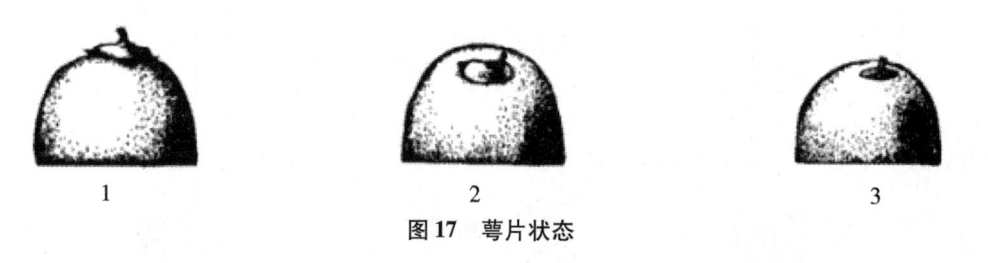

图17 萼片状态

4.5.17 柱头状态
脆熟期果实柱头的存在状态（见图18），分为：1. 宿存；2. 残存；3. 脱落。

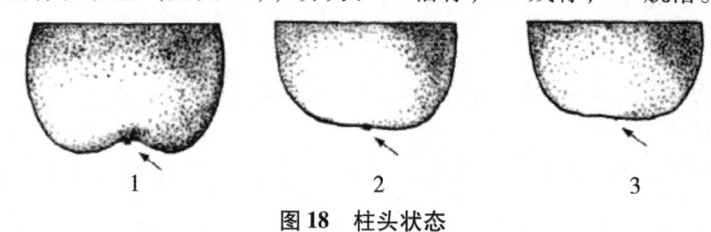

图18 柱头状态

4.5.18 果肉颜色
脆熟期果实果肉的颜色，分为：1. 白；2. 浅绿；3. 绿。

4.5.19 果肉质地
脆熟期果实的果肉质地，分为：1. 疏松；2. 酥脆；3. 致密。

4.5.20 果肉粗细
脆熟期果实果肉的粗细，分为：1. 细；2. 粗。

4.5.21 果实汁液
脆熟期果实果肉汁液多少，分为：1. 少；2. 多。

4.5.22 果实风味
脆熟期果实风味，分为：1. 酸；2. 甜酸；3. 酸甜；4. 甜；5. 极甜。

4.5.23 果实异味
脆熟期至完熟期果实是否具苦、辣等异味，分为：0. 无；1. 有。

4.5.24 可溶性固形物含量
脆熟期果实的可溶性固形物含量，单位为百分率（%）。

4.5.25 可溶性糖含量
脆熟期果实的可溶性糖含量，单位为百分率（%）。

4.5.26 可滴定酸含量
脆熟期果实可滴定酸的含量，单位为百分率（%）。

4.5.27 维生素 C 含量
脆熟期果实维生素 C 的含量，单位为毫克每百克（mg/100g）。

4.5.28 可食率
脆熟期果肉质量占果实总质量的百分比，单位为百分率（%）。

4.5.29 耐储性
鲜枣采收后能保持新鲜、品质较好状态的性能。以在普通冷库条件下可达90%好果率的储藏天数确定。分为：1. 耐储（≥60 d）；2. 较耐储（30 d~60 d）；3. 不耐储（≤30 d）。

4.5.30 枣核的有无
脆熟期果实内核壳的状态，分为：0. 无核；1. 残存；2. 有核。

4.5.31 核重
脆熟期鲜枣的核重，单位为克（g）。

4.5.32 枣核形状
脆熟期枣核的核形（见图19），分为：1. 圆形；2. 椭圆形；3. 纺锤形；4. 圆锥形。

图 19 枣核形状

4.5.33 含仁率
脆熟期果实含有饱满种仁的百分率，单位为百分率（%）。

4.5.34 种仁饱满程度
白熟期至完熟期种仁的有无及与核壳心室紧贴的程度，分为：0. 无；1. 瘪；2. 不饱满；3. 饱满。

4.5.35 制干率
完熟期果实自然晾干或人工烘干至明显失水（小枣类：含水量≤28.0%，大枣类：含水量≤25.0%）后的重量与鲜枣总重量的比值，单位为百分率（%）。

4.5.36 干枣颜色
干枣果皮的颜色，分为：1. 浅红；2. 红；3. 赭红；4. 紫红。

4.5.37 干枣皱褶度

干枣果皮的皱褶度,分为:1. 皱褶;2. 较平展;3. 平展。

4.5.38 干枣果肉饱满度

干枣果肉的饱满程度,分为:1. 不饱满;2. 较饱满;3. 饱满。

4.5.39 干枣可溶性糖含量

干枣果肉中可溶性糖的含量,单位为百分率(%)。

4.5.40 果实用途

枣果具最大商业价值和食用价值的利用方式,分为:1. 鲜食;2. 制干;3. 鲜食制干兼用;4. 蜜枣加工;5. 观赏。

4.6 抗逆性

4.6.1 抗裂果性

枣果遇雨时忍耐或抵抗裂果的能力,根据清水诱裂试验裂果率确定,分为:1. 极抗(裂果率<10%);3. 抗裂(10%≤裂果率<20%);5. 中抗(20%≤裂果率<50%);7. 易裂(50%≤裂果率<70%);9. 极易(裂果率≥70%)。

4.6.2 枣疯病抗性

枣树植株对枣疯病(Jujube witches broom disease)的抗性强弱,以接种试验发病率确定,分为:1. 高抗(发病率<5%);3. 抗病(5%≤发病率<10%);5. 中抗(10%≤发病率<30%);7. 感病(30%≤发病率<50%);9. 高感(发病率≥50%)。

4.6.3 缩果病抗性

枣果对缩果病(Fruit brown cortex)的抗性强弱,以接种试验病果率确定,分为:1. 高抗(病果率<5%);3. 抗病(5%≤病果率<10%);5. 中抗(10%≤病果率<30%);7. 感病(30%≤病果率<50%);9. 高感(病果率≥50%)。

ICS 67.080
B 31

LY

中华人民共和国林业行业标准

LY/T 1920—2010

梨 枣

Li zao

2010-02-09 发布　　　　　　　　　　　　2010-06-01 实施

国家林业局　发 布

前 言

本标准由国家林业局提出并归口。

本标准起草单位：山西省交城县林业科学研究所。

本标准主要起草人：宋丽英、田国启、王建生、刘桂兰、王海平、段春秀、常崇兵、高晋东。

梨　枣

1　范围

本标准规定了梨枣的要求、检验方法、检验规则、包装、标志以及运输、贮藏。

本标准适用于种源为山西临猗的梨枣（*Ziziphus jujuba* Mill 'LinYi LiZao'）的收购、贮运和销售。

2　规范性引用文件

下列文件中的条款通过本标准的引用而成为本标准的条款。凡是注日期的引用文件，其随后所有的修改单（不包括勘误的内容）或修订版均不适用于本标准。然而，鼓励根据本标准达成协议的各方研究是否可使用这些文件的最新版本。凡是不注日期的引用文件，其最新版本适用于本标准。

GB/T 5835　干制红枣

GB 7718　预包装食品标签通则

GB/T 8855　新鲜水果和蔬菜　取样方法

GB/T 10651　鲜苹果

GB 18406.2　农产品安全质量　无公害水果安全要求

GB/T 22345　鲜枣质量等级

3　要求

3.1　感官要求

感官要求应符合表1的规定。

表1　感官要求

项目	特等	一等	二等
基本要求	果实成熟、完整、洁净、无异味，无不正常外来水分，无裂果、病虫果、霉烂果，果皮无损伤		
色泽	色泽为浅红色（着色面积达到50%以上）		
果形	果形呈卵圆形或近圆形		
果实平均质量 m/g	m≥28	20≤m<28	13≤m<20

注：以 m 表示果实平均单果质量。

3.2　理化指标

理化指标应符合表2的规定。

表2 理化指标

项目	指标
可食率（以质量计）/%	≥95
硬度 /（kg/cm^2）	9~10
可溶性固形物/%	≥22

3.3 卫生、安全指标

卫生、安全指标按照 GB 18406.2 的规定执行。

4 检验方法

4.1 感官检验

取样量按 GB/T 8855 的规定执行。果实的果面、果形、色泽、成熟度、霉烂用目测法检测，单果重用单果称重法检测。

每批受检样品抽样检测时，对有缺陷的果实做记录，病虫害症状不明显而有怀疑者，应取样解剖检验，如发现内部症状，则成倍扩大样品数量。一个样品出现多种缺陷时，按一个缺陷计，不合格率按有缺陷样品个数计算。

4.2 理化指标检验

4.2.1 可食率

按 GB/T 5835 的规定执行。

4.2.2 硬度

按 GB/T 10651 的规定执行。

4.2.3 可溶性固形物

按 GB/T 10651 的规定执行。

5 检验规则

5.1 组批

同等级、同一批交售、调运、贮藏、销售的枣果作为一个检验批次。

5.2 抽样方法

按 GB/T 8855 的规定执行。

5.3 判定规则

检验结果应符合相应等级的规定，当单果重、色泽、病虫果、机械损伤出现不合格项时，允许对不合格项目进行加倍重新取样复检，复检仍有不合格项的，则判该批产品为不合格品。各等级果实中，允许有5%的下级果。

6 包装、标志

6.1 包装

鲜枣的包装应符合 GB/T 22345 规定要求,包装时按等级分别进行包装。

6.2 标志

包装标志应符合 GB 7718 的要求。

7 运输、贮藏

7.1 运输

运输时不得与其他有毒有害物品混装、混运,应轻搬、轻放、防止挤压。

7.2 贮藏

7.2.1 冷库贮藏

鲜枣入库前应对贮藏场所进行消毒灭菌。将鲜枣适时采摘挑选分级后,装入保鲜膜袋中入 0℃ ± 1℃库进行贮藏,袋的中部两侧要求打孔,孔径 1cm(每千克要求打两个孔),也用微孔膜袋包装。

7.2.2 气调贮藏

7.2.2.1 贮藏条件

温度 -1℃ ~0℃;相对湿度保持在 90% ~95%;氧气含量 3% ~5%,二氧化碳含量小于 0.5%。

7.2.2.2 贮藏方法

入库鲜枣应批次分明,堆码整齐。贮藏期间应进行定期检查,发现问题及时处理。

ICS 65.020
B 61

LY

中华人民共和国林业行业标准

LY/T 2190—2013

植物新品种特异性、一致性
和稳定性测试指南　枣

Test guideline for distinctness, uniformity and stability—
Chinese jujube（*Zizyphus jujuba* Mill.）

2013-10-17 发布　　　　　　　　　　　　　　　2014-01-01 实施

国家林业局　发布

前　言

本标准按照 GB/T 1.1—2009 给出的规则起草。

本标准由国家林业局植物新品种保护办公室提出并归口。

本标准起草单位：西北农林科技大学。

本标准主要起草人：李新岗、黄建、高文海、王长柱、赵锁劳、张新。

植物新品种特异性、一致性和稳定性测试指南 枣

1 范围

本标准规定了鼠李科（*Rhamnaceae*）枣属（*Zizyphus* Mill.）枣（*Zizyphus jujuba* Mill.）植物新品种特异性、一致性、稳定性测试技术要求。

本标准适用于所有枣植物新品种的测试。

2 规范性引用文件

下列文件对于本文件的应用是必不可少的。凡是注日期的引用文件，仅所注日期的版本适用于本文件。凡是不注日期的引用文件，其最新版本（包括所有的修改单）适用于本文件。

GB/T 19557.1—2004 植物新品种特异性、一致性和稳定性测试指南 总则

3 术语和定义

下列术语和定义适用于本文件。

3.1 枣头 extension shoot

由主芽萌发形成的当年发育枝，是形成树体骨架和结果单位枝的主要枝条。枣头具有多年连续延长生长的特性。

3.2 二次枝 secondary shoot

枣头上由副芽形成的永久性枝，呈"之"字形，是着生枣股的枝条，也称结果基枝。枣头一次枝基部着生的枝为脱落性二次枝，上部着生的枝为永久性二次枝。

3.3 枣股 mother bearing shoot; fruit bearing spur

枣树的结果母枝，主要着生在二年以上的二次枝上，个别着生在枣头的一次枝的顶端和基部。枣股形成后可连续多年生长，一般每个枣股可抽生 2 个~5 个枣吊。

3.4 枣吊 bearing shoot

枣树的结果枝，也称脱落性枝。枣吊主要着生在枣股上，一般当年抽生当年脱落，少数枣头基部或二次枝上着生多年生枣吊，也称木质化枣吊。

3.5 白熟期 period of white mature

挂果枣树有 50% 以上的枣果褪绿变白的时期。

3.6 脆熟期 period of crisp mature

挂果枣树有50%以上的枣果变红变脆的时期。

3.7 完熟期 period of full mature

挂果枣树的枣果全部变红，且有75%以上的枣果色泽加深、果肉变软的时期。

3.8 可食率 edible rate

脆熟期100g鲜枣果实所含果肉的百分数。

3.9 制干率 dried rate

完熟期100g枣果制干后的质量（g），用百分数表示。一般小果类制干后的含水量为25%，大果类制干后的含水量为28%。

3.10 果实整齐度 fruit uniformity

同株或同一品种枣树果实大小差异的程度。在果实脆熟期到完熟期，每株样本树选取2年生～5年生枣股10个，随机采果50个，分别称量，计算变异系数（以%表示，精确到0.1%），计算见式（1）：

$$V = S/X \times 100\% \;(\text{其中}: S = \sqrt{\frac{\sum (x - \bar{x})^2}{n-1}}) \tag{1}$$

式中：

V——变异系数；

X——平均单果重；

S——标准差；

x——每个样本单果重；

n——样本果数。

4 DUS测试技术要求

4.1 测试材料

4.1.1 由审批机构通知送交测试品种的时间、地点及测试所需要的植物材料数量和质量。从非测试地国家或地区递交的材料，申请人应按照当地进出境和运输的相关规定提供海关、植物检疫等相关文件。

4.1.2 提交的测试材料应该是一年生枣头一次枝（嫁接前1个月提供），或者经审批机关许可，申请人可提交以酸枣或本砧为砧木的嫁接苗，审批机关有权选择最合适的枣砧木。

4.1.3 提供的测试材料，接穗不少于50个，嫁接苗不少于30株。

4.1.4 待测新品种材料应为无病虫害感染、生长正常的植株或枝条，且为非离体繁殖获得。

4.1.5 除审批机构允许或者要求对材料进行处理外，提交的植物材料不应进行任何影响性状表达的额外处理。如果已经被处理，应提供处理的详细信息。

4.2 测试方法

4.2.1 测试周期和时间
在符合测试条件的情况下，至少测试2个生长周期。

4.2.2 测试地点
待测新品种测试地点应该在审批机构指定的测试基地和实验室中进行。

4.2.3 测试条件
测试应该在待测新品种相关特征能够完整表达的条件下进行，所选取的测试材料至少应在测试地点定植两年以上。

4.2.4 测试设计
4.2.4.1 每个测试品种不少于9株，3个重复，每个重复3株。待测品种与标准品种和相似品种定植在同一条件下，管理水平一致。

4.2.4.2 如果测试需要提取植株某些部位作为样品时，样品采集不得影响测试植株整个生长周期的观测。

4.2.4.3 除非特别声明，所有的观测应针对9株植物或取自9株植物的相同部位上的材料进行。

4.2.5 同类特征的测试方法
4.2.5.1 枝条、叶片、花、果实、果核等特征

枣头：停止生长后，选取测试植株的当年生枣头中部（每株测试3个~4个枝条）作为枝条特征的测试材料。如果以枝条特征作为新品种特异性的评价，申请人应在技术问卷（附录A）中明确说明。

二次枝：停止生长后，选取枣头中部着生的二次枝作为测试材料。如果以二次枝特征作为新品种特异性的评价，申请人应在技术问卷（附录A）中明确说明。

枣吊：停止生长后，选取一年生二次枝中部着生的枣吊作为测试材料。如果以枣吊特征作为新品种特异性的评价，申请人应在技术问卷（附录A）中明确说明。

花和花蕾：进入盛花期，选取枣吊中部的零级花和零级花蕾各30个作为花特征的测试材料。

叶片：在一年生枣股上，选取30个枣吊中部叶片作为测试材料。

果实：脆熟期至完熟期，在二年生以上枝条上，共选取50个果实作为测试材料。

果核：选择成熟的果实50个作为测试材料，取果核进行测试。

4.2.5.2 色彩特征

色彩特征应按照4.2.5.1中规定的取样方法对采集样品以英国皇家园艺协会（RHS）出版的比色卡（RHS colour chart）为标准进行观测。

4.2.6 个别特征的测试方法
4.2.6.1 枣头：节间距（附录B中表B.1性状特征序号2）特征

指枣头上着生的二次枝间的平均距离，参照下列标准分级：短（节间距≤5cm），中（8cm≥节间距>5cm），长（节间距>8cm）。

4.2.6.2 二次枝：长度（附录B中表B.1性状特征序号3）特征

参照下列标准分级：短（二次枝长≤25cm），中（40cm≥二次枝长>25cm），长（二次枝长>40cm）。

4.2.6.3 二次枝：节数（附录B中表B.1性状特征序号4）特征

参照下列标准分级：少（节数≤4个），中（7个≥节数>4个），多（节数>7个）。

4.2.6.4 二次枝：针刺（附录B中表B.1性状特征序号6）特征

参照下列标准分级：无刺或极弱（针刺长≤0.5cm），不发达（2.0cm≥针刺长>0.5cm），发达（针刺长>2.0cm）。

4.2.6.5　枣吊：长度（附录B中表B.1性状特征序号7）特征

参照下列标准分级：短（枣吊长≤15cm），中（20cm≥枣吊长>15cm），长（枣吊长>20cm）。

4.2.6.6　枣吊：叶片数（附录B中表B.1性状特征序号8）特征

参照下列标准分级：少（叶片数≤15片），中（20片≥叶片数>15片），多（叶片数>20片）。

4.2.6.7　叶片：长度（附录B中表B.1性状特征序号9）特征

参照下列标准分级：短（叶片长≤5cm），中（8cm≥叶片长>5cm），长（叶片长>8cm）。

4.2.6.8　叶片：宽度（附录B中表B.1性状特征序号10）特征

参照下列标准分级：窄（叶片宽≤2cm），中（3cm≥叶片宽>2cm），宽（叶片宽>3cm）。

4.2.6.9　花：直径（附录B中表B.1性状特征序号14）特征

参照下列标准分级：小（花直径≤5mm），中（6.5mm≥花直径>5cm），大（花直径>6.5mm）。

4.2.6.10　果实：大小（附录B中表B.1性状特征序号16）特征

参照下列标准分级：小（果实≤6g），较小（13g≥果实>6g），中等（18g≥果实>13g），较大（25g≥果实>18g）大（果实>25g）。

4.2.6.11　果实：纵径（附录B中表B.1性状特征序号18）特征

按照下列标准分级：短（果纵径≤2.0cm），中等（3.0cm≥果纵径>2.0cm），较长（4.0cm≥果纵径>3.0cm），长（果纵径>4.0cm）。

4.2.6.12　果实：整齐度（附录B中表B.1性状特征序号20）特征

用3.10的变异系数表示（%）。参照下列标准分级：不整齐（变异系数>30%），较整齐（30%≥变异系数>15%），整齐（变异系数≤15%）。

4.2.6.13　果实：可食率（附录B中表B.1性状特征序号30）特征

参照下列标准分级：低（可食率≤92%），中（96%≥可食率>92%），高（可食率>96%）。

4.2.6.14　果实：可溶性固形物（附录B中表B.1性状特征序号33）特征

参照下列标准分级：低（可溶性固形物≤25%），中等（35%≥可溶性固形物>25%），高（可溶性固形物>35%）。

4.2.6.15　果实：裂果性（附录B中表B.1性状特征序号34）特征

用裂果率表示，分级按照脆熟期枣果浸水48h的裂果率，分级标准为：极易裂（裂果率>80%），易裂（80%≥裂果率>50%），中等裂（50%≥裂果率>20%），较抗裂（20%≥裂果率>10%），抗裂（裂果率≤10%）。

4.2.6.16　果实：果实发育期（附录B中表B.1性状特征序号35）特征

参照下列标准分级：短（果实发育期≤90d），中（110d≥果实发育期>90d），长（果实发育期>110d）。

4.2.6.17　果核：大小（附录B中表B.1性状特征序号36）特征

参照下列标准分级：小（核重≤0.3g），较小（0.5g≥核重>0.3g），中等（0.7g≥核重>0.5g），较大（0.9g≥核重>0.7g），大（核重>0.9g）。

4.2.6.18　果核：含仁率（附录B中表B.1性状特征序号39）特征

参照下列标准分级：无（0），少（含仁率≤25%），中等（50%≥含仁率>25%），较高（80%≥含仁率>50%），高（含仁率>80%）。

4.2.7　附加测试

通过自然授粉或人工授粉获得的杂交新品种，如果稳定性测试存在疑问，应附加对其亲本的特异性、一致性和稳定性测试。

5 特异性、一致性和稳定性评价

5.1 特异性

如果性状的差异满足差异恒定和差异显著，视为具有特异性。

5.1.1 差异恒定

如果待测新品种与相似品种间差异非常清楚，只需要一个生长周期的测试。在某些情况下因环境因素的影响，使待测新品种与相似品种间差异不清楚时，则至少需要两个或两个以上生长周期的测试。

5.1.2 差异显著

质量性状的特异性评价：待测新品种与相似品种只要有一个性状有差异，则可判定该品种具备特异性。

数量性状的特异性评价：待测新品种与相似品种至少有两个性状有差异，或者一个性状的两个代码（见表B.1）有差异，则可判定该品种具备特异性。

假性质量性状的特异性评价：待测新品种与相似品种至少有两个性状有差异，或者一个性状的两个不连贯代码有差异，则可判定该品种具备特异性。

5.2 一致性

一致性判断采用异型株法。根据1%群体标准和95%可靠性概率，9株观测植株中异型株的最大允许值为1。

5.3 稳定性

5.3.1 申请品种在测试中符合特异性和一致性要求，可认为该品种具备稳定性。

5.3.2 特殊情况或存在疑问时，需要再次测试一个生长周期，或者由申请人提供新的测试材料，测试其是否与先前提供的测试材料表达出相同的特征。

6 品种分组

6.1 品种分组说明

依据分组特征确定待测新品种的分组情况，并选择相似品种，使其包含在特异性的生长测试中。

6.2 分组特征

6.2.1 二次枝：形态（见表B.1性状特征序号6）。
6.2.2 果实：大小（见表B.1性状特征序号17）。
6.2.3 果实：形状（见表B.1性状特征序号18）。
6.2.4 果实：成熟期（见表B.1性状特征序号43）。

7 性状特征和相关符号说明

7.1 特征类型

7.1.1 星号特征［表B.1中被标注"（*）"的特征］：是指待测新品种审查时为协调统一特征描述而采用的重要的品种特征，进行DUS测试时应对所有"星号特征"进行测试。

7.1.2 加号特征［表B.1中被标注"（+）"的特征］：是指对表B.1中进行图解说明的特征（见B.2）。

7.2 表达状态及代码

附录B中性状特征描述已经明确给出每个特征表达状态的标准定义，为便于对特征表达状态进行描述并分析比较，每个表达状态都有一个对应的数字代码。

7.3 表达类型

GB/T 19557.1—2004提供了性状特征的表达类型：质量性状、数量性状和假性质量性状的名词解释。

7.4 标准品种

用于准确、形象地演示某一性状特征（特别是数量性状）表达状态的品种。

7.5 符号说明

（*）：星号特征，见7.1.1；

（+）：加号特征，见7.1.2；

QL：质量特征，见7.3；

QN：数量特征，见7.3；

PQ：假性质量特征，见7.3；

MG：针对一组植株或植株部位进行单次测量得到单个记录；

MS：针对一定数量的植株或植株部位分别进行测量得到多个记录；

VG：针对一组植株或植株部位进行单次目测得到单个记录；

VS：针对一定数量的植株或植株部位分别进行目测得到多个记录；

（a）和（b）：分别对应4.2.5.1、4.2.5.2；

（c）~（t）：分别对应 4.2.6.1、4.2.6.2、4.2.6.3、4.2.6.4、4.2.6.5、4.2.6.6、4.2.6.7、4.2.6.8、4.2.6.9、4.2.6.10、4.2.6.11、4.2.6.12、4.2.6.13、4.2.6.14、4.2.6.15、4.2.6.16、4.2.6.17、4.2.6.18。

附录A
（资料性附录）
技术问卷

编号（申请者不必填写）

1 申请注册的品种名称（请注明中文名和学名）：

2 申请人信息
　　申请人：　　　　　　　共同申请人：
　　地址：
　　邮政编码：　　　　电话：　　　　传真：　　　　电子邮箱：

3 品种起源
　　品种发现者：　　　发现日期：　　　育种者：　　　育种时间：
　　杂交育种：♀（母本）_____ × ♂（父本）_____
　　实生选种：♀（母本）_____
　　其他育种途径：
　　选育种过程摘要：

4 主要特征（第1栏括弧中的数字为附录B表B.1中性状特征序号，请在相符合的特征代码后的［　］中画"√"）

4.1（1）	植株：树姿	1直立 [ ]　2半开张 [ ]　3开张 [ ]　4开张下垂 [ ]
4.2（8）	二次枝：形态	1"之"字形 [ ]　2扭曲状 [ ]
4.3（14）	叶片：形状	1披针形 [ ]　2卵圆形 [ ]　3椭圆形 [ ]
4.4（21）	果实：大小	1小 [ ]　2较小 [ ]　3中等 [ ]　4较大 [ ]　5大 [ ]
4.5（22）	果实：形状	1扁圆形 [ ]　2圆形 [ ]　3圆柱形 [ ]　4卵圆形 [ ]　5椭圆形 [ ]　6倒卵圆形 [ ]　7圆锥形 [ ]　8茶壶形 [ ]　9缢痕 [ ]
4.6（26）	果实：颜色	1橘红色 [ ]　2红色 [ ]　3紫红色 [ ]　4深紫色 [ ]　5棕红色 [ ]　6黑红色 [ ]
4.7（40）	果核：大小	1小 [ ]　2较小 [ ]　3中等 [ ]　4较大 [ ]　5大 [ ]
4.8（41）	果核：形状	1倒卵形 [ ]　2纺锤形 [ ]　3椭圆形 [ ]　4圆形 [ ]
4.9（46）	果核：状态	1软化或无 [ ]　2半硬化 [ ]　3硬化 [ ]
4.10（51）	物候：成熟期	1极早 [ ]　2早 [ ]　3中 [ ]　4晚 [ ]　5极晚 [ ]

5 相似品种比较信息
与该品种相似的品种名称：

与相似品种的典型差异：

（续表）

6　品种特征综述（按照附录 B 表 B.1 的内容详细描述）

7　附加信息（能够区分品种的性状特征等）

7.1　抗逆性和适应性（抗旱、抗寒、耐涝、抗盐碱、抗病虫害、抗裂果等特性）：

7.2　繁殖要点：

7.3　栽培管理要点：

7.4　其他信息：

8　测试要求（该品种测试所需特殊条件等）

9　有助于辨别申请品种的其他信息

注：上述表格各条款与留空格不足时可另附 A4 纸补充说明。

申请者签名：＿＿＿＿＿＿　　　日期：＿＿＿＿年＿＿＿＿月＿＿＿＿日

附录 B
(规范性附录)
品种性状特征

B.1 性状特征表

见表 B.1。

表 B.1 性状特征表

序号及性质	测试方法	性状特征	性状特征描述	标准品种 中文名	标准品种 学名	代码
1 (+) PQ	VG	植株：树姿	直立 半开张 开张 开张下垂			1 2 3 4
2 QN	MS (c)	枣头：节间距	短 中 长	民勤小枣 赞皇大枣 骏枣	Z. Jujuba 'Minqin Xiaozao' Z. jujuba 'Zanhuang Dazao' Z. Jujuba 'Junzao'	1 3 5
3 QN	MS (d)	二次枝：长度	短 中 长	婆枣 骏枣 薛城冬枣	Z. Jujuba 'Pozao' Z. Jujuba 'Junzao' Z. Jujuba 'Xuecheng Dongzao'	3 5 7
4 QN	MS (e)	二次枝：节数	少 中 多	大荔龙枣 大荔水枣 赞皇大枣	Z. jujuba 'Dali Longzao' Z. Jujuba 'Dali Shuizao' Z. Jujuba 'Zanhuang Dazao'	3 5 7
5 (*) (+) QL	VG (a)	二次枝：形态	"之"字形 扭曲状			1 2
6 QN	VG (f)	二次枝：针刺	无刺或极弱 不发达 发达	金昌一号 壶瓶枣 七月鲜	Z. Jujuba 'Jinchang Yihao' Z. Jujuba 'Hupingzao' Z. Jujuba 'Qiyuexian'	1 2 3
7 QN	MS (g)	枣吊：长度	短 中 长	七月鲜 临漪梨枣 成武冬枣	Z. Jujuba 'Qiyuexian' Z. Jujuba 'Linyi Lizao' Z. Jujuba 'Chengwu Dongzao'	1 3 5

(续表)

序号及性质	测试方法	性状特征	性状特征描述	标准品种 中文名	标准品种 学名	代码
8 QN	MS (h)	枣吊：叶片数	少 中 多	蜂蜜罐 赞皇大枣 成武冬枣	Z. Jujuba 'Fengmiguan' Z. Jujuba 'Zanhuang Dazao' Z. Jujuba 'Chengwu Dongzao'	3 5 7
9 QN	MS (i)	叶片：长度	短 中 长	七月鲜 金丝小枣 赞皇大枣	Z. Jujuba 'Qiyuexian' Z. Jujuba 'Jinsi Xiaozao' Z. Jujuba 'Zanhuang Dazao'	1 3 5
10 QN	MS (j)	叶片：宽度	窄 中 宽	蜂蜜罐 鸡心枣 大叶无核	Z. Jujuba 'Fengmiguan' Z. Jujuba 'Jixin Zao' Z. Jujuba 'Daye Wuhe'	3 5 7
11 (+) PQ	VG (a)	叶片：形状	披针形 卵圆形 椭圆形			1 2 3
12 (+) PQ	VG (a)	叶片：叶尖形状	锐尖 渐尖 钝尖			1 3 5
13 (+) PQ	VG (a)	叶片：叶缘形状	锐锯齿 钝齿			1 2
14 QN	MS	花：直径	小 中 大	鸡心枣 冬枣 赞皇大枣	Z. Jujuba 'Jixin Zao' Z. Jujuba 'Dongzao' Z. Jujuba 'Zanhuang Dazao'	3 5 7
15 PQ	VG (a)	花：花蕾形状	扁五棱形 扁圆形	晋枣 金丝小枣	Z. Jujuba 'Jinzao' Z. Jujuba 'Jinsi Xiaozao'	1 2
16 (*) QN	MS (1)	果实：大小	小 较小 中等 较大 大	无核小枣 鸡心枣 狗头枣 骏枣 临漪梨枣	Z. Jujuba 'Wuhe Xiaozao' Z. Jujuba 'Jixin Zao' Z. Jujuba 'Goutouzao' Z. Jujuba 'Junzao' Z. Jujuba 'Linyi Lizao'	1 3 5 7 9

(续表)

序号及性质	测试方法	性状特征	性状特征描述	标准品种 中文名	标准品种 学名	代码
17 (*) (+) PQ	VG (a)	果实：形状	扁圆形 圆形 圆柱形 卵圆形 椭圆形 倒卵圆形 圆锥形 茶壶形 缢痕			1 2 3 4 5 6 7 8 9
18 QN	MS (m)	果实：纵径	短 中 较长 长	算盘枣 冬枣 牛奶脆枣 金昌一号	*Z. Jujuba* 'Suanpanzao' *Z. Jujuba* 'Dongzao' *Z. Jujuba* 'Niunai Cuizao' *Z. Jujuba* 'Jinchang Yihao'	3 5 7 9
19 QN	MS (a)	果实：横径	窄 中 较宽 宽	龙枣 蜂蜜罐 赞皇大枣 临漪梨枣	*Z. Jujuba* 'Longzao' *Z. Jujuba* 'Fengmiguan' *Z. Jujuba* 'Zanhuang Dazao' *Z. Jujuba* 'Linyi Lizao'	3 5 7 9
20 (*) PQ	MG	果实：整齐度	不整齐 较整齐 整齐	湖南鸡蛋枣 冬枣 赞皇大枣	*Z. Jujuba* 'Hunan Jidanzao' *Z. Jujuba* 'Dongzao' *Z. Jujuba* 'Zanhuang Dazao'	3 5 7
21 PQ	VG (b)	果实：颜色	橘红色 红色 紫红色 深紫色 棕红色 黑红色	灰枣 金丝小枣 圆铃枣 胎里红 狗头枣 算盘枣	*Z. Jujuba* 'Huizao' *Z. Jujuba* 'Jinsi Xiaozao' *Z. Jujuba* 'Yuanlingzao' *Z. Jujuba* 'Tailihong' *Z. Jujuba* 'Goutouzao' *Z. Jujuba* 'Suanpanzao'	1 2 3 4 5 6
22 PQ	VG (a)	果实：表面光滑度	光滑 粗糙	冬枣 蛤蟆枣	*Z. Jujuba* 'Dongzao' *Z. Jujuba* 'Hamazao'	1 2
23 (+) PQ	VG (a)	果实：果顶形状	尖 圆 平 凹			1 2 3 4
24 (+) PQ	VG (a)	果实：梗洼深度	浅 中 深			3 5 7

（续表）

序号及性质	测试方法	性状特征	性状特征描述	标准品种 中文名	标准品种 学名	代码
25 (*) (+) QN	VG (a)	果实：果点大小	小 中 大			3 5 7
26 (*) (+) QN	MG (a)	果实：果点密度	稀 中 密			3 5 7
27 PQ	VG (b)	果实：果肉颜色	绿白色 白 淡黄	婆婆枣 大荔龙枣 太谷玲玲枣	Z. Jujuba 'Popozao' Z. Jujuba 'Dali Longzao' Z. Jujuba 'Taigu Linglingzao'	1 2 3
28 QN	VG (a)	果实：果肉粗细	细 中 粗	冬枣 赞皇大枣 大团枣	Z. jujuba 'Dongzao' Z. jujuba 'Zanhuang Dazao' Z. jujuba 'Datuanzao'	3 5 7
29 (*) QN	MG (a)	果实：果肉质地	疏松 中等 致密	临猗梨枣 冬枣 狗头枣	Z. jujuba 'Linyi Lizao' Z. jujuba 'Dongzao' Z. jujuba 'Goutouzao'	3 5 7
30 (*) QN	MG (o)	果实：可食率	低 中 高	鸡心枣 狗头枣 晋枣	Z. jujuba 'Jixinzao' Z. jujuba 'Goutouzao' Z. jujuba 'Jinzao'	3 5 7
31 QN	MG (a)	果实：汁液	少 中 多	中阳木枣 赞皇大枣 蜂蜜罐	Z. jujuba 'Zhongyang Muzao' Z. jujuba 'Zanhuang Dazao' Z. jujuba 'Fengmiguan'	3 5 7
32 PQ	MG (a)	果实：酸甜度	酸 甜酸 甜	酸团枣 金丝小枣 蜂蜜罐	Z. jujuba 'Suantuanzao' Z. jujuba 'Jinsi Xiaozao' Z. jujuba 'Fengmiguan'	1 2 3
33 (*) QN	MG (p)	果实：可溶性固形物	低 中 高	大荔水枣 鸡心枣 金丝小枣	Z. jujuba 'Dali Shuizao' Z. jujuba 'Jixinzao' Z. jujuba 'Jinsi Xiaozao'	3 5 7

(续表)

序号及性质	测试方法	性状特征	性状特征描述	标准品种 中文名	标准品种 学名	代码
34 QN	VG (q)	果实：裂果性	极易裂 易裂 中等裂 较抗裂 抗裂	晋枣 临漪梨枣 赞皇大枣 板枣 阎良相枣	Z. jujuba 'Jinzao' Z. jujuba 'Linyi Lizao' Z. jujuba 'Zanhuang Dazao' Z. jujuba 'Banzao' Z. jujuba 'Yanliang Xiangzao'	1 3 5 7 9
35 (*) QN	VG (r)	果实：发育期	短 中 长	七月鲜 金丝小枣 薛城冬枣	Z. jujuba 'Qiyuexian' Z. jujuba 'Jinsi Xiaozao' Z. jujuba 'Xuecheng Dongzao'	3 5 7
36 (*) QN	MS (s)	果核：大小	小 较小 中等 较大 大	金丝小枣 冬枣 蜂蜜罐 骏枣 金昌一号	Z. jujuba 'Jinsi Xiaozao' Z. jujuba 'Dongzao' Z. jujuba 'Fengmiguan' Z. jujuba 'Junzao' Z. jujuba 'Jinchang Yihao'	1 3 5 7 9
37 (*) (+) PQ	VG	果核：形状	倒卵形 纺锤形 椭圆形 圆形			1 2 3 4
38 (*) PQ	VG (a)	果核：状态	软化或无 半硬化 硬化	大叶无核 金丝无核 赞皇大枣	Z. jujuba 'Daye Wuhe' Z. jujuba 'Jinsi Wuhe' Z. jujuba 'Zanhuang Dazao'	1 3 9
39 (*) QN	VS (t)	果核：含仁率	无 少 中等 较高 高	金丝小枣 灰枣 骏枣 阎良相枣 大团枣	Z. jujuba 'Jinsi Xiaozao' Z. jujuba 'Huizao' Z. jujuba 'Junzao' Z. jujuba 'Yanliang Xiangzao' Z. jujuba 'Datuanzao'	1 3 5 7 9
40 QN	VG (a)	物候：萌芽期	早 中 晚	苹果枣 金丝小枣 鸡心枣	Z. jujuba 'Pingguozao' Z. jujuba 'Jinsi Xiaozao' Z. jujuba 'Jixinzao'	3 5 7
41 QN	VG (a)	物候：始花期	早 中 晚	苹果枣 金丝小枣 鸡心枣	Z. jujuba 'Pingguozao' Z. jujuba 'Jinsi Xiaozao' Z. jujuba 'Jixinzao'	3 5 7

(续表)

序号及性质	测试方法	性状特征	性状特征描述	标准品种 中文名	标准品种 学名	代码
42 QN	VG(a)	物候：果实成熟期	极早	七月鲜	Z. jujuba 'Qiyuexian'	1
			早	蜂蜜罐	Z. jujuba 'Fengmiguan'	3
			中	赞皇大枣	Z. jujuba 'Zanhuang Dazao'	5
			晚	冬枣	Z. jujuba 'Dongzao'	7
			极晚	成武冬枣	Z. jujuba 'Chengwu Dongzao'	9
43 QN	VG(a)	物候：落叶期	早	晋枣	Z. jujuba 'Jinzao'	3
			中	中阳木枣	Z. jujuba 'Zhongyang Muzao'	5
			晚	薛城冬枣	Z. jujuba 'Xuecheng Dongzao'	7

B.2 性状特征表图解

B.2.1 性状特征表序号 1 特征，植株：树姿（见图 B.1）。

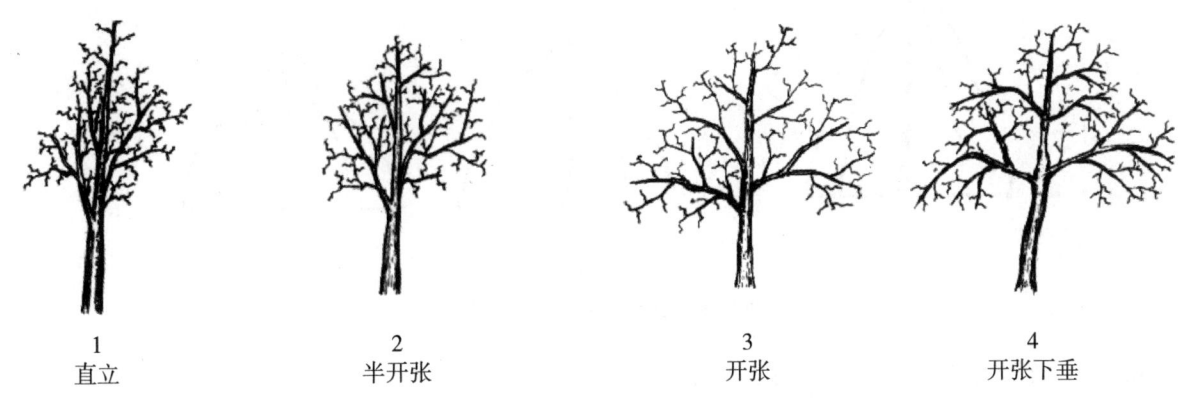

1 直立　　2 半开张　　3 开张　　4 开张下垂

图 B.1 性状特征表序号 1 特征

B.2.2 性状特征表序号 5 特征，二次枝：形态（见图 B.2）。

1 "之"字形　　2 扭曲状

图 B.2 性状特征表序号 5 特征

B.2.3 性状特征表序号 11 特征，叶片：形状（见图 B.3）。

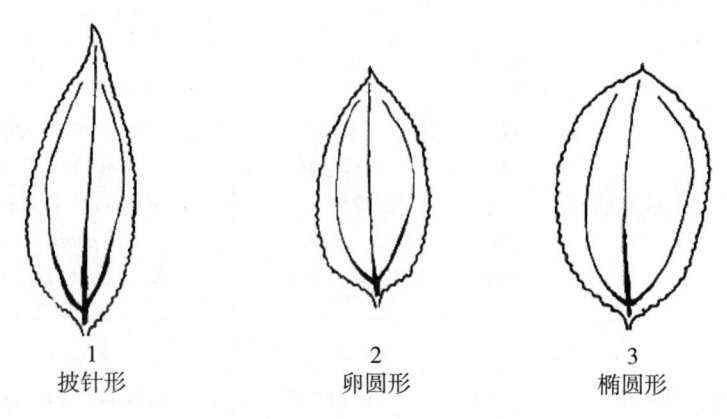

1 披针形　　2 卵圆形　　3 椭圆形

图 B.3　性状特征表序号 11 特征

B.2.4 性状特征表序号 12 特征，叶片：叶尖形状（见图 B.4）。

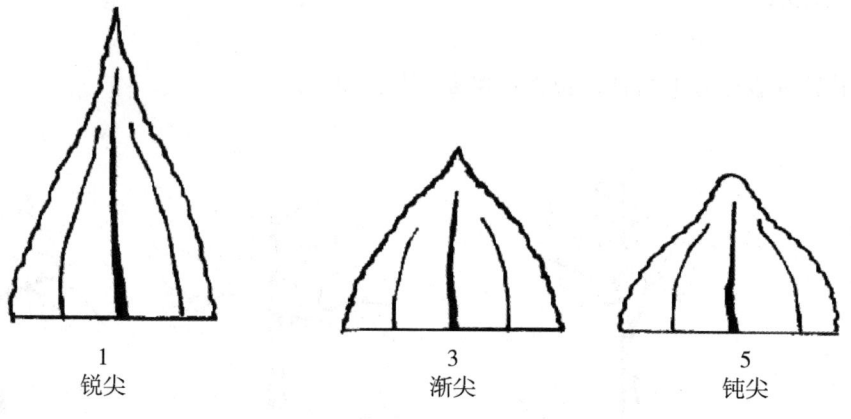

1 锐尖　　3 渐尖　　5 钝尖

图 B.4　性状特征表序号 12 特征

B.2.5 性状特征表序号 13 特征，叶片：叶缘形状（见图 B.5）。

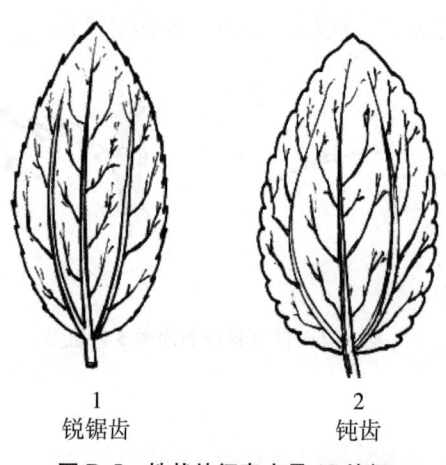

1 锐锯齿　　2 钝齿

图 B.5　性状特征表序号 13 特征

B.2.6 性状特征表序号 17 特征，果实：形状（见图 B.6）。

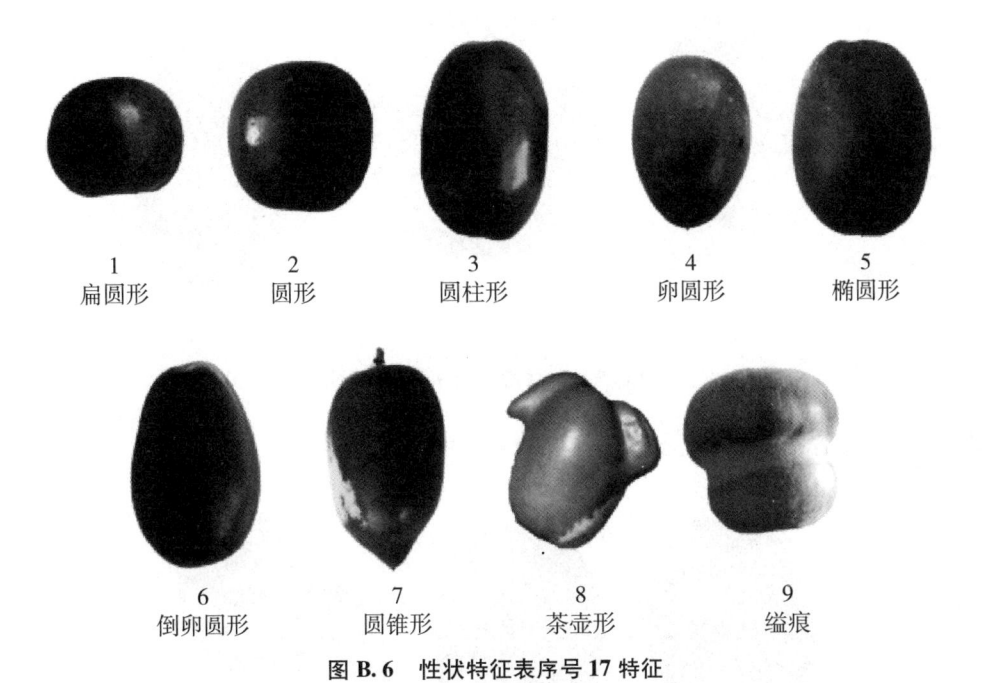

1	2	3	4	5
扁圆形	圆形	圆柱形	卵圆形	椭圆形

6	7	8	9
倒卵圆形	圆锥形	茶壶形	缢痕

图 B.6　性状特征表序号 17 特征

B.2.7 性状特征表序号 23 特征，果实：果顶形状（见图 B.7）。

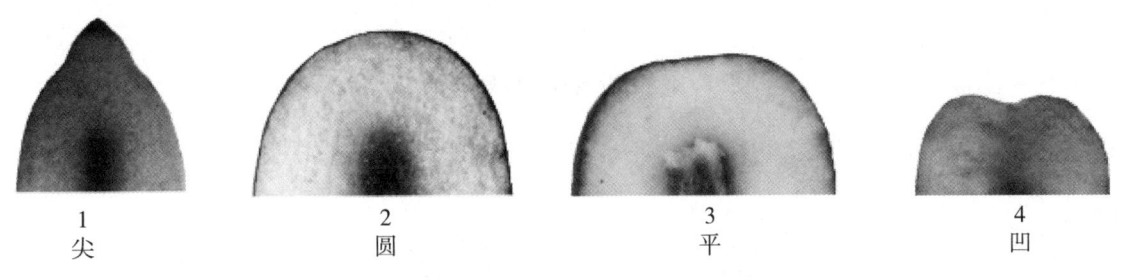

1	2	3	4
尖	圆	平	凹

图 B.7　性状特征表序号 23 特征

B.2.8 性状特征表序号 24 特征，果实：梗洼深度（见图 B.8）。

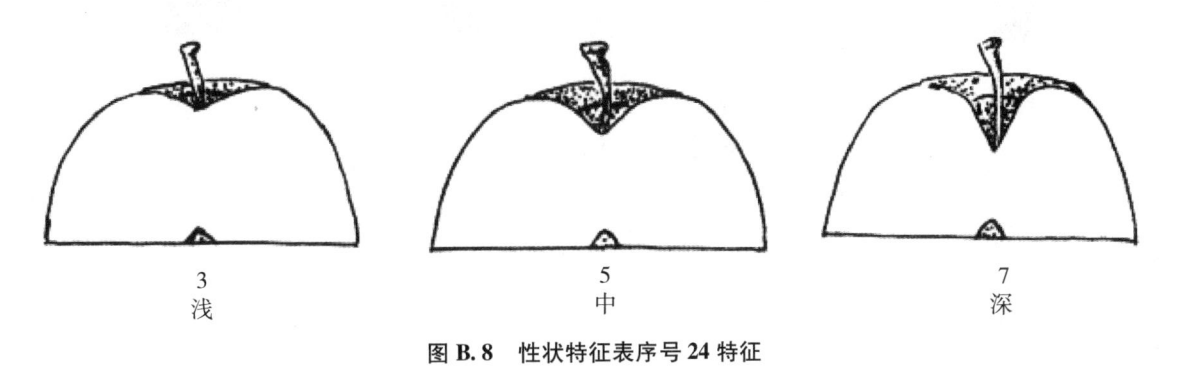

3	5	7
浅	中	深

图 B.8　性状特征表序号 24 特征

B.2.9 性状特征表序号 25 特征，果实：果点大小（见图 B.9）。

◎ 吐鲁番红枣标准体系

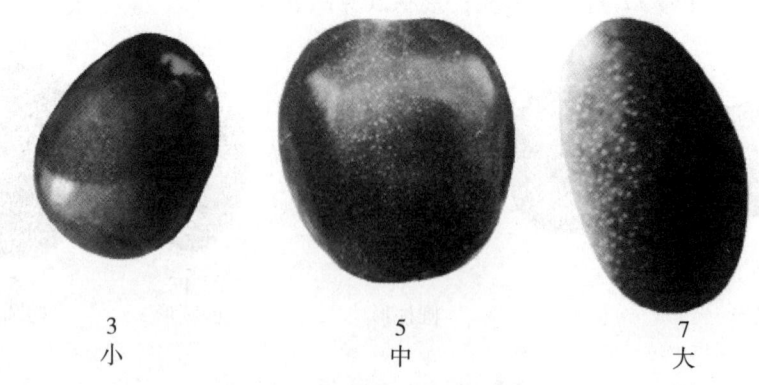

3 小   5 中   7 大

图 B.9 性状特征表序号 25 特征

B.2.10 性状特征表序号 26 特征，果实：果点密度（见图 B.10）。

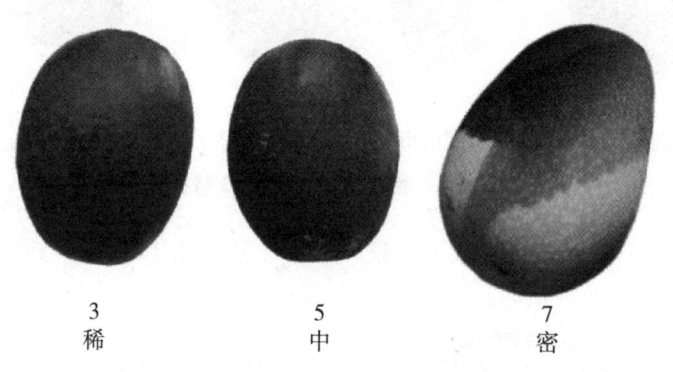

3 稀   5 中   7 密

图 B.10 性状特征表序号 26 特征

B.2.11 性状特征表序号 37 特征，果核：形状（见图 B.11）。

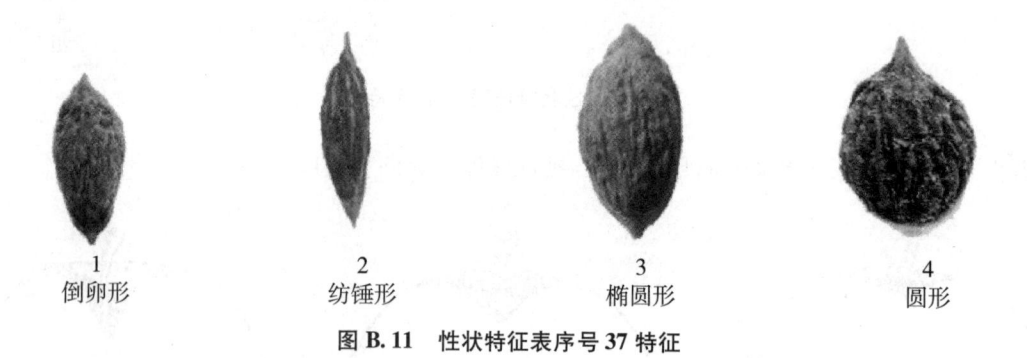

1 倒卵形   2 纺锤形   3 椭圆形   4 圆形

图 B.11 性状特征表序号 37 特征

ICS 65.160
X 85
备案号：25975—2009

YC

中华人民共和国烟草行业标准

YC 292—2009

烟草添加剂 枣子提取物

Tobacco additive—Red date extracts

2009-03-30 发布　　　　2009-10-01 实施

国家烟草专卖局　发布

前　言

本标准中的 5.1 为强制性内容，其余为推荐性内容。

本标准的附录 A 为规范性附录。

本标准由国家烟草专卖局提出。

本标准由全国烟草标准化技术委员会（SAC/TC 144）归口。

本标准起草单位：云南中烟物资（集团）有限责任公司、郑州烟草研究院、中国烟草标准化研究中心、红塔（烟草）集团有限责任公司、红云烟草（集团）有限责任公司、红河烟草（集团）有限责任公司、上海牡丹香精香料有限责任公司、华宝食用香料（上海）有限公司。

本标准主要起草人：顾波、方斌、王乐、陈连芳、胡军、周艳、韩云辉、朱崇测、唐峻、刘强、者为、师建全、侯春、李海涛、朱保昆、范多青、王月侠、邱家丹、朱善珍。

烟草添加剂 枣子提取物

1 范围

本标准规定了烟草添加剂枣子提取物的术语和定义、分类、技术要求、试验方法、检验规则和包装、标识、运输和储存。

本标准适用于作为烟草添加剂使用的枣子提取物。

2 规范性引用文件

下列文件中的条款，通过本标准的引用而成为本标准的条款，凡是注日期的引用文件，其随后所有的修改单（不包括勘误的内容）或修订版均不适用于本标准。然而，鼓励根据本标准达成协议的各方研究是否可使用这些文件的最新版本。凡是不注日期的引用文件，其最新版本适用于本标准。

GB/T 4789.2 食品卫生微生物学检验 菌落总数的测定

GB/T 4789.15 食品卫生微生物学检验 霉菌和酵母计数

GB/T 5009.8 食品中蔗糖的测定

YC/T 145.1 烟用香精 酸值的测定

YC/T 145.2 烟用香精 相对密度的测定

YC/T 145.3 烟用香精 折光指数的测定

YC/T 145.6 烟用香精 香气质量通用评定方法

YC/T 145.7 烟用香精 标准样品的确定和保存

YC/T 145.10 烟用香精 抽样

YC/T 195 烟用材料标准体系

YC/T 242 烟用香精 乙醇、1,2-丙二醇、丙三醇含量测定 气相色谱法

YC/T 294 烟用香精和料液中砷、铅、镉、铬、镍的测定 石墨炉原子吸收光谱法

3 术语和定义

下列术语和定义适用本标准。

3.1 烟草添加剂 tobacco additives

可以改善烟草理化性能且符合安全卫生使用标准的助剂。

[YC/T 195—2005，术语和定义 3.1.58]

3.2 枣子提取物 red date extracts

以红枣为原料，用一定浓度的乙醇浸提，经部分浓缩并过滤后制得。在烟草制品加工过程中施加

于烟草中，用于修饰烟草制品风格，改善刺激性、杂气。枣子提取物一般分为枣子酊和枣子膏两类。

3.3 沉淀物 deposit

枣子提取物中的可用减压过滤进行分离的不溶性物质。

4 分类

按波美度分为两类：
——枣子酊，波美度<35°Be；
——枣子膏，波美度≥35°Be。

5 技术要求

5.1 卫生指标

枣子提取物在生产过程中必须使用食用乙醇，不得添加或混入任何色素、代糖类、国家和行业规定的添加剂许可名单之外的物质。枣子提取物的卫生指标符合表1规定。

表1 枣子提取物卫生指标

项目		单位	要求
无机元素	铅（Pb）	mg/kg	≤5.0
	砷（As）	mg/kg	≤1.0
菌落总数		CFU/g	≤1 000
霉菌和酵母		CFU/g	≤200

5.2 理化指标

枣子提取物的理化指标应符合表2规定。

表2 枣子提取物理化指标

项目	单位	要求
相对密度（d_{20}^{20}）	—	d_{20}^{20} 标样 ±0.0080
折光指数（n_D^{20}）	—	n_D^{20} 标样 ±0.0080
酸值（以KOH计）	mg/g	标样设计值±2.0
蔗糖含量	g/100g	≤5.0
乙醇含量	%	标样设计值±2.0
沉淀物含量	%	≤1.0

5.3 感官指标

枣子提取物的感官指标应符合表3规定。

表3 枣子提取物感官指标

项目	要求
香气	具有鲜明的枣子特征蜜甜香和略带玫瑰样的酿香，无异味、无焦味
香气	香气与标准样品一致
外观	枣子酊为红棕色稠厚液体，枣子膏为红棕色至深褐色膏体
外观	无霉变现象，外观与标准样品一致

6 试验方法

6.1 标准样品的确定和保存

按 YC/T 145.7 的规定确定和保存标准样品。

6.2 抽样

按 YC/T 145.10 的规定进行。实验室样品由三个取样单位组成，一份作为待测样品，另外两份作为复检样品备用。

6.3 砷含量的测试

按 YC/T 294 的规定进行。

6.4 铅含量的测试

按 YC/T 294 的规定进行。

6.5 菌落总数的测试

按 GB/T 4789.2 的规定进行。

6.6 霉菌或酵母的测试

按 GB/T 4789.15 的规定进行。

6.7 相对密度的测试

按 YC/T 145.2 的规定进行，枣子膏在测试前应进行样品处理，选择50%的乙醇水溶液进行稀释，样品和乙醇水溶液的比例为4∶1（质量比），标准样品和待测样品的处理应保持一致，并在检测结果中注明。

6.8 折光指数的测试

按 YC/T 145.3 的规定进行，枣子膏在测试前应进行样品处理，选择50%的乙醇水溶液进行稀释，样品和乙醇水溶液的比例为4∶1（质量比），标准样品和待测样品的处理应保持一致，并在检测结果中注明。

6.9 酸值的测试

按 YC/T 145.1 的规定进行。

6.10 蔗糖含量的测试

按 GB/T 5009.8 的规定进行。

6.11 乙醇含量的测试

按 YC/T 242 的规定进行。

6.12 沉淀物含量的测试

按本标准附录 A 的规定进行。

6.13 外观

6.13.1 抽样时，目测样品有无霉变现象。
6.13.2 将待测样品和标准样品分别置于同等大小的比色管中，在白色背景下，沿水平方向观察，目测有无差异。

6.14 香气的测试

按 YC/T 145.6 的规定进行。

7 检验规则

7.1 检验分类

产品检验分交收检验、型式检验和监督检验。

7.2 检验批

在一定时间内生产的同一批次、同一类型、同一规格的枣子提取物为一个检验批。

7.3 交收检验

交收检验项目由供需双方协商确定。

7.4 型式检验

型式检验项目为第 5 章的内容。有下列情况之一，应进行型式检验：
——新产品批量投产前；
——产品原料发生重大变化，可能影响产品性能时；
——产品正常生产，每满一年时；
——产品长期停产后，恢复生产时；
——国家或行业质量监督机构提出型式检验要求时；
——合同规定时。

7.5 监督检验

监督检验项目由国家或行业质量监督机构确定。

7.6 判定规则

7.6.1 单项判定

若某项指标测试结果符合第5章规定时，则判该项指标合格。

7.6.2 复检规则

若某项指标测试结果不符合第5章规定时，应进行复检。复检样品从备用样品中抽取，若复检结果仍不合格，则判该项指标不合格。若复检结果合格，应进行二次复检，二次复检合格，则判该项指标合格。

7.6.3 批质量判定

7.6.3.1 若有霉变现象，则判该批产品不合格。

7.6.3.2 若卫生指标测试的结果不符合5.1要求时，则判该批产品不合格。

7.6.3.3 若香气指标测试的结果不符合5.3要求时，则判该批产品不合格。

7.6.3.4 若外观（不包括霉变现象）、相对密度、折光指数、酸值、蔗糖含量、乙醇含量、沉淀物含量指标中有二项或二项以上指标不合格，则判该批产品不合格。

8 包装、标识、运输和贮存

8.1 包装、标识

8.1.1 枣子提取物产品应有合适的包装，包装物应无毒、无异味，并保证产品在贮存运输过程中不被损坏、泄露，能保证运输中的安全。

8.1.2 枣子提取物产品应在标签及包装体上的显著位置有明确标注，其内容包括生产企业名称和详细地址、产品名称或代号、商标（如有注册）、净重、生产批号、生产日期、保质期、贮存条件、产品标准编号、溶剂名称（如含有溶剂）、相对密度值、折光指数值，每批产品出厂时应有质量合格证明。枣子膏产品的相对密度值、折光指数值应注明稀释比例。

8.2 运输、贮存

枣子提取物产品运输时应小心轻放，不应敲击、倒置，应贮存在阴凉、干燥、通风和防火的仓库内。在符合规定的贮存条件、包装完整、未启封的情况下，枣子提取物产品保质期为自生产之日起12个月。

附录 A
（规范性附录）
沉淀物含量的测定方法

A.1 原理

枣子提取物的沉淀物含量分以下两种情况：
a）若1g样品溶于20体积c浓度的乙醇溶液（或蒸馏水）中，则认为该枣子提取物的沉淀物含量为零；
b）若1g样品不溶于20体积蒸馏水及50%~95%的乙醇溶液中，则进行减压过滤，被分离的物质即为沉淀物，测定其质量进行定量。

A.2 仪器

常用实验仪器及以下各项。
A.2.1 烘箱：能控制温度在100℃±2℃。
A.2.2 分析天平：感量0.1mg。
A.2.3 真空抽滤装置：包括布氏漏斗、吸滤瓶、真空泵。
A.2.4 干燥器：内装干燥剂硅胶。
A.2.5 硬质定量滤纸。

A.3 试验步骤

A.3.1 将定量滤纸和蒸发皿放入烘箱，在100℃±2℃的条件下烘1h取出，放入干燥器中冷却至室温，称取滤纸和蒸发皿的质量，精确到0.1mg。
A.3.2 将滤纸放入布氏漏斗中，用50%乙醇溶液润湿滤纸，使其紧贴在漏斗上。
A.3.3 称取2g样品于100mL烧杯中（精确到0.1mg），加入20mL50%乙醇溶液，将此稀释液转移至布氏漏斗中真空抽滤，用20mL蒸馏水清洗烧杯，并将洗液转移至布氏漏斗中抽滤，待无滤液抽出时取出滤纸。
A.3.4 将过滤后的滤纸和蒸发皿放入烘箱，在100℃±2℃的条件下烘1h取出后，放入干燥器中冷却至室温，称取滤纸和蒸发皿的质量，精确到0.1mg。

A.4 结果表示

按式（1）计算沉淀物含量

$$X = \frac{m_1 - m_0}{m} \times 100\% \tag{1}$$

式中：
X——沉淀物含量，%。
m_1——过滤后定量滤纸和蒸发皿的质量，单位为克（g）。
m_0——过滤前定量滤纸和蒸发皿的质量，单位为克（g）。
m——样品的质量，单位为克（g）。
平行试验结果的允许差为0.2%。

ICS 71.100.40
Y 43

中华人民共和国国家标准

GB/T 24691—2009

果蔬清洗剂

Cleaning agent for fruit and vegetable

2009-11-30 发布

2010-05-01 实施

中华人民共和国国家质量监督检验检疫总局
中国国家标准化管理委员会 发布

前　言

本标准的附录 A、附录 B、附录 C、附录 D、附录 E、附录 F 为规范性附录。

本标准由中国轻工业联合会提出。

本标准由全国食品用洗涤消毒产品标准化技术委员会归口。

本标准起草单位：西安开米股份有限公司、广州蓝月亮实业有限公司、国家洗涤用品质量监督检验中心（太原）、北京绿伞化学股份有限公司、广州立白企业集团有限公司、安利（中国）日用品有限公司。

本标准主要起草人：于文、张宝莲、何琼、赵新宇、金玉华、周炬、强鹏涛。

果蔬清洗剂

1 范围

本标准规定了果蔬清洗剂产品的技术要求、试验方法、检验规则和标志、包装、运输、贮存要求。本标准适用于主要以表面活性剂和助剂等配制而成，用于清洗水果和蔬菜的洗涤剂。

2 规范性引用文件

下列文件中的条款通过本标准的引用而成为本标准的条款。凡是注日期的引用文件，其随后所有的修改单（不包括勘误的内容）或修订版均不适用于本标准。然而，鼓励根据本标准达成协议的各方研究是否可使用这些文件的最新版本。凡是不注日期的引用文件，其最新版本适用于本标准。

GB/T 4789.2　食品卫生微生物学检验　菌落总数测定

GB/T 4789.3　食品卫生微生物学检验　大肠菌群计数

GB/T 6368　表面活性剂　水溶液 pH 值测定　电位法（GB/T 6368—2008，ISO 4316：1977，IDT）

GB 9985—2000　手洗餐具用洗涤剂

GB/T 13173—2008　表面活性剂　洗涤剂试验方法

GB 14930.1　食品工具、设备用洗涤剂卫生标准

GB/T 15818　表面活性剂生物降解度试验方法

QB/T 2951　洗涤用品检验规则

QB/T 2952　洗涤用品标识和包装要求

JJF 1070　定量包装商品净含量计量检验规则

《定量包装商品计量监督管理办法》国家质量监督检验检疫总局令〔2005〕第 75 号

3 要求

3.1 材料要求

果蔬清洗剂产品配方中所用表面活性剂的生物降解度应不低于90%；所用材料应使果蔬清洗剂产品配方的急性经口毒性 LD_{50} 大于 5 000mg/kg；所用防腐剂、着色剂、香精应符合 GB 14930.1 中相关的使用规定。

3.2 感官指标

3.2.1 外观：液体产品不分层，无悬浮物或沉淀；粉状产品均匀无杂质，不结块。

3.2.2 气味：无异味，符合规定香型。

3.2.3 稳定性（液体产品）：于 -5℃ ±2℃ 的冰箱中放置 24 h，取出恢复至室温时观察，无沉淀

和变色现象，透明产品不混浊；40℃±1℃的保温箱中放置24 h，取出恢复至室温时观察，无异味，无分层和变色现象，透明产品不混浊。

注：稳定性是指样品经过测试后，外观前后无明显变化。

3.3 理化指标

果蔬清洗剂的理化指标应符合表1规定。

表1 果蔬清洗剂的理化指标

项目	指标
总活性物含量/% ≥	10
pH值（25℃，1∶10水溶液）	6.0~10.5
甲醇含量/（mg/kg）≤	1 000
甲醛含量/（mg/kg）≤	100
砷含量（1%溶液中以砷计）/（mg/kg）≤	0.05
重金属含量（1%溶液中以铅计）/（mg/kg）≤	1
荧光增白剂	不应检出

3.4 微生物指标

果蔬清洗剂的微生物指标应符合表2规定。

表2 果蔬清洗剂的微生物指标

项目	指标
细菌总数/（CFU/g）≤	1 000
大肠菌群/（MPN/100g）≤	3

3.5 当产品标称可洗除果蔬上残留农药时，应对残留农药洗除效果进行验证。

3.6 定量包装要求

果蔬清洗剂销售包装净含量应符合国家质量监督检验检疫总局令〔2005〕第75号的要求。

4 试验方法

除非另有说明，在分析中仅使用确认为分析纯的试剂和蒸馏水或去离子水或相当纯度的水。

4.1 外观

取适量样品，置于干燥洁净的透明实验器皿内，在非直射光条件下进行观察，按指标要求进行评判。

4.2 气味

感官检验。

4.3 总活性物含量的测定

一般情况下，总活性物含量按 GB/T 13173—2008 中的第 7 章规定进行。当产品配方中含有不溶于乙醇的表面活性剂组分时，或客商订货合同书中规定有总活性物含量检测结果不包括水助溶剂，要求用三氯甲烷萃取法测定时，总活性物含量按 GB/T 13173—2008 中的第 7 章（B 法）规定进行。

4.4 pH 值的测定

按 GB/T 6368 的规定进行。

4.5 甲醇含量的测定（对于液体产品）

按 GB 9985—2000 附录 D 的规定配制标准溶液后，进行测定。

4.6 甲醛含量的测定（对于液体产品）

按 GB 9985—2000 附录 E 的规定进行。

4.7 砷含量的测定

按 GB 9985—2000 附录 F 的规定进行。

4.8 重金属含量的测定

按 GB 9985—2000 附录 G 的规定进行。

4.9 荧光增白剂的测定

按 GB 9985—2000 附录 C 的规定进行。

4.10 微生物检验

细菌总数和大肠菌群分别按 GB/T 4789.2 和 GB/T 4789.3 的规定进行。

4.11 表面活性剂生物降解度的测定

果蔬清洗剂产品配方中所用表面活性剂的生物降解度按 GB/T 15818 的规定进行。

4.12 净含量的测定

果蔬清洗剂销售包装净含量的检验、抽样方法及判定规则按 JJF 1070 的规定进行。

4.13 残留农药洗除效果验证

对残留农药洗除效果的验证按附录 A 进行。

4.14 清洗剂残留的测定

如需对产品使用后清洗剂残留进行定性、定量测定，测定方法可按附录 B、附录 C、附录 D、附录

E、附录 F 进行。

5 检验规则

按 QB/T 2951 执行。

出厂检验项目包括产品的感官指标、总活性物含量、pH 值及定量包装要求。

6 标志、包装、运输、贮存

6.1 标志、包装

按 QB/T 2952 执行。

产品标注适用于餐具清洗时，各指标值应同时符合餐具洗涤剂标准要求。

当配方中使用不完全溶于乙醇的表面活性剂或要求用三氯甲烷萃取法测定总活性物含量时，应注明。

6.2 运输

产品在运输时应轻装轻卸，不应倒置，避免日晒雨淋，不应箱上踩踏和堆放重物。

6.3 贮存

6.3.1 产品应贮存在温度不高于40℃和不低于－10℃，通风干燥且不受阳光直射的场所。

6.3.2 堆垛要采取必要的防护措施，堆垛高度要适当，避免损坏大包装。

7 保质期

在本标准规定的运输和贮存条件下，在包装完整未经启封的情况下，产品的保质期自生产之日起为十八个月以上。

附录 A
（规范性附录）
果蔬清洗剂对残留农药洗除效果的验证方法

A.1 范围

本方法规定了农药乳液和蔬菜表面含农药样本的制备方法，蔬菜表面含农药样本的清洗方法和农药去除率的测定方法。

本方法适用于以表面活性剂和助剂复配的果蔬清洗剂对氯氰菊酯、残杀威农药去除率的测定。

本方法的检出范围为氯氰菊酯 4.3 μg/mL～430.0 μg/mL，残杀威 1.5 μg/mL～150.0 μg/mL。

A.2 引用标准

GB/T 13174 衣料用洗涤剂去污力及抗污渍再沉积能力的测定。

A.3 方法原理

制备超标数倍农药的蔬菜样品；模拟实际洗涤情况，用 0.2% 果蔬清洗剂溶液清洗后，用萃取、浓缩的方法获取残留农药；采用高效液相色谱测定清洗前后果蔬表面农药残留量，并计算得出残留农药去除率；与一定硬度水洗后的残留农药去除率比较，其比值为果蔬清洗剂对残留农药洗除效果的评价结果。

A.4 试剂

除非另有说明，在分析中仅使用确认的分析纯试剂和蒸馏水或去离子水或纯度相当的水（适用本标准所有附录）。

A.4.1 无水乙醇；

A.4.2 乙腈；

A.4.3 冰乙酸；

A.4.4 无水硫酸镁；

A.4.5 无水醋酸钠；

A.4.6 氯化钙（$CaCl_2$）；

A.4.7 硫酸镁（$MgSO_4 \cdot 7H_2O$）；

A.4.8 氯氰菊酯，大于 95%；

A.4.9 残杀威；

A.4.10 萃取液

0.1% 的冰乙酸乙腈液；

A.4.11 250mg/kg 标准硬水

称取氯化钙（A.4.6）16.7g 和硫酸镁（A.4.7）24.7g，配制 10 L，即为 2 500mg/kg 硬水。使用时取 1 L 冲至 10 L 即为 250mg/kg 硬水。

A.5 仪器

A.5.1 高效液相色谱仪；

A.5.2 电子秤，0.01g；

A.5.3 高速组织匀浆机，转速 11 000 r/min～24 000 r/min；

A.5.4 离心机，转速不低于 2 000 r/min，离心管 50mL；

A.5.5 超声波清洗器，超声频率 30/40/50（kHz）、超声功率 180 W；

A.5.6 水浴锅；

A.5.7 果蔬脱水器（图 A.1），规格 外筒 ø26.5cm×17.8cm、内筒 Φ24cm×13cm；

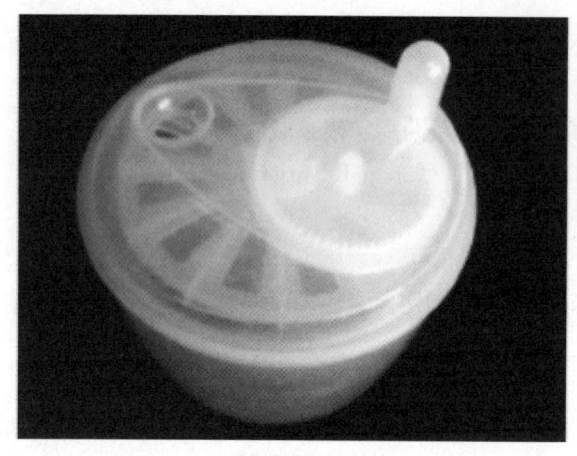

a）果蔬脱水器外筒　　　　　　b）果蔬脱水器内筒

图 A.1　果蔬脱水器

A.5.8 烧杯，500mL、1 000mL；

A.5.9 容量瓶，50mL；

A.5.10 不锈钢桶，容量 10 L。

A.6　试样制备

A.6.1　果蔬样本

选取大小相同、无断裂，边角无开口、无损伤的甜豆角为本实验的蔬菜样本（见图 A.2）。

图 A.2　蔬菜样本（甜豆角）

A.6.2 农药乳液制备

称取5.00g氯氰菊酯和2.50g残杀威溶于500g无水乙醇溶液中,搅拌均匀后,用250mg/kg硬水定量至5 000g,混匀,备用。农药乳液浓度为:含氯氰菊酯0.1%、含残杀威0.05%。

A.6.3 含农药蔬菜的制备

将甜豆角浸没于农药乳液中20min后取出,甩去表面残留液滴,于室温阴凉处放置24 h。将制备好的蔬菜样品分成3组,未洗(未洗涤蔬菜样品表面载附的农药量以140mg/kg~200mg/kg为宜)、水洗、果蔬清洗剂溶液洗涤各为1组,每组2份,每份80g,备用。

A.7 清洗方法

A.7.1 水洗涤方法

洗涤温度30℃,硬水800mL(A.4.11)。

洗涤:取800mL硬水(A.4.11)加入果蔬脱水器中,同时放入一份已制备好的蔬菜(A.6.3),浸泡1min后开始匀速洗涤4min,洗涤搅拌方式为顺时针一圈,逆时针一圈,频率约为19 r/min~21 r/min。

漂洗:将洗涤后的蔬菜样品放入干净的果蔬脱水器内筒中,先用1 000mL硬水(A.4.11)冲洗一遍后弃去,再加入1 000mL硬水(A.4.11)以上述同样的洗涤搅拌方式洗涤30 s(顺时针一圈,逆时针一圈,频率约为19 r/min~21 r/min),弃去第二次漂洗水,再以同样方式进行第三次漂洗。

同时进行平行试验。

A.7.2 果蔬清洗剂洗涤方法

用硬水(A.4.11)配制浓度为0.2%果蔬清洗剂溶液,洗涤温度为30℃。

洗涤:在果蔬脱水器中加入浓度为0.2%果蔬清洗剂溶液800mL,同时放入一份已制备好的蔬菜(A.6.3),浸泡1min后开始匀速洗涤4min,洗涤搅拌方式为顺时针一圈,逆时针一圈,频率约为19 r/min~21 r/min。

漂洗:将经浸泡、洗涤后的蔬菜样品放入另一个干净的果蔬脱水器内筒中,用1 000mL硬水(A.4.11)冲洗后弃去,再加入1 000mL硬水(A.4.11),以同样的洗涤方式洗涤30 s(顺时针一圈,逆时针一圈,频率约为19 r/min~21 r/min),弃去第二次漂洗水,以同样方式进行第三次漂洗。

同时进行平行试验。

以未洗涤蔬菜样品(A.6.3)作为清洗前残留农药量测定用样,将水洗涤后试样(A.7.1)和果蔬清洗剂溶液洗涤后试样(A.7.2)甩去表面残留液滴,于室温阴凉处放置12 h,分别用于农药去除率测定。

A.8 农药去除率试验方法

A.8.1 匀浆

取1份已制备好的试样,用剪刀剪成小块,采用匀浆机匀浆至糊状,从中取出60g备用。

A.8.2 萃取

将A.8.1匀浆后的1份试样60g置于500mL烧杯中,加入100mL萃取液(A.4.10),再加入6g无水醋酸钠(A.4.5)和18g无水硫酸镁(A.4.4),用玻璃棒搅拌均匀,置于超声波清洗器(50 Hz)中,清洗3min后取出,倒出萃取清液于500mL烧杯中,以上述方法重复萃取2次,合并萃取清液。将样品残渣放入50mL离心管中,离心4min(转速为4 000 r/min),将离心管中的清液合并到以上萃取清液中。

A.8.3 浓缩

将 A.8.2 制备的萃取清液置于（80±2）℃水浴中浓缩至 5 mL~8mL，将浓缩液转移到 50mL 容量瓶中，用萃取液（A.4.10）定容至 50mL，备用。

A.8.4 仪器检测

高效液相色谱条件：

流动相：A：甲醇：水：冰乙酸=80:20:0.1；
B：水。

色谱柱：C18柱，4.6mm×150mm。

柱温：30℃。

波长：276 nm。

梯度：见表 A.1。

表 A.1　　　　　　　　　　　梯度表

时间/min	A/%	B/%	流速/ mL/min
0	60	40	1.0
6	100	0	1.5
20	100	0	1.5
21	60	40	1.0
25	60	40	1.0

进样量：20 μL。

工作站 Quest，二极管阵列检测器。

A.8.4.1 标液配制及外标法定量

精确称量 0.5g（精确至 0.000 1g）氯氰菊酯标准品和 0.25g（精确至 0.000 1g）残杀威标准品于 100mL 容量瓶中用萃取液（A.4.10）稀释至刻度，该溶液浓度为 5 000mg/mL，再根据需要将其稀释为不同浓度，即 1μg/ mL~500μg/ mL。依次进样，制作工作曲线，计算出回归方程（见图 A.3~图 A.7）。

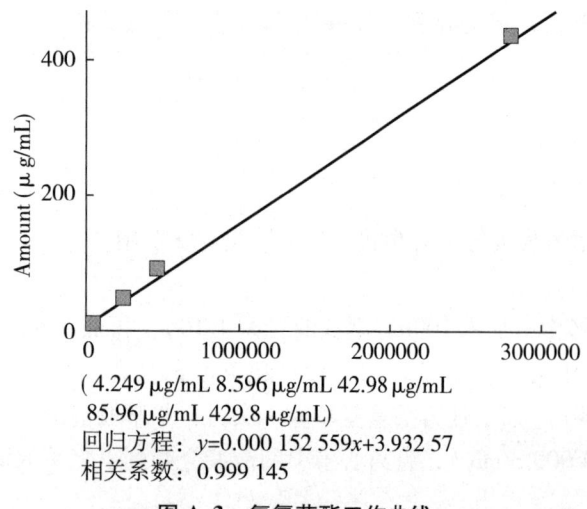

（4.249μg/mL 8.596μg/mL 42.98μg/mL
85.96μg/mL 429.8μg/mL）
回归方程：$y=0.000\ 152\ 559x+3.932\ 57$
相关系数：0.999 145

图 A.3 氯氰菊酯工作曲线

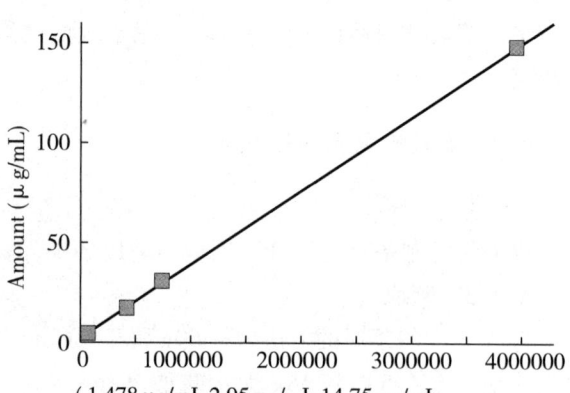

（1.478μg/mL 2.95μg/mL 14.75μg/mL
29.5μg/mL 147.5μg/mL）
回归方程：$y=3.724\ 39e-0.05x+0.322\ 733$
相关系数：0.999 789

图 A.4 残杀威工作曲线

图 A.5 未洗涤残留农药色谱图

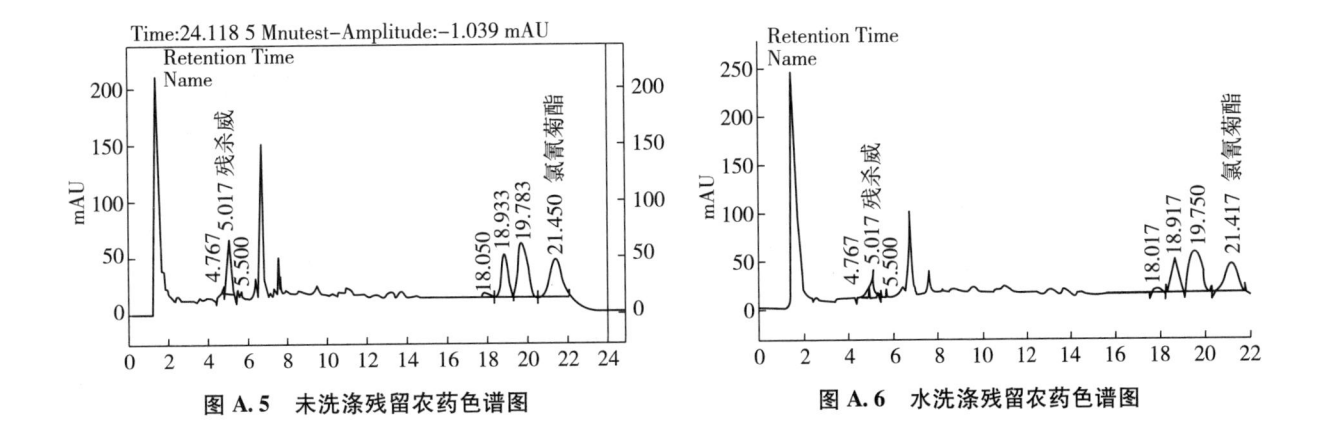

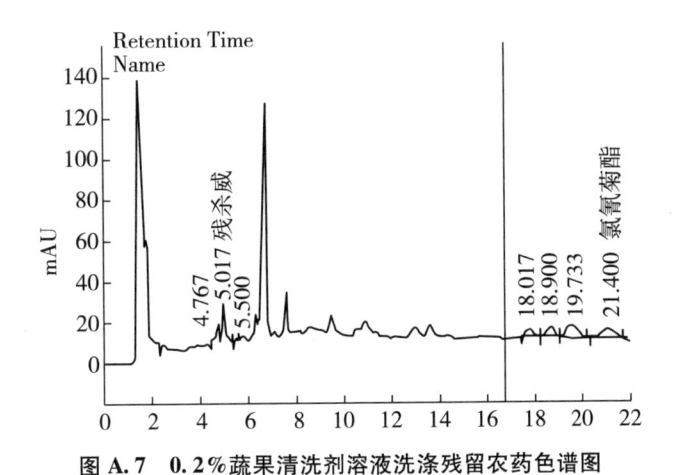

图 A.6 水洗涤残留农药色谱图

图 A.7 0.2%蔬果清洗剂溶液洗涤残留农药色谱图

A.9 结果计算与效果评价

A.9.1 残留农药去除率的计算 [见式（A.1）～式（A.3）]

$$M = (M_0 - M_1)/M_0 \times 100 \tag{A.1}$$

式中：

M——残留农药去除率，%；

M_0——试样清洗前农药残留量，单位为毫克每千克（mg/kg）；

M_1——试样清洗后农药残留量，单位为毫克每千克（mg/kg）。

结果以算术平均值表示至小数点后一位。

在重复性条件下获得的两次独立测定结果的绝对差值不大于3.5%，以大于3.5%的情况不超过5%为前提。

$$M_0 = \frac{c_0 V_0 \times 10^{-3}}{m_0 \times 10^{-3}} \tag{A.2}$$

式中：

c_0——未清洗试样经萃取后定容至50mL的残留农药浓度，单位为微克每毫升（μg/mL）；

V_0——50mL；

m_0——称取试样的质量。

$$M_1 = \frac{c_1 V_1 \times 10^{-3}}{m_1 \times 10^{-3}} \tag{A.3}$$

式中：
c_1——经清洗的试样萃取后定容至50mL的残留农药浓度，单位为微克每毫升（μg/mL）；
V_1——50mL；
m_1——称取试样的质量。

A.9.2 残留农药去除率比值［见式（A.4）］

$$P = \frac{M_S}{M_X} \tag{A.4}$$

式中：
P——残留农药去除率的比值；
M_S——果蔬清洗剂试样溶液对残留农药的去除率；
M_X——水对残留农药的去除率。
结果以算术平均值表示至小数点后一位。

A.9.3 果蔬清洗剂对残留农药去除效果的评价

0.2%果蔬清洗剂溶液对残留农药的洗除率与水对残留农药的洗除率之比值应为P大于等于4。

附录 B
（规范性附录）
果蔬清洗剂残留量的定性测定

B.1 方法原理

由一定量的蔬菜表面所携带最终漂洗水的量，作为果蔬清洗剂残留量测定时的移取量。以阴离子表面活性剂作为代表性残留物，测定残留于漂洗液中的阴离子表面活性剂和酸性混合指示剂中的阳离子染料生成溶解于三氯甲烷中的盐，此盐使三氯甲烷层呈现由阴离子表面活性剂含量决定的由浅至深的粉红色。

B.2 试剂

B.2.1 月桂基硫酸钠标准溶液，$c=2mg/kg$

称取月桂基硫酸钠（含量以100%计）0.1g（准确至0.001g），用水溶解并定容至100mL，用移液管移取上述溶液2.0mL至1000mL容量瓶中，用水溶解、混匀备用。

B.2.2 酸性混合指示剂

按 GB/T 5173—1995 中 4.8 规定进行配制。

B.2.3 250mg/kg 标准硬水

按 GB/T 13174—2008 中 7.1 规定进行配制。

B.2.4 三氯甲烷

B.3 仪器

B.3.1 具塞玻璃量筒，100mL；

B.3.2 移液管，2mL、10mL、50mL；

B.3.3 容量瓶，1000mL；

B.3.4 不锈钢镊子。

B.4 操作程序

B.4.1 准确称取4.0g果蔬清洗剂试样，用硬水（B.2.3）稀释定容至2000mL；

B.4.2 称取绿叶蔬菜250g，均匀地浸泡于已制备好的试样溶液（4.1）中，浸泡5min，蔬菜应完全浸泡在清洗剂溶液中，每隔1min将蔬菜完全翻转1次；

B.4.3 将浸泡后的蔬菜用镊子夹出，立刻用硬水（B.2.3）连续漂洗两次，每次用硬水2000mL，漂洗2min，每隔0.5min将蔬菜翻转1次。漂洗完两次后，第三次漂洗用硬水1000mL，浸漂10min（尽量将蔬菜上的洗涤剂残留溶入漂洗水中），每隔1min将蔬菜翻转1次。将第三次的漂洗水保留备用；

B.4.4 用移液管移取第三次的漂洗水20.0mL（相当于250g绿叶蔬菜表面的附着量）于具塞量筒中，加三氯甲烷15.0mL，酸性混合指示剂10mL，充分振摇，静置分层备用；

B.4.5 移取浓度为2mg/kg的月桂基硫酸钠标准溶液20.0mL于具塞量筒中，加三氯甲烷15.0mL，酸性混合指示剂10.0mL，充分振摇，静置分层备用；

B.4.6 将静置分层后的试样溶液(B.4.4)氯仿层与标准溶液(B.4.5)氯仿层进行目视比色,当试样溶液比标准溶液的粉红色相当或更浅,即可认定为残留于250mg蔬菜上的阴离子表面活性剂小于等于2.0mg/kg。

附录 C
（规范性附录）
阴离子表面活性剂的测定——亚甲基蓝法
（果蔬清洗剂残留量的定量测定）

C.1 方法概要

阴离子表面活性剂与亚甲基蓝形成的络合物用三氯甲烷萃取，然后用分光光度法测定阴离子表面活性剂含量。

C.2 应用范围

本方法适用于含磺酸基和硫酸基的阴离子表面活性剂。

C.3 试剂

C.3.1 阴离子表面活性剂标准溶液

取相当于100%的参照物（按GB/T 5173 测定纯度）1g（准确至0.001g），用水溶解、转移并定容至1 000mL，混匀。此溶液阴离子表面活性剂浓度为1g/L。移取此溶液10.0mL，于1 000mL 容量瓶中，加水定容，混匀，则该使用溶液阴离子表面活性剂浓度为0.01mg/mL。

C.3.2 硫酸；

C.3.3 磷酸二氢钠洗涤液

将磷酸二氢钠50g 溶于水中，加入硫酸（C.3.2）6.8mL，定容至1 000mL。

C.3.4 亚甲基蓝溶液

称取亚甲基蓝0.1g，用水溶解并稀释至100mL，移取此溶液30mL，用磷酸二氢钠洗涤液（C.3.3）稀释至1 000mL。

C.3.5 三氯甲烷。

C.4 仪器

普通实验室仪器；

分光光度计，波长360 nm～800 nm。

C.5 作曲线的绘制

准确移取浓度为0.01mg/mL 阴离子表面活性剂使用溶液（C.3.1）0mL（作为空白参比液）、3.0mL、6.0mL、9.0mL、12.0mL、15.0mL，分别于250mL 分液漏斗中，加水使总体积达100mL。加入亚甲基蓝溶液（C.3.4）25 mL，混匀后加入三氯甲烷（C.3.5）15 mL，振荡30 s，静置分层；若水层中蓝色褪去，应补加亚甲基蓝溶液10mL，再振荡30 s，静置10min。

将三氯甲烷层放入另一支250mL 分液漏斗中（切勿将界面絮状物随三氯甲烷带出），重复萃取至三氯甲烷层无色。

在合并的三氯甲烷萃取液中加入磷酸二氢钠溶液（C.3.3）50mL，振荡30 s，静置10min，将三氯甲烷层通过洁净的脱脂棉过滤到100mL 容量瓶中，加入三氯甲烷5 mL 于分液漏斗中，重复萃取至三氯甲烷层无色,所有的三氯甲烷层均经脱脂棉过滤至100mL容量瓶中,再以少许三氯甲烷淋洗脱脂棉,定容,混匀。

用分光光度计于波长650 nm,用10mm比色池,以空白参比液做参比,测定试液的净吸光值。以表面活性剂质量(μg)为横坐标,净吸光值为纵坐标,绘制工作曲线或以一元回归方程计算 $y = a + bx$。

C.6 漂洗试液中表面活性剂含量的测定

准确移取适量漂洗试液(B.4.3)于250mL分液漏斗中,加水至100mL,加入三氯甲烷5 mL于分液漏斗中,重复萃取至三氯甲烷层无色,所有的三氯甲烷层均经脱脂棉过滤至100mL容量瓶中,再以少许三氯甲烷淋洗脱脂棉,定容,混匀。

以同样程序测定空白试验液。

用分光光度计于波长650 nm,用10mm比色池,以空白试验液做参比,测定试液的净吸光值,由净吸光值与工作曲线或 $y = a + bx$ 计算得到表面活性剂浓度,以 μg/mL 表示。

C.7 结果计算

阴离子表面活性剂的浓度按式(C.1)计算:

$$c_2 = \frac{M_2}{V_2} \qquad (\text{C.1})$$

式中:

c_2——阴离子表面活性剂的浓度,单位为微克每毫升(μg/mL);

M_2——从工作曲线或计算得到的试液中阴离子表面活性剂含量,单位为微克(μg);

V_2——移取试液体积,单位为毫升(mL)。

附录 D
（规范性附录）
乙氧基型表面活性剂的测定——硫氰酸钴法
（果蔬清洗剂残留量的定量测定）

D.1 方法概要

乙氧基型表面活性剂与硫氰酸钴所形成的络合物用三氯甲烷萃取，然后用分光光度法测定表面活性剂含量。

D.2 应用范围

本方法适用于聚氧乙烯型单链 EO 加合数 3~40，双链、三链、四链总 EO 加合数 6~60 的表面活性剂以及聚乙二醇（摩尔质量 300~1 000）、聚醚等表面活性剂。

D.3 试剂

D.3.1 乙氧基型表面活性剂标准溶液

称取相当于 100% 的参照物（按 GB/T 13173—2008 中的第 8 章测定纯度）1g（准确至 0.001g），用水溶解，转移并定容至 1 000mL，混匀。此溶液表面活性剂浓度为 1g/L。移取此溶液 25.0mL 于 250mL 容量瓶中，加水定容，混匀，则该使用溶液表面活性剂浓度为 0.1mg/L。

D.3.2 硫氰酸铵；

D.3.3 硝酸钴（六水合物）；

D.3.4 苯；

D.3.5 硫氰酸钴铵溶液

将 620g 硫氰酸铵（D.3.2）和 280g 硝酸钴（D.3.3）溶于少量水中，混合均匀后定容至 1 000mL，然后分别用 30mL 苯萃取两次后备用。

D.3.6 氯化钠；

D.3.7 三氯甲烷。

D.4 仪器

普通实验室仪器和紫外分光光度计，波长 200 nm~800 nm。

D.5 工作曲线的绘制

准确移取浓度为 0.1mg/mL 表面活性剂使用溶液（D.3.1）0mL（作为空白参比液）、5.0mL、10.0mL、20.0mL、25.0mL、30.0mL、35 mL，分别于 250mL 分液漏斗中，加水使总体积达 100mL，加入硫氰酸钴铵溶液（D.3.5）15 mL，稍混匀加入 35.5g 氯化钠（D.3.6），充分振荡 1min，静置 15min 后加入三氯甲烷（D.3.7）15 mL，再振荡 1min，静置 15min 后将三氯甲烷层放入 50mL 容量瓶中（切勿将界面絮状物随三氯甲烷层带出），再重复萃取两次，用三氯甲烷定容，混匀。

用紫外分光光度计于波长 319 nm，用 10mm 石英池，以空白参比液做参比，测定试液的净吸光值。以表面活性剂质量（μg）为横坐标，净吸光值为纵坐标，绘制工作曲线或以一元回归方程计算 $y =$

$a+bx$。

D.6 漂洗试液中表面活性剂含量的测定

移取适量漂洗试液（B.4.3）于250mL分液漏斗中，加水50mL，加入硫氰酸钴铵溶液（D.3.5）15 mL，稍混匀加入35.5g 氯化钠（D.3.6），充分振荡1min，静置15min后加入三氯甲烷（D.3.7）15 mL，再振荡1min，静置15min后将三氯甲烷层放入50mL容量瓶中（切勿将界面絮状物随三氯甲烷层带出），再重复萃取两次，用三氯甲烷定容，混匀。

以同样程序测定空白试验液。

用紫外分光光度计于波长319 nm，用10mm比色池，以空白试验液做参比，测定试液的净吸光值。由净吸光值与工作曲线或 $y=a+bx$ 计算得到表面活性剂浓度，以 μg/mL 表示。

D.7 结果计算

乙氧基型表面活性剂的浓度按式（D.1）计算：

$$c_3 = \frac{M_3}{V_3} \tag{D.1}$$

式中：

c_3——乙氧基型表面活性剂浓度，单位为微克每毫升（μg/mL）；

M_3——从工作曲线或计算得到的试液中乙氧基型表面活性剂含量，单位为微克（μg）；

V_3——试样移取体积，单位为毫升（mL）。

注：阴离子表面活性剂、阳离子表面活性剂、两性表面活性剂及聚乙二醇的存在，会影响分析结果的准确性，应预先分离除去。聚乙二醇的分离见GB/T 5560；其他表面活性剂的分离见GB/T 13173。

附录 E
（规范性附录）
两性离子表面活性剂的测定 金橙-2法
（果蔬清洗剂残留量的定量测定）

E.1 方法概要

两性离子表面活性剂与金橙-2在pH=1的缓冲条件下形成的络合物用三氯甲烷萃取，然后用分光光度法测定两性离子表面活性剂含量。

E.2 应用范围

本方法适用于两性离子表面活性剂，也适用于阳离子表面活性剂及二者的混合物。

E.3 试剂

E.3.1 脂肪烷基二甲基甜菜碱标准溶液

准确称取相当于100%的脂肪烷基二甲基甜菜碱（按QB/T 2344测定纯度）1.0g（准确至0.001g），用水溶解，转移并定容至1 000mL，混匀。此溶液表面活性剂浓度为1g/L。移取此溶液10.0mL于1 000mL容量瓶中，加水定容，混匀，则该使用溶液表面活性剂浓度为0.01mg/mL。

E.3.2 金橙-2

称取0.1g金橙-2溶于100mL水中，混匀。

E.3.3 盐酸

0.2 mol/L盐酸溶液。

E.3.4 氯化钾

0.2 mol/L氯化钾溶液。

E.3.5 缓冲溶液，pH=1

量取0.2 mol/L盐酸溶液（E.3.3）97 mL，0.2 mol/L氯化钾溶液（E.3.4）53 mL，加水50mL摇匀备用。

E.3.6 三氯甲烷

E.4 仪器

普通实验室仪器和分光光度计，波长360 nm～800 nm。

E.5 工作曲线的绘制

准确移取浓度为0.01mg/mL表面活性剂使用溶液（E.3.1）0mL（作为空白参比液）、5.0mL、10.0mL、15.0mL、20.0mL、25.0mL、30.0mL、35.0mL分别于250mL分液漏斗中，加水使体积达100mL，加入pH=5缓冲溶液（E.3.5）10mL，金橙-2溶液（E.3.2）3 mL，混匀后加入三氯甲烷10mL，振荡30 s，静置10min后放入50mL容量瓶中（切勿将絮状物随三氯甲烷带出），重复萃取，直至三氯甲烷无色，用三氯甲烷定容，混匀。

用分光光度计于波长485 nm，用10mm比色池，以空白参比液做参比，测定试液的净吸光值。以表面活性剂质量（μg）为横坐标，净吸光值为纵坐标，绘制工作曲线或以一元回归方程计算 $y = a + bx$。

E.6 漂洗试液中表面活性剂含量的测定

移取适量漂洗试液（B.4.3）于250mL分液漏斗中，加水使体积达100mL，加入pH=5缓冲溶液（E.3.5）10mL，金橙-2溶液（E.3.2）3 mL，混匀后加入三氯甲烷10mL，振荡30 s，静置10min后放入50mL容量瓶中（切勿将絮状物随三氯甲烷带出），重复萃取，直至三氯甲烷无色，用三氯甲烷定容，混匀。

以同样程序测定空白试验液。

用分光光度计于波长485 nm，用10mm比色池，以空白试验液做参比，测定试液的净吸光值。由净吸光值与工作曲线或 $y = a + bx$ 计算得到表面活性剂浓度，以 μg/mL 表示。

E.7 结果计算

两性离子表面活性剂的浓度按式（E.1）计算：

$$c_4 = \frac{M_4}{V_4} \tag{E.1}$$

式中：

c_4——两性离子表面活性剂浓度，单位为微克每毫升（μg/mL）；

M_4——从工作曲线或计算得到的试液中两性离子表面活性剂含量，单位为微克（μg）；

V_4——移取试液体积，单位为毫升（mL）。

附录 F
（规范性附录）
烷基糖苷类表面活性剂的测定——蒽酮法
（果蔬清洗剂残留量的定量测定）

F.1 方法概要

烷基糖苷类表面活性剂在酸性体系中水解生成的糖可与蒽酮反应，生成绿色的络合物，以分光光度法测定表面活性剂含量。

F.2 应用范围

本方法适用于烷基糖苷类和糖酯类的表面活性剂。

F.3 试剂

F.3.1 烷基糖苷标准溶液：

称取相当于100%的烷基糖苷（按 GB/T 19464 测定纯度）1.0g（准确至0.001g），用水溶解，转移并定容至1 000mL，混匀。此溶液表面活性剂浓度为1g/L。移取此溶液5.0mL用水稀释至100mL，混匀，则该使用溶液表面活性剂浓度为0.05 mg/mL。

F.3.2 蒽酮；

F.3.3 硫酸；

F.3.4 蒽酮硫酸试剂：

取0.08g蒽酮溶于100mL硫酸中（此溶液需保存在冰箱内，隔数日应重新更换）。

F.4 仪器

普通实验室仪器和

F.4.1 分光光度计，360 nm～800 nm；

F.4.2 纳氏比色管，10mL。

F.5 工作曲线的绘制

准确移取浓度为0.05 mg/mL 的表面活性剂（F.3.1）使用溶液0mL（作为空白参比液）、0.25 mL、0.50mL、1.00mL、1.50mL、2.00mL 于纳氏比色管（F.4.2）中，加水至2.0mL，滴加5.0mL蒽酮硫酸试剂（F.3.4）加盖置沸水浴中加热5min后，取出立即冷却，摇匀，放置50min后用分光光度计于波长625 nm，用10mm比色池，以空白参比液做参比，测定试液的净吸光值。以表面活性剂质量（μg）为横坐标，净吸光值为纵坐标，绘制工作曲线或以一元回归方程计算 $y = a + bx$。

F.6 漂洗试液中表面活性剂含量的测定

适量移取漂洗试液（B.4.3）2.0mL于纳氏比色管（F.4.2）中，以下步骤按 F.5 中"滴加5.0mL蒽酮硫酸试剂，……摇匀"程序进行。

用同样程序测定空白试验液。

用分光光度计于波长 625 nm，用 10mm 比色池，以空白试验液做参比，测定试液的净吸光值。由净吸光值与工作曲线或 $y = a + bx$ 计算得到表面活性剂浓度，以 µg/mL 表示。

F.7 结果计算

烷基糖苷类表面活性剂的浓度按式（F.1）计算：

$$c_5 = \frac{M_5}{V_5} \quad \quad (\text{F.1})$$

式中：

c_5——烷基糖苷类表面活性剂浓度，单位为微克每毫升（µg/mL）；

M_5——从工作曲线或计算得到的试液中烷基糖苷类表面活性剂含量，单位为微克（µg）；

V_5——移取试液体积，单位为毫升（mL）。

ICS 67.080
X 24

GB

中华人民共和国国家标准

GB/T 26150—2010

免洗红枣

Exempts washes Chinese jujube

2011-01-14 发布

2011-06-01 实施

中华人民共和国国家质量监督检验检疫总局
中国国家标准化管理委员会 发布

前　言

本标准由国家林业局提出并归口。

本标准起草单位：好想你枣业股份有限公司。

本标准主要起草人：石聚彬、石聚领、孙明相、贾文进、张俊娜、吕秀珠、沈松钦、张丽娟、王永斌、荆红彩。

免洗红枣

1 范围

本标准规定了免洗红枣的术语和定义、分类、质量要求、生产加工过程的卫生要求、检验方法、检验规则、标签、标识和包装、运输、贮存等内容。

本标准适用于以成熟的鲜枣或干枣为原料，经挑选、清洗、干燥、灭菌、包装等工艺制成的无杂质可以食用的干枣。

2 规范性引用文件

下列文件中的条款通过本标准的引用而成为本标准的条款。凡是注日期的引用文件，其随后所有的修改单（不包括勘误的内容）或修订版均不适用于本标准。然而，鼓励根据本标准达成协议的各方研究是否可使用这些文件的最新版本。凡是不注日期的引用文件，其最新版本适用于本标准。

GB 5009.3　食品中水分的测定

GB/T 5009.8　食品中蔗糖的测定

GB/T 5835　干制红枣

GB 7718　预包装食品标签通则

JJF 1070　定量包装商品净含量计量检验规则

国家质量监督检验检疫总局第75号令　定量包装商品计量监督管理办法

国家质量监督检验检疫总局第123号令　食品标识管理规定

中华人民共和国农业部第70号令　农产品包装和标识管理办法

3 术语和定义

下列术语和定义适用于本标准。

3.1 免洗红枣　exempts washs Chinese jujube

以成熟的鲜枣或干枣为原料，经挑选、清洗、干燥、杀菌、包装等工艺制成的无杂质可以食用的干枣。

3.2 肉质肥厚　plump flesh

免洗红枣可食部分的百分率超过一定的数值为肉质肥厚。鸡心枣可食部分不低于84%，其他品种可食部分达到90%以上者为肉质肥厚。

3.3 破头果　skin crack fruit

出现长度超过果实纵径1/5以上的裂口，但裂口处没有发生霉烂的果实。

4 分类

4.1 按水分分类

4.1.1 低含水量制品

低含水量制品水分不高于25%。

4.1.2 高含水量制品

高含水量制品水分为大于25%且不高于35%。

4.2 按品种分类

4.2.1 免洗小红枣（包括金丝枣、鸡心枣等）。

4.2.2 免洗大红枣［包括灰枣、板枣、郎枣、圆铃枣（核桃纹枣、紫枣）、长红枣、赞皇大枣、灵宝大枣（屯屯枣）、壶瓶枣、相枣、骏枣、扁核酸枣、婆枣、山西（陕西）木枣、大荔圆枣、晋枣、油枣、大马牙枣、圆木枣等］。

5 质量要求

5.1 原料要求

红枣应选用符合 GB/T 5835 规定的成熟鲜枣或干枣。

5.2 理化要求

理化要求应符合表1的规定。

表1　理化要求

项目	低含水量制品	高含水量制品
水分/%	≤25	25＜水分≤35
总糖/%	≥50	

5.3 等级规格要求

5.3.1 免洗小红枣等级规格

免洗小红枣等级规格见表2。

表2　免洗小红枣等级规格

等级	指标		
	果型和大小	品质	损伤和缺点
特级	果型饱满，大小均匀，具有本品应有的特征，免洗小红枣每千克450～500粒。	果肉肥厚，具有本品应有的色泽，无肉眼可见外来杂质。	无霉烂果、不熟果，残次果（浆头、病果、虫果、破头果）不超过3%

(续表)

等级	指标		
	果型和大小	品质	损伤和缺点
一级	果型饱满，大小均匀，具有本品应有的特征，免洗小红枣每千克501~600粒。	果肉肥厚，具有本品应有的色泽，无肉眼可见外来杂质。	无霉烂果、不熟果，残次果（浆头、病果、虫果、破头果）不超过3%
二级	果型饱满，大小均匀，具有本品应有的特征，免洗小红枣每千克601~800粒。	果肉肥厚，具有本品应有的色泽，无肉眼可见外来杂质。	无霉烂果、不熟果，残次果（浆头、病果、虫果、破头果）不超过5%
三级	果型饱满，大小均匀，具有本品应有的特征，免洗小红枣每千克801~1 000粒。	果肉肥厚，具有本品应有的色泽，无肉眼可见外来杂质。	无霉烂果、不熟果，残次果（浆头、病果、虫果、破头果）不超过5%
等外果	具有本品应有的特征，粒数不限。	果肉肥厚，具有本品应有的色泽，无肉眼可见外来杂质。	无霉烂果、不熟果，残次果（浆头、病果、虫果、破头果）不超过8%

5.3.2 免洗大红枣等级规格

免洗大红枣等级规格见表3。

表3　　　　　　　　　　　　　　免洗大红枣等级规格

等级	指标		
	果型和大小	品质	损伤和缺点
特级	果型饱满，大小均匀，具有本品应有的特征，免洗大红枣每千克170~200粒。	果肉肥厚，具有本品应有的色泽，无肉眼可见外来杂质。	无霉烂果、不熟果，残次果（浆头、病果、虫果、破头果）不超过3%
一级	果型饱满，大小均匀，具有本品应有的特征，免洗大红枣每千克201~260粒。	果肉肥厚，具有本品应有的色泽，无肉眼可见外来杂质。	无霉烂果、不熟果，残次果（浆头、病果、虫果、破头果）不超过3%
二级	果型饱满，大小均匀，具有本品应有的特征，免洗大红枣每千克261~320粒。	果肉肥厚，具有本品应有的色泽，无肉眼可见外来杂质。	无霉烂果、不熟果，残次果（浆头、病果、虫果、破头果）不超过5%
三级	果型饱满，大小均匀，具有本品应有的特征，免洗大红枣每千克321~370粒。	果肉肥厚，具有本品应有的色泽，无肉眼可见外来杂质。	无霉烂果、不熟果，残次果（浆头、病果、虫果、破头果）不超过5%
等外果	具有本品应有的特征，粒数不限。	果肉肥厚，具有本品应有的色泽，无肉眼可见外来杂质。	无霉烂果、不熟果，残次果（浆头、病果、虫果、破头果）不超过8%

5.4　净含量允许短缺量

应符合国家质量监督检验检疫总局第75号令《定量包装商品计量监督管理办法》的规定。

5.5 卫生要求

按有关食品安全国家标准规定执行。

6 检验方法

6.1 理化检验

6.1.1 水分

按 GB 5009.3 规定的方法测定。

6.1.2 总糖

按 GB/T 5009.8 规定的方法测定。

6.2 等级规格检验

6.2.1 果型和个头

按四分法取样 1 000 g，用肉眼观察。有粒数规定的，应查点粒数。

6.2.2 品质

用不锈钢刀将上述样品切开，用肉眼观察果肉、色泽、杂质。

6.2.3 损伤和缺点

随机取样品 1 000 g，用肉眼观察，根据等级规格规定，分别检验霉烂果、不熟果，并查点残次果（浆头、病果、虫果、破头果）个数，按式（1）计算残次率：

$$X = \frac{N_1}{N} \times 100\% \tag{1}$$

式中：

X——残次率，%；

N_1——残次果个数，个；

N——样品总个数，个。

6.3 净含量

按 JJF 1070 规定执行。

6.4 卫生检验

按有关食品安全国家标准规定执行。

7 检验规则

7.1 批次

同品种、同一批原料生产的产品为一检验批次。

7.2 抽样方法和抽样量

7.2.1 抽样应具有代表性，在整批产品的不同部位，按规定件数随机抽取样品。

7.2.2 每批产品在100件以下时，抽样数量按3%抽取；超过100件时，每增加100件增抽1件，增加部分不足100件时按100件计算。

7.2.3 袋装及其他小包装产品，同批次250g以上的包装，每件不得少于3个，250g以下的包装，每件不得少于6个。

7.2.4 从每个产品的上、中、下三部分分别取样，每个取样数量应基本一致，将全部样品充分混匀后，以四分法抽取1 000g供做试样。

7.2.5 将所抽取样品装入清洁干燥的容器内供检验用，用做微生物检验的样品应按无菌操作程序进行取样。

7.3 出厂检验

7.3.1 每批产品出厂前应由生产厂家进行检验，合格后出具产品合格证方可出厂。

7.3.2 出厂检验项目包括感官、净含量、水分、二氧化硫残留量、菌落总数、大肠菌群。

7.4 型式检验

7.4.1 型式检验项目包括本标准规定的全部项目。

7.4.2 每半年应进行一次型式检验。

7.4.3 有下列情况之一时，应进行型式检验：
——更换原料时；
——更换工艺时；
——长期停产后恢复生产时；
——出厂检验与上次型式检验有较大差异时；
——质量监督机构要求进行型式检验时。

7.5 判定规则

7.5.1 检验结果全部项目符合本标准规定时，判该批产品为合格品。

7.5.2 检验结果中微生物指标中有一项不符合本标准规定时，判该批产品为不合格品。

7.5.3 检验结果中除微生物指标外，其他项目不符合本标准规定时，可以在原批次产品中双倍抽样复检一次，复检结果全部符合本标准规定时，判该批产品为合格品；复检结果中如仍有一项指标不合格，判该批产品为不合格品。

8 标签、标识和包装

8.1 标签

应符合GB 7718的规定。

8.2 标识

应符合中华人民共和国农业部第70号令《农产品包装和标识管理办法》和国家质量监督检验检疫总局第123号令《食品标识管理规定》的规定。

8.3 包装

包装分外包装和内包装，接触免洗红枣的包装容器和包装材料应符合国家食品安全卫生要求。

9 运输、贮存和保质期

9.1 运输

本产品运输过程中要轻装、轻卸、防晒，严禁雨淋，避免与有毒、有害、有腐蚀性物质混放、混运。运输工具应保持清洁，无异味。

9.2 贮存

存放仓库地面应铺设格板，距墙壁不小于20cm，使通风良好，防止底部受潮。仓贮温度不得高于25℃，严禁与有毒、有异味、发霉以及其他易于传播病虫的物品混合存放，并应加强防蝇、防鼠措施。

9.3 保质期

低含水量制品保质期为9个月，高含水量制品保质期为6个月。

中华人民共和国国家标准

GB 1886.133—2015

食品安全国家标准

食品添加剂 枣子酊

2015-09-22发布

2016-03-22实施

中华人民共和国国家卫生和计划生育委员会　发布

食品安全国家标准
食品添加剂 枣子酊

1 范围

本标准适用于以食用乙醇水溶液和枣子为原料经浸提制得的食品添加剂枣子酊。

2 技术要求

2.1 感官要求

感官要求应符合表1的规定。

表1　感官要求

项目	要　求	检验方法
色泽	红棕色	将试样置于比色管内，用目测法观察
状态	稠厚澄清液体[a]	
香气	鲜明的枣子甜香，无异臭，无焦味	GB/T 14454.2

[a] 枣子酊在贮藏保质期内有少量悬浮物，但不影响使用。

2.2 理化指标

理化指标应符合表2的规定。

表2　理化指标

项目	指　标	检验方法
相对密度（25℃/25℃）	$D_{标样} \pm 0.008$	GB/T 11540
折光指数[a]（20℃）	$n_{标样} \pm 0.005$	GB/T 14454.4
糖度 ≥	35.0	附录A中A.1
沉淀物（体积比）/% ≤	3.0	附录A中A.2
乙醇含量（体积比）/%	16.0～20.0	附录A中A.3
重金（以Pb计）/（mg/kg） ≤	10.0	GB 5009.74
砷（As）/（mg/kg） ≤	3.0	GB 5009.11 或 GB 5009.76

[a] 对色泽深、无法测定折光指数的枣子酊可免除测定折光指数。

附录 A
检验方法

A.1 糖度的测定

用手式糖度计直接读出糖度。

A.2 沉淀物的测定

A.2.1 仪器和设备
A.2.1.1 10mL具塞刻度尖底离心管（具0.1 mL分刻度）。
A.2.1.2 试管架。
A.2.1.3 恒温装置（25℃±1℃）。

A.2.2 分析步骤
将试样摇匀，分别小心地倒入两支10mL具塞离心管中，然后用毛细管滴管滴至液面恰好在10mL刻度处，塞上磨口塞，置于试管架上，在25℃±1℃恒温装置中，静止24 h。读出沉淀物的体积，然后取其平均值。

A.2.3 结果计算
沉淀物的体积比 φ，按式（A.1）计算：

$$\varphi = \frac{V}{10} \times 100\% \tag{A.1}$$

式中：
V——沉淀物的体积，单位为毫升（mL）；
10——试样体积，单位为毫升（mL）。
平行试验允许差≤5%。

A.3 乙醇含量的测定

A.3.1 仪器和设备
A.3.1.1 250mL蒸馏装置。
A.3.1.2 100mL量筒。
A.3.1.3 100℃温度计。
A.3.1.4 酒精表。

A.3.2 分析步骤
分别量取试样和水（GB/T 6682）各100mL于250mL蒸馏瓶内，加热，并控制蒸馏速度为馏出液在3 mL/min～4mL/min之间。当馏出液达到100mL时，停止加热，并立即移去量筒。再用酒精表测量馏出液的度数，用温度计量出温度，然后换算成20℃时的乙醇含量。

ICS 67.080.10
B 31

GB

中华人民共和国国家标准

GB/T 32714—2016

冬 枣

Chinese jujube

2016-06-14 发布

2016-10-01 实施

中华人民共和国国家质量监督检验检疫总局
中国国家标准化管理委员会 发布

前 言

本标准按照 GB/T 1.1—2009 给出的规则起草。

本标准由中华人民共和国农业部提出。

本标准由全国果品标准化技术委员会（SAC/TC 501）归口。

本标准起草单位：陕西省大荔县人民政府、陕西省大荔县质量技术监督局、中国标准化研究院、中国林业科学研究院、大荔县绿苑红枣专业合作社、陕西省大荔县红枣局、河北省黄骅市质量技术监督局、河北省黄骅市林业局。

本标准主要起草人：王德强、席兴军、姚林、赵建明、王贵禧、陈德全、丁亚武、周爱英、李岩、韩金德。

冬 枣

1 范围

本标准规定了冬枣的相关术语和定义、质量要求、抽样与检验方法、检验规则、包装、运输和贮存等要求。

本标准适用于鼠李科枣属（*Ziziphus jujuba* Mill-dongzao）的晚熟鲜食冬枣。

2 规范性引用文件

下列文件对于本文件的应用是必不可少的。凡是注日期的引用文件，仅注日期的版本适用于本文件。凡是不注日期的引用文件，其最新版本（包括所有的修改单）适用于本文件。

GB/T 191　包装储运图示标志

GB 2762　食品安全国家标准　食品中污染物限量

GB 2763　食品安全国家标准　食品中农药最大残留限量

GB/T 8855　新鲜水果和蔬菜　取样方法

GB/T 22345　鲜枣质量等级

GB/T 26908　枣贮藏技术规程

JJF 1070　定量包装商品净含量计量检验规则

NY/T 2637　水果和蔬菜可溶性固形物含量的测定　折射仪法

3 术语和定义

GB/T 22345 界定以及下列术语和定义适用于本文件。

3.1 裂果　cracking or splitting fruit

果面上有一条以上明显可见，长度超过3mm裂纹的果实。

3.2 机械伤　mechanical injury

受机械外力作用，导致枣果实出现明显划痕或伤口，或虽没明显外伤但果肉组织受损。

3.3 锈斑　rusted spot

果面黄褐色斑纹或斑块总面积超过果面总面积的5%。

3.4 虫果　insect fruit

被害虫危害的枣果。

3.5 病果　disease fruit

有明显或较明显病害特征的果实。

3.6 缺陷果　defect fruit

在外观或内在品质等方面有缺陷的果实,如裂果、机械伤、锈斑、虫果、病果等。

4 质量要求

4.1 基本要求

4.1.1 具有本品种固有的品种特征,品种纯正。

4.1.2 果实近圆形或扁圆形,果顶较平,成熟果实为红色或赭红色;果实完整,果面整洁、无不正常外来水分,无病果、虫果。

4.1.3 果实皮薄、脆甜、多汁、无渣、无异味。

4.1.4 具有适于市场流通、销售或贮存要求的成熟度。

4.2 等级质量要求

将符合以上基本要求的冬枣鲜果分为特级、一级、二级共三个等级。各等级质量要求见表1,不符合本要求的为等外果。

表1　冬枣鲜果等级质量要求

项目	质量规定		
	特级	一级	二级
果实色泽及着色面积	果皮赭红光亮,着色面积占果实表面积累计比例达1/3以上		果皮赭红光亮,着色面积占果实表面积累计比例达1/4以上
单果重 m g	$18 < m \leqslant 22$	$14 < m \leqslant 18$	$10 < m \leqslant 14$
可溶性固形物含量 %	≥26	≥22	

4.3 安全卫生要求

冬枣鲜果的相关质量安全指标应符合 GB 2762、GB 2763 等食品安全国家标准的要求和规定。

4.4 质量整齐度

最小销售包装的冬枣,应是同一产地、同一等级的冬枣。

4.5 容许度

4.5.1 单果重容许度

4.5.1.1 各等级冬枣允许有5%低于规定单果重差别的范围，但同一批次的果实单果重差异不宜过于显著。

4.5.1.2 各级冬枣容许度允许的不合格果，只能是邻级果，不允许隔级果。

4.5.2 产地验收的批次冬枣质量容许度

同一批次的特级果当中的缺陷果比例不超过3%，同一批次的一级果当中的缺陷果比例不超过5%，同一批次的二级果当中的缺陷果比例不超过8%，同一批次的特级果允许有3%的果实不符合本等级质量要求。同一批次的一级、二级果允许有5%的果实不符合本等级质量要求。

5 抽样与检测方法

5.1 抽样方法

按 GB/T 22345 和 GB/T 8855 的规定执行。

5.2 检测方法

5.2.1 感官质量检验

将样品放于洁净的白色瓷盘中，在自然光下用眼观法检验果形、色泽、光洁度和缺陷。

5.2.2 大小规格检验

抽取100个果实，用感量0.1g的天平称其质量，取平均值，结果保留1位小数。

5.2.3 可溶性固形物含量检验

取整果测定，按照 NY/T 2637 有关规定执行。

5.2.4 卫生指标检验

按照相关 GB 2762、GB 2763 对应的检测方法标准执行。

5.2.5 净含量检验

按照 JJF 1070 的规定执行。

5.2.6 容许度测定

以检验全部抽检包装件的平均数计算。容许度规定的百分率一般以重量计算。

6 检验规则

6.1 组批

6.1.1 产地

同一次收购、同一质量等级、同一包装日期的产品作为一个检验批次。

6.1.2 销售目的地

以同一运输工具（如车辆、集装箱）的产品作为一个检验批次。

6.2 交收检验

每批产品交收前，生产单位都应进行交收检验，检验内容为：感官指标、净含量、包装、标志。检验合格的产品方可交收。

7 判定规则

7.1 在整批产品中感官指标不符合等级果要求的比例不应超过5%。

7.2 交收检验项目全部符合本标准规定的要求，其中感官、理化等指标在5.2、5.4等规定的范围内，则判定该批产品为合格。若检验结果中出现不符合项，允许从该批产品中加倍抽样复检不合格项一次，若复检仍有一项不符合本标准规定，则判定该批产品为不合格产品。

8 包装、标识、运输和贮存

8.1 包装

8.1.1 冬枣包装容器应符合卫生、透气性和强度要求，可采用塑料箱、泡沫箱、纸箱等，包装材料应符合食品包装有关卫生标准要求。包装容器的箱型、结构、尺寸及包装材料的性能等应符合相关标准规定。

8.1.2 冬枣包装应符合冬枣贮存、运输、销售及保障安全的要求，便于拆卸和搬运。

8.1.3 定量包装产品的净含量应符合JJF 1070的规定。

8.2 标识

8.2.1 采取适宜的方式，在运输或销售包装上标明冬枣的品名、等级、净含量、产地、生产者或者销售者名称、详细地址、联系电话、执行标准编号等。

8.2.2 小心轻放、防雨、防压等相关储运图示标记应符合GB/T 191的规定。

8.3 运输

8.3.1 运输工具应清洁、干燥、卫生、无异味，具备通风、防日晒、防雨雪渗入及防冻设施。

8.3.2 不得与有毒、有害、有异味物品混运；装运时果箱叠放整齐牢固。

8.4 贮存

冬枣的贮存按照GB/T 26908执行。

第二部分 建园

ICS

DB

吐 鲁 番 市 地 方 标 准

DB6521/T 252—2020

新建红枣园技术规程

2020－06－20发布　　　　　　　　　　　　　　　　2020－07－15实施

吐鲁番市市场监督管理局　发 布

前 言

本标准根据GB/T 1.1—2009《标准化工作导则第一部分标准的结构和编写》进行编写。
本标准由吐鲁番市林果业技术推广服务中心提出。
本标准由吐鲁番市林业和草原局归口。
本标准由吐鲁番市林果业技术推广服务中心起草。
本标准主要起草人：古亚汗·沙塔尔、刘丽媛、周慧、罗闻芙、韩泽云、武云龙。

新建红枣园技术规程

1 范围

本标准规定了新建红枣园的园地规划、园地选择、授粉树的配置、土壤准备、栽植方式和栽植密度、苗木的栽植时期、苗木栽植方法、苗木栽植后管理等内容。

本标准适用于新建红枣园栽培技术。

2 规范性引用文件

下列文件对于本文件的应用是必不可少的。凡是注日期的引用文件，仅所注日期的版本适用于本文件。凡是不注日期的引用文件，其最新版本（包括所有的修改单）适用于本文件。

NY/T 391 绿色食品 产地环境质量

LY/T 2825 枣栽培技术规程

3 术语和定义

下列术语和定义适用本标准。

3.1 直播苗

直接用种子播撒到特定的基质上长出的种苗。

3.2 嫁接苗

某一品种的枝或芽接到另一植株的枝干或根上，接口愈合后长成的苗木。

4 枣园规划

4.1 园地环境

应符合 NY/T 391 的要求。

4.2 防护林规划

4.2.1 建立防护林网，根据风沙危害的程度、林网面积占总土地面积的10%~15%，主林带与主风向垂直或基本垂直，宽度10m~20m，条田内部副林带宽4m~6m。林带栽植行距2.0m~3.0m，株距1.5m~2.0m。

4.2.2 树种配置要求乔木相结合，一般选择杨树、胡杨、白榆、沙枣等。

4.3 条田规划

建园条田面积一般为100亩~150亩。条田面积较大时要划分成2~4个小区或4~6个小区。

4.4 道路规划

面积150亩以上的枣园设主路、支路、小路，50亩以上的枣园设主路和支路，50亩以下的设支路和小路。一般主路宽5m~8m，支路宽4m~6m，小路2m~4m。

4.5 灌溉系统

输水渠位置要高。灌溉渠设在小区内，垂直与输水渠相接，在大型枣园或地形变化较大的枣园中，设置支渠和农渠，两者垂直相连。各级渠的交接处应设置闸门，在渠道与道路的相交处要架设桥梁。

5 土壤

5.1 土地平整

应根据地势的高低，将土地平整。

5.2 土壤改良

对板结或含沙过多的土壤，应增施有机肥料，也可采用挖穴换土，或深翻改良等方法；对盐碱含量超标的土壤，可采用冲洗或浇灌的方法改良，也可采用深施有机肥或间作绿肥、地面覆盖等措施进行改良。

5.3 培肥地力

对土壤瘠薄的地块，加大有机肥的施用量，每年土壤封冻前，全园普施基肥一次，亩施腐熟有机肥 $2m^3$ ~ $3m^3$。

6 苗木定植

苗木两种，即直播苗和嫁接苗。

6.1 嫁接苗

6.1.1 嫁接苗选择

应选择根茎0.8cm~1.0cm、苗高1.0m~1.2m、无病虫害、品种纯正的一、二级嫁接苗。

6.1.2 嫁接苗品种选择

一般根据市场需求、立地条件等因素可选择灰枣、骏枣等。

6.1.3 栽植密度

一般株行距为4.0m×3.0m。

6.1.4 栽植时间

以春季定植为主。一般情况下，气温稳定在10℃以上时，即红枣发芽前后栽植为宜。在吐鲁番，一般为4月、10日左右。

6.1.5 栽植技术

6.1.5.1 定植时剪除长度大于20cm的根系，可使用植物生长调节剂或其他生根剂浸泡苗根。

6.1.5.2 栽植前，平地挖直径80cm、深60cm的种植穴，施入基肥，土壤结构差应换土。

6.1.5.3 栽植后，及时灌透水，待表土略干后，扶正苗木，再浇一水，之后松土保墒。

6.2 直播红枣建园

6.2.1 园地选择

选择地势平整、土壤肥沃、排水良好的地块。以壤土和沙质壤土为宜。

6.2.2 直播

6.2.2.1 整地

播种前一年冬季或播种当年土壤化冻后进行漫灌1~2次，进行洗盐压碱。播前3d~5d平整土地，每亩施有机肥3 000kg、磷酸二铵10kg~15kg、钾肥5kg~10kg。整地后，及时漫灌一次。

6.2.2.2 种子准备

播种前一年采收种仁饱满、破碎率低于5%、发芽率85%以上、净度达95%以上的优质红枣仁。

6.2.2.3 种子处理

播前选择饱满、粒大、充分成熟的种子，去除瘪籽、烂籽后晒种1d，提高出苗率。

6.2.2.4 播种

土壤5cm处地温≥12℃、田间含水量14%~16%时，开始播种。按行距2.0m，穴距0.5m播种，每穴种子2~4粒，红枣仁用量80~100g/667m²。

6.2.3 红枣苗木管理

6.2.3.1 播种1~2周后，每隔2d~3d检查1次出苗情况。对出苗不全、缺苗断行处及时进行人工补种。

6.2.3.3 出苗前如遇雨天，雨后应对播种穴覆土采取破壳处理。

7 定植后管理

7.1 间苗摘心

幼苗生长2~4片真叶后，及时定苗，留强壮苗、去细弱苗，1穴留1株苗用作砧木。苗高50cm时，进行枣头摘心。

7.2 除草松土

幼苗生长期，对地膜下生长杂草部位及时压土，可有效防治杂草；并及时清除保护带内的其他杂草。

7.3 水肥管理

当苗高15cm时，浇灌第一次水；根据土壤墒情，全年浇4~5次水；10月下旬至11月中旬灌封冻水，采取保暖措施，确保安全越冬。

施肥采取多次少量的原则，结合灌水，追施2~3次复合肥。具体参照LY/T 2825要求执行。

ICS

DB
吐鲁番市地方标准

DB6521/T 253—2020

红枣归圃苗木技术规程

2020-06-20 发布　　　　　　　　　　2020-07-15 实施

吐鲁番市市场监督管理局　发 布

前　言

本标准根据 GB/T 1.1—2009《标准化工作导则第一部分标准的结构和编写》进行编写。

本标准由吐鲁番市林果业技术推广服务中心提出。

本标准由吐鲁番市林业和草原局归口。

本标准由吐鲁番市林果业技术推广服务中心、新疆农业科学院吐鲁番农业科学研究所、吐鲁番市质量与计量检测所负责起草。

本标准主要起草人：刘丽媛、周慧、古亚汗·沙塔尔、武云龙、王婷、王春燕、陈雅、陈志强。

红枣归圃苗木技术规程

1 范围

本标准规定了吐鲁番红枣归圃育苗的苗圃管理和苗木繁育技术。

本标准适用于吐鲁番灰枣、冬枣、骏枣和马牙枣等红枣归圃苗的培育。

2 规范性引用文件

下列文件对于本文件的应用是必不可少的。凡是注日期的引用文件，仅注日期的版本适用于本文件。凡是不注日期的引用文件，其最新版本（包括所有的修改单）适用于本文件。

NY/T 391　绿色食品　产地环境质量

NY/T 393　绿色食品　农药使用准则

NY/T 394　绿色食品　肥料使用准则

3 术语和定义

下列术语和定义适用于本标准。

3.1 苗圃

繁殖和培育吐鲁番红枣苗木的园地。

3.2 留根苗

又称根蘖苗，即从枣树根部萌生的不定芽伸出地面而形成的分蘖。

3.3 归圃苗

指将优良品种枣树根部萌生的幼小留根苗，集中移植到苗圃进行人工培育而成的苗木。

4 苗圃管理

4.1 圃地选择

4.1.1 位置

水质、空气符合 NY/T 391 要求。周围有一定的防护林和排灌条件。

4.1.2 土壤

应选用熟地，以沙壤土、轻沙壤土和轻粘土为宜。对渗漏较重、持水力差的砾质土壤要进行土壤改良。

4.2 整地

对凸凹不平的土地削高填低，使其成为具有适宜坡度的田面或水平田面。对坡度较大、高低不平的大块地，分片区或阶梯形小区平整。同时，清除石块、杂草等杂物。

4.3 施基肥

肥料符合 NY/T 393 要求。基肥以腐熟的有机肥为主，结合耕翻，每亩均匀施入 $5m^3 \sim 7m^3$。

4.4 作业方式

分为畦作和平作。作业方式根据灌溉方式确定，一般用大河水灌溉采取平作方式，用井水灌溉采取畦作方式。

4.5 灌溉方式

分为滴灌和漫灌。

5 苗木繁育

5.1 留根苗的采集和处理

5.1.1 采集时期
留根苗落叶后至土壤解冻前或翌年春季土壤解冻后至留根苗发芽前。

5.1.2 采集
应在纯度较高、无检疫病虫害的良种枣园采集，采挖时要选留根苗枝干成熟度高、株高25cm以上、发育良好的留根苗，采集时要尽可能保证侧根完好，并保留10cm～15cm左右的母根。

5.1.3 处理
留根苗采集后，地上部分保留15cm～20cm后剪去苗梢，根系浸泡生根粉后进行假植。

5.2 归圃苗栽植

5.2.1 栽植时期
起苗与归圃需同步进行，栽植时间为枣树落叶后至土壤冻结前（10月下旬～11月中上旬）或翌年春季土壤解冻至留根苗发芽前（3月上旬～4月中下旬）。

5.2.2 栽植方法
5.2.2.1 畦作法
整地后开沟作畦，一般畦宽120cm～150cm，畦长依地形而定，畦埂宽30cm～45cm，每畦2沟，每沟宽30cm～40cm、深30cm～40cm，每沟育苗2垄、每畦4垄。

5.2.2.2 平作法
整地后开沟，沟宽30cm～40cm，深30cm～40cm，沟间距40cm～50cm。

5.2.3 栽植密度
行距35cm～45cm，株距10cm～15cm，每亩育苗1万株。

5.2.4 栽植
栽植深度要与留根苗采集前苗木的生长深度保持一致，栽后整平苗沟、踩实，并立即灌水，灌水后及时培土。

5.3 抚育管理

5.3.1 平茬
留根苗发芽前,沿地表上2cm~3cm平剪苗桩,并将剪下的苗桩拣出圃地。

5.3.2 浇水
萌芽前浇水,并松土保墒、提温,以利芽的萌发,萌芽后视土壤墒情,及时浇水。

5.3.3 选苗
留根苗萌发后,选留1~2个壮芽保留,其余抹掉,并视土壤墒情及时灌水。

5.3.4 施肥
肥料符合 NY/T 393 要求。苗高25cm~30cm时开始土壤追肥,每亩追施复合肥10kg,每2周1次,连续2~3次。

5.3.5 除草
及时中耕除草,生长期可用单子叶杂草专用除草剂,控制杂草危害,同时结合松土铲除杂草,松土要做到细致全面,不伤苗、不压苗。

5.3.6 摘心
当归圃苗长到1.0cm~1.5cm左右时,要及时摘心,促使枝条成熟和苗茎的加粗生长。

5.3.7 病虫防治

5.3.7.1 搞好病虫害测报工作,防止病虫害发生。在病虫害防治上,贯彻"预防为主,综合防治"的方针,防治做到有的放矢。

5.3.7.2 强化种苗检疫,严防病虫害传播。出圃的苗木或调进的留根苗(种苗)要进行检疫,发现有检疫对象的要立即销毁。

5.3.7.3 苗木萌芽前,喷洒3~5波美度石硫合剂,在生长期及时防治各种病虫害。

5.3.7.4 农药选择符合 NY/T 393 要求。

ICS

DB

吐 鲁 番 市 地 方 标 准

DB6521/T 254—2020

红枣嫁接苗培育技术规程

2020-06-20 发布　　　　　　　　　　　　　　　2020-07-15 实施

吐鲁番市市场监督管理局　发 布

前　言

本标准根据GB/T 1.1—2009《标准化工作导则第一部分标准的结构和编写》进行编写。

本标准由吐鲁番市林果业技术推广服务中心提出。

本标准由吐鲁番市林业和草原局归口。

本标准由吐鲁番市林果业技术推广服务中心、新疆农业科学院吐鲁番农业科学研究所负责起草。

本标准主要起草人：周慧、刘丽媛、王春燕、徐彦兵、武云龙、吾尔尼沙·卡得尔、韩琛。

红枣嫁接苗培育技术规程

1 范围

本标准规定了红枣的苗圃管理和苗木繁育技术。

本标准适用于红枣嫁接苗和砧木苗的繁育。

2 规范性引用文件

下列文件中的条款通过本标准中引用成为本标准的条款,凡是注日期的引用文件,仅所注日期的版本适用于本标准。凡是不注日期的引用文件,其最新版本(包括所有的修改单)适用于本文件。

DB653122/T 002　红枣育苗技术

3 术语和定义

下列术语和定义适用于本标准。

3.1 苗圃

繁殖和培育吐鲁番红枣苗木的园地。

3.2 实生苗

用种子播种长成的苗木。

3.3 嫁接苗

在砧木上嫁接栽培品种培育的苗木。

3.4 砧木

嫁接繁殖时承受接穗的植株。

3.5 接穗

用作嫁接的芽或枝。

3.6 嫁接

将接穗接到另一植株的枝干或根上的方法。

4 苗圃管理

按 DB653122/T 002 中第 3 章的规定执行。

5 苗木繁育

5.1 实生砧木的繁育

砧木品种选择抗寒性较好的枣树品种，如酸枣。

5.1.1 种子的采集与处理

5.1.1.1 种子的采集

从砧木上采集果实，要求种仁饱满，以果实完熟后采集为最佳。

5.1.1.2 种核的处理

果实采集后先堆放 4d~5d，堆温不超过 65℃，果肉软化后，搓破果皮、果肉、加水去皮，漂洗去掉皮肉和浮核，将洗净的枣核晾干备用。

5.1.1.3 酸枣仁处理

去壳后的种仁除去残损种皮之后，放入 55℃~60℃温水中浸泡 4h~5h 或冷水浸泡 24h~48h，捞出沥干或湿沙混合后播种。

5.1.2 种子的播种

5.1.2.1 播种时间

地温稳定上升到 10℃以上开始播种。

5.1.2.2 播种方法

覆膜机播或人工点播。播种深度种核要求 2cm~3cm，种仁 1cm~2cm，播后覆土要均匀。

5.1.2.3 播种量

枣仁播种量为 30kg/hm^2~45 kg/hm^2，每穴 2~3 粒即可。

5.1.2.4 播种密度

采取宽窄行播种，宽行行距 70cm，窄行行距 30cm，株距 8cm~12cm，每公顷育苗量 12 万~22.5 万株。

5.1.3 砧木苗的管理

5.1.3.1 防治杂草

播种前，地面喷施除草剂，喷洒要均匀，喷后立即播种覆膜。幼苗生长期，在长草部位的地膜上及时压土，可有效防治杂草为害，对行间（畦间）或埂上杂草进行人工清除。

5.1.3.2 检查出苗

播种一周左右，要及时检查出苗情况，并随时破膜放苗。

5.1.3.3 间苗补苗

苗高长到 10cm 时定苗，每穴保留一株壮苗，间除其余幼苗，若有缺苗，应就近将间除的壮苗带土移栽补苗，及时补浇移苗水，并采取遮阴措施，移苗后一周第二次检查补苗。

5.1.3.4 幼苗断根

苗高 20cm 左右时，用利铲从幼苗一侧距苗干基部 10cm 处向下斜插，切断地面下 12cm~15cm 处的直根，促进侧根生长。

5.1.3.5 追肥灌水

苗高15cm时，在宽行间开沟追第一次肥；苗高30cm时，追第二次肥。每次追肥量以300kg/hm² 磷酸二铵为宜，施肥后及时灌水。在生长期依据土壤墒情及时浇水。

5.1.3.6 摘心

苗高30cm时，清除砧木苗基部分枝；苗高50cm左右时对砧木苗摘心，以促进砧木加粗生长。

5.2 嫁接育苗

5.2.1 接穗的选择与处理

5.2.1.1 接穗的选择

接穗须采自优良品种的健壮结果树或采穗圃，应选择枝条充分成熟，直径在0.4cm～1.0cm的一年生枣头一次枝。

5.2.1.2 接穗的采集

接穗要求芽体饱满，无病虫害，一芽一穗或两芽一穗，采集时间在休眠期进行。

5.2.1.3 接穗的处理

把石蜡在容器内溶化，蜡温升到95℃～100℃时接穗蘸蜡，封蜡速度越快越好，做到蜡层薄而透明。

5.2.1.4 接穗的贮存

早期采集的接穗，封蜡后应分品种装入塑料袋中，袋上扎孔通气后存入0℃～2℃的冷库中待用。早春至萌芽前采集的接穗封蜡后用锯末保湿冷存，时间更短的封蜡后直接放入纸箱，在地窖、冷藏库或阴凉处保存。

5.2.2 苗木嫁接

5.2.2.1 嫁接时间

树液开始流动至展叶期进行（4月上旬～5月下旬）。

5.2.2.2 嫁接准备

接前7d～10d圃地灌水一次，接前1d～2d距地面3cm～4cm处剪砧，及时清除杂草及其他杂物。

5.2.2.3 嫁接方法

圃地嫁接一般采用枝条插接法。方法如下：

a）削接穗

用剪枝剪或嫁接刀分两刀完成，要求两个削面等长（约2cm），一侧削薄，一侧削厚，并使削面宽度略小于或等于砧木直径。

b）剪砧

留砧以贴近地面或高出地面10cm～20cm平剪为宜。

c）插接穗

接穗和砧木切削好后，立即将接穗薄面向里，厚面向外形成层对齐插入砧木。

d）绑缚

接穗插好后，立即用塑料条将接穗和砧木接口部缠紧即可。

5.2.3 嫁接苗管理

5.2.3.1 除萌

嫁接1周后，开始除萌，将砧木的萌芽不定期地除去，以集中砧木养分促进接口愈合和接穗生长。

5.2.3.2 补接

接20d～30d时，检查一次成活率，对没接活的及时补接。

5.2.3.3 解绑

当接穗长到高50cm时，接口已完全愈合，此时应及时解除绑扎物。

5.2.3.4 抹芽

按照DB 653122/T 002中5.2.4.3规定执行。

5.2.3.5 中耕除草

及时进行中耕除草，促进苗木生长。

5.2.3.6 肥水管理

按照DB 653122/T 002中5.2.4.4规定执行。

5.3 病虫害防治

按照DB 653122/T 002中第6章中规定执行。

5.4 大风预防

采取一定的防风措施保护芽体，避免大风伤害。

ICS 65.020.01
B 00

NY

中华人民共和国农业行业标准

NY/T 391—2013
代替 NY/T 391—2000

绿色食品 产地环境质量

Green food—Environmental quality for production area

2013-12-13 发布　　　　　　　　　　　2014-04-01 实施

中华人民共和国农业部　发布

前 言

本标准按照 GB/T 1.1—2009 给出的规则起草。

本标准代替 NY/T 391—2000《绿色食品 产地环境技术条件》，与 NY/T 391—2000 相比，除编辑性修改外主要技术变化如下：

——修改了标准中英文名称；
——修改了标准适用范围；
——增加了生态环境要求；
——删除了空气质量中氮氧化物项目，增加了二氧化氮项目；
——增加了农田灌溉水中化学需氧量、石油类项目；
——增加了渔业水质淡水和海水分类。删除了悬浮物项目，增加了活性磷酸盐项目，修订了 pH 项目；
——增加了加工用水水质、食用盐原料水质要求；
——增加了食用菌栽培基质质量要求；
——增加了土壤肥力要求；
——删除了附录 A。

本标准由农业部农产品质量安全监管局提出。

本标准由中国绿色食品发展中心归口。

本标准起草单位：中国科学院沈阳应用生态研究所、中国绿色食品发展中心。

本标准主要起草人：王莹、王颜红、李国琛、李显军、宫凤影、崔杰华、王瑜、张红。

本标准的历次版本发布情况为：

——NY/T 391—2000。

引 言

绿色食品指产自优良生态环境、按照绿色食品标准生产、实行全程质量控制并获得绿色食品标志使用权的安全、优质食用农产品及相关产品。发展绿色食品，要遵循自然规律和生态学原理，在保证农产品安全、生态安全和资源安全的前提下，合理利用农业资源，实现生态平衡、资源利用和可持续发展的长远目标。

产地环境是绿色食品生产的基本条件，NY/T 391—2000 对绿色食品产地环境的空、水、土壤等制定了明确要求，为绿色食品产地环境的选择和持续利用发挥了重要指导作用。近几年，随着生态环境的变化，环境污染重点有所转移，同时标准应用过程中也遇到一些新问题，因此有必要对 NY/T 391—2000 进行修订。

本次修订坚持遵循自然规律和生态学原理，强调农业经济系统和自然生态系统的有机循环。修订过程中主要依据国内外各类环境标准，结合绿色食品生产实际情况，辅以大量科学实验验证，确定不同产地环境的监测项目及限量值，并重点突出绿色食品生产对土壤肥力的需求和影响。修订后的标准将更加规范绿色食品产地环境选择和保护，满足绿色食品安全优质的要求。

绿色食品　产地环境质量

1　范围

本标准规定了绿色食品产地的术语和定义、生态环境要求、空气质量要求、水质要求、土壤质量要求。

本标准适用于绿色食品生产。

2　规范性引用文件

下列文件对于本文件的应用是必不可少的。凡是注日期的引用文件，仅注日期的版本适用于本文件。凡是不注日期的引用文件，其最新版本（包括所有的修改单）适用于本文件。

GB/T 5750.4　生活饮用水标准检验方法　感官性状和物理指标

GB/T 5750.5　生活饮用水标准检验方法　无机非金属指标

GB/T 5750.6　生活饮用水标准检验方法　金属指标

GB/T 5750.12　生活饮用水标准检验方法　微生物指标

GB/T 6920　水质　pH值的测定　玻璃电极法

GB/T 7467　水质　六价铬的测定　二苯碳酰二肼分光光度法

GB/T 7475　水质　铜、锌、铅、镉的测定　原子吸收分光光度法

GB/T 7484　水质　氟化物的测定　离子选择电极法

GB/T 7485　水质　总砷的测定　二乙基二硫代氨基甲酸银分光光度法

GB/T 7489　水质　溶解氧的测定　碘量法

GB 11914　水质　化学需氧量的测定　重铬酸盐法

GB/T 12763.4　海洋调查规范　第4部分：海水化学要素调查

GB/T 15432　环境空气　总悬浮颗粒物的测定　重量法

GB/T 17138　土壤质量　铜、锌的测定　火焰原子吸收分光光度法

GB/T 17141　土壤质量　铅、镉的测定　石墨炉原子吸收分光光度法

GB/T 22105.1　土壤质量　总汞、总砷、总铅的测定　原子荧光法　第1部分：土壤中总汞的测定

GB/T 22105.2　土壤质量　总汞、总砷、总铅的测定　原子荧光法　第2部分：土壤中总砷的测定

　　HJ 479　环境空气　氮氧化物（一氧化氮和二氧化氮）的测定　盐酸萘乙二胺分光光度法

　　HJ 480　环境空气　氟化物的测定　滤膜采样氟离子选择电极法

　　HJ 482　环境空气　二氧化硫的测定　甲醛吸收—副玫瑰苯胺分光光度法

　　HJ 491　土壤　总铬的测定　火焰原子吸收分光光度法

　　HJ 503　水质　挥发酚的测定　4-氨基安替比林分光光度法

HJ 505　水质　五日生化需氧量（BOD₅）的测定　稀释与接种法
HJ 597　水质　总汞的测定　冷原子吸收分光光度法
HJ 637　水质　石油类和动植物油类的测定　红外分光光度法
LY/T 1233　森林土壤有效磷的测定
LY/T 1236　森林土壤速效钾的测定
LY/T 1243　森林土壤阳离子交换量的测定
NY/T 53　土壤全氮测定法（半微量开氏法）
NY/T 1121.6　土壤检测　第6部分：土壤有机质的测定
NY/T 1377　土壤pH的测定
SL 355　水质　粪大肠菌群的测定—多管发酵法

3　术语和定义

下列术语和定义适用于本文件。

3.1　环境空气标准状态　ambient air standard state

指温度为273 K，压力为101.325 kPa时的环境空气状态。

4　生态环境要求

绿色食品生产应选择生态环境良好、无污染的地区，远离工矿区和公路、铁路干线，避开污染源。应在绿色食品和常规生产区域之间设置有效的缓冲带或物理屏障，以防止绿色食品生产基地受到污染。

建立生物栖息地，保护基因多样性、物种多样性和生态系统多样性，以维持生态平衡。

应保证基地具有可持续生产能力，不对环境或周边其他生物产生污染。

5　空气质量要求

应符合表1要求。

表1　空气质量要求（标准状态）

项　目	指标 日平均[a]	指标 1小时[b]	检测方法
总悬浮颗粒物，mg/m³	≤0.30	—	GB/T 15432
二氧化硫，mg/m³	≤0.15	≤0.50	HJ 482
二氧化氮，mg/m³	≤0.08	≤0.20	HJ 479
氟化物，mg/m³	≤7	≤20	HJ 480

[a] 日平均指任何一月的平均指标。
[b] 1小时指任何一小时的指标。

6 水质要求

6.1 农田灌溉水质要求

农田灌溉用水,包括水培蔬菜和水生植物,应符合表2要求。

表2　　农田灌溉水质要求

项目	指标	检测方法
PH	5.5~8.5	GB/T 6920
总汞,mg/L	≤0.001	HJ 597
总镉,mg/L	≤0.005	GB/T 7475
总砷,mg/L	≤0.05	GB/T 7485
总铅,mg/L	≤0.1	GB/T 7475
六价铬,mg/L	≤0.1	GB/T 7467
氟化物,mg/L	≤2.0	GB/T 7484
化学需氧量(COD_{cr}),mg/L	≤60	GB 11914
石油类,mg/L	≤1.0	HJ 637
粪大肠菌群[a],个/L	≤10 000	SL 355

[a] 灌溉蔬菜、瓜类和草本水果的地表水需测粪大肠菌群,其他情况不测粪大肠菌群。

6.2 渔业水质要求

渔业用水应符合表3要求。

表3　　渔业水质要求

项目	指标 淡水	指标 海水	检测方法
色、臭、味	不应有异色、异臭、异味		GB/T 5750.4
pH	6.5~9.0		GB/T 6920
溶解氧,mg/L	>5		GB/T 7489
生化需氧量(BOD_5),mg/L	≤5	≤3	HJ 505
总大肠菌群,MPN/100mL	≤500(贝类50)		GB/T 5750.12
总汞,mg/L	≤0.000 5	≤0.000 2	HJ 597
总镉,mg/L	≤0.005		GB/T 7475
总铅,mg/L	≤0.05	≤0.005	GB/T 7475
总铜,mg/L	≤0.01		GB/T 7475
总砷,mg/L	≤0.05	≤0.03	GB/T 7485
六价铬,mg/L	≤0.1	≤0.01	GB/T 7467

(续表)

项目	指标		检测方法
	淡水	海水	
挥发酚，mg/L	≤0.005		HJ 503
石油类，mg/L	≤0.05		HJ 637
活性磷酸盐（以P计），mg/L	—	≤0.03	GB/T 12763.4

说明：水中漂浮物质需要满足水面不应出现油膜或浮沫要求。

6.3 畜禽养殖用水要求

畜禽养殖用水，包括养蜂用水，应符合表4要求。

表4　　　　　　　　　　畜禽养殖用水要求

项目	指标	检测方法
色度[a]	≤15，并不应呈现其他异色	GB/T 5750.4
浑浊度[a]（散射浑浊度单位），NTU	≤3	GB/T 5750.4
臭和味	不应有异臭、异味	GB/T 5750.4
肉眼可见物[a]	不应含有	GB/T 5750.4
pH	6.5~8.5	GB/T 5750.4
氟化物，mg/L	≤1.0	GB/T 5750.5
氰化物，mg/L	≤0.05	GB/T 5750.5
总砷，mg/L	≤0.05	GB/T 5750.6
总汞，mg/L	≤0.001	GB/T 5750.6
总镉，mg/L	≤0.01	GB/T 5750.6
六价铬，mg/L	≤0.05	GB/T 5750.6
总铅，mg/L	≤0.05	GB/T 5750.6
菌落总数[a]，CFU/mL	≤100	GB/T 5750.12
总大肠菌群，MPN/100mL	不得检出	GB/T 5750.12

[a] 散养模式免测该指标。

6.4 加工用水要求

加工用水包括食用菌生产用水、食用盐生产用水等，应符合表5要求。

表5　　　　　　　　　　加工用水要求

项目	指标	检测方法
pH	6.5~8.5	GB/T 5750.4
总汞，mg/L	≤0.001	GB/T 5750.6
总砷，mg/L	≤0.01	GB/T 5750.6

(续表)

项目	指标	检测方法
总镉，mg/L	≤0.005	GB/T 5750.6
总铅，mg/L	≤0.01	GB/T 5750.6
六价铬，mg/L	≤0.05	GB/T 5750.6
氰化物，mg/L	≤0.05	GB/T 5750.5
氟化物，mg/L	≤1.0	GB/T 5750.5
菌落总数，CFU/mL	≤100	GB/T 5750.12
总大肠菌群，MPN/100mL	不得检出	GB/T 5750.12

6.5 食用盐原料水质要求

食用盐原料水包括海水、湖盐或井矿盐天然卤水，应符合表6要求。

表6　　　　　　　　　　食用盐原料水质要求

项目	指标	检测方法
总汞，mg/L	≤0.001	GB/T 5750.6
总砷，mg/L	≤0.03	GB/T 5750.6
总镉，mg/L	≤0.005	GB/T 5750.6
总铅，mg/L	≤0.01	GB/T 5750.6

7 土壤质量要求

7.1 土壤环境质量要求

按土壤耕作方式的不同分为旱田和水田两大类，每类又根据土壤pH的高低分为三种情况，即pH<6.5、6.5≤pH≤7.5、pH>7.5。应符合表7要求。

表7　　　　　　　　　　土壤质量要求

项目	旱田 pH<6.5	旱田 6.5≤pH≤7.5	旱田 pH>7.5	水田 pH<6.5	水田 6.5≤pH≤7.5	水田 pH>7.5	检测方法
							NY/T 1377
总镉，mg/kg	≤0.30	≤0.30	≤0.40	≤0.30	≤0.30	≤0.40	GB/T 17141
总汞，mg/kg	≤0.25	≤0.30	≤0.35	≤0.30	≤0.40	≤0.40	GB/T 22105.1
总砷，mg/kg	≤25	≤20	≤20	≤20	≤20	≤15	GB/T 22105.2
总铅，mg/kg	≤50	≤50	≤50	≤50	≤50	≤50	GB/T 17141
总铬，mg/kg	≤120	≤120	≤120	≤120	≤120	≤120	HJ 491
总铜，mg/kg	≤50	≤60	≤60	≤50	≤60	≤60	GB/T 17138

(续表)

项目	旱田			水田			检测方法
	pH<6.5	6.5≤pH≤7.5	pH>7.5	pH<6.5	6.5≤pH≤7.5	pH>7.5	NY/T 1377

注1：果园土壤中铜限量值为旱田中铜限量值的2倍。
注2：水旱轮作的标准值取严不取宽。
注3：底泥按照水田标准执行。

7.2 土壤肥力要求

土壤肥力按照表8划分。

表8　土壤肥力分级指标

项目	级别	旱地	水田	菜地	园地	牧地	检测方法
有机质，g/kg	Ⅰ	>15	>25	>30	>20	>20	NY/T 1121.6
	Ⅱ	10~15	20~25	20~30	15~20	15~20	
	Ⅲ	<10	<20	<20	<15	<15	
全氮，g/kg	Ⅰ	>1.0	>1.2	>1.2	>1.0	—	NY/T 53
	Ⅱ	0.8~1.0	1.0~1.2	1.0~1.2	0.8~1.0	—	
	Ⅲ	<0.8	<1.0	<1.0	<0.8	—	
有效磷，mg/kg	Ⅰ	>10	>15	>40	>10	>10	LY/T 1233
	Ⅱ	5~10	10~15	20~40	5~10	5~10	
	Ⅲ	<5	<10	<20	<5	<5	
速效钾，mg/kg	Ⅰ	>120	>100	>150	>100	—	LY/T 1236
	Ⅱ	80~120	50~100	100~150	50~100	—	
	Ⅲ	<80	<50	<100	<50	—	
阳离子交换量，cmol（+）/kg	Ⅰ	>20	>20	>20	>20	—	LY/T 1243
	Ⅱ	15~20	15~20	15~20	15~20	—	
	Ⅲ	<15	<15	<15	<15	—	

注：底泥、食用菌栽培基质不做土壤肥力检测。

7.3 食用菌栽培基质质量要求

土培食用菌栽培基质按7.1执行，其他栽培基质应符合表9要求。

表9　　　　　　　　　　　　　食用菌栽培基质要求

项目	指标	检测方法
总汞，mg/kg	≤0.1	GB/T 22105.1
总砷，mg/kg	≤0.8	GB/T 22105.2
总镉，mg/kg	≤0.3	GB/T 17141
总铅，mg/kg	≤35	GB/T 17141

ICS 65.020.01
B 16

中华人民共和国出入境检验检疫行业标准

SN/T 2960—2011

水果蔬菜和繁殖材料处理技术要求

Technical requirements for dis–infestation of fruit,
vegetable and propagation materials

2011-05-31 发布

2011-12-01 实施

中华人民共和国
国家质量监督检验检疫总局 发布

前 言

本标准按照 GB/T 1.1—2009 给出的规则起草。

本标准由国家认证认可监督管理委员会提出并归口。

本标准起草单位：中华人民共和国辽宁出入境检验检疫局、中国检验检疫科学院、中华人民共和国宁波出入境检验检疫局、中华人民共和国江苏出入境检验检疫局。

本标准主要起草人：姜丽、王有福、葛建军、顾建锋、粟寒、刘伟、王秀芬。

水果蔬菜和繁殖材料处理技术要求

1 范围

本标准规定了水果蔬菜和繁殖材料冷处理、热处理、溴甲烷熏蒸处理和辐照处理等除害处理技术指标。

本标准适用于进出口水果蔬菜和繁殖材料冷处理、热处理、溴甲烷熏蒸处理和辐照处理等检疫除害处理。

2 规范性引用文件

下列文件对于本文件的应用是必不可少，凡是注日期的引用文件，仅注日期的版本适用于本文件，凡是不注日期的引用文件，其最新版（包括所有的修改单），适用于本文件。

SN/T 1123　帐幕熏蒸处理操作规程

SN/T 1124　集装箱熏蒸规程

SN/T 1143　植物检疫　简易熏蒸库熏蒸操作规程

3 术语和定义

下列术语和定义适用于本文件。

3.1 植物繁殖材料　plant propagating materials

用于繁殖的植物全株或部分，如植株、苗木、种子、砧木接穗、插条、块根、块茎、鳞茎、球茎等。

3.2 冷处理　cold treatment

按照官方认可的技术规范，对货物降温直到该货物到达并维持规定温度直至满足规定时间的过程。

3.3 出口前冷处理　pre－export cold treatment

借助冷处理设施在货物出口运输前进行的冷处理。

3.4 运输途中冷处理　intransit cold treatment

借助冷藏集装箱在货物运输途中进行的冷处理。

3.5 热处理　heat treatment

按照官方认可的技术规范，对货物加热直到该货物达到并维持规定温度直至满足规定时间的过程。

3.6 蒸汽热处理 steam-heated treatment

利用热饱和水蒸气使货物的温度提高到规定的要求，并在规定的时间内使温度维持在稳定状态，通过水蒸气冷凝作用释放出来的潜热，均匀而迅速地使被处理的水果升温，使可能存在于果实内部的昆虫死亡的处理方法。主要用于控制水果中的实蝇或其他寄生性幼虫。

3.7 热水处理 hot water treatment

利用样品与有害生物耐热性的差异，选择适宜的水温和处理时间以杀死害虫而不损害处理样品的处理方法。主要用于鳞球茎、植株及植物繁殖切条上的线虫和其他有害生物以及带病种子的处理。

3.8 熏蒸 fumigation

借助于熏蒸剂一类的化学药剂，在一定的时间和密闭空间内将有害生物杀灭的技术或方法。

3.9 辐照处理 irradiation treatment

用低剂量γ射线辐照新鲜水果和蔬菜，使水果蔬菜中携带或可能携带的害虫不育或不能羽化，从而达到消灭害虫的目的。

4 仪器、用具和试剂

冷处理和热处理：温度探针、标准温度计、记录仪、保温器皿、电子天平、恒温水浴箱。
熏蒸处理：熏蒸处理仪器和用具见 SN/T 1124，SN/T 1123 和 SN/T 1143，溴甲烷。
辐照处理：商业钴60辐照源，γ射线计数器

5 处理技术要素

5.1 冷处理

5.1.1 运输途中冷处理
5.1.1.1 处理设施要求
运输途中冷处理应在冷藏集装箱（俗称冷柜）中进行。冷藏集装箱应是自身（整体）制冷的运输集装箱，具有能达到和保持所需温度的制冷设备。
5.1.1.2 记录仪要求
5.1.1.2.1 温度探针和温度记录仪的组合应符合相关标准要求，能容纳所需的探针数。
5.1.1.2.2 能够记录并贮存处理过程的数据，应至少每小时记录所有探针一次，且达到对探针所要求的精度。
5.1.1.2.3 能下载并打印包含每个探针号码、时间、温度及记录仪和集装箱的识别号等信息。
5.1.1.3 装柜
货物装入冷藏集装箱之前，要低温保存。果肉温度要求在4℃或以下。整个柜内货物包装箱堆放高度要尽可能保持同一水平状态，且不能超出冷柜内标志的红色警戒线，装货时需确保托盘底部与托盘间有等同的气流，包装箱堆叠应松散。

5.1.1.4 温度探针的校正

按附录 A 的方法对探针进行校正。

5.1.1.5 探针的安插

5.1.1.5.1 每个冷藏集装箱至少应安插 3 个果温探针和 2 个空间温度探针。

5.1.1.5.2 果温探针安插方法见附录 B。

5.1.1.5.3 果温探针的安置位置分别是：

——一个安在集装箱内货物首排顶层中央位置；

——一个安在距冷藏集装箱门 1.5m（40ft 标准集装箱）或 1m（20ft 标准集装箱）的中央，并在所装货物高度一半的位置；

——一个安在距集装箱门 1.5m（40ft 标准集装箱）或 1m（20ft 标准集装箱）的左侧，并在货物高度一半的位置。

5.1.1.5.4 空间温度探针分别安置在集装箱的入风口和回风口处。

5.1.1.5.5 所有探针的安插应在获得授权的检疫员的监督或指导下进行。

5.1.1.6 冷藏集装箱的封识

装好待处理货物后，由检疫员用编码封条对冷藏集装箱的门进行封识。

5.1.1.7 处理技术指标

进出口水果冷处理技术指标分别见表 1 和表 2。

表 1　　　　　出口水果冷处理技术指标

序号	水果种类	输往国家	有害生物	处理技术指标*
1	荔枝	澳大利亚	实蝇 Tephritidae	≤0℃（32℉）　　10d； 或≤0.56℃（33℉）　11d； 或≤1.11℃（34℉）　12d； 或≤1.67℃（35℉）　14d
2	龙眼	澳大利亚	实蝇 Tephritidae	≤0.99℃　　13d； 或≤1.38℃　　18d
3	龙眼或荔枝	澳大利亚	实蝇 Tephritidae 荔枝蒂蛀虫（Conopomorpha sinensis）	≤1 ℃　　15d； 或≤1.39 ℃　18d
4	荔枝和龙眼	美国	桔小实蝇（Bactrocera dorsalis） 荔枝蒂蛀虫（Conopomorpha sinensis）	≤1℃　　15d； 或≤1.39 ℃　18d
5	鲜梨	美国		≤0.0℃　　10d； 或≤0.56℃　11d； 或≤1.11℃　12d； 或≤1.67℃　14d
6	鲜梨	墨西哥	食心虫类害虫	0℃±0.5℃　　40d

* 表中的时间均为连续时间。

表2　　　　　　　　　　　　　　进口水果冷处理技术指标

序号	产地	水果种类	有害生物	处理技术指标*
1	墨西哥、哥伦比亚	葡萄柚、红桔、李、柑桔	墨西哥实蝇（Anastrepha ludens）	≤0.56℃　18d；或≤1.11℃　20d；或≤1.66℃　22d
2	秘鲁	葡萄	实蝇 Tephritidae	≤1.5℃　≥19d
3	阿根廷	苹果、杏、樱桃、葡萄、李、梨	按实蝇属 Anastrepha spp.	≤0.0℃　11d；或≤0.56℃　13d；或≤1.11℃　15d；或≤1.56℃　17d

*表中的时间均为连续时间。

5.1.1.8　处理的启动与冷处理报告的寄送

可以任何时间启动记录。但是只有所有果温探针都达到指定的温度时，才能正式开始计算处理时间。冷处理温度记录由船运公司负责下载，提交入境港口的检验检疫机构。一些海上航行可能使得冷处理在船运到达相应口岸之前就已完成，可允许在途中下载温度等记录并传送到对方国家或地区以便审核；但在对方国家或地区检验检疫部门完成温度探针再校正前，不能认为该处理有效。因此，是否在到达对方国家或地区相应口岸之前中止冷处理（如，逐渐提升运输温度）是一个商业决定。如果处理未能完成的，或上述处理失败时，处理可以在抵达后完成。

5.1.1.9　结果判定

经核查，符合相应的处理技术指标要求和操作要求，加之处理后现场检疫和样品检测结果符合要求的，判定为冷处理有效。有不符合上述要求的，判定为冷处理无效。

5.1.2　设施内冷处理

5.1.2.1　处理设施要求

出口前冷处理设施需经注册（参见附录C），且具有能达到和保持所需温度的制冷设备，并配有足够数量的探针。

5.1.2.2　记录仪要求

同5.1.1.2。

5.1.2.3　探针的校正

在处理开始前，应按照附录A的方法对探针进行校正。在处理结束后，探针应按附录A的方法再校正，校正记录应备案以备审核。

5.1.2.4　货物装置

货物应按相关要求包装好，并进行预冷。货物装入处理室时应松散堆叠，并确保托盘底部与托盘间有充足的气流。

5.1.2.5　探针要求的安置

5.1.2.5.1　至少用2个探针（分别在入风口和回风口）测量室温，至少要安插以下4个探针测量鲜果的温度；

5.1.2.5.2　果温探针安插方法见附录B；

5.1.2.5.3　果温探针的位置如下：

—— 一个位于冷处理室中部所装货物的中心；

—— 一个位于冷处理室中部所装货物顶层的角落；

—— 一个位于所装货物中部近回风口处；

—— 一个位于所装货物顶层近回风口处。

5.1.2.5.4 室温探针分别安置在入风口和回风口附近处。

5.1.2.5.5 所有探针的安置应在获得授权的检疫员的监督或指导下进行。

5.1.2.6 处理技术指标

见表1。

5.1.2.7 处理及结束要求

5.1.2.7.1 可随时启动记录，当所有果温探针都达到5.1.1.7指定的温度时，处理时间才能正式开始计算。

5.1.2.7.2 当只用最小数量的探针时，如果有任何探针连续超出4h失效，则该处理无效，应重新开始。

5.1.2.7.3 如果处理记录表明各处理参数符合5.1.1.7处理技术指标要求，当地检验检疫机构可以授权结束处理。

5.1.2.8 冷处理记录的填写

下载、打印输出的温度记录要有适当的数据统计。当地检验检疫机构应在确认某处理成功之前背书上述记录和统计值，且应按对方要求，能提供上述背书的记录以供审核。

5.1.2.9 结果判定

经核查，符合相应的处理技术指标要求和操作要求，加之处理后现场检疫和样品检测结果符合要求的，判定为冷处理有效。有不符合上述要求的，判定为冷处理无效。

5.2 热处理

5.2.1 处理技术指标

水果和繁殖材料热处理技术指标分别见表3和表4。

表3 鳞球茎、块根、块茎等繁殖材料热水处理技术指标

序号	繁殖材料种类	处理技术指标 水温 ℃（℉）	处理技术指标 时间 min	有害生物
1	蛇麻草地下茎	50（122）	10	美洲剑线虫 *Xipinema americanum*
		51.7（125）	5	
2	马铃薯块茎	45.5（114）	120	爪哇根结线虫 *Meloidogyne javanica*
		45~50	60	最短短体线虫 *Pratylenchus brachyurus*
3	大丽花属、芍药属、块茎（polyantkes）	47.8（118）	30	根结线虫 *Meloidogyne* spp.

表 4　　水果热处理技术指标

序号	处理类型	处理技术指标	适合处理的果实种类	有害生物
1	蒸汽热处理	1. 逐步提高处理设施温度，使果肉中心温度在 8 h 内达 43.3℃（110 ℉）；将果肉中心温度保持在 43.3℃ 或以上并维持 6 h	葡萄柚 芒果 柑桔类	墨西哥实蝇 *Anastrepha ludens*
		2. 提高处理设施温度，使果肉在 6 h 内达到 43.3℃（其中前 2 h 要迅速提温；后 4 h 逐渐加温）；保持果心温度 43.3℃ 4 h		
		3. 以 44.4℃（112℉）饱和水蒸气，在规定时间内使果温达到约 44.4℃，保持果温在 44.4℃ 8.75 h，然后立即冷却	番木瓜 山番木瓜	地中海实蝇 *Ceratitis capitata* 桔小实蝇 *Bactrocera dorsalis* 瓜实蝇 *Bactrocera cucurbitae*
		4. 使荔枝果肉温度升达 30℃（86℉）；在 50min 内，使荔枝果肉温度从 30℃ 上升到 41℃（106℉）；让果肉温度继续上升到 46.5℃（116℉）（此时库内饱和水蒸气温度在 46.6℃ 或以上）并维持 10min（完成蒸热处理后过冰水槽降温）	荔枝	桔小实蝇
2	强制热空气处理	1）处理开始时的果肉温度需在 21.1℃（77℉）或以上； 2）加热使处理室中气流温度达 40℃（104℉），并维持 120min； 3）继续加热，使气流温度达到 50℃（122℉），并维持 90min； 4）再加热，使气流温度达到 52.2℃（126℉），维持该温度直至果心温度达 47.8℃（118 ℉）	葡萄柚（适用于早熟和中熟品种；且直径 ≥ 9cm、质量 ≥ 262g）	墨西哥实蝇
		加热使处理室中的气流温度达到 50℃。维持该温度直至果心温度达 47.8℃ 时，即可结束处理（具体处理时间依据果实大小及同批处理量而定）	芒果（适用于果实直径在 8cm ~ 14cm；果实质量不超过 700g）	墨西哥实蝇 西印度实蝇 *Anastrepha obliqua* 暗色实蝇 *Anastrepha serpentina*

(续表)

序号	处理类型	处理技术指标	适合处理的果实种类	有害生物
3	热水处理	1）处理开始时的果肉温度需在21.1℃或以上； 2）处理的水温为46.1℃； 3）处理时间依该批最大果实的质量而定，如： ——≤500g，处理75min； ——≥500g和＜700g，处理90min； ——≥700g和＜900g，处理10min； 4）在处理过程中，前5min水温可允许降到45.4℃；5min结束时，水温应恢复到46.1℃或以上； 5）整个过程，水温在45.4℃~46.1℃之间的时间累积不能超10min（75min的处理）或15min（90min的处理）或20min（110min的处理）	芒果	地中海实蝇 按实蝇属 *Anastrepha* spp.

5.2.2 处理设施要求

热处理设施应位于相应的包装厂内，并经当地检验检疫机构注册（参见附录E）。热水处理设施应包括大容量热水加热、绝热系统和水循环系统，保证热水处理过程中水温的稳定。蒸汽热处理设施应包括热饱和蒸汽发生装置、蒸汽分配管和气体循环风扇、温度监测系统等。

5.2.3 记录仪要求

5.2.3.1 能够连接所需的探针数。

5.2.3.2 能够记录并贮存处理过程的数据，直到该数据信息得到查验和确认。

5.2.3.3 能按一定的时间间隔（如每隔2min）记录一次所设探针的温度；记录显示的精确度为0.1℃。

5.2.3.4 能打印输出每个探针在各设定时间中的温度，同时打印出相应记录仪的识别号。

5.2.4 操作技术要求

5.2.4.1 探针的校正

在处理季节，应每天对探针进行校正。探针的校正方法见附录D。

5.2.4.2 探针安置要求

5.2.4.2.1 每一处理设施的探针数将依处理设施的品牌和样式而定。用筐浸处理的每个热水处理池至少安装2个温度探针，连续处理的则至少安装10个温度探针（其中3个为果温探针）。

5.2.4.2.2 果温探针的安插方法见附录B；

5.2.4.2.3 果肉探针安置时，需同时考虑上层、中层和下层果肉温度。

5.2.4.3 处理的启动与结束

5.2.4.3.1 处理样品应根据要求按质量和（或）大小分级，分别进行处理。

5.2.4.3.2 针对热水处理，处理样品应浸在处理池水面10cm以下。

5.2.4.3.3 当温度探针和果温探针达到所需处理温度时，开始计时。

5.2.4.3.4 在规定的处理温度或以上并维持到所需的时间时，处理便可结束。

5.2.5 结果判定

经核查，符合相应的处理技术指标要求和操作要求，加之处理后现场检疫和样品检测结果符合要求的，判定为热处理有效。有不符合上述要求的，判定为热处理无效。

5.3 熏蒸处理

5.3.1 处理技术指标

水果蔬菜和繁殖材料溴甲烷（熏蒸室或帐幕）常压熏蒸处理技术指标见表5~表7。

表5　　　　　　　　　　水果溴甲烷熏蒸处理技术指标

序号	水果种类	有害生物	温度 ℃（℉）	计量 g/m³	密闭时间 h	最低浓度 g/m³ 0.5h	最低浓度 2h	最低浓度 4h	随后冷处理 温度 ℃	随后冷处理 时间 d
1	鳄梨	地中海实蝇（*Ceratitis capitata*）桔小实蝇（东方果）（*Bactrocera dorsalis*）、瓜（大）实蝇（*Bactrocera cucurbitae*）	≥21.1（70）	32	4	26	16	14		
2	葡萄柚	按实蝇属（*Anastrepha* spp.）	21~29.5	40	2					
3	草莓	外食性害虫	≥26.7	24	2	19	14			
			21~26	32	2	26	19			
			15.5~20.5	40	2	32	24			
			10~15	48	2	38	29			
4	苹果 梨 葡萄	淡褐卷蛾（*Epiphyas* spp.）	≥10	24	2	23	20		0.55	21
			4.5~9.5	32	2	30	25			

注1：冷藏处理前应通风2h左右。
注2：熏蒸结束与冷藏处理之间，间隔不超过24h。

表6　　　　　　　　　　蔬菜溴甲烷熏蒸处理技术指标

序号	蔬菜种类	有害生物	温度 ℃	剂量 g/m³	密闭时间 h	最低浓度 g/m³ 0.5h	最低浓度 2h
1	南瓜、黄瓜	外食性害虫	≥26.7	24	2	19	14
			21.1~26.1	32	2	26	19
			15.6~20.6	40	2	32	24

(续表)

序号	蔬菜种类	有害生物	温度 ℃	剂量 g/m³	密闭时间 h	最低浓度 g/m³ 0.5h	最低浓度 g/m³ 2h
2	绿色豆荚蔬菜（四季豆、菜豆、长豇豆、豌豆、木豆和扁豆）	小卷蛾（*Cydia fabivora*）、夜小卷蛾（*Epinotia a porema*）豆荚（野）螟（*Maruca testulalis*）豆荚卷叶蛾（*Lespeyresia legume*）	≥26.5	24	2	19	14
			21~26	32	2	26	19
			15.5~20.5	40	2	32	24
			10~15	48	2	38	29
			4.5~9.5	56	2	48	38

表7　　繁殖材料溴甲烷熏蒸处理技术指标

序号	繁殖材料种类	有害生物	温度 ℃	剂量 g/m³	密闭时间 h	最低浓度 g/m³ 0.5h	最低浓度 g/m³ 2h	最低浓度 g/m³ 24h
1	水仙属	球茎狭跗线螨 *Steneotarsonemus laticeps*	32.5~35.6	48	2			
			26.7~31.7	56	2			
			21.1~26.1	64	2			
			15.6~20.6	64	2.5			
			10.0~15.0	64	3			
			4.4~9.4	64	3.5			
2	百合鳞茎	钻蛀性害虫	32.2~35.6	32	3			
			26.7~31.7	40	3			
			21.1~26.1	48	3			
			15.6~20.6	48	3.5			
			10.0~15.0	48	4			
			4.4~9.4	48	4.5			
3	棉籽	表面害虫	≥15.6	80	24	40	40	20
			4.4~15.0	96	24	48	48	24

注1：冷藏处理前应通风2h左右。

2：熏蒸结束与冷藏处理之间，间隔不超过24h。

3：装载容量50%。

5.3.2　操作技术要求

5.3.2.1　帐幕熏蒸：按SN/T 1123操作。

5.3.2.2　集装箱熏蒸：按SN/T 1124操作。

5.3.2.3　简易熏蒸库熏蒸：按SN/T 1143操作。

5.3.3　结果判定

经核查，符合相应的处理技术指标要求和操作要求，加之处理后现场检疫和样品检测结果符合要求的，判定为熏蒸处理有效。有不符合上述要求的，判定为熏蒸处理无效。

5.4 辐照处理

5.4.1 处理技术指标

处理技术指标见表8。

表8　γ射线低剂量辐照处理

序号	水果蔬菜	害虫	辐射均匀度 %	剂量 Gy
1	各种水果蔬菜	寡毛实蝇（Dacus spp.）地中海实蝇（Ceratitis capitata）等检疫性实蝇	16~18	150~300
2	芒果	芒果象甲（Sternochetus frigidus S. mangiferae S. olivieri）	16~18	400~700

注：具体剂量根据货物种类及其大小、外形、包装不同而定。

5.4.2 处理要求

用γ射线低剂量辐照，辐照不均匀度低于18%，剂量率10G/min~30G/min。处理时不需拆包。

5.4.3 结果判定

经核查，符合相应的处理技术指标要求和操作要求，加之处理后现场检疫和样品检测结果符合要求的，判定为辐照处理有效。有不符合上述要求的，判定为辐照处理无效。

附录 A
（规范性附录）
冷处理温度探针的校正

A.1 将碎冰块放入保温器皿内，然后加入洁净的水，直至冰和水的体积比约为 1∶1，制成冰水混合物。

A.2 将标准温度计（经国家标准机构校正）与待校正的探针同时插入冰水混合物中，并不断搅动冰水，当标准温度计显示的温度达到 0℃时，记录探针显示的温度。

A.3 按上述方法，重复校正 3 次。

A.4 探针读数的精确度需达到 0.1℃；同一探针至少 2 次连续的重复校正读数应一致，并以该读数作为校正值，任何读数超出 0℃±0.3℃的探针都应更换。

附录 B
（规范性附录）
果温探针的安插

B.1　果温探针需安插在每批处理果实中的最大果实。

B.2　探针插入果肉的方位尽可能与果核方位平行。

B.3　探针感温部分插入果肉中心部位但不能触到果核。

附录 C
（规范性附录）
冷处理处理设施注册要求

C.1 由出口国的检验检疫机构对处理设施进行注册管理。

C.2 注册每年审核一次，且需保留或能提供以下内容的文件：

—— 所有设施的位置以及所有者/操作者的详细联系方式；

——设施的尺寸及容量；

——墙壁、天花板和地板的隔热类型；

——制冷压缩机及蒸发机/空气循环系统的牌子、样式、类型和容量等。

附录 D
（规范性附录）
热处理温度探针的校正

D.1 将标准温度计（经国家标准机构校正）与待校正的探针一起置于恒温水浴箱内的热水中，并不停搅动。热水的温度需保持在处理温度 ±0.2℃。同时记录标准温度计显示的温度和探针显示的温度。按上述方法。重复校正 3 次。取平均值。

D.2 探针读数的精确度需达到 0.1℃，误差达 ±0.4℃ 的探针应更换。

附录 E
（资料性附录）
热处理处理设施注册要求

E.1 处理场所应包括样品检疫区、称量分级区、处理区、包装区、储存区。具有出口前的整个处理、包装、存贮和运输过程能与其他水果隔离或分开的场所。

E.2 设施的设计应能防止实蝇进入、处理包装和果实（处理过而未包装的果实）存放区。

E.3 对热处理设施每年至少进行一次审核，以维持其能提供有效处理的状态。

E.4 所有量度仪器需定期校正保留记录以备审核。

E.5 处理场所应保持良好卫生状况。

第三部分 栽培管理

第三部分　林副统帅

ICS

DB

吐鲁番市地方标准

DB6521/T 255—2020

绿色产品 吐鲁番红枣

2020－06－20 发布　　　　　　　　　　　　　2020－07－15 实施

吐鲁番市市场监督管理局　发布

前 言

本标准根据 GB/T 1.1—2009《标准化工作导则 第一部分 标准的结构和编写》进行编写。

本标准由吐鲁番市林果业技术推广服务中心提出。

本标准由吐鲁番市林业和草原局归口。

本标准由吐鲁番市林果业技术推广服务中心、吐鲁番市林业有害生物防治检疫局、新疆农业科学院吐鲁番农业科学研究所、吐鲁番市质量与计量检测所负责起草。

本标准主要起草人：王春燕、刘丽媛、罗闻芙、武云龙、李万倩、周黎明、廉苇佳、阿依古丽·斯拉依丁。

绿色食品 吐鲁番红枣

1 范围

本标准规定了吐鲁番绿色红枣适宜栽培的产地环境、果园建立、栽培管理、病虫害防治等方面的技术要求。

本标准适用于绿色产品吐鲁番红枣栽培与管理。

2 规范性引用文件

下列文件对于本文件的应用是必不可少的。凡是注日期的引用文件，仅注日期的版本适用于本文件。凡是不注日期的引用文件，其最新版本（包括所有的修改单）适用于本文件。

NY/T 391　绿色食品　产地环境质量

NY/T 393　绿色食品　农药使用准则

NY/T 394　绿色食品　肥料使用准则

3 术语和定义

下列术语和定义适用于本标准。

3.1 主芽

着生在枣头和枣股的顶端，或侧生于枣头二次枝基部叶腋间的芽称为主芽。

3.2 副芽

位于主芽的左上方或右上方，当年即可萌发成不同的发育形态的芽称为副芽。

3.3 枣头

由顶芽、枣股中心芽或二次枝基部主芽萌发而成的发育枝，其基部着生脱落性果枝，中上部着生永久性二次枝。

3.4 二次枝

由枣头中上部副芽长成的永久性二次枝，简称"二次枝"，枝条呈"之"字形弯曲生长，是形成枣股的基础，故又称为结果基枝。

3.5 枣股

为短缩的结果母枝，主要着生在 2 年生以上的二次枝上，是着生枣吊的主要部位。

3.6 枣吊

由副芽发育而成,主要着生在枣股、枣头一次枝基部和二次枝各节上的结果枝,在果实成熟采摘后整枝脱落,又称脱落性果枝。

3.7 开甲

在枣树主干上进行环状剥皮。

3.8 A级绿色食品

指在生态环境质量符合规定标准的产地,生产过程中允许限量使用限定的化学合成物质,按特定的生产操作规程生产、加工,产品质量及包装经检测、检查符合特定标准,并经专门机构认定,许可使用A级绿色食品标志的产品。

4 产地环境条件

参考NY/T 391执行。

5 果园建立

5.1 园地规划

包括小区划分、道路、排灌系统、防护林及其他必要的附属设施。

5.2 整地

应进行土地深翻和平整;盐碱地先进行土壤改良并平整土地。

5.3 品种选择

对当地环境条件适应、丰产性好、果实综合性状优良、耐贮运的品种。适宜我市栽培的品种有灰枣、骏枣、冬枣、马牙枣等。

5.4 栽植密度

根据园地的立地条件、整形修剪方式等因素确定栽植密度。一般建园株距3m~4m,行距4m~6m。

5.5 栽植行向

南北行向栽植。

5.6 栽植时期

春栽在土壤解冻后至苗木萌芽前进行;秋栽在苗木落叶后至土壤封冻前进行。

5.7 挖穴

栽植穴的长、宽、深各80cm~100cm左右,表土和心土分开堆放,每穴施腐熟有机肥30kg,与表土拌匀，先在穴底填入少许秸秆、杂草，然后将混合好的肥土填入穴中部，再回填心土，灌水沉实后栽植。

5.8 苗木选择

选择高1.4m以上、根茎粗1.4cm以上、枝条充实、芽饱满且主根长30cm以上的二年生的一级苗木为宜。

5.9 栽植方法

红枣苗木栽植前宜带土球；若不带土球则需在起苗后及时栽植，并用生根粉浸泡，栽植时苗木根系舒展分布于穴内。栽植深度以苗木根颈与地面持平为宜；栽后踏实，立即灌透水，水下渗后用细干土覆盖，土壤沉实后定干，并及时松土保墒，7d~10d后进行第二次灌水。

6 栽培管理

6.1 土肥水管理

6.1.1 土壤管理

6.1.1.1 深翻改土

果实采收后至土地封冻前，枣园深翻一次，耕深20cm~25cm，耕翻后耙平。

6.1.1.2 中耕除草

及时中耕除草，松土保墒，同时除去根蘖。落叶后全面清除园间杂草及落叶。

6.1.1.3 覆草

在树冠下或全园覆盖厚度为10cm~15cm的杂草、绿肥及农作物的碎细秸秆等。

6.1.2 施肥

采摘结束后，在树干边缘外方开挖40cm~50cm深的施肥沟（或坑），亩施杂草秸秆若干+农家肥（或有机肥）$2m^3$~$3m^3$+磷肥100kg+复合肥80kg~120kg作基肥（树小少施，树大多施）。

肥料的施用必须符合NY/T 394要求，随着树体长大，底肥和追肥的施用量均应逐年增加。

6.1.3 水分管理

萌芽前后、开花前一周、果实膨大期、果实采收后、越冬前结合施基肥等至少各灌一次水。根据土壤墒情，在果实生长各关键时期适当增加灌溉次数。

6.2 修剪

6.2.1 修剪时期

冬季修剪在落叶后至萌芽前进行，夏季修剪在生长期进行。

6.2.2 树形

采用自由纺锤树形。树高低于3.5m，主干高60cm~80cm，有中心干，主枝交互着生于中心干上，各主枝间距15cm~20cm，主枝与主干成60°~80°夹角，主枝上着生侧枝，侧枝上着生结果枝组。

6.2.3 修剪方法

6.2.3.1 幼树修剪

栽植后定干，将剪口下第一个二次枝从基部疏除，选3~4个方向适宜、生长健壮的二次枝留1~2个枣股短截促发枣头，对新枝条轻剪长放，培养主枝、侧枝和预备枝等，主枝长70cm~80cm时拉枝开角至60°~80°，扩大树冠，加快幼树成形。

6.2.3.2 初果期修剪

以轻剪缓放为主，继续培养各级骨干枝和结果枝组，结果枝组要合理搭配，开张主侧枝角度，扩大树冠；同时控制树高和竞争枝，疏除内膛枝和直立枝。

6.2.3.3 盛果期修剪

疏除背上直立枝和内膛枝，引光入膛；更新粗度超过3cm的结果枝；保持小型枝组健康生长，防止主枝光秃。如树高超过规定高度，落头开心，落头时留南向枝，如行间枝相距小于1m，回缩或疏除。

6.2.3.4 衰老期修剪

疏除过密骨干枝，回缩各主、侧枝总长的1/3；当出现二次枝大量死亡，骨干枝大部光秃时应进行中度更新，回缩骨干枝总长的1/2并重短截光秃的结果枝组；当树体极度衰弱、出现各级枝条大量死亡时进行重度更新，在骨干枝1/3长度内选留生命力强、向外或侧向的健壮枣股或其他芽位，回缩2/3或更长，刺激新枝萌发。枣树骨干枝的更新要一次性完成，以便及时培养新的树形。

6.2.4 花果管理

6.2.4.1 花期摘心

保留的枣头长至3~5个二次枝时摘心，顶部留外向二次枝；木质化枣吊，25cm~30cm摘心。

6.2.4.2 拉枝

在生长季节，用铁丝或绳子将枝的角度和方向改变。

6.2.4.3 开甲

只对长势较强的枣树进行，且不宜连年开甲。

6.2.4.3.1 开甲时期

一般在花期，主要是在盛花期。对于落花重、不易坐果的品种，开甲最适宜的时间在盛花初期，即全树大部分结果枝已开花5~8朵时进行。

6.2.4.3.2 开甲部位

首次开甲枣树，甲口距地面20cm~25cm，以后每年上移5cm~10cm，当开甲部位到达第一主枝下时，再从树干基部重新开始，也叫"回甲"。

6.2.4.3.3 开甲方法

开甲时，先用刮刀将树干老皮刮掉一圈，宽1.0cm~1.5cm，深以露出粉红色韧皮部为止。然后用快刀在刮掉老皮的部位横切两圈，相距0.3cm~0.8cm，深达木质部，切断韧皮部，剥掉两刀口中间的树皮。两道刀口之间的距离要求一致，甲口切开干净。上刀口向下斜，下刀口向上斜，预防积水，利于伤口愈合。开甲后甲口要涂药防虫，最好用塑料布条或纸条包住甲口，防止水分蒸发。

6.2.4.3.4 开甲后管理

为防止甲口愈合前发生积水，在枣树开甲后，晾甲1~2个小时；然后将伴有驱虫剂的药料涂抹于开甲处，每隔7d左右涂抹一次，涂抹3~4次即可；用塑料布条或纸条包住甲口，防止水分蒸发。

6.2.4.4 保花

对自然坐果率低的品种，在盛花期叶面喷施10mg/L~15mg/L赤霉素或0.2g/L磷酸二氢钾混合水溶液1~2次。间隔3d~5d。喷施时间宜避开中午高温时段。

6.2.4.5 保果

在喷赤霉素溶液前进行叶面追肥，可提高喷激素的效果。花期叶面喷施0.2%~0.3%的磷钾肥、0.1%~0.2%的氮肥或适量微生物肥。叶面喷肥宜避开高温。

6.2.4.6 喷水

花期若遇干旱，在近傍晚时进行喷水，每隔 1 d~2 d 喷 1 次，共喷 3~4 次，以防焦花。

6.2.4.7 花期放蜂

花期在枣园附近或枣园内养蜂，每亩放 2~3 箱蜜蜂，开花前 2 d~3 d 将蜂箱置于枣园中。

采用放蜂授粉的果园，花期禁止喷施对蜜蜂有害的农药。

7 病虫害防治

7.1 防治原则

贯彻"预防为主，综合防治"的植保方针。根据气候特点和病虫害的发生规律对症下药，提前预防，将病虫害的危害最大限度地控制在允许的范围内。

农药防治须严格遵守 NY/T 393 等规定，禁止使用国家禁用、限用的剧毒、高毒、高残留和"三致"农药。

符合 NY/T 393 要求的菊酯类农药及其他中、低等毒性农药在绿色食品 1 个生产周期内只能用 1 次，同时，须严格遵守农药安全间隔期规定。农药配制要准确，不得任意增减剂量，现用现配。

7.2 农业措施

如冬季清园（刮树皮）与翻挖果园、夏季人工和化学除草、冬季树干涂白等措施，可以破坏在树皮内（如枣粘虫）和土壤中害虫（如绿磷象甲、桃小食心虫、蜡象、果实蝇）的越冬场所。

结合喷施杀虫剂和撒石灰粉，重点在绿磷象甲、枣粘虫、枣尺蠖害虫出土前的 2 月下旬~3 月上旬和果实蝇、桃小食心虫出土前的 5 月中下旬撒施，能显著降低越冬害虫的虫口基数，减轻红枣受危害程度。

7.3 生物措施

如利用黄板和性诱剂诱杀桃小食心虫和果实蝇成虫，能显著减轻果实的虫蛀率，提高商品率。

7.4 化学措施

提前预防（如早春萌芽前使用 3~5 波美度的石硫合剂清园），对症用药。及时用药和注意使用浓度等 4 个方面，并在果实采收之前一段时间停止喷药，避免浓度偏高烧伤或污染果面，注意安全间隔期。原则上讲，A 级绿色食品的生产除矿物源农药和生物农药外，每种化学农药在红枣的整个生育期只允许使用 1 次。

ICS

DB

吐 鲁 番 市 地 方 标 准

DB6521/T 256—2020

吐鲁番红枣优质高产栽培管理技术规范

2020-06-20 发布　　　　　　　　　　2020-07-15 实施

吐鲁番市市场监督管理局　发 布

前 言

本标准根据 GB/T 1.1—2009《标准化工作导则第一部分标准的结构和编写》进行编写。

本标准由吐鲁番市林果业技术推广服务中心提出。

本标准由吐鲁番市林业和草原局归口。

本标准由吐鲁番市林果业技术推广服务中心、新疆农业科学院吐鲁番农业科学研究所、吐鲁番市质量与计量检测所负责起草。

本标准主要起草人：王春燕、刘丽媛、罗闻芙、武云龙、吾尔尼沙·卡得尔、徐彦兵、阿依加马丽·加帕尔、阿依古丽·斯拉依丁。

吐鲁番红枣优质高产栽培管理技术规范

1 范围

本标准规定了红枣适宜栽培的产地环境、果园建立、栽培管理、病虫害防治和果实采收等方面的技术要求。

本标准适用于吐鲁番红枣栽培与管理。

2 规范性引用文件

下列文件对于本文件的应用是必不可少的。凡是注日期的引用文件，仅注日期的版本适用于本文件。凡是不注日期的引用文件，其最新版本（包括所有的修改单）适用于本文件。

NY/T 391　绿色食品　产地环境质量

NY/T 393　绿色食品　农药使用准则

NY/T 394　绿色食品　肥料使用准则

3 术语和定义

下列术语和定义适用于本标准。

3.1 主芽

着生在枣头和枣股的顶端，或侧生于枣头二次枝基部叶腋间的芽称为主芽。

3.2 副芽

位于主芽的左上方或右上方，当年即可萌发成不同发育形态的芽称为副芽。

3.3 枣头

由顶芽、枣股中心芽或二次枝基部主芽萌发而成的发育枝，其基部着生脱落性果枝，中上部着生永久性二次枝。

3.4 二次枝

由枣头中上部副芽长成的永久性二次枝，简称"二次枝"，枝条呈"之"字形弯曲生长，是形成枣股的基础，故又称为结果基枝。

3.5 枣股

为短缩的结果母枝，主要着生在 2 年生以上的二次枝上，是着生枣吊的主要部位。

3.6 枣吊

由副芽发育而成，主要着生在枣股、枣头一次枝基部和二次枝各节上的结果枝，在果实成熟采摘后整枝脱落，又称脱落性果枝。

3.7 开甲

在枣树主干上进行环状剥皮。

4 产地环境条件

符合 NY/T 391 规定。

4.1 气候条件

年平均温度不低于 6.5℃、极端最低温度不低于 -28℃，无霜期不少于 100d，年日照大于 1 200h。

4.2 土壤条件

pH 值 7.5~8.5 的沙壤土或壤土为宜，枣园周围没有严重污染源。

5 果园建立

5.1 园地规划

包括小区划分、道路、排灌系统、防护林及其他必要的附属设施。

5.2 整地

应进行土地深翻和平整；盐碱地先进行土壤改良并平整土地。

5.3 品种选择

对当地环境条件适应、丰产性好、果实综合性状优良、耐贮运的品种。适宜我市栽培的品种有灰枣、骏枣、冬枣、马牙枣等。

5.4 栽植密度

根据园地的立地条件、整形修剪方式等因素确定栽植密度。一般建园株距 3m~4m，行距 4m~6m。

5.5 栽植行向

南北行向栽植。

5.6 栽植时期

春栽在土壤解冻后至苗木萌芽前进行；秋栽在苗木落叶后至土壤封冻前进行。

5.7 挖穴

栽植穴的长、宽、深各80cm～100cm，表土和心土分开堆放，每穴施腐熟有机肥30kg，与表土拌匀，先在穴底填入少许秸秆、杂草，然后将混合好的肥土填入穴中部，再回填心土，灌水沉实后栽植。

5.8 苗木选择

选择高1.4m以上、根茎粗1.4cm以上、枝条充实、芽饱满且主根长30cm以上的两年生的一级苗木为宜。

5.9 栽植方法

红枣苗木栽植前宜带土球；若不带土球则需在起苗后及时栽植，并用生根粉浸泡，栽植时苗木根系舒展分布于穴内。栽植深度以苗木根颈与地面持平为宜；栽后踏实，立即灌透水，水下渗后用细干土覆盖，土壤沉实后定干，并及时松土保墒，7d～10d后进行第二次灌水。

6 栽培管理

6.1 土肥水管理

6.1.1 土壤管理

6.1.1.1 深翻改土

果实采收后至土地封冻前，枣园深翻一次，耕深20cm～25cm，耕翻后耙平。

6.1.1.2 中耕除草

及时中耕除草，松土保墒，同时除去根蘖。落叶后全面清除园间杂草及落叶。

6.1.1.3 覆草

在树冠下或全园覆盖厚度为10cm～15cm的杂草、绿肥及农作物的碎细秸秆等。

6.1.2 施肥

6.1.2.1 施肥原则

按照NY/T 394规定执行。

6.1.2.2 基肥

果实采收后至土地封冻前施基肥，以腐熟的有机肥为主，施肥量为每公顷45.0m³～52.5m³，可适量加入磷肥。施肥方法是在定植穴外挖环状沟或平行沟，沟深40cm～60cm，掺入有机肥回填后灌透水。

6.1.2.3 追肥

6.1.2.3.1 土壤追肥

果实膨大期，以氮肥为主，配以磷、钾复合施，每株0.5kg～0.6kg。施肥方法为穴施或沟施，沟深10cm～15cm，追肥后及时灌水。

6.1.2.3.2 叶面追肥

花期至着色前，每隔15d～20d，进行一次叶面追肥，常用叶面追肥的种类为硼砂、磷酸二氢钾或适量微生物肥。叶面追肥宜避开高温时段及大风天气。

6.1.3 水分管理

萌芽前后、开花前一周、果实膨大期、果实采收后、越冬前结合施基肥等至少各灌一次水。根据土壤墒情，在果实生长各关键时期适当增加灌溉次数。

6.2 修剪

6.2.1 修剪时期

冬季修剪在落叶后至萌芽前进行，夏季修剪在生长期进行。

6.2.2 树形

采用自由纺锤树形，一般为3层。树高低于3.5m，主干高60cm～80cm，有中心干，主枝交互着生于中心干上，各主枝间距15cm～20cm，主枝与主干成70°～80°夹角，主枝上着生侧枝，侧枝上着生结果枝组。

6.2.3 修剪方法

6.2.3.1 幼树修剪

栽植后定干，将剪口下第一个二次枝从基部疏除，选3～4个方向适宜、生长健壮的二次枝留1～2个枣股短截促发枣头，对新枝条轻剪长放，培养主枝、侧枝和预备枝等，主枝长70cm～80cm时拉枝开角至60°～80°，扩大树冠，加快幼树成形。

6.2.3.2 初果期修剪

以轻剪缓放为主，继续培养各级骨干枝和结果枝组，结果枝组要合理搭配，开张主侧枝角度，扩大树冠；同时控制树高和竞争枝，疏除内膛枝和直立枝。

6.2.3.3 盛果期修剪

疏除背上直立枝和内膛枝，引光入膛；更新粗度超过3cm的结果枝；保持小型枝组健康生长，防止主枝光秃。如树高超过规定高度，落头开心，落头时留南向枝，如行间枝相距小于1m，回缩或疏除。

6.2.3.4 衰老期修剪

疏除过密骨干枝，回缩各主、侧枝总长的1/3；当出现二次枝大量死亡，骨干枝大部光秃时应进行中度更新，回缩骨干枝总长的1/2并重短截光秃的结果枝组；当树体极度衰弱、出现各级枝条大量死亡时进行重度更新，在骨干枝1/3长度内选留生命力强、向外或侧向的健壮枣股或其他芽位，回缩2/3或更长，刺激新枝萌发。枣树骨干枝的更新要一次性完成，以便及时培养新的树形。

6.3 花果管理

6.3.1 花期摘心

保留的枣头长至3～5个二次枝时摘心，顶部留外向二次枝；木质化枣吊，25cm～30cm摘心。

6.3.2 拉枝

在生长季节，用铁丝或绳子将枝的角度和方向改变。

6.3.3 开甲

只对长势较强的枣树进行，且不宜连年开甲。

6.3.3.1 开甲时期

枣树开甲应选晴朗无风时进行。一般在花期，主要是在盛花期。对于落花重、不易坐果的品种，开甲最适宜的时间在盛花初期，即全树大部分结果枝已开花5～8朵时进行。

6.3.3.2 开甲部位

首次开甲枣树，甲口距地面20cm～25cm，以后每年上移5cm～10cm，当开甲部位到达第一主枝下时，再从树干基部重新开始，也叫"回甲"。

6.3.3.3 开甲方法

开甲时，先用刮刀将树干老皮刮掉一圈，宽1cm～1.5cm，深以露出粉红色韧皮部为止。然后用快刀在刮掉老皮的部位横切两圈，相距0.3cm～0.8cm，深达木质部，切断韧皮部，剥掉两刀口中间的树皮。两道刀口之间的距离要求一致，甲口切开干净。上刀口向下斜，下刀口向上斜，预防积水，利于伤口愈合。开甲后甲口要涂药防虫，最好用塑料布条或纸条包住甲口，防止水分蒸发。

6.3.3.4 开甲后管理

为防止甲口愈合前发生积水，在枣树开甲后，晾甲1h～2h；然后将伴有驱虫剂的药料涂抹于开甲处，每隔7d左右涂抹一次，涂抹3～4次即可；用塑料布条或纸条包住甲口，防止水分蒸发。

6.3.4 保花

对自然坐果率低的品种，在盛花期叶面喷施10～15mg/L赤霉素或0.2g/L磷酸二氢钾混合水溶液1～2次。间隔3d～5d。喷施时间宜避开中午高温时段。

6.3.5 保果

在喷赤霉素溶液前进行叶面追肥，可提高喷激素的效果。花期叶面喷施0.2%～0.3%的磷钾肥、0.1%～0.2%的氮肥或适量微生物肥。叶面喷肥宜避开高温。

6.3.6 喷水

花期若遇干旱，在近傍晚时进行喷水，每隔1d～2d喷1次，共喷3～4次，以防焦花。

6.3.7 花期放蜂

花期在枣园附近或枣园内养蜂，每亩放2～3箱蜜蜂，开花前2d～3d将蜂箱置于枣园中。采用放蜂授粉的果园，花期禁止喷布对蜜蜂有害的农药。

7 病虫害防治

7.1 防治原则

7.1.1 生产过程中对病虫草鼠等防治，应坚持预防为主、综合防治的原则，严格控制使用化学农药。
7.1.2 提倡生物防治和使用生物生化农药防治。

7.2 农药选用参照NY/T 393执行

8 果实采收

8.1 采收期

鲜食品种在脆熟期采收，制干品种在完熟期采收。采收时，应避开雨天。

8.2 鲜食枣采收

鲜食品种采收应带果柄采收，采收框内须加衬垫。采摘时轻拿轻放，减少果实的机械伤害，最好戴手套采摘。采收的果实应放置于阴凉处，避免日光爆晒；过夜预冷入库。

8.3 制干枣采收

可采用人工采收，也可使用采收网采收，制干品种采收后应尽快烘烤，减少损失。

ICS

DB

吐 鲁 番 市 地 方 标 准

DB6521/T 257—2020

吐鲁番有机红枣生产技术规程

2020-06-20 发布　　　　　　　　　　　　　　　　2020-07-15 实施

吐鲁番市市场监督管理局　发 布

前　言

本标准根据 GB/T 1.1—2009《标准化工作导则第一部分标准的结构和编写》进行编写。

本标准由吐鲁番市林果业技术推广服务中心提出。

本标准由吐鲁番市林业和草原局归口。

本标准由吐鲁番市林果业技术推广服务中心、吐鲁番市林业有害生物防治检疫局、吐鲁番市质量与计量检测所负责起草。

本标准主要起草人：刘丽媛、王婷、古亚汗·沙塔尔、韩泽云、孟建祖、阿迪力·阿不都古力、陈志强。

吐鲁番有机红枣生产技术规程

1 范围

本标准规定了吐鲁番有机红枣生产的基地规划与建设、土壤管理和施肥、病虫草害防治、修剪和采摘等技术。

本标准适用于吐鲁番有机红枣生产。

2 规范性引用文件

下列标准所包含的条文，通过在本标准中引用而构成为本标准的条文。本标准发布实施，所示版本均为有效。凡是不注日期的引用文件，其最新版本适用于本标准。

GB/T 19630.1 有机产品

3 定义

3.1 有机红枣

指利用有机农业技术、经无工业污染种植、生产且获得有机认证机构认证而成的红枣。

3.2 有机红枣栽培

指在红枣种植生产过程中在有机环境条件下，按照有机生产标准进行。

3.3 有机肥

指无公害化处理的堆肥、沤肥、厩肥、沼气肥、绿肥、饼肥及有机红枣专用肥。

4 建园

4.1 园地选择

红枣园应选择采光性好、周边防风林带健全、附近无污染源及其他不利条件，交通运输便利，地形较为平整，排灌方便、土层深厚、土壤肥沃、土壤无农药残留污染的土地。

4.2 品种选择

本地主栽红枣品种为灰枣、骏枣、冬枣等。

4.3 土壤

土壤符合 GB/T 19630.1 要求。

4.3.1 土壤管理

定期监测土壤肥力水平和重金属元素含量，每 2 年检测一次。根据检测结果，有针对性地采取土壤改良措施。

4.3.2 增施有机肥提高红枣园的保土蓄水能力。

4.4 水

灌溉水应符合 GB/T 19630.1 要求。

4.5 大气

产地大气应符合 GB/T 19630.1 要求。

5 定植

5.1 定植时间

春季，以火焰山为界，山南定植时间为 3 月上中旬，山北为 3 月中下旬。

秋季，以火焰山为界，山南定植时间为 10 月中下旬，山北为 10 月上中旬。

5.2 定植穴

定植前要开挖定植沟穴。行距 4.0m～5.0m，株距 3.0m～4.0m。穴深 0.8m～1.0m，宽 0.4m～0.6m，沟底正中挖 40cm×40cm 定植穴。

5.3 定植方法

挖穴时，表土和心土分开堆放。每穴腐熟有机肥 10kg，先将肥料与表土拌均匀，然后填入穴内，进行苗木栽植。

5.4 补植

第二年后对缺株断行严重、成活率较低的红枣园，通过补植缺株、压蔓等措施提高苗木成活率。

6 整形修剪

6.1 修剪时期

冬季修剪在落叶后至萌芽前进行，夏季修剪在生长期进行。

6.2 主要树形及结构

6.2.1 主干疏层形

树高低于 3.5m，主干高 60cm～80cm。主干与中心干成 70°～80°夹角。

6.2.2 自由纺锤形

树高低于 3.5m，主干高 60～80cm，有中心干，主枝交互着生于中心干上，各主枝间距 15cm～20cm，主枝与主干成 70°～80°夹角，主枝上着生侧枝，侧枝上着生结果枝组。

6.3 修剪方法

6.3.1 幼树修剪

栽植后定干，将剪口下第一个二次枝从基部疏除，选3~4个方向适宜、生长健壮的二次枝留1~2个枣股短截促发枣头，对新枝条轻剪长放，培养主枝、侧枝和辅养枝等，主枝长70cm~80cm时拉枝开角至70°~80°，扩大树冠，加快幼树成形。

6.3.2 初果期修剪

以轻剪缓放为主，继续培养各级骨干枝和结果枝组，结果枝组要合理搭配，开张主侧枝角度，扩大树冠；同时控制树高和竞争枝，疏除内膛枝和直立枝。

6.3.3 盛果期修剪

调节枝组生长势，解决生长与结果的矛盾。疏除背上直立枝和内膛枝，引光入膛；更新粗度超过3cm的结果枝；保持小型枝组健康生长，防止主枝光秃。如树高超过规定高度，落头开心，落头时留南向枝，如行间枝相距小于1m，回缩或疏除。

6.3.4 衰老期修剪

疏除过密骨干枝，回缩各主、侧枝总长的1/3；当出现二次枝大量死亡，骨干枝大部光秃时应进行中度更新，回缩骨干枝总长的1/2并重短截光秃的结果枝组；当树体极度衰弱、出现各级枝条大量死亡时进行重度更新，在骨干枝1/3长度内选留生命力强、向外或侧向的健壮枣股或其他芽位，回缩2/3或更长，刺激新枝萌发。枣树骨干枝的更新一次完成，及时培养新的树形。

7 花果管理

7.1 花期摘心

保留的枣头长至3~5个二次枝时摘心，顶部留外向二次枝；木质化枣吊，25cm~30cm摘心。

7.2 拉枝

对生长直立或开张角度小的结果主枝，花前或花期开张角度。

7.3 开甲

7.3.1 开甲时期

一般在花期，主要是在盛花期，开甲只能对生长势强的植株，且不宜连年开甲，开甲后及时处理，防治滋生病虫害。

对于落花重、不易坐果的品种，开甲最适宜的时间在盛花初期，即全树大部分结果枝已开花5~8朵时进行。

7.3.2 开甲部位

主干环剥最好。位置低，易操作，韧皮部易剥离，愈合快。

7.3.3 开甲方法

首次开甲枣树，甲口距地面10cm~20cm，以后每年上移5cm~10cm，甲口宽度为树干粗度的1/10~1/8，最宽不超过1.0cm，要求甲口在30d内愈合。当开甲部位到达第一主枝下时，再从树干基部重新开始。骨干枝首次开甲，甲口离中心干20cm~25cm。

7.4 花期喷水

盛花期间，在近傍晚时采用机械或人工在叶面上喷洒清水，每隔1d~2d喷1次，共喷3~4次。

7.5 花期放蜂

花期在枣园附近或枣园内养蜂，每公顷放3~5箱蜜蜂，开花前2d~3d将蜂箱置于枣园中。采用放蜂授粉的果园，花期禁止喷布对蜜蜂有害的农药。

8 水肥管理

8.1 施肥

所使用肥料必须在国家农业部登记注册并获得有机认证机构的认证。

8.1.1 基肥

每亩施有机肥4m³~5m³，同时可配施一定数量的有机矿物源肥料和微生物肥料，于当年秋季穴施或开沟施入。

8.1.2 追肥

可结合红枣生长规律进行多次，采用腐熟后的有机液肥，结合浇水随水冲施。

8.1.3 叶面肥

根据红枣生长情况合理使用，但使用的叶面肥必须在国家农业部登记注册并获得有机认证机构的认证。叶面肥料在红枣采摘前10 d停止使用。

8.1.4 禁止使用化学肥料和含有毒、有害物质的城市垃圾、污泥和其他物质等

8.2 灌水

根据土壤含水量情况灌水。花后至浆果膨大期充足供水，浆果成熟期控制灌水，入冬埋土前灌透冬灌水。

9 病虫害防治

9.1 农业防治

9.1.1 加强栽培管理，增强树势，提高抗性，合理控制负载。

9.1.2 合理施肥，多施有机肥，增强树势，提高树体抗病力。

9.1.3 加强对树体的管理。及时除萌、绑蔓、摘心和摘除副梢，防止养分无谓的消耗。

9.1.4 适时灌水和中耕除草，增加土壤的通透性和降低田间湿度，创造有利树体生长发育的环境条件。

9.1.5 注意清园。生长期及时摘除病叶，剪除有病虫枝、病果，清除地面的烂果，于园外集中挖坑深埋，减少田间菌源，防止再次侵染及交叉感染。

9.1.6 在红枣园周边定植核桃树、椿树等趋避性强的树种，能起到防风、驱虫作用。

9.2 物理防治

利用害虫的趋性，进行灯光诱杀、色板诱杀、性诱杀或糖醋液诱杀。田间每亩挂1个黄板或15亩

设置一个杀虫灯，扑杀害虫。

9.3 生物防治

保护和利用当地红枣园中的草蛉、瓢虫和寄生蜂等天敌昆虫，以及蜘蛛、捕食螨鸟类等有益生物，减少人为因素对天敌的伤害。重视当地病虫害天敌等生物及其栖息地的保护，增进生物多样性。

9.4 农药使用准则

允许有条件地使用生物源农药，如微生物源农药、植物源农药和动物源农药。禁止使用和混配化学合成的杀虫剂、杀菌剂、杀螨剂和植物生长调节剂。

10 除草

采用机械或人工方法防除杂草。禁止使用和混配化学合成的除草剂。

11 采收

11.1 采摘

结合品种特性，适时采收。采摘后将红枣剪下置于有机专用果筐（箱）内，放置时轻拿轻放，避免破损。

11.2 包装

为了提高果实商品性，应对采回的果实进行分级包装，包装材料应符合国家卫生要求和相关规定，提倡使用可重复、可回收和可生物降解的包装材料。包装应简单、实用、设计醒目，禁止使用接触过禁用物质的包装物或容器。

12 记录控制

有机红枣生产者应建立并保护相关记录，从而为有机生产活动可溯源提供有效的证据。记录应清晰准确，记录主要包括以肥水管理、花果管理、病虫害防治等为主的生产记录，为保持可持续生产而进行的土壤培肥记录，与产品流通相关的包装、出入库和销售记录，以及产品销售后的申请投诉记录等，记录至少保存5年。

ICS

DB

吐 鲁 番 市 地 方 标 准

DB6521/T 258—2020

吐鲁番冬枣栽培管理技术规程

2020－06－20 发布　　　　　　　　　　　　2020－07－15 实施

吐鲁番市市场监督管理局　发 布

前 言

本标准根据 GB/T 1.1—2009《标准化工作导则第一部分标准的结构和编写》进行编写。

本标准由吐鲁番市林果业技术推广服务中心提出。

本标准由吐鲁番市林业和草原局归口。

本标准由吐鲁番市林果业技术推广服务中心、吐鲁番市质量与计量检测所负责起草。

本标准主要起草人：王春燕、刘丽媛、周黎明、吾尔尼沙·卡得尔、徐彦兵、古亚汗·沙塔尔、阿依古丽·斯拉依丁。

吐鲁番冬枣栽培管理技术规程

1 范围

本标准规定了冬枣适宜栽培的产地环境、果园建立、栽培管理、病虫害防治和果实采收等方面的技术要求。

本标准适用于吐鲁番冬枣栽培与管理。

2 规范性引用文件

下列文件对于本文件的应用是必不可少的。凡是注日期的引用文件，仅所注日期的版本适用于本文件。凡是不注日期的引用文件，其最新版本（包括所有的修改单）适用于本文件。

NY/T 393 绿色食品 农药使用准则

NY/T 394 绿色食品 肥料使用准则

3 术语和定义

下列术语和定义适用于本标准。

3.1 主芽

着生在枣头和枣股的顶端，或侧生于枣头二次枝基部叶腋间的芽称为主芽。

3.2 副芽

位于主芽的左上方或右上方，当年即可萌发成不同的发育形态的芽称为副芽。

3.3 枣头

由顶芽、枣股中心芽或二次枝基部主芽萌发而成的发育枝，其基部着生脱落性果枝，中上部着生永久性二次枝。

3.4 二次枝

由枣头中上部副芽长成的永久性二次枝，简称"二次枝"，枝条呈"之"字形弯曲生长，是形成枣股的基础，故又称为结果基枝。

3.5 枣股

为短缩的结果母枝，主要着生在2年生以上的二次枝上，是着生枣吊的主要部位。

3.6 枣吊

由副芽发育而成，主要着生在枣股、枣头一次枝基部和二次枝各节上的结果枝，在果实成熟采摘后整枝脱落，又称脱落性果枝。

3.7 开甲

在枣树主干上进行环状剥皮。

4 产地环境条件

4.1 气候条件

年平均温度不低于6.5℃、极端最低温度不低于-28℃，无霜期不少于100d，年日照大于1 200h。

4.2 土壤条件

pH值7.5~8.5的沙壤土或壤土为宜，枣园周围没有严重污染源。

5 果园建立

5.1 园地规划

包括小区划分、道路、排灌系统、防护林及其他必要的附属设施。

5.2 整地

应进行土地深翻和平整；盐碱地先进行土壤改良并平整土地。

5.3 栽植密度

根据园地的立地条件、整形修剪方式等因素确定栽植密度。一般建园株距3m~4m，行距4m~6m。

5.4 栽植行向

南北行向栽植。

5.5 栽植时期

春栽在土壤解冻后至苗木萌芽前进行；秋栽在苗木落叶后至土壤封冻前进行。

5.6 挖穴

栽植穴的长、宽、深各80cm~100cm左右，表土和心土分开堆放，每穴施腐熟有机肥30kg，与表土拌匀，先在穴底填入少许秸秆、杂草，然后将混合好的肥土填入穴中部，再回填心土，灌水沉实后栽植。

5.7 苗木选择

选择高1.4m以上、根茎粗1.4cm以上、枝条充实、芽饱满且主根长30cm以上的两年生的一级苗木苗为宜。

5.8 栽植方法

冬枣苗木栽植前宜带土球；若不带土球则需在起苗后及时栽植，并用生根粉浸泡，栽植时苗木根系舒展分布于穴内。栽植深度以苗木根颈与地面持平为宜；栽后踏实，立即灌透水，水下渗后用细干土覆盖，土壤沉实后定干，并及时松土保墒，7d~10d后进行第二次灌水。

6 栽培管理

6.1 土肥水管理

6.1.1 土壤管理

6.1.1.1 深翻改土

果实采收后至土地封冻前，枣园深翻一次，耕深20cm~25cm，耕翻后耙平。

6.1.1.2 中耕除草

及时中耕除草，松土保墒，同时除去根蘖。落叶后全面清除园间杂草及落叶。

6.1.1.3 覆草

在树冠下或全园覆盖厚度为10cm~15cm的杂草、绿肥及农作物的碎细秸秆等。

6.1.2 施肥

6.1.2.1 施肥原则

按照NY/T 394规定执行。

6.1.2.2 基肥

果实采收后至土地封冻前施基肥，以腐熟的有机肥为主，施肥量为每公顷45.0m³~52.5m³，可适量加入磷肥。施肥方法是在定植穴外挖环状沟或平行沟，沟深40cm~60cm，掺入有机肥回填后灌透水。

6.1.2.3 追肥

6.1.2.3.1 土壤追肥

果实膨大期，以氮肥为主，配以磷、钾复合施，每株0.5kg~0.6kg。施肥方法为穴施或沟施，沟深10cm~15cm，追肥后及时灌水。

6.1.2.3.2 叶面追肥

花期至着色前，每隔15d~20d，进行一次叶面追肥，常用叶面追肥的种类为硼砂、磷酸二氢钾或适量微生物肥。叶面追肥宜避开高温时段及大风天气。

6.1.3 水分管理

萌芽前后、开花前一周、果实膨大期、果实采收后、越冬前结合施基肥等至少各灌一次水。根据土壤墒情，在果实生长各关键时期适当增加灌溉次数。

6.2 修剪

6.2.1 修剪时间

冬季修剪：从落叶到发芽前进行。

夏季修剪：从抽枝展叶期到幼果速长期进行。

6.2.2 幼龄树修剪

以生长期修剪（夏剪）为主，休眠期（冬剪）为辅，做到冬夏结合。在生长期及早抹芽、摘心、疏枝，节约树体养分，加快树体生长。

6.2.2.1 培养骨干枝

按整形要求，在主干适当部位采用重截、刻芽和选留自然萌生枣头的方法，培养主枝。在主枝的适当部位，用相同的方法培养侧枝。

6.2.2.2 培养结果枝组

随着骨干枝的延长，以培养骨干枝同样的方法，选留或促使骨干枝发生枣头，通过摘心等措施控制生长势，使其转化为结果枝组。

6.2.2.3 利用辅养枝

除骨干枝以外的枣头，只要空间允许，应暂作辅养枝保留利用，增加叶片光合面积，加速幼树生长发育。

6.2.3 结果树修剪

6.2.3.1 清除徒长枝

进入结果期的冬枣树，在树冠中部主侧枝的弓背部分，常萌生出徒长性的发育枝，要及早清除。

6.2.3.2 处理竞争枝

选择位置适宜的发育枝作延长头，将其他并生的发育枝及早从基部疏去。

6.2.3.3 回缩延长枝

当树冠下部的骨干枝延长头出现下垂时，及时进行回缩。可选留后面萌生的向上生长的新枣头枝，或选择剪口下1~2个朝上生长的芽短截，促发新枣头，在生长期进行摘心。

6.2.3.4 疏截过密枝和细弱枝

将重叠的结果枝组中向下生长、结果能力低的枝条短截或疏除，同时将树冠外围细弱发育枝疏除，改善光照条件。

6.2.3.5 清除损伤枝和病虫枝

6.2.4 老树更新复壮

6.2.4.1 疏截结果枝组

冬剪时对衰老的枝组全部回缩疏截。

6.2.4.2 回缩骨干枝

回缩更新时，除大量疏除衰老残缺的结果枝组外，对骨干枝系也按主侧层次回缩。回缩长度超过原枝长的1/3~2/3。剪口芽以上应留出5cm的枝段，防止剪口失水干枯。

6.2.4.3 停枷养树

不施用环剥、环割，减少坐果，促进树体营养生长。停枷要配合增施肥水、更新修剪等措施，尽快恢复树势。

6.2.4.4 调整新枝

从更新修剪的第2年起，要进行新枝的调整，即按照幼树整形修剪的原则，选择部位好、长势强的发育枝，作为骨干枝新的延长枝培养，并配置好结果枝组。细弱密枝要适当疏除。可用摘心、截顶和撑拉等方法，调整、控制各个新枝的长势和角度。

6.2.5 花果管理

6.2.5.1 花期摘心

保留的枣头长至3~5个二次枝时摘心，顶部留外向二次枝；木质化枣吊，25cm~30cm摘心。

6.2.5.2 拉枝

在生长季节,用铁丝或绳子将枝的角度和方向改变。

6.2.5.3 开甲

只对长势较强的枣树进行,且不宜连年开甲。

6.2.5.4 开甲时期

一般在花期,主要是在盛花期。对于落花重、不易坐果的品种,开甲最适宜的时间在盛花初期,即全树大部分结果枝已开花5~8朵时进行。

6.2.5.5 开甲部位

主干。主干位置低,易操作,韧皮部易剥离,愈合快。

6.2.5.6 开甲方法

首次开甲枣树,甲口距地面10cm~20cm,以后每年上移5cm~10cm,甲口宽度为树干粗度的1/10~1/8,最宽不超过0.8cm,甲口在30d内愈合。当开甲部位到达第一主枝下时,再从树干基部重新开始。骨干枝首次开甲,甲口离中心干20cm~25cm。

6.2.5.7 保花

对自然坐果率低的品种,在盛花期叶面喷施10mg/L~15mg/L赤霉素或0.2g/L磷酸二氢钾混合水溶液1~2次。间隔3d~5d。喷施时间宜避开中午高温时段。

6.2.5.8 保果

在喷赤霉素溶液前进行叶面追肥,可提高喷激素的效果。花期叶面喷施0.2%~0.3%的磷钾肥、0.1%~0.2%的氮肥或适量微生物肥。叶面喷肥宜避开高温。

6.2.5.9 喷水

花期若遇干旱,在近傍晚时进行喷水,每隔1d~2d喷1次,共喷3~4次,以防焦花。

6.2.5.10 花期放蜂

花期在枣园附近或枣园内养蜂,每亩放2~3箱蜜蜂,开花前2d~3d将蜂箱置于枣园中。采用放蜂授粉的果园,花期禁止喷布对蜜蜂有害的农药。

7 病虫害防治

7.1 防治原则

7.1.1 生产过程中对病虫草鼠等防治,应坚持预防为主、综合防治的原则,严格控制使用化学农药。

7.1.2 提倡生物防治和使用生物生化农药防治。

7.2 农药选用参照NY/T 393执行。

8 果实采收

8.1 采收期

鲜食品种在脆熟期采收,制干品种在完熟期采收。采收时,应避开雨天。

8.2 鲜食枣采收

鲜食品种采收应带果柄采收，采收框内须加衬垫。采摘时轻拿轻放，减少果实的机械伤害，最好戴手套采摘。采收的果实应放置于阴凉处，避免日光爆晒；过夜预冷入库。

8.3 制干枣采收

可采用人工采收，也可使用采收网采收，制干品种采收后应尽快烘烤，减少损失。

ICS

DB

吐鲁番市地方标准

DB6521/T 259—2020

吐鲁番灰枣栽培管理技术规程

2020－06－20 发布　　　　　　　　　　　　　　2020－07－15 实施

吐鲁番市市场监督管理局　发 布

前　言

本标准根据 GB/T 1.1—2009《标准化工作导则第一部分标准的结构和编写》进行编写。

本标准由吐鲁番市林果业技术推广服务中心提出。

本标准由吐鲁番市林业和草原局归口。

本标准由吐鲁番市林果业技术推广服务中心起草。

本标准主要起草人：王春燕、刘丽媛、吾尔尼沙·卡得尔、周黎明、周慧、阿迪力·阿不都古力。

吐鲁番灰枣栽培管理技术规程

1 范围

本标准规定了灰枣适宜栽培的产地环境、果园建立、栽培管理、病虫害防治和果实采收等方面的技术要求。

本标准适用于吐鲁番灰枣栽培与管理。

2 规范性引用文件

下列文件对于本文件的应用是必不可少的。凡是注日期的引用文件，仅所注日期的版本适用于本文件。凡是不注日期的引用文件，其最新版本（包括所有的修改单）适用于本文件。

NY/T 393　绿色食品　农药使用准则

NY/T 394　绿色食品　肥料使用准则

3 术语和定义

下列术语和定义适用于本标准。

3.1 主芽

着生在枣头和枣股的顶端，或侧生于枣头二次枝基部叶腋间的芽称为主芽。

3.2 副芽

位于主芽的左上方或右上方，当年即可萌发成不同的发育形态的芽称为副芽。

3.3 枣头

由顶芽、枣股中心芽或二次枝基部主芽萌发而成的发育枝，其基部着生脱落性果枝，中上部着生永久性二次枝。

3.4 二次枝

由枣头中上部副芽长成的永久性二次枝，简称"二次枝"，枝条呈"之"字形弯曲生长，是形成枣股的基础，故又称为结果基枝。

3.5 枣股

为短缩的结果母枝，主要着生在2年生以上的二次枝上，是着生枣吊的主要部位。

3.6 枣吊

由副芽发育而成,主要着生在枣股、枣头一次枝基部和二次枝各节上的结果枝,在果实成熟采摘后整枝脱落,又称脱落性果枝。

3.7 开甲

在枣树主干上进行环状剥皮。

4 产地环境条件

4.1 气候条件

年平均温度不低于6.5℃、极端最低温度不低于-28℃,无霜期不少于100d,年日照大于1 200h。

4.2 土壤条件

pH值7.5~8.5的沙壤土或壤土为宜,枣园周围没有严重污染源。

5 果园建立

5.1 园地规划

包括小区划分、道路、排灌系统、防护林及其他必要的附属设施。

5.2 整地

应进行土地深翻和平整;盐碱地先进行土壤改良并平整土地。

5.3 栽植密度

根据园地的立地条件、整形修剪方式等因素确定栽植密度。一般建园株距3m~4m,行距4m~6m。

5.4 栽植行向

南北行向栽植。

5.5 栽植时期

春栽在土壤解冻后至苗木萌芽前进行;秋栽在苗木落叶后至土壤封冻前进行。

5.6 挖穴

栽植穴的长、宽、深各80cm~100cm左右,表土和心土分开堆放,每穴施腐熟有机肥30kg,与表土拌匀,先在穴底填入少许秸秆、杂草,然后将混合好的肥土填入穴中部,再回填心土,灌水沉实后栽植。

5.7 苗木选择

选择高1.4m以上、根茎粗1.4cm以上、枝条充实、芽饱满且主根长30cm以上的二年生的一级苗木苗为宜。

5.8 栽植方法

灰枣苗木栽植前宜带土球；若不带土球则需在起苗后及时栽植，并用生根粉浸泡，栽植时苗木根系舒展分布于穴内。栽植深度以苗木根颈与地面持平为宜；栽后踏实，立即灌透水，水下渗后用细干土覆盖，土壤沉实后定干，并及时松土保墒，7d~10d后进行第二次灌水。

6 栽培管理

6.1 土肥水管理

6.1.1 土壤改良

6.1.1.1 深翻改土
果实采收后至土地封冻前，枣园深翻一次，耕深20cm~25cm，耕翻后耙平。

6.1.1.2 中耕除草
及时中耕除草，松土保墒，同时除去根蘖。落叶后全面清除园间杂草及落叶。

6.1.1.3 覆草
在树冠下或全园覆盖厚度为10cm~15cm的杂草、绿肥及农作物的碎细秸秆等。

6.1.2 施肥

6.1.2.1 施肥原则
按照NY/T 394规定执行。

6.1.2.2 基肥
果实采收后至土地封冻前施基肥，以腐熟的有机肥为主，施肥量为每公顷45.0m^3~52.5m^3，可适量加入磷肥。施肥方法是在定植穴外挖环状沟或平行沟，沟深40cm~60cm，掺入有机肥回填后灌透水。

6.1.2.3 追肥

6.1.2.3.1 土壤追肥
果实膨大期，以氮肥为主，配以磷、钾复合施，每株0.5kg~0.6kg。施肥方法为穴施或沟施，沟深10cm~15cm，追肥后及时灌水。

6.1.2.3.2 叶面追肥
花期至着色前，每隔15d~20d，进行一次叶面追肥，常用叶面追肥的种类为硼砂、磷酸二氢钾或适量微生物肥。叶面追肥宜避开高温时段及大风天气。

6.1.3 水分管理
萌芽前后、开花前一周、果实膨大期、果实采收后、越冬前结合施基肥等至少各灌一次水。根据土壤墒情，在果实生长各关键时期适当增加灌溉次数。

7 修剪

7.1 树形

吐鲁番生产上常采用自然开心形。树高低于3.5m，主干高60cm~80cm，有中心干，主枝交互着生于中心干上，各主枝间距15cm~20cm，主枝与主干成60°~80°夹角，主枝上着生侧枝，侧枝上着生结果枝组。

7.2 修剪时期

可分为夏剪和冬剪。夏剪一般在 4~6 月进行，冬剪在落叶后到萌芽前进行。

7.3 技术要点

7.3.1 冬季修剪

即休眠期修剪。因冬季寒冷多风、气候干燥剪口易裂，剪口芽不易萌发，故应在萌芽前修剪为宜。常用的修剪方法如下：

7.3.1.1 短剪

也叫短截。指对当年生枣头和二次枝的修剪。对于发展空间不大、保留 2~3 个二次枝的称中短截；对枣头生长势弱、有发展空间的枣头和二次枝，仅在基部保留潜伏芽（长 5cm~6cm）的修剪称重短截。

7.3.1.2 回缩

也叫缩剪。是把生长衰弱、枝条过长下垂和影响骨干枝生长的结果枝条，在适当部位短截回缩，以抬高角度，复壮树势。常用的修剪方法如下：

7.3.1.3 疏枝

将红枣密挤枝、交叉枝、竞争枝、枯死枝、病虫枝、细弱枝及没有发展空间的各种枝条从基部剪除。疏剪要求剪口平滑，不留残桩，以利愈合。

7.3.2 夏季修剪

即生长季节修剪。在展叶至盛花期进行，以疏梢、摘心为主，改善通风透光条件，减少枣头营养的消耗，促进坐果。

7.3.2.1 枣头摘心

为促进枣头当年结果，6~7 月在新生枣头尚未木质化时，保留 3~4 个二次枝，将顶梢剪去。

7.3.2.2 开张角度

对角度小、生长直立或较直立的枝条，用撑、拉、吊等方法，把枝条角度调整到适当的程度，以缓和树势，改善通风透光条件。

7.3.2.3 抹芽

枣萌芽后，对各类枝条上的萌芽，需要的保留，多余的及时抹除，以减少营养无效消耗。

7.3.2.4 清除根蘖

枣朝水平根上的不定芽萌生出的根蘖苗，消耗大量母株营养，不利结果和管理，应及时清除。

7.4 花果管理

7.4.1 花期摘心

保留的枣头长至 3~5 个二次枝时摘心，顶部留外向二次枝；木质化枣吊，25cm~30cm 摘心。

7.4.2 喷施植物生长调节剂

对自然坐果率低的品种，在盛花期叶面喷施 10mg/L~15mg/L 赤霉素 1~2 次，间隔 3d~5d。宜避开中午高温时段。

7.4.3 花期喷水

盛花期间，除喷植物生长调节剂和微量元素外，在近傍晚时进行叶面喷水，每隔 1d~2d 喷 1 次，共喷3~4次。

7.4.4 花期放蜂

花期在枣园附近或枣园内养蜂，每亩放3箱蜜蜂，开花前2d~3d将蜂箱置于枣园中。采用放蜂授粉的果园，花期禁止喷布对蜜蜂有害的农药。

7.4.5 叶面施肥

在喷赤霉素溶液前进行叶面追肥，可提高喷激素的效果。花期叶面喷布0.2%~0.3%的磷钾肥、0.1%~0.2%的氮肥、0.3%的硼肥或适量微生物肥。叶面喷肥宜避开高温。

8 病虫害防治

8.1 防治原则

8.1.1 生产过程中对病虫草鼠等防治，应坚持预防为主、综合防治的原则，严格控制使用化学农药。

8.1.2 提倡生物防治和使用生物生化农药防治。

8.2 农药选用

参照NY/T 393执行。

ICS

DB

吐 鲁 番 市 地 方 标 准

DB6521/T 260—2020

红枣低产园改造技术规程

2020－06－20 发布　　　　　　　　　　　　　　　　2020－07－15 实施

吐鲁番市市场监督管理局　发 布

前 言

本标准根据 GB/T 1.1—2009《标准化工作导则第一部分标准的结构和编写》进行编写。
本标准由吐鲁番市林果业技术推广服务中心提出。
本标准由吐鲁番市林业和草原局归口。
本标准由吐鲁番市林果业技术推广服务中心起草。
本标准主要起草人：韩泽云，刘丽媛，王春燕，周黎明，周慧，武云龙。

红枣低产园改造技术规程

1 范围

本标准规定了吐鲁番红枣低产园改造的类型、经济技术指标和改造技术措施。
本标准适用于吐鲁番低产枣园的改造。

2 定义

2.1 树体衰老型

枣产量明显下降、树冠内堂二次枝逐渐枯死、新生枣头枝梢而细、枣股老化、抽吊力明显减弱的枣园。

2.2 品种杂乱型

枣园品种纯度低于85%，虽有产量，但严重影响市场效益的枣园。

2.3 树形紊乱型

树体通风透光条件差，树形结构杂乱，枣果产量明显下降的枣园。

2.4 地力下降型

土壤肥力满足不了正常的开花坐果，枣果产量低下的枣园。

3 低产枣园改造技术

3.1 树体衰老型低产枣园改造

对于树体衰老的更新复壮方法以其更新程度分为轻度更新、中度更新和重度更新。

3.1.1 轻度更新

为枣树衰老初期，结果枝组上的二次枝严重老化，枣股枯死或抽生细弱枣头枝，此时主要更新结果枝组。

具体措施：疏除过密骨干枝，回缩各主、侧枝总长的1/3。

3.1.2 中度更新

衰老初期未及时更新的枣树，结果枝组、二次枝大量枯死，骨干枝先端开始死亡。具体措施：回缩骨干枝总长的1/2，并重短截光秃的结果枝组。

3.1.3 重度更新

对于极度衰老的枣树，加重回缩和短截程度。

具体措施：在骨干枝1/3长度内选留生命力强、向外或侧向的健壮枣股或其他芽位，回缩至2/3

或更长，刺激新枝萌发。

3.2 品种杂乱型低产园改造

对于品种杂乱的低产枣园，应及时根据市场适销对路的品种进行品种改优。

具体措施：在幼树或成龄树的骨干枝上嫁接新品种接穗，改换为良种。

3.3 树形紊乱型低产园改造

及时剪除生长衰弱、下垂、干枯的骨干枝，大量死亡的结果枝组；内膛光秃骨干枝芽适当回缩。形成结构合理、通风透光的树形结构。

3.4 土壤肥力下降型低产园改造

3.4.1 土质改良

对于粘土、板结、盐碱重的土壤或含沙砾、石粒过多的土壤，适量掺沙或粘土，使土壤 pH 值在 8.3 以下为好，并增施有机肥或间作绿肥。

3.4.2 培肥地力

对于土壤瘠薄的枣园，要通过加大施肥量，使其尽快恢复树势，每株施腐熟有机肥不低于 50kg，复合肥不低于 2kg，全年分 2~3 次施入。

3.4.3 改善灌排条件

干旱缺水的枣园要完善水源和设施配套。对于盐碱重、地下水位高、地势低洼的枣园，应配套排灌设施，在春季通过大水漫灌措施进行洗盐排碱，种植绿肥，熟化土壤。

ICS

DB

吐鲁番市地方标准

DB6521/T 261—2020

枣树病虫害绿色防控技术规程

2020－06－20发布　　　　　　　　　　　　　　2020－07－15实施

吐鲁番市市场监督管理局　发布

前 言

本标准根据 GB/T 1.1—2009《标准化工作导则第一部分标准的结构和编写》进行编写。

本标准由吐鲁番市林果业技术推广服务中心提出。

本标准由吐鲁番市林业和草原局归口。

本标准由吐鲁番市林果业技术推广服务中心、吐鲁番市林业有害生物防治检疫局、新疆农业科学院吐鲁番农业科学研究所起草。

本标准主要起草人：古亚汗·沙塔尔、刘丽媛、李万倩、吾尔尼沙·卡得尔、武云龙、韩泽云、吴玉华、艾斯卡尔·买提尼牙孜。

枣树病虫害绿色防控技术规程

1 范围

本标准规定了枣园有害生物防治的术语和定义、防治技术、农药使用方法。
本标准适用吐鲁番枣园有害生物防治。

2 规范性引用文件

下列文件对于本文件的应用是必不可少的。凡是注日期的引用文件，仅所注日期的版本适用于本文件。凡是不注日期的引用文件，其最新版本（包括所有的修改单）适用于本文件。
GB/T 8321.10 农药合理使用准则（十）

3 术语和定义

下列术语和定义适用于本标准。

3.1 预测预报

指定性或定量估计枣园有害生物未来发生期、发生量、危害或流行程度，以及扩散发展趋势，提供病虫情信息和咨询的一种应用技术。

3.2 清园

指果树休眠季节，对果园进行整理、清洁的一项管理措施。

4 病虫害及其防治

4.1 防治原则

4.1.1 生产过程中对病虫草鼠等防治，应坚持预防为主、综合防治的原则，严格控制使用化学农药。
4.1.2 提倡生物防治和使用生物生化农药防治。
4.1.3 农药选择参照 GB/T 8321.10 执行。

4.2 龟蜡蚧壳虫

4.2.1 危害症状
该虫被覆灰白色蜡质，以若虫和雌成虫为害枣树的小枝条和叶片，吸食汁液，其排泄物布满枝叶，并引起大量黑霉菌寄生，使叶面布黑，影响光合作用，导致早期落叶和大量落果，甚至绝收。

4.2.2 防治适期
休眠期，萌芽期。

4.2.3 防治方法
4.2.3.1 结合冬剪，人工刮除越冬虫源并集中处理。

4.2.3.2 6月中旬~7月初，大球蚧、枣龟蜡蚧壳虫危害严重的果园，可喷布4 000倍来福灵液或10%烟碱乳油800倍液，杀灭初孵化的若蚧，同时防治枣瘿蚊、红蜘蛛等。

4.2.3.3 保护和利用瓢虫和草蛉类捕食性天敌及小蜂类和霉菌类寄生性天敌。

4.3 红蜘蛛

4.3.1 危害症状
红蜘蛛是枣树栽培过程最常出现的病虫害，而且1年发生多代，枣叶被害后叶片变黄，进而枯落，进一步造成落果，影响产量。

4.3.2 防治适期
休眠期，萌芽前，幼果期。

4.3.3 防治方法
4.3.3.1 结合冬季管理，刮除老翘树皮并集中处理。

4.3.3.2 在枣树萌芽前喷施用3~5波美度的石硫合剂，长期干旱期间、坐果后至6月中下旬，当虫口密度平均达到1/2叶时及时使用40%扫螨净2 000倍液或20%哒螨灵2 000倍液或73%克螨特1 000倍液等。

4.4 蚜虫类

4.4.1 危害症状
主要包括桃蚜、桃粉蚜和桃瘤蚜。被害植株初期叶片出现失绿的小斑点，后逐渐扩大成片，严重时叶片呈黄色，提前落叶落果，造成减产和品质下降。

4.4.2 农业防治
及时摘除销毁蚜虫集中危害的新梢；中耕除草或喷水。

4.4.3 物理防治
利用蚜虫对黄色的趋性，采用黄板诱杀。

4.4.4 生物防治

4.4.4.1 天敌防治
利用天敌如瓢虫、鸟等防治有害生物的方法应用最为普遍，天敌能有效地抑制害虫的大量繁殖。

4.4.4.2 耕作防治
耕作防治就是改变农业环境，减少有害生物的发生。

4.4.5 化学防治
落花后大量卷叶前用10%吡虫啉可湿性粉剂4 000倍液，或者3%啶虫脒乳油2 500倍液均匀喷雾，有良好的防治效果。如果进行绿色或有机食品生产，可以采用95%机油乳剂100倍液，或者0.65%茼蒿素水剂400倍~500倍液，喷药时要适当增加喷水量。在秋季有翅蚜回迁到枣树上时，用塑料黄板涂抹粘胶诱杀。

4.5 黑斑病

4.5.1 危害症状

由链格孢菌引起，主要危害红枣叶片和果实。发病初期，红枣叶片逐渐褪色，有褐色病斑出现在叶片上，病斑形状不规则，随着时间的推移病斑扩大并连成一片，之后叶片变黄卷曲，并逐渐脱落。

4.5.2 农业防治

秋季定期清理枣园，将枣园内外的枯枝、枯叶、落地病枣及时掩埋或处理，可降低病原菌基数。枣树开花坐果期如果降水较多，地面潮湿，会腐生大量病原菌，集中分布在未及时清理的枯叶、僵果周围。因此，应加大清园力度，从源头上控制病原菌的繁殖。

4.5.3 物理防治

加强枣园田间管理，增强树势，提高树体抗病能力。应保证在枣园内施加充足的有机肥、农家肥，不断提升土壤有机质含量；在枣树生长期，结合树木长势适当增施磷肥、钾肥，提高抗病能力；对枣树进行科学修剪，增强果园内通风、透光性能，降低枣园内相对湿度和病原菌繁殖速率；做好中耕松土工作，提升土壤透气性，避免因土壤板结造成枣树根部坏死，同时中耕松土还能抑制枣园内土壤表层病原菌的快速繁殖；控制激素的施用量，不断提升枣树抗病能力。

4.5.4 化学防治

枣树休眠期，喷施石硫合剂两次，即采收清园后喷施3~5波美度石硫合剂1遍，早春萌芽前喷3~5波美度石硫合剂1遍，可有效降低病原基数。在枣进入成熟期前，可对整个果园喷施保护性杀菌剂，建议可使用戊唑醇、啶氧菌酯等药剂；进入成熟期后，已有部分被病菌侵染，但还未表现症状时，此时需要使用治疗性杀菌剂对整个枣园进行喷雾防治，建议药剂可选用多抗霉素、苯醚甲环唑、吡唑醚菌酯等。

ICS 65.020.20
B 31

NY

中华人民共和国农业行业标准

NY/T 970—2006

板枣生产技术规程

Guide line to production of Jishan jujube

2006-01-26 发布　　　　　　　　　　　　2006-04-01 实施

中华人民共和国农业部　发布

前　言

本标准的附录 A 为规范性附录。
本标准由中华人民共和国农业部提出并归口。
本标准起草单位：山西省稷山县枣树科学研究所、山西省运城市红枣中心、山西省农业科学院。
本标准主要起草人：杨自民、王改娟、姚彦民、薛春泰、张志善。

板枣生产技术规程

1 范围

本标准规定了板枣适宜栽培区域、丰产优质主要指标、建园、枣园栽培管理及采收等综合技术要求。

本标准适用于板枣的生产。

2 引用标准

下列条文中的条款通过本标准的引用而成为本标准的条款。凡是注日期的引用文件，其随后所有的修改单（不包括勘误的内容）或修订版均不适用于本标准。然而，鼓励根据本标准达成协议的各方面研究是否使用这些文件的最新版本。凡是不注日期的引用文件，其最新版本适用于本标准。

GB 4285 农业安全使用标准

GB/T 8321 农药合理使用准则

NY/T 496 肥料合理使用准则通则

3 适宜栽培的基本条件

年有效积温不低于3 000℃，年日照时数2 200 h～2 800 h，以沙壤土为好，无霜期140天以上地区为基本适宜栽培区。

4 丰产优质主要指标

4.1 产量

板枣园栽培5年进入初果期，产量保持在1 000kg/hm²～7 500kg/hm²左右；10年进入盛果期，产量保持在7 500kg/hm²～20 000kg/hm²，50年后为盛果后期，产量保持在15 000kg/hm²左右。

4.2 果实品质

平均单果重11.2g以上，果个均匀，果面光亮，果皮紫红色，核小皮薄肉厚，肉质细而致密，果味甜浓，汁液中多。

5 建园

5.1 园地选择

板枣适宜选择土层厚度在30cm～60cm、pH为5.5～8.4、排水良好的沙壤土或壤土，且周围没有污染源。

5.2 园地规划设计

应包括防护林、道路、排灌渠道、房屋及附属设施，合理布局，并绘制平面图。

5.3 整地和施肥

定植前进行整地，增施有机肥，培肥地力，改良土壤。

5.4 栽植

5.4.1 栽植时期
秋栽在落叶前后，春栽在萌芽前后，秋栽宜早，春栽宜迟。

5.4.2 栽植行向
以南北行向为宜。

5.4.3 栽植密度
株距3m～4m，行距5m～6m。

5.4.4 栽植方法

5.4.4.1 栽植坑的大小
坑60cm～80cm见方，表土、心土分开放，每坑施腐熟有机肥30kg，与表土搅匀回填坑内，直至离地面25cm时，继续回填培成中心高、四周低的馒头状。

5.4.4.2 苗木选用
无检疫对象病虫害，苗木粗壮通直，苗木粗度大于0.8cm，苗木高度80cm以上，色泽正常，充分木质化，无机械损伤，整形带内芽眼饱满；根系发达，长度15cm～20cm以上侧根5条，嫁接部位愈合完整。

5.4.4.3 栽植
栽植前，对苗木根系蘸泥浆，然后放苗填土，填上一层土时，稍微向上轻提苗木，以使根系充分舒展，再踩实，填土至嫁接口上1cm～3cm，最后浇足定根水。待水渗下去后，再埋土到嫁接口以下，春栽枣苗后用1m²左右的地膜覆盖定植穴，周边用土压实，以利保湿、增温，促进快速生根，提高成活率。

6 枣园栽培管理

6.1 土壤管理

6.1.1 深翻改土
秋季深翻在枣果采收后，进行秋耕深翻，深度为25cm～30cm；春季深翻在枣树萌芽前进行，深度为20cm～25cm，翻后要耙平、镇压；近树干基部宜浅耕，避免损伤主侧根。

丘陵地枣园，可结合水土保持工程，深翻扩穴；平地成龄枣园，结合农耕进行全园深翻，也可在枣树行间或株间逐年开沟深翻，宽1m～1.5m，直至打通栽植穴为止。

6.1.2 中耕
在生长季节对枣园结合除草进行中耕，清除杂草，铲除根蘖，疏松土壤。中耕除草的时间、次数、深度，应根据各地气候特点、枣园内杂草、根蘖等生长状况而定。一般做到浇水后松土、下雨后松土、干旱时松土。松土深度为10cm～20cm，视树龄大小而定。

6.2 施肥

6.2.1 施肥时期及种类

基肥在秋季采收枣果后施入。秋季未施入基肥，翌春土壤解冻后要尽早施入。基肥以圈肥、厩肥等长效性有机肥为主。

追肥：在枣树萌芽前、开花期、幼果期和果实膨大期追速效性氮磷钾肥料，以满足枣果生长发育的需要，萌芽前以速效性氮肥为主，花期和幼果期以速效性氮磷肥为主，果实膨大期氮磷钾肥配合施用。

6.2.2 施肥方法

幼树应进行环状沟施，沟深、宽各30cm，成龄树进行全园撒施，深20cm～30cm。

6.2.3 施肥量

1～4年生幼树，每公顷年施基肥15 000kg，追以氮为主的化肥300kg；初果期树每公顷年施基肥75 000kg，追复合肥750kg；盛果期每公顷年施基肥225 000kg，追复合肥1 500kg；盛果后期应参照盛果期施肥量，根据树势状况，适当增减。

6.3 灌溉

枣树的关键需水时期有三个：即萌芽前水、花期水、幼果膨大期水，应根据土壤墒情，适时灌溉。

6.4 整形修剪

分两个时期：休眠期（落叶后至萌芽前）和生长期（芽长至1cm至幼果膨大期）。

休眠期修剪常用方法有：疏枝、短截、回缩、刻伤；生长期修剪的常用方法有：抹芽、除萌、摘心、拉枝。

板枣适宜采用的树形为：枣粮间作适合自然圆头形和开心形，枣密丰适合自由纺锤形。

6.4.1 幼树整形（1～4年生）

——自然圆头形的整形

新栽枣树当苗高达1.2m时，立即摘心，使其上部着生的二次枝粗壮。翌年春季，剪去摘心处的二次枝，让其腋下的主芽发枣头当中央领导干，再在其下25cm范围内选择干径达1cm粗以上的二次枝3～4个，留一节枣股进行短截，并在发芽前在短截的二次枝着生部位上方1cm处通过刻伤，促使这3～4个二次枝上枣股主芽萌发形成3～4个主枝。第二年冬剪时，依照类似办法，继续形成2～3个主枝，第二年的主枝方位各与第一年的主枝方位相错开，一棵树保留6～7个大枝。各主枝间距25cm左右。

——开心树的整形

新栽枣苗当长至1.2m时立即摘心，使其上部着生的二次枝粗壮。翌年春季，从摘心处的顶端开始，选取3～4个粗壮的二次枝（枝径粗度达到1.0cm以上），留一节枣股进行短截，以促使其培养成3～4个主枝，各主枝与主干夹角45°。

——自由纺锤形的整形

枣苗长到1.1m时摘心，翌年春季，在干高50cm以上选留3个粗壮充实的二次枝，各留一枣股短截，促使枣股主芽萌发形成3大主枝。依此类推，第3年冬剪时，再在中央领导干上，错开轮生剪出2大主枝，5大主枝间距均为30cm。注意调节各主枝间枝势平衡，保持中央领导干的优势。

6.4.2 生长结果期树（5~10年生）

一是继续延长骨干枝，扩大树冠；二是疏除内膛影响通风透光的多余枝条；三是树体成形后，对中央领导干进行剪截封顶；四是夏剪及时抹除不需要的萌芽，对骨干枝和结果枝组的延长头进行摘心，骨干枝的延长头保留6~7个二次枝、结果枝组的延长头保留3~5个分别进行摘心。

6.4.3 盛果期树（10~50年生）

枣头枝萌发数量和生长量减少，大量结果。修剪的主要任务是做好细致的抹芽、除萌、摘心工作，保持一定数量的新生枣头枝，调整结果枝组，疏除病虫枝、无效枝，维持生长与结果的最佳平衡。

6.4.4 老树更新（50年以上）

树冠中的骨干枝衰老、下垂，无效二次枝增多，老枝上萌生的新枝不断增多，应在骨干枝萌发的新枣头处回缩骨干枝，剪除下垂衰老部分，以抬高骨干枝的角度，增强树势，使产量得到恢复，清除枯枝、病虫枝。

6.5 花期管理

6.5.1 抹芽、摘心

及时抹除树冠中多余的嫩条，减少不必要的养分消耗，同时当新枣头长至5~7个二次枝时，立即掐去嫩梢。

6.5.2 追肥

对没有施足底肥的枣树，可在花期追施一次以氮、磷为主的速效性肥料；如果人力不足，可采用叶面喷肥的办法，每隔半个月，喷0.3%尿素混合0.3%的硼砂和891有机钛剂、稀土益植素（型号：CL-3），连续2次~3次。

6.5.3 花期喷水

在枣树盛花期，当空气干燥时，应在傍晚时往树上喷洒清水，喷水量以湿透叶片为止，以增强空气湿度，提高坐果率。

6.5.4 环剥

环剥宜在盛花后期进行，主要针对干径粗度达到10cm以上的旺树；要求首次环剥在主干上离地10cm处进行，宽口为0.5cm~0.7cm，注意保护环剥口，及时喷药，防止蛀虫为害，并要加强肥水管理，增强树势。

6.6 花后管理

6.6.1 幼果膨大期追肥

追施磷钾肥或进行叶面喷肥，促进幼果迅速膨大。

6.6.2 生理落果期防落，喷布萘乙酸等以利保果。

6.6.3 防裂果

从盛花期开始至枣果白熟期，在雨水较多的情况下，喷2次~3次钙肥，增强果皮硬度。

7　病虫害防治

主要病虫害防治参考附录 A 进行。

8　果实的采收

鲜食的应在脆熟期进行手工采摘，干制的可在完熟期通过振落而采收。

附录 A
（规范性附录）
枣树病虫综合防治历

时期		措施	防治对象	说明
2月	下旬前	刮树皮，堵树洞，锯除干枝槭	红蜘蛛、枣粉蚧、六星吉丁虫、甲口虫、康氏粉蚧、枣粘虫	1. 用刮皮挠或镰刀将枝叉、树干翘皮刮除、刮平，不露嫩皮 2. 选无风天气，地面铺塑料布等物，收集刮掉的越冬虫体、虫茧，深埋、烧掉
		挖虫茧、虫蛹，翻挖树干周围1米，深10厘米的表土	枣步曲、桃小食心虫、枣刺蛾、食芽象甲、枣瘿蚊、金龟子、大灰象甲	拣拾虫蛹、虫茧，集中深埋
3月	上中旬	树干基部 1. 缠塑料布 2. 堆土堆 3. 沿土堆挖壕 4. 在沟壕撒辛硫磷粉 5. 抹一圈粘油带	枣步曲	1. 塑料布宽30cm，钉于树干距地面30cm的平滑处，防止雌蛾上树交配、产卵 2. 在塑料布下堆土堆，土堆要压住塑料布下部，土堆拍打光滑，以预防雌蛾爬到土堆顶时，能滚落到沟壕内，接触药粉死亡 3. 粘油配方：蓖麻油1份+松香1份+石蜡0.2份，用以粘住爬到塑料布顶部的雌蛾
	中下旬	结合修剪，剪除虫枝、枯枝，刷除虫体	蚱蝉、梨园蚧、枣龟蜡蚧、枝枯病	收集烧毁
		喷3~5波美度石硫合剂	红蜘蛛、梨园蚧、枣粉蚧、枣叶壁虱、大球坚蚧、康氏粉蚧	细致喷匀枝条
4月上旬至5月下旬		1. 树上喷药选择下列药剂：灭幼脲3号、2.5%敌杀死、90%敌百虫		4月中、下旬，5月上、中旬各喷一次
		2. 清除疯枝，刨去疯根，树干打孔输液	枣疯病	4月中旬至5月上旬枣树展叶期，应及早进行
		3. 树盘内撒药粉：辛硫磷粉500g	桃小食心虫（张）	10天1次，共3次，用耙耧匀，混于表土中桃小食心虫诱芯挂于田间

(续表)

时期		措施	防治对象	说明
6月	上中旬	树上喷药：阿维菌素（齐螨素）	红蜘蛛、梨园蚧、枣粉蚧、大球坚蚧、绿盲蝽	麦收前是防治红蜘蛛的关键时期，上年度红蜘蛛发生重的地块务需及时喷药（麦收前后各1次）
	中下旬	树上喷药：敌百虫、敌杀死、阿维菌素	黄刺蛾、大灰象甲、枣龟蜡蚧、棉铃虫、桃小食心虫	
		75%百菌清可湿性粉，70%甲基托布津	褐斑病	半月1次，喷2次
		环剥口抹药敌百虫稀释50倍，环剥后1周抹药，共2次，每次间隔5~7天	甲口虫	
7月	上中旬	波尔多液（1:2:200）或高铜800倍加下列药剂之一种：功夫3 000倍 敌杀死2 500倍 氯氰菊酯3 000倍	枣锈病、桃小、红蜘蛛、棉铃虫、刺蛾、枣龟蜡蚧、康氏粉蚧	1. 波尔多液配制好以后，再加其他药剂并立即喷布 2. 桃小性诱剂诱蛾高峰后5~7天为喷药适期
	下旬	25%多菌灵粉剂300~400倍、甲基托布津、农用链霉素、DT杀菌剂、大M喷生	炭疽病、褐斑病	
8月	上中旬	拾落风枣（桃小虫果）	桃小	落风枣集中深埋或煮熟做饲料
		树上喷药：同7月三唑酮	枣锈病、桃小、枣黏虫、红蜘蛛、康氏粉蚧	枣锈病发生后，换用三唑酮有治疗、铲除病斑之功能
	下旬	拣拾虫果、杀脱果桃小幼虫、树干绑草把	桃小、枣黏虫	草把绑于树干分叉处，草厚3cm以上，围树干一周
		喷农用链霉素、DT杀菌剂、大M喷生	缩果病	
9月至10月		杀脱果桃小幼虫，清扫枣锈病落叶、炭疽病落叶、落地僵果	桃小、枣锈病、炭疽病、褐斑病	
		解下草把烧毁；清扫枣锈病、炭疽病落叶，刨疯树、疯蘖	枣锈病、炭疽病、枣疯病	生长期中，枣疯病疯蘖要随见随除

ICS 65.080
B 10

NY

中华人民共和国农业行业标准

NY/T 394—2013
代替 NY/T 394—2000

绿色食品　肥料使用准则

Green food—Fertilizer application guideline

2013-12-13 发布　　　　　　　　　　　　　2014-04-01 实施

中华人民共和国农业部　发布

前 言

本标准按照 GB/T 1.1—2009 给出的规则起草。

本标准代替 NY/T 394—2000《绿色食品　肥料使用准测》。与 NY/T 394—2000 相比，除编辑性修改外主要技术变化如下：

——增加了引言、肥料使用原则、不应使用肥料种类等内容；

——增加了可使用的肥料品种，细化了使用规定，对肥料的无害化指标进行了明确的规定，对无机肥料的用量做了规定。

本标准由农业部农产品质量安全监管局提出。

本标准由中国绿色食品发展中心归口。

本标准主要起草单位：中国农业科学院农业资源与农业区划研究所。

本标准主要起草人：孙建光、徐晶、宋彦耕。

本标准的历次版本发布情况为：

——NY/T 394—2000。

引 言

　　绿色食品是指产自优良生态环境、按照绿色食品标准生产、实行全程质量控制并获得绿色食品标志使用权的安全、优质食用农产品及相关产品。

　　合理使用肥料是保障绿色食品生产的重要环节，同时也是保护生态环境，提升农田肥力的重要措施。绿色食品的发展对生产用肥提出了新的要求，现有标准已经不适应生产需求。本标准在原标准基础上进行了修订，对肥料使用方法做了更详细的规定。

　　本标准按照保护农田生态环境，促进农业持续发展，保证绿色食品安全的原则，规定优先使用有机肥料，减控化学肥料，不用可能含有安全隐患的肥料。本标准的实施将对指导绿色食品生产中的肥料使用发挥重要作用。

绿色食品　肥料使用准则

1　范围

本标准规定了绿色食品生产中肥料使用原则、肥料种类及使用规定。
本标准适用于绿色食品的生产。

2　规范性引用文件

下列文件对于本文件的应用是必不可少的。凡是注日期的引用文件，仅注日期的版本适用于本文件。凡是不注日期的使用文件，其最新版本（包括所有的修改单）适用于本文件。

GB 20287　农用微生物菌剂
NY/T 391　绿色食品　产地环境质量
NY 525　有机肥料
NY/T 798　复合微生物肥料
NY 884　生物有机肥

3　术语和定义

下列术语和定义适用于本文件

3.1　AA 级绿色食品　AA grade green food

产地环境质量符合 NY/T 391 的要求，遵照绿色食品生产标准生产，生产过程中遵循自然规律和生态学原理，协调种植业和养殖业的平衡，不使用化学合成的肥料、农药、兽药、渔药、添加剂等物质，产品质量符合绿色食品产品标准，经专门机构许可使用绿色食品标志的产品。

3.2　A 级绿色食品　A grade green food

产地环境质量符合 NY/T 391 的要求，遵照绿色食品生产标准生产，生产过程中遵循自然规律和生态学原理，协调种植业和养殖业的平衡，限量使用限定的化学合成生产资料，产品质量符合绿色食品产品标准，经专门机构许可使用绿色食品标志的产品。

3.3　农家肥料　farmyard manure

就地取材，主要由植物和（或）动物残体、排泄物等富含有机物的物料制作而成的肥料。包括秸秆肥、绿肥、厩肥、堆肥、沤肥、沼肥、饼肥等。

3.3.1　秸秆　stalk

以麦秸、稻草、玉米秸、豆秸、油菜秸等作物秸秆直接还田作为肥料。

3.3.2 绿肥 green manure

新鲜植物体作为肥料就地翻压还田或异地施用。主要分为豆科绿肥和非豆科绿肥两大类。

3.3.3 厩肥 barnyard manure

圈养牛、马、羊、猪、鸡、鸭等畜禽的排泄物与秸秆等垫料发酵腐熟而成的肥料。

3.3.4 堆肥 compost

动植物的残体、排泄物等为主要原料，堆制发酵腐熟而成的肥料。

3.3.5 沤肥 waterlogged compost

动植物残体、排泄物等有机物料在淹水条件下发酵腐熟而成的肥料。

3.3.6 沼肥 biogas fertilizer

动植物残体、排泄物等有机物料经沼气发酵后形成的沼液和沼渣肥料。

3.3.7 饼肥 cake fertilizer

含油较多的植物种子经压榨去油后的残渣制成的肥料。

3.4 有机肥料 organic fertilizer

主要来源植物和（或）动物，经过发酵腐熟的含碳有机物料，其功能是改善土壤肥力、提供植物营养、提高作物品质。

3.5 微生物肥料 microbial fertilizer

含有特定微生物活体的制品，应用于农业生产，通过其中所含微生物的生命活动，增加植物养分的供应量或促进植物生长，提高产量，改善农产品品质及农业生态环境的肥料。

3.6 有机—无机复混肥料 organic-inorganic compound fertilizer

含有一定量有机肥料的复混肥料。

注：其中复混肥料是指氮、磷、钾三种养分中，至少有两种养分标明量的由化学方法和（或）掺混方法制成的肥料。

3.7 无机肥料 inorganic fertilizer

主要以无机盐形式存在，能直接为植物提供矿质营养的肥料。

3.8 土壤调理剂 soil amendment

加入土壤中用于改善土壤的物理、化学和（或）生物性状的物料，功能包括改良土壤结构、降低土壤盐碱危害、调节土壤酸碱度、改善土壤水分状况、修复土壤污染等。

4 肥料使用原则

4.1 持续发展原则。绿色食品生产中所使用的肥料应对环境无不良影响，有利于保护生态环境，保持或提高土壤肥力及土壤生物活性。

4.2 安全优质原则。绿色食品生产中应使用安全、优质的肥料产品，生产安全、优质的绿色食品。肥料的使用应对作物（营养、味道、品质和植物抗性）不产生不良后果。

4.3 化肥减控原则。在保障植物营养有效供给的基础上减少化肥用量，兼顾元素之间的比例平衡，无机氮素用量不得高于当季作物需求量的一半。

4.4 有机为主原则。绿色食品生产过程中肥料种类的选取应以农家肥料、有机肥料、微生物肥料为主，化学肥料为辅。

5 可使用的肥料种类

5.1 AA级绿色食品生产可使用的肥料种类

可使用3.3、3.4、3.5规定的肥料。

5.2 A级绿色食品生产可使用的肥料种类

除5.1规定的肥料外，还可使用3.6、3.7规定的肥料及3.8土壤调理剂。

6 不应使用的肥料种类

6.1 添加有稀土元素的肥料。

6.2 成分不明确的、含有安全隐患成分的肥料。

6.3 未经发酵腐熟的人畜粪尿。

6.4 生活垃圾、污泥和含有害物质（如毒气，病原微生物，重金属等）的工业垃圾。

6.5 转基因品种（产品）及其副产品为原料生产的肥料。

6.6 国家法律法规规定不得使用的肥料。

7 使用规定

7.1 AA级绿色食品生产用肥料使用规定

7.1.1 应选用5.1所列肥料种类，不应使用化学合成肥料。

7.1.2 可使用农家肥料，但肥料的重金属限量指标应符合NY 525的要求，粪大肠菌群数、蛔虫卵死亡率应符合NY 884要求。宜使用秸秆和绿肥，配合施用有生物固氮、腐熟秸秆等功效的微生物肥料。

7.1.3 有机肥料应达到NY 525技术指标，主要以基肥施入，用量视地力和目标产量而定，可配施农家肥料和微生物肥料。

7.1.4 微生物肥料应符合GB 20287或NY 884或NY/T 798的要求，可与5.1所列其他肥料配合施用，用于拌种、基肥或追肥。

7.1.5 无土栽培可使用农家肥料、有机肥料和微生物肥料，掺混在基质中使用。

7.2 A级绿色食品生产用肥料使用规定

7.2.1 应选用5.2所列肥料种类。

7.2.2 农家肥料的使用按7.1.2的规定执行。耕作制度允许情况下，宜利用秸秆和绿肥，按照约25∶1的比例补充化学氮素。厩肥、堆肥、沤肥、沼肥、饼肥等农家肥料应完全腐熟，肥料的重金属限量指标应符合NY 525的要求。

7.2.3 有机肥料的使用按7.1.3的规定执行。可配施5.2所列其他肥料。

7.2.4 微生物肥料的使用按 7.1.4 的规定执行。可配施 5.2 所列其他肥料。

7.2.5 有机—无机复混肥料、无机肥料在绿色食品生产中作为辅助肥料使用，用来补充农家肥料、有机肥料、微生物肥料所含养分的不足。减控化肥用量，其中无机氮素用量按当地同种作物习惯施肥用量减半使用。

7.2.6 根据土壤障碍因素，可选用土壤调理剂改良土壤。

ICS 65.100.01
B 17

NY

中华人民共和国农业行业标准

NY/T 393—2013
代替 NY/T 393—2000

绿色食品　农药使用准则

Green food—Guideline for application of pesticide

2013-12-13 发布　　　　　　　　　　2014-04-01 实施

中华人民共和国农业部　发布

前　言

本标准按照 GB/T 1.1—2009 给出的规则起草。

本标准代替 NY/T 393—2000《绿色食品 农药使用准则》。与 NY/T 393—2000 相比，除编辑性修改外主要技术变化如下：

——增设引言；

——修改本标准的适用范围为绿色食品生产和仓储（见第 1 章）；

——删除 6 个术语定义，同时修改了其他 2 个术语的定义（见第 3 章）；

——将原标准第 5 章悬置段中有害生物综合防治原则方面的内容单独设为一章，并修改相关内容（见第 4 章）；

——将可使用的农药种类从原准许和禁用混合制改为单纯的准许清单制，删除原第 4 章"允许使用的农药种类"、原第 5 章中有关农药选用的内容和原附录 A，设"农药选用"一章规定农药的选用原则，将"绿色食品生产允许使用的农药和其他植保产品清单"以附录的形式给出（见第 5 章和附录 A）；

——将原第 5 章的标题"使用准则"改为"农药使用规范"，增加了关于施药时机和方式方面的规定，并修改关于施药剂量（或浓度）、施药次数和安全间隔期的规定（见第 6 章）；

——增设"绿色食品农药残留要求"一章，并修改残留限量要求（见第 7 章）。

本标准由农业部农产品质量安全监督局提出。

本标准由中国绿色食品发展中心归口。

本标准起草单位：浙江省农业科学院农产品质量标准研究所、中国绿色食品发展中心、中国农业大学理学院、农业部农产品及转基因产品质量安全监督检验测试中心（杭州）。

本标准主要起草人：张志恒、王强、潘灿平、刘艳辉、陈倩、李振、于国光、袁玉伟、孙彩霞、杨桂玲、徐丽红、郑蔚然、蔡铮。

本标准的历次版本发布情况为：

——NY/T 393—2000。

引 言

绿色食品是指产自优良生态环境、按照绿色食品标准生产、实行全程质量控制并获得绿色食品标志使用权的安全、优质食用农产品及相关产品。规范绿色食品生产中的农药使用行为，是保证绿色食品符合性的一个重要方面。

NY/T 393—2000 在绿色食品的生产和管理中发挥了重要作用。但 10 多年来，国内外在安全农药开发等方面的研究取得了很大进展，有效地促进了农药的更新换代；且农药风险评估技术方法、评估结论以及使用规范等方面的相关标准法规业出现了很大变化，同时，随着绿色食品产业的发展，对绿色食品的认识趋于深化，在此过程中积累了很多实际经验。为了更好地规范绿色食品生产中的农药使用，有必要对 NY/T 393—2000 进行修订。

本次修订充分遵循了绿色食品对优质安全、环境保护和可持续发展的要求，将绿色食品生产中的农药使用更严格地限于农业有害生物综合防治的需要，并采用准许清单制进一步明确允许使用的农药品种。允许使用农药清单的制定以国内外权威机构的风险评估数据和结论为依据，按照低风险原则选择农药种类，其中，化学合成农药筛选评估时采用的慢性膳食摄入风险安全系数比国际上的一般要求提高 5 倍。

绿色食品　农药使用准则

1　范围

本标准规定了绿色食品生产和仓储中有害生物防治原则、农药选用、农药使用规范和绿色食品农药残留要求。

本标准适用于绿色食品的生产和仓储。

2　规范性引用文件

下列文件对于本文件的应用是必不可少的。凡是注日期的引用文件，仅注日期的版本适用于本文件。凡是不注日期的引用文件，其最新版本（包括所有的修改单）适用于本文件。

GB 2763　食品安全国家标准　食品中农药最大残留限量

GB/T 8321　（所有部分）农药合理使用准则

GB 12475　农药贮运、销售和使用的防毒规程

NY/T 391　绿色食品　产地环境质量

NY/T 1667　（所有部分）农药登记管理术语

3　术语和定义

NY/T 1667 界定的以及下列术语和定义适用于本文件。

3.1　AA 级绿色食品　AA grade green food

产地环境质量符合 NY/T 391 的要求，遵照绿色食品生产标准生产，生产过程中遵循自然规律和生态学原理，协调种植业和养殖业的平衡，不使用化学合成的肥料、农药、兽药、渔药、添加剂等物质，产品质量符合绿色食品产品标准，经专门机构许可使用绿色食品标志的产品。

3.2　A 级绿色食品　A grade green food

产地环境质量符合 NY/T 391 的要求，遵照绿色食品生产标准生产，生产过程中遵循自然规律和生态学原理，协调种植业和养殖业的平衡，限量使用限定的化学合成生产资料，产品质量符合绿色食品产品标准，经专门机构许可使用绿色食品标志的产品。

4　有害生物防治原则

4.1　以保持和优化农业生态系统为基础，建立有利于各类天敌繁衍和不利于病虫草害孳生的环境条件，提高生物多样性，维持农业生态系统的平衡。

4.2 优先采用农业措施，如抗病虫品种、种子种苗检疫、培育壮苗、加强栽培管理、中耕除草、耕翻晒垡、清洁田园、轮作倒茬、间作套种等。

4.3 尽量利用物理和生物措施，如用灯光、色彩诱杀害虫，机械捕捉害虫，释放害虫天敌，机械或人工除草等。

4.4 必要时，合理使用低风险农药。如没有足够有效的农业、物理和生物措施，在确保人员、产品和环境安全的前提下按照第5、6章的规定，配合使用低风险的农药。

5 农药选用

5.1 所选用的农药应符合相关的法律法规，并获得国家农药登记许可。

5.2 应选择对主要防治对象有效的低风险农药品种，提倡兼治和不同作用机理农药交替使用。

5.3 农药剂型宜选用悬浮剂、微囊悬浮剂、水剂、水乳剂、微乳剂、颗粒剂、水分散粒剂和可溶性粒剂等环境友好型剂型。

5.4 AA级绿色食品生产应按照A.1的规定选用农药及其他植物保护产品。

5.5 A级绿色食品生产应按照附录A的规定，优先从表A.1中选用农药。在表A.1所列农药不能满足有害生物防治需要时，还可适量使用A.2所列的农药。

6 农药使用规范

6.1 应在主要防治对象的防治适期，根据有害生物的发生特点和农药特性，选择适当的施药方式，但不宜采用喷粉等风险较大的施药方式。

6.2 应按照农药产品标签或GB/T 8321和GB 12475的规定使用农药，控制施药剂量（或浓度）、施药次数和安全间隔期。

7 绿色食品农药残留要求

7.1 绿色食品生产中允许使用的农药，其残留量应不低于GB 2763的要求。

7.2 在环境中长期残留的国家明令禁用农药，其再残留量应符合GB 2763的要求。

7.3 其他农药的残留量不得超过0.01mg/kg，并应符合GB 2763的要求。

附录 A
（规范性附录）
绿色食品生产允许使用的农药和其他植保产品清单

A.1 AA 级和 A 级绿色食品生产均允许使用的农药和其他植保产品清单见表 A.1。

表 A.1　AA 级和 A 级绿色食品生产均允许使用的农药和其他植保产品清单

类别	组分名称	备注
I. 植物和动物来源	楝素（苦楝、印楝等提取物，如印楝素等）	杀虫
	天然除虫菊素（除虫菊科植物提取液）	杀虫
	苦参碱及氧化苦参碱（苦参等提取物）	杀虫
	蛇床子素（蛇床子提取物）	杀虫、杀菌
	小檗碱（黄连、黄柏等提取物）	杀菌
	大黄素甲醚（大黄、虎杖等提取物）	杀菌
	乙蒜素（大蒜提取物）	杀菌
	苦皮藤素（苦皮藤提取物）	杀虫
	藜芦碱（百合科藜芦属和喷嚏草属植物提取物）	杀虫
	桉油精（桉树叶提取物）	杀虫
	植物油（如薄荷油、松树油、香菜油、八角茴香油）	杀虫、杀螨、杀真菌、抑制发芽
	寡聚糖（甲壳素）	杀菌、植物生长调节
	天然诱集和杀线虫剂（如万寿菊、孔雀草、芥子油）	杀线虫
	天然酸（如食醋、木醋和竹醋等）	杀菌
	菇类蛋白多糖（菇类提取物）	杀菌
	水解蛋白质	引诱
	蜂蜡	保护嫁接和修剪伤口
	明胶	杀虫
	具有驱避作用的植物提取物（大蒜、薄荷、辣椒、花椒、薰衣草、柴胡、艾草的提取物）	驱避
	害虫天敌（如寄生蜂、瓢虫、草蛉等）	控制虫害
II. 微生物来源	真菌及真菌提取物（白僵菌、轮枝菌、木霉菌、耳霉菌、淡紫拟青霉、金龟子绿僵菌、寡雄腐霉菌等）	杀虫、杀菌、杀线虫
	细菌及细菌提取物（苏云金芽孢杆菌、枯草芽孢杆菌、蜡质芽孢杆菌、地衣芽孢杆菌、多粘类芽孢杆菌、荧光假单胞杆菌、短稳杆菌等）	杀虫、杀菌
	病毒及病毒提取物（核型多角体病毒、质型多角体病毒、颗粒体病毒等）	杀虫
	多杀霉素、乙基多杀菌素	杀虫

(续表)

类别	组分名称	备注
Ⅱ. 微生物来源	春雷霉素、多抗霉素、井冈霉素、（硫酸）链霉素、嘧啶核苷类抗菌素、宁南霉素、申嗪霉素和中生菌素	杀菌
	S-诱抗素	植物生长调节
Ⅲ. 生物化学产物	氨基寡糖素、低聚糖素、香菇多糖	防病
	几丁聚糖	防病、植物生长调节
	苄氨基嘌呤、超敏蛋白、赤霉酸、羟烯腺嘌呤、三十烷醇、乙烯利、吲哚丁酸、吲哚乙酸、芸苔素内酯	植物生长调节
Ⅳ. 矿物来源	石硫合剂	杀菌、杀虫、杀螨
	铜盐（如波尔多液、氢氧化铜等）	杀菌，每年铜使用量不能超过 6 kg/hm²
	氢氧化钙（石灰水）	杀菌、杀虫
	硫黄	杀菌、杀螨、驱避
	高锰酸钾	杀菌，仅用于果树
	碳酸氢钾	杀菌
	矿物油	杀虫、杀螨、杀菌
	氯化钙	仅用于治疗缺钙症
	硅藻土	杀虫
	粘土（如斑脱土、珍珠岩、蛭石、沸石等）	杀虫
	硅酸盐（硅酸钠、石英）	驱避
	硫酸铁（3 价铁离子）	杀软体动物
Ⅴ. 其他	氢氧化钙	杀菌
	二氧化碳	杀虫，用于贮存设施
	过氧化物类和含氯类消毒剂（如过氧乙酸、二氧化氯、二氯异氰尿酸钠、三氯异氰尿酸等）	杀菌，用于土壤和培养基质消毒
	乙醇	杀菌
	海盐和盐水	杀菌，仅用于种子（如稻谷等）处理
	软皂（钾肥皂）	杀虫
	乙烯	催熟等
	石英砂	杀菌、杀螨、驱避
	昆虫性外激素	引诱，仅用于诱捕器和散发皿内
	磷酸氢二铵	引诱，只限用于诱捕器中使用

注1：该清单每年都可能根据新的评估结果发布修改单。
注2：国家新禁用的农药自动从该清单中删除。

A.2 A级绿色食品生产允许使用的其他农药清单

当表 A.1 所列农药和其他植保产品不能满足有害生物防治需要时，A级绿色食品生产还可按照农药产品标签或 GB/T 8321 的规定使用下列农药：

a) 杀虫剂

　　1) S-氰戊菊酯　　　esfenvalerate　　　　15) 抗蚜威　　　　pirimicarb
　　2) 吡丙醚　　　　　pyriproxifen　　　　　16) 联苯菊酯　　　bifenthrin
　　3) 吡虫啉　　　　　imidacloprid　　　　　17) 螺虫乙酯　　　spirotetramat
　　4) 吡蚜酮　　　　　pymetrozine　　　　　 18) 氯虫苯甲酰胺　chlorantraniliprole
　　5) 丙溴磷　　　　　profenofos　　　　　　19) 氯氟氰菊酯　　cyhalothrin
　　6) 除虫脲　　　　　diflubenzuron　　　　 20) 氯菊酯　　　　permethrin
　　7) 啶虫脒　　　　　acetamiprid　　　　　 21) 氯氰菊酯　　　cypermethrin
　　8) 毒死蜱　　　　　chlorpyrifos　　　　　22) 灭蝇胺　　　　cyromazine
　　9) 氟虫脲　　　　　flufenoxuron　　　　　23) 灭幼脲　　　　chlorbenzuron
　　10) 氟啶虫酰胺　　　flonicamid　　　　　　24) 噻虫啉　　　　thiacloprid
　　11) 氟铃脲　　　　　hexaflumuron　　　　　25) 噻虫嗪　　　　thiamethoxam
　　12) 高效氯氰菊酯　　beta-cypermethrin　　 26) 噻嗪酮　　　　buprofezin
　　13) 甲氨基阿维菌素苯甲酸盐 emamectin benzoate　27) 辛硫磷　　　phoxim
　　14) 甲氰菊酯　　　　fenpropathrin　　　　 28) 茚虫威　　　　indoxacard

b) 杀螨剂

　　1) 苯丁锡　　　　　fenbutatin oxide　　　5) 噻螨酮　　　　hexythiazox
　　2) 喹螨醚　　　　　fenazaquin　　　　　　6) 四螨嗪　　　　clofentezine
　　3) 联苯肼酯　　　　bifenazate　　　　　　7) 乙螨唑　　　　etoxazole
　　4) 螺螨酯　　　　　spirodiclofen　　　　 8) 唑螨酯　　　　fenpyroximate

c) 杀软体动物剂

　　四聚乙醛　　　　　metaldehyde

d) 杀菌剂

　　1) 吡唑醚菌酯　　　pyraclostrobin　　　　5) 代森锌　　　　zineb
　　2) 丙环唑　　　　　propiconazol　　　　　6) 啶酰菌胺　　　boscalid
　　3) 代森联　　　　　metriam　　　　　　　 7) 啶氧菌酯　　　picoxystrobin
　　4) 代森锰锌　　　　mancozeb　　　　　　　8) 多菌灵　　　　carbendazim

9)	噁霉灵	hymexazol		25)	醚菌酯	kresoxim - methyl
10)	噁霜灵	oxadixyl		26)	嘧菌酯	azoxystrobin
11)	粉唑醇	flutriafol		27)	嘧霉胺	pyrimethanil
12)	氟吡菌胺	fluopicolide		28)	氰霜唑	cyazofamid
13)	氟啶胺	fluazinam		29)	噻菌灵	thiabendazole
14)	氟环唑	epoxiconazole		30)	三乙膦酸铝	fosetyl - aluminium
15)	氟菌唑	triflumizole		31)	三唑醇	triadimenol
16)	腐霉利	procymidone		32)	三唑酮	triadimefon
17)	咯菌腈	fludioxonil		33)	双炔酰菌胺	mandipropamid
18)	甲基立枯磷	tolclofos - methyl		34)	霜霉威	propamocarb
19)	甲基硫菌灵	thiophanate - methyl		35)	霜脲氰	cymoxanil
20)	甲霜灵	metalaxyl		36)	萎锈灵	carboxin
21)	腈苯唑	fenbuconazole		37)	戊唑醇	tebuconazole
22)	腈菌唑	myclobutanil		38)	烯酰吗啉	dimethomorph
23)	精甲霜灵	metalaxyl - M		39)	异菌脲	iprodione
24)	克菌丹	captan		40)	抑霉唑	imazalil

e) 熏蒸剂

1)	棉隆	dazomet		2)	威百亩	metam - sodium

f) 除草剂

1)	2甲4氯	MCPA		13)	禾草敌	molinate
2)	氨氯吡啶酸	picloram		14)	禾草灵	diclofop - methyl
3)	丙炔氟草胺	flumioxazin		15)	环嗪酮	hexazinone
4)	草铵膦	glufosinate - ammonium		16)	磺草酮	sulcotrione
5)	草甘膦	glyphosate		17)	甲草胺	alachlor
6)	敌草隆	diuron		18)	精吡氟禾草灵	fluazifop - P
7)	噁草酮	oxadiazon		19)	精喹禾灵	quizalofop - P
8)	二甲戊灵	pendimethalin		20)	绿麦隆	chlortoluron
9)	二氯吡啶酸	clopyralid		21)	氯氟吡氧乙酸（异辛酸）	fluroxypyr
10)	二氯喹啉酸	quinclorac		22)	氯氟吡氧乙酸异辛酯	fluroxypyr - mepthyl
11)	氟唑磺隆	flucarbazone - sodium		23)	麦草畏	dicamba
12)	禾草丹	thiobencarb		24)	咪唑喹啉酸	imazaquin

25)	灭草松	bentazone	35)	烯禾啶	sethoxydim
26)	氰氟草酯	cyhalofop butyl	36)	硝磺草酮	mesotrione
27)	炔草酯	clodinafop – propargyl	37)	野麦畏	tri – allate
28)	乳氟禾草灵	lactofen	38)	乙草胺	acetochlor
29)	噻吩磺隆	thifensulfuron – methyl	39)	乙氧氟草醚	oxyfluorfen
30)	双氟磺草胺	florasulam	40)	异丙甲草胺	metolachlor
31)	甜菜安	desmedipham	41)	异丙隆	isoproturon
32)	甜菜宁	phenmedipham	42)	莠灭净	ametryn
33)	西玛津	simazine	43)	唑草酮	carfentrazone – ethyl
34)	烯草酮	clethodim	44)	仲丁灵	butralin

g) 植物生长调节剂

1)	2,4-滴 2,4-D（只允许作为植物生长调节剂使用）		5)	萘乙酸	1 – naphthal acetic acid
2)	矮壮素	chlormequat	6)	噻苯隆	thidiazuron
3)	多效唑	paclobutrazol	7)	烯效唑	uniconazole
4)	氯吡脲	forchlorfenuron			

注1：该清单每年都可能根据新的评估结果发布修改单。

注2：国家新禁用的农药自动从该清单中删除。

ICS 65.100
B 17

NY

中华人民共和国农业行业标准

NY/T 1464.52—2014

农药田间药效试验准则
第 52 部分：杀虫剂防治枣树盲蝽

Pesticide guidelines for the field efficacy trials—
Part 52：Insecticides against jujube leaf bug

2014 - 10 - 17 发布　　　　　　　　　　　　　　　　2015 - 01 - 01 实施

中华人民共和国农业部　发布

前　言

NY/T 1464《农药田间药效试验准则》为系列标准：
——第 1 部分：杀虫剂防治飞蝗；
——第 2 部分：杀虫剂防治水稻稻水象甲；
——第 3 部分：杀虫剂防治棉盲蝽；
——第 4 部分：杀虫剂防治梨黄粉蚜；
——第 5 部分：杀虫剂防治苹果绵蚜；
——第 6 部分：杀虫剂防治蔬菜蓟马；
——第 7 部分：杀菌剂防治烟草炭疽病；
——第 8 部分：杀菌剂防治番茄病毒病；
——第 9 部分：杀菌剂防治辣椒病毒病；
——第 10 部分：杀菌剂防治蘑菇湿泡病；
——第 11 部分：杀菌剂防治香蕉黑星病；
——第 12 部分：杀菌剂防治葡萄白粉病；
——第 13 部分：杀菌剂防治葡萄炭疽病；
——第 14 部分：杀菌剂防治水稻立枯病；
——第 15 部分：杀菌剂防治小麦赤霉病；
——第 16 部分：杀菌剂防治小麦根腐病；
——第 17 部分：除草剂防治绿豆田杂草；
——第 18 部分：除草剂防治芝麻田杂草；
——第 19 部分：除草剂防治枸杞地杂草；
——第 20 部分：除草剂防治番茄田杂草；
——第 21 部分：除草剂防治黄瓜田杂草；
——第 22 部分：除草剂防治大蒜田杂草；
——第 23 部分：除草剂防治苜蓿田杂草；
——第 24 部分：除草剂防治红小豆田杂草；
——第 25 部分：除草剂防治烟草苗床杂草；
——第 26 部分：棉花催枯剂试验；
——第 27 部分：杀虫剂防治十字花科蔬菜蚜虫；
——第 28 部分：杀虫剂防治林木天牛；
——第 29 部分：杀虫剂防治松褐天牛；
——第 30 部分：杀菌剂防治烟草角斑病；
——第 31 部分：杀菌剂防治生姜姜瘟病；
——第 32 部分：杀菌剂防治番茄青枯病；
——第 33 部分：杀菌剂防治豇豆锈病；
——第 34 部分：杀菌剂防治茄子黄萎病；

——第 35 部分：除草剂防治直播蔬菜田杂草；
——第 36 部分：除草剂防治菠萝地杂草；
——第 37 部分：杀虫剂防治蘑菇菌蛆和害螨；
——第 38 部分：杀菌剂防治黄瓜黑星病；
——第 39 部分：杀菌剂防治莴苣霜霉病；
——第 40 部分：除草剂防治免耕小麦田杂草；
——第 41 部分：除草剂防治免耕油菜田杂草；
——第 42 部分：杀虫剂防治马铃薯二十八星瓢虫；
——第 43 部分：杀虫剂防治蔬菜烟粉虱；
——第 44 部分：杀菌剂防治烟草野火病；
——第 45 部分：杀菌剂防治三七圆斑病；
——第 46 部分：杀菌剂防治草坪草叶斑病；
——第 47 部分：除草剂防治林业防火道杂草；
——第 48 部分：植物生长调节剂调控月季生长；
——第 49 部分：杀菌剂防治烟草青枯病；
——第 50 部分：植物生长调节剂调控菊花生长；
——第 51 部分：杀虫剂防治柑橘树蚜虫；
——第 52 部分：杀虫剂防治枣树盲蝽；
——第 53 部分：杀菌剂防治十字花科蔬菜根肿病；
——第 54 部分：杀菌剂防治水稻稻曲病；
——第 55 部分：除草剂防治姜田杂草；

……

本部分是 NY/T 1464 的第 52 部分。

本部分按照 GB/T 1.1—2009 给出的规则起草。

本部分由农业部种植业管理司提出并归口。

本部分起草单位：农业部农药检定所、中国农业科学院郑州果树研究所。

本部分主要起草人：曹艳、陈汉杰、林荣华、张金勇、陈立萍、张楠、夏文。

农药田间药效试验准则
第52部分：杀虫剂防治枣树盲蝽

1 范围

本部分规定了杀虫剂防治枣树盲蝽田间药效小区试验的方法和基本要求。

本部分规定了杀虫剂防治枣树盲蝽，如绿盲蝽（*Lygus lucorum*），中黑盲蝽（*Adelphocoris suturalis*）、三点苜蓿盲蝽（*Adelphocoris fasciaticollis*）、苜蓿盲蝽（*Adelpocoris lineda*）和牧草盲蝽（*Lygus pratensis*）等的登记用田间药效小区试验及药效评价。

2 试验条件

2.1 试验对象、作物

试验对象为枣树盲蝽。记录试验地枣树盲蝽的种类及其主要发育阶段。

试验作物为枣树，宜选择当地主栽的对盲蝽较敏感的品种。记录品种名称、树龄、生育期、种植密度。

2.2 环境条件

试验应选择在有代表性的，盲蝽为害程度中等或偏重的果园进行，所有小区的栽培条件（包括土壤类型、施肥、耕作、株行距等）均应一致，且符合当地良好的农业规范。

3 试验设计和安排

3.1 药剂

3.1.1 试验药剂

试验药剂处理不少于3个剂量，或依据协议要求设置。记录药剂通用名（中文、英文）或代号、剂型、含量、生产企业和处理剂量（以有效浓度 mg/kg 或 mg/L 表示），注明稀释倍数。

3.1.2 对照药剂

对照药剂必须为已登记注册，并在实践中证明防效良好的药剂，其类型、作用方式应与试验药剂相同或相近。对照药剂按登记使用剂量施用，特殊情况可视试验目的而定。

试验药剂为单剂时，至少设另一当地常用单剂为对照药剂；试验药剂为混剂时，以混剂中各单剂为对照药剂，还须含一当地常用药剂作为对照药剂。

记录对照药剂通用名、剂型、含量、生产企业、登记证号、施用量。

3.2 空白对照

须设无药剂处理作为空白对照。

3.3 小区安排

3.3.1 小区排列

试验药剂、对照药剂和空白对照的小区处理采用随机区组排列，记录小区排列图。特殊情况须加以说明。

3.3.2 小区面积和重复

小区面积：每小区至少3棵树。

小区间设置保护行或隔离带，保护行或隔离带的1/2面积按相邻小区做同样处理。记录小区面积及小区间隔离行或保护带的宽度。

重复次数：不少于4次重复。

4 施药

4.1 施药方法

按协议要求及标签说明进行。施药应与当地科学的农业栽培管理措施相适应。

4.2 施药器械

选择常用的器械施药，或按协议要求选择器械。记录所用器械类型和操作条件（操作压力、喷头类型及喷孔口径）等全部资料。施药应保证药量准确，分布均匀。用药量偏差不超过±10%。

4.3 施药时间和次数

按协议要求进行。一般在枣树盲蝽卵孵发生初盛期至盛孵期施药，记录每次施药数量和日期，作物生育期，用药时的天气状况等。

4.4 使用剂量和容量

按协议要求及标签注明的使用浓度进行施药，通常药剂中的有效成分含量表示为mg/kg（毫克/千克），或mg/L（毫克/升）。用于喷雾时，要记录用药倍数和单株果树平均施用的药液量。

4.5 防治其他病虫害的农药资料要求

试验期间如需使用其他药剂防治试验对象以外的病、虫、草害，应选择对试验药剂和试验对象无影响的药剂，且必须与试验药剂和对照药剂分开使用，并对所有试验小区进行均一处理，使这些药剂的干扰控制在最小程度，记录这类药剂施用的准确数据（如药剂名称、含量、剂型、生产企业、施用剂量、施用方法、施用时间、防治对象等）。

5 调查

5.1 药效调查

5.1.1 调查方法

在盲蝽发生期清晨调查，并固定调查时间和顺序。每小区调查3株枣树，每株按东、西、南、北、中5个方位各标记2个可持续生长的嫩梢，在调查基数时，标记前先仔细观察新梢上成、若虫数量，然后标记枝条，每个标记新梢盲蝽成、若虫数量应在1头以上，所记的枝条长度尽量一致，调查并记录其上盲蝽成、若虫数量。

5.1.2 调查时间和次数

施药前调查基数，施药后1d、3d、7d各调查一次，进一步调查可到施药后10d~14d。根据协议要求和试验药剂特点，可增加调查次数，或延长调查时间。

5.2 对作物的直接影响调查

观察药剂对作物有无药害，如有药害发生，记录药害的症状、类型和程度。此外，也要记录对作物有益的影响（如加速成熟、增加活力等）。

用下列方式记录药害：

a）如果药害能被计数或测量，要用绝对数值表示，如梢长。

b）在其他情况下，可按下列两种方法估计药害的程度和频率：

1）按照药害分级方法，记录每小区药害情况，以—、+、++、+++、++++表示。

药害分级方法：

—：无药害；

+：轻度药害，不影响作物正常生长；

++：中度药害，可复原，不会造成作物减产；

+++：重度药害，影响作物正常生长，对作物产量和质量造成一定程度的损失；

++++：严重药害，作物生长受阻，作物产量和质量损失严重。

2）将药剂处理区与空白对照组相比，评价其药害的百分率。同时要准确描述作物的药害症状（矮化、褪绿、畸形、落叶、落花、落果等），并提供实物照片或视频录像等资料。

5.3 对其他生物的影响

5.3.1 对其他病虫害的影响

对其他病虫害的任何一种影响均应记录，包括有益和无益的影响。

5.3.2 对其他非靶标生物的影响

记录药剂对野生生物和天敌昆虫的影响。

5.4 其他资料

5.4.1 气象资料

试验期间，应从试验地或最近的气象站获得降水（降水类型、日降水量以mm表示）和温度（日平均温度、最高和最低温度，以℃表示）的资料。

整个试验期间影响试验结果的恶劣气候因素，如严重或长期干旱、暴雨、冰雹等均须记录。

5.4.2 土壤资料

记录土壤类型、肥力、地形、灌溉情况、作物及杂草覆盖情况等资料均应记录。

6 药效计算方法

药效按式（1）计算。

$$P = \left(1 - \frac{CK_0 \times PT_1}{CK_1 \times PT_0}\right) \times 100 \tag{1}$$

式中：

P ——防治效果，单位为百分率（%）；

PT_0 ——药剂处理区施药前活虫数，单位为头；

PT_1 ——药剂处理区施药后活虫数，单位为头；

CK_0 ——空白对照区施药前活虫数，单位为头；

CK_1 ——空白对照区施药后活虫数，单位为头。

计算结果保留小数点后两位。结果应用邓肯氏新复极差（DMRT）法进行统计分析。

7 药剂评价与报告撰写

根据结果对药剂进行分析、评价，写出正式试验报告，列出原始数据。

ICS 65.020.20
B 38

LY

中华人民共和国林业行业标准

LY/T 2535—2015

南方鲜食枣栽培技术规程

Technical regulations for planting fresh fruit
cultivation of jujuba in southern area

2015-10-19 发布　　　　　　　　　　　　2016-01-01 实施

国家林业局　发布

前　言

本标准按照 GB/T 1.1—2009 给出的规则起草。

本标准由国家林业局提出并归口。

本标准起草单位：中南林业科技大学、湖南新丰果业有限公司、长沙伟湘林业科技有限公司、湖南海尔斯金洲农业有限公司。

本标准主要起草人：王森、谢碧霞、曾建新、陈建华、吕芳德、沈燕、邵凤侠、郭红艳、文亚峰、曾江桥、余江帆、沈植国、钟秋平、李依娜、朱正文。

南方鲜食枣栽培技术规程

1 范围

本标准规定了我国南方鲜食枣术语和定义、产地环境条件、品种与苗木选择、栽植技术、土壤管理、肥水管理、整形修剪、木质化枣吊培养、保花保果、避雨栽培、病虫害防治、果实采收、果实贮藏等。

本标准适用于我国亚热带地区鲜食枣生产。

2 规范性引用文件

下列文件对于本文件的应用是必不可少的。凡是注日期的引用文件，仅所注日期的版本适用于本文件。凡是不注日期的引用文件，其最新版本（包括所有的修改单）适用于本文件。

GB/T 22345　鲜枣质量等级

LY/T 1497　枣树丰产林

LY/T 1557　名特优经济林基地建设技术规程

LY/T 1678　食用林产品产地环境通用要求

3 术语和定义

下列术语和定义适用于本文件。

3.1 木质化枣吊　persistent bearing shoot

木质化程度高，冬季不脱落的枣树结果枝。其生长结果特点是生长粗壮，木质化程度高，冬季不脱落；其长度为一般非木质化枣吊的2倍~3倍；开花期长，坐果能力强；一般着生在枣头的基部或梢部。

4 立地条件

4.1 产地选择

根据南方鲜食枣栽培的区域划分，在栽培分布区内根据区域特点选择适宜鲜食枣栽培的地段，要求相对连片，最小面积应在6 670m² 以上并有可持续生产能力，生态环境条件良好，远离污染源的红壤、黄壤或沙壤地区。鲜食枣基地选择按LY/T 1557执行。南方鲜食枣栽培的区域划分参见附录A。

4.2 空气环境质量

鲜食枣产地空气质量要求按LY/T 1678环境空气质量标准执行。

4.3 产地灌溉水质量

鲜食枣产地灌溉水质量要求按 LY/T 1678 灌溉水质标准执行。

4.4 土壤环境质量

南方枣区的红壤、黄壤地区透气性不良。发展鲜食枣应先对土壤进行改良，然后栽植。鲜食枣产地土壤环境质量要求按 LY/T 1678 土壤环境质量标准执行。

5 品种与苗木选择

5.1 品种选择

选择性状表现优良，适合大面积推广、发展前景较好的品种。包括中秋酥脆枣、蜂蜜罐、灌阳长枣等。南方鲜食枣主要品种参见附录 B 及产地省级以上新审（认）定品种。

5.2 苗木选择

苗木要求品种纯正，无检疫性病虫的一级苗与二级苗。南方鲜食枣树嫁接苗分级标准详见附录 C。

6 栽植技术

6.1 整地

整地季节为秋、冬季。地下水位高的平地要起高垄整地，垄高 20cm～30cm，每隔 5 行～7 行，设置深 50cm～70cm 的排水沟 1 条；丘陵地坡度大于 15°要梯级整地，梯面宽 2m～4m。梯面宽度和梯间距离要根据地形和栽培密度而定；坡度超过 25°以上不宜栽植。

6.2 栽植密度

一般株行距为 2m×3m 或 3m×4m，每 667m² 栽植 55 株～111 株。

6.3 苗木处理

栽植前，将苗木根部放在清水中浸泡 10h～20h，栽植前用植物生长调节剂调和的泥浆进行蘸根处理。

6.4 授粉树配置

选择授粉树要求与主栽品种有良好的授粉亲和力，花期大致相同，并具有良好的果实品质。授粉品种行数不少于主栽品种的 1/4。

6.5 栽植方法

定植前按株行距挖长、宽、高均为 80cm 的定植穴；栽植前每穴施用腐熟有机肥 40kg，加 0.1kg 磷肥，混匀，再将肥料和表土混合均匀，及时回穴，并填入 10cm～15cm 表土后定植苗木，防止根系与肥料直接接触。填土一半后提苗踩实，再填土踩实，最后覆盖虚土。根系要舒展。苗木栽植后及时浇水，随后覆盖地膜或覆好稻草。

7 土壤管理

7.1 深翻改土

在深秋或早春进行，方法是在距枣树1m处至树冠投影外围区域25cm以上，对土层深厚的平地枣园可进行小机具的耕翻。

7.2 生物覆盖

灌溉条件较差丘陵山区枣树，宜在树盘内覆盖厚15cm~20cm的洁净木屑、树皮、稻草，种植绿肥。

8 肥水管理

8.1 基肥

8.1.1 施肥时间
11月下旬~12月上旬施肥。

8.1.2 施肥方法
采用挖穴施入法与沟壕施入法。

8.1.3 施肥量
在栽后1年~2年内，每666.7m^2施基肥1 000kg~2 000kg；3年后，每666.7m^2施基肥2 000kg~4 000kg。

8.2 追肥

8.2.1 施肥时间与肥料种类
追肥在枣树生长季节进行。第1次在萌芽前进行，施入时间以萌芽前10d~15d为宜，成龄枣园每株施尿素0.2kg；第2次在果实膨大后期进行，以磷、钾肥为主，氮肥为辅，每株施含量为98%的磷酸二氢钾0.03kg，氮肥每株施尿素0.2kg。

8.2.2 施肥方法
追肥宜采用环形沟施入法或辐射沟施入法。

8.3 叶面喷肥

从5月上旬即萌芽展叶后开始，到9月即果实成熟前止，每隔15d~20d进行1次。在萌芽至开花期喷0.2%尿素；果实膨大期至采收期喷0.2%尿素和氨基酸肥。

9 整形修剪

树体整形与修剪技术按LY/T 1497执行。

10 木质化枣吊培养

木质化枣吊是南方枣区鲜食枣产量的保证。通过冬季对枣头与二次枝的疏除与短截，促发新枣头，在枣头长度达 30cm~50cm 时对枣头进行重摘心，进而促发出第一批木质化枣吊。对坐果期没有坐果的枣头或结果枝组及时进行短截，促发新的枣头，并在枣头长度达 20cm~40cm 时对枣头进行重摘心，促发出新的木质化枣吊。

11 保花保果

根据当地实际情况，选用枣头摘心、树干开甲、喷施微肥、喷施枣树坐果剂、枣园放蜂等技术措施来提高坐果率。

12 避雨栽培

枣果成熟期，如遇降雨天气，部分品种则出现裂果。可在果实膨大期，采用塑料薄膜搭建避雨棚的方法进行避雨栽培。

13 病虫害防治

南方枣区主要病害包括枣疯病、枣锈病、枣缩果病、枣炭疽病 4 种；主要虫害包括枣瘿蚊、枣粘虫、枣龟蜡蚧、山楂叶螨 4 种。详细防治方法参见附录 D。

14 果实采收

14.1 采收期

果实进入白熟期和脆熟期为采收适期。形态标志因品种不同果皮呈绿白色、绿红相间或全红，果肉质地转细腻，展现本品种风味特征。

14.2 采收方法

采收方法采用人工分期采收。

15 果实贮藏

果实采收后按 GB/T 22345 规定进行分级、清洗、消毒和预冷处理后，采取低温气调贮藏方法对果实进行贮藏。

附录 A
（资料性附录）
南方鲜食枣树栽培的区域划分

表 A.1　　　　　　　　　　　　　南方鲜食枣树栽培的区域划分

区域名称	区域特点
江淮河流冲积土枣区	该区以江淮平原为主，属北亚热带。年均气温15℃~16℃，7月平均温度28℃左右，年降水量700mm~1 000mm。处于南北两大枣产区交接地带，多为平原地区。包括安徽北部、江苏北部、湖北北部、甘肃南部、陕西南部等
南方丘陵枣区	该区以长江以南丘陵区为主，属中亚热带和南亚热带。年均气温16℃~22℃，7月平均温度28℃左右，年降水量1 000mm以上。处于长江以南低山丘陵地带，地形复杂。包括安徽大部、江苏南部、湖南、江西、广西、广东、福建以及台湾等
云贵川枣区	该区以四川盆地和云贵高原，气候条件常随海拔变化而有很大差异，属亚热带。年均气温11℃~20℃之间，7月平均温度25℃左右，年降水量800mm~1200mm。处于四川盆地和云贵高原地带，地形极为复杂。包括云南、贵州、四川、重庆等

附录 B
（资料性附录）
南方鲜食枣主要品种与授粉树配置表

表 B.1　　　　　　　　　　南方鲜食枣主要品种与授粉树配置表

品种名称	授粉树
中秋酥脆枣	鸡蛋枣、梨枣、蜂蜜罐、糖枣
鸡蛋枣	糖枣、梨枣、大铃枣、中秋酥脆枣、蜂蜜罐
冬枣	中秋酥脆枣、梨枣、糖枣、蜂蜜罐
灌阳长枣	鸡蛋枣、中秋酥脆枣、蜂蜜罐
南京冷枣	月光枣、中秋酥脆枣、蜂蜜罐
蜂蜜罐（自花结实）	月光枣、中秋酥脆枣、鸡蛋枣
月光枣（自花结实）	中秋酥脆枣、梨枣、蜂蜜罐

附录 C
（规范性附录）
南方鲜食枣树嫁接苗分级标准

表 C.1　　　　　　　　　　　　南方鲜食枣树嫁接苗分级标准

级别	苗高/m	地径/cm	根系状况
一级苗	1.2~1.5	1.2 以上	具直径 2mm 以上、长 20cm 以上侧根 6 条以上
二级苗	0.8~1.2	0.8~1.2	具直径 1mm 以上、长 15cm 以上侧根 5 条以上
三级苗	0.5~0.8	0.5~0.8	具直径 1mm 以上、长 15cm 以上侧根 4 条以上

附录 D
（资料性附录）
南方鲜食枣主要病虫害及其防治方法

表 D.1　南方鲜食枣主要病虫害及其防治方法

病虫害名称	危害时期	防治方法
枣疯病	全年	选择抗病品种；用专用工具清除枣疯病树、病枝和病苗；隔离病源，工具不可交叉使用
枣锈病	雨季发病，7月~8月	秋末冬初清理枣园，消灭越冬菌源；改善枣园通风透光条件；雨季前喷施1∶2∶200波尔多液
枣缩果病	7月下旬~8月上中旬	及时清理枣园和烂果；花期和幼果期，喷洒0.3%硼砂或硼酸；枣树萌芽前，喷3°Bé石硫合剂；枣果白熟期，喷农用链霉素100单位/mL~140单位/mL
枣炭疽病	雨季发病	清洁枣园；选用抗病品种；加强枣园综合管理；萌芽前喷3°Bé石硫合剂，白熟期喷施1∶2∶200倍波尔多液
枣粘虫	4月上旬~10月中旬	人工捕杀；束草诱虫；黑光灯诱杀；生物、药剂防治
枣龟蜡蚧	4月~7月	冬季剪除虫枝；利用天敌灭虫；利用生物和化学农药防治
枣瘿蚊	4月中旬~9月上旬	消灭越冬蛹；铺设地膜，抑制成虫出土；药剂防治
山楂叶螨	6月~8月	人工消灭越冬螨；束草诱杀；萌芽前喷3°Bé石硫合剂；药物防治

ICS 65.020
B 65

LY

中华人民共和国林业行业标准

LY/T 2606—2016

枣实蝇防治技术规程

Technical regulation for monitoring and control of *Carpomyavesuviana* Costa

2016-01-18 发布　　　　　　　　　　　　2016-06-01 实施

国家林业局　发布

前　言

本标准按照 GB/T 1.1—2009 给出的规则起草。

本标准由北京林业大学提出。

本标准由全国植物检疫标准化技术委员会林业植物检疫分技术委员会（SAC/TC 271/SC 2）归口。

本标准起草单位：北京林业大学、新疆农业大学、新疆维吾尔自治区林业有害生物防治检疫局。

本标准主要起草人：田呈明、游崇娟、陈梦、朱银飞、阿里玛斯、喻峰。

枣实蝇防治技术规程

1 范围

本标准规定了枣实蝇的调查监测、防治方法及防治效果检查。
本标准适用于对枣实蝇的监测和防治。

2 规范性引用文件

下列文件对于本文件的应用是必不可少的。凡是注日期的引用文件，仅注日期的版本适用于本文件。凡是不注日期的引用文件，其最新版本（包括所有的修改单）适用于本文件。
GB/T 8321.9—2009 农药合理使用准则
LY/T 2023—2012 枣实蝇检疫技术规程

3 术语和定义

下列术语和定义适用于本文件。

3.1 枣实蝇 Carpomya vesuviana Costa

属双翅目 Diptera 实蝇科 Tephritidae 实蝇亚科 Trypetinae 实蝇族 Trypetini 咔实蝇属 Carpomya，是一种为害枣树 Ziziphus Mill. 果实的蛀果性害虫，也是林业检疫性有害生物。鉴定特征参见 LY/T 2023—2012，枣实蝇的生物学特性参见附录 A。

4 防治总体思路

采用调查监测、人工措施、诱引措施、药剂防治等措施，经济、安全、有效、持续地控制枣实蝇的扩散蔓延并迅速根除。

5 调查监测

5.1 监测方法

枣实蝇的监测方法、监测时间、监测地点等参照 LY/T 2023—2012 严格执行。
枣实蝇的适生区均应列入监测的范围。枣实蝇在我国的适生区分布参见附录 B。

5.2 预测

5.2.1 发生期预测

可采用有效积温法，根据枣实蝇各虫态的发育起点温度、有效积温和当地近期的平均气温预测值，预测下一虫态的发生期。有效积温预测式参见附录C。

5.2.2 发生量预测

可采用有效虫口基数法，根据前一世代（或前一虫态）的有效虫口基数推测下一世代（或虫态）的发生量（繁殖量）。有效虫口基数法发生量预测公式参见附录D。

6 防治方法

6.1 人工措施

6.1.1 落花落果

对枣实蝇新发生区，采取落花落果措施，阻断其生活史，降低虫口密度。一是在枣树盛花期喷洒40%的乙烯利（3.5g兑1kg水）；二是在枣树坐果期，组织人工摘除花、果；三是在枣树的栽培管理方面制造一些不利于坐花坐果的条件，如花期不浇水等。通过以上措施，连续2年，阻止枣树开花结果，消灭枣实蝇的产卵及生活场所，实现果园零疫情。

6.1.2 清除虫果

对枣实蝇疫情发生的枣园进行清理，措施包括：落果初期每周清除一次，落果盛期至末期每日一次，然后将落果集中倒入水池中浸一周以上，或深埋土坑中并在上面盖土半米以上且将土压实。

6.1.3 深翻除蛹

冬、春季将枣园土壤翻耕一次（深翻深度必须达20cm以上），或冬季灌水1～2次，减少和杀死土壤中越冬的蛹。

6.2 诱引措施

6.2.1 引诱剂诱杀

在成虫发生期，将混入杀虫剂的食物诱剂（糖醋液+蜂蜜）喷洒于树冠1/3以下，每隔4d～5d喷洒一次，对枣实蝇进行诱杀。

6.2.2 黄胶板诱杀

在枣园内放置粘性黄板引诱枣实蝇成虫，黄板悬挂和放置方法参照LY/T 2023—2012。

6.3 药剂防治措施

6.3.1 防治时间

早春越冬代成虫羽化前进行地面喷雾，第一代成虫发生高峰期进行叶面喷雾。

6.3.2 药剂种类和施药方法

农药施用严格按照GB/T 8321.9—2009规定执行。

在每个世代幼虫高峰期集中喷药至少一次。喷施毒性小、残效期短的农药，可每隔15d左右施用一次，连续喷施2～3次。不同防治药剂的种类、施用量和施用方法参见附录E。

6.4 除害处理

一旦发现虫果，及时就地除害处理，处理方法参照LY/T 2023—2012严格执行。

6.5 注意事项

6.5.1 化学防治中应在保证枣果安全和生态安全的前提下施用药剂，防止造成环境污染和农药残留超标。在选用药剂时，应根据枣实蝇的发生规律和不同农药的残效期进行选择，同时可将不同类型、不同作用机理的农药搭配使用。

6.5.2 在防治中，应尽量采取人工措施、诱引措施等无公害方法进行防治，药剂防治应尽量减少用药量和次数。

7 防治效果检查

选择防治区虫口密度较大的区域，调查和比较防治前、防治后的蛀果率，计算出校正虫口减退率。枣实蝇防治效果调查记录表见附录F.1，枣实蝇防控记录表见表F.2。虫口减退率计算方法公式参见附录G。

附 录 A
（资料性附录）
枣实蝇的生物学特性

枣实蝇在我国新疆地区1年2~3代，世代重叠，以蛹越冬。翌年5月中旬越冬代成虫羽化，6月中旬始产卵，约5d后幼虫孵化，随即蛀食枣果，老熟幼虫入土约15cm范围内化蛹，9月下旬，以第二代晚熟幼虫所化之蛹和第三代蛹在枣树树盘土壤内越冬。枣实蝇羽化主要集中在8：00~11：00，3h内羽化数占86.3%，羽化高峰期出现在10：00前后。交尾平均时长为（309±8.46）min 2次交尾高峰分别出现在11：00~12：00和20：00~21：00。雌虫产卵平均时长为（8.20±0.51）min，产卵节律不明显，9：00之前和21：00之后产卵量较小，白天各个时间段产卵量无显著性差异。成虫单日产卵量最高为16粒，平均每天产6粒~9粒，每产卵孔内有1粒~6粒卵。蛹的发育起点温度为6.38℃，有效积温为357.17 d.℃；卵的发育起点温度为13.57℃，有效积温为48.18 d.℃；卵到蛹期的发育起点温度为8.788℃，有效积温为283.29 d.℃；幼虫的发育起点温度6.39℃，有效积温为245.61 d.℃。

表A.1　　　　　　　　　　枣实蝇各虫态发育起点温度和有效积温

虫态 (insect state)	C	S_c	K	S_k	回归方程 (Regression equation)	R^2
卵期（egg stage）	13.57	0.88	48.18	3.22	V = [T - (13.57±0.88)] / (48.18±3.22)	0.987
蛹期（pupal stage）	6.38	1.82	357.17	30.38	V = [T - (6.38±1.82)] / (357.17±30.38)	0.986
卵到蛹期 （egg to pupae stage）	8.78	0.59	283.29	9.38	V = [T - (8.78±0.59)] / (283.29±9.8)	0.997
幼虫期 （larval stage）	6.39	0.73	215.61	8.96	V = [T - (6.29±0.73)] / (245.61±8.96)	0.996

附录 B
（资料性附录）
枣实蝇在中国的适生区分布

枣实蝇在我国具有广泛的适生范围，跨北纬19°~43°，东经75°~125°，南至海南岛，北至新疆北纬47°地区，西至和田、喀什，东至沿海各省。结合枣树在我国的种植概况，北京、天津、河北、河南、山东、山西、陕西、宁夏、辽宁、台湾等主要枣产区为枣实蝇在我国的中高度适生区，青海、黑龙江、香港、澳门等省市区为枣实蝇非适生区，西藏仅林芝地区为枣实蝇适生区，其余省市区由于枣树种植密度较低，均为枣实蝇低度适生区。

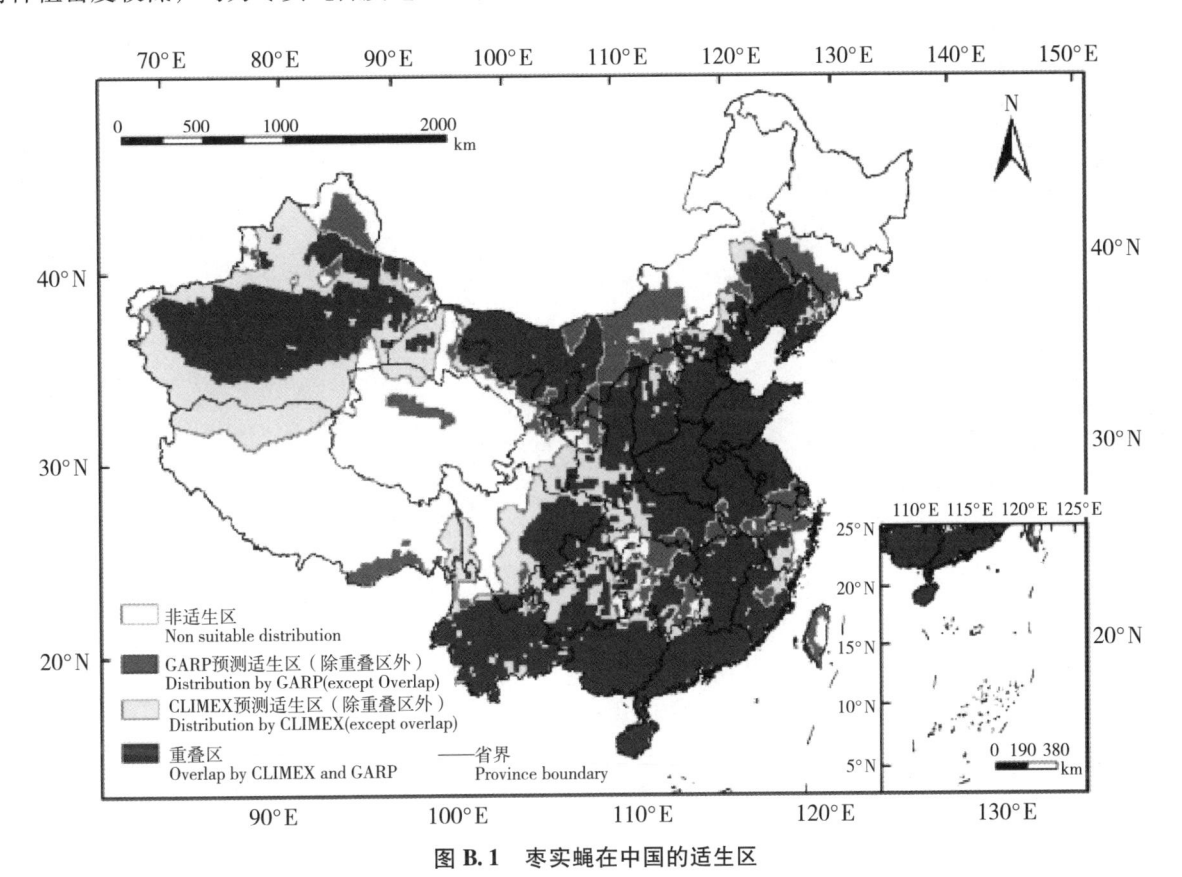

图 B.1 枣实蝇在中国的适生区

附录 C
（资料性附录）
有效积温预测式

枣实蝇有效积温预测公式参照式（C.1）进行。

$$N = \frac{K \pm S_k}{T_{日均} - (T_{起点} \pm S_c)} \tag{C.1}$$

式中：

N——发育历期；

K——有效积温；

S_k——有效积温标准差；

$T_{日均}$——日平均温度；

$T_{起点}$——发育起点温度；

S_c——发育起点温度标准差。

附录 D
（资料性附录）
有效虫口基数法发生量预测式

枣实蝇有效虫口基数法发生量预测公式参照式（D.1）进行。

$$P = P_0 \left[e \frac{f}{m+f}(1-d_1)(1-d_2)(1-d_3)\cdots(1-d_i) \right] \tag{D.1}$$

式中：

P——预测发生量（繁殖量）；

P_0——调查时的虫口基数（虫口密度）；

f——雌成虫数；

m——雄成虫数；

e——每雌平均产卵量（繁殖力）；

d_1、d_2、$d_3 \cdots d_i$——从调查虫态到预测虫态所经历的各虫态的死亡率。

附录 E
（资料性附录）
枣实蝇化学药剂喷洒处理

枣实蝇化学药剂种类和喷洒处理参照表 E.1 进行。

表 E.1　　枣实蝇化学药剂喷洒处理方法

药剂	配比	使用方法
5%毗虫琳乳油	2 000 倍~2 500 倍液	喷洒寄主植物
20%辛硫灭多威乳油	1 000 倍~2 000 倍液	喷洒寄主植物
高效氯氰菊酯	1 000 倍~1 500 倍液	喷洒寄主植物
40%毒死蜱乳油	1 500 倍~2 000 倍液	喷洒地面、寄主植物
48%乐斯本乳油	2 500 倍~3 000 倍液	喷洒地面、寄主植物

附录 F
（资料性附录）
枣实蝇防治效果调查记录表

枣实蝇防治效果调查记录表参照表 F.1 进行。枣实蝇防控记录表参照表 F.2 进行。

表 F.1　　　　　　　　　　　　　　枣实蝇防治效果调查记录表

样点号	方位	调查果数	被蛀果数	蛀果率 %	平均蛀果率 %	备注
	东					
	南					
	西					
	北					
	合计					
	东					
	南					
	西					
	北					
	合计					

表 F.2　　　　　　　　　　　　　　枣实蝇防控记录表

防控序号	防控时间	天气情况	防控对象	为害品种	防控地点	防控方法	使用工具	药剂名称及浓度	药剂重量	防控面积 hm²	防控效果	防控人员	备注

防控单位：

附录G
（资料性附录）
枣实蝇虫口减退率计算公式

枣实蝇虫口减退率计算公式参照式（G.1）进行。

$$N_p = \frac{N_b - N_a}{N_b} \times 100\% \tag{G.1}$$

式中：
N_p——虫口减退率，%；
N_b——防治前蛀果率，%；
N_a——防治后蛀果率，%。

ICS 65.020.40
B 05

LY

中华人民共和国林业行业标准

LY/T 1497—2017
代替 LY/T 1497—1999

枣优质丰产栽培技术规程

Technical regulations on high – quality and high – yield cultivation of Chinese jujube

2017 – 06 – 05 发布　　　　　　　　　　　　2017 – 09 – 01 发布

国家林业局　发布

前　言

本标准按照 GB/T 1.1—2009 给出的规则起草。

本标准代替 LY/T 1497—1999《枣树丰产林》。与 LY/T 1497—1999 相比，除编辑性修改外主要技术变化如下：

——增加了枣树及特色名词术语；

——修改了产量、质量和安全指标；

——完善了育苗、枣园营建和栽培管理技术；

——强化了食品安全和优质指标。

本标准由国家林业局提出并归口。

本标准起草单位：河北农业大学。

本标准主要起草人：刘孟军、刘志国、刘平、王玖瑞、李宪松、代丽、赵智慧、赵锦、高清月、李开森、褚新房。

本标准所代替标准的历次版本发表情况：

—— ZB B64 008—1988；LY/T 1497—1999。

枣优质丰产栽培技术规程

1 范围

本标准规定了枣优质丰产栽培的术语和定义、指标体系与检测方法、育苗、枣园营建、栽培管理技术、果实采收、档案管理。

本标准适用于枣树栽培。

2 规范性引用文件

下列文件对于本文件的应用是必不可少的，凡是注日期的引用文件，仅注日期的版本适用于本文件，凡是不注日期的引用文件，其最新版本（包括所有的修改单）适用于本文件。

GB 2772　林木种子检验规程
GB/T 5835　干制红枣
GB/T 8855　新鲜水果和蔬菜　取样方法
NY/T 391—2013　绿色食品　产地环境质量
NY/T 393　绿色食品　农药使用准则
NY/T 394　绿色食品　肥料使用准则
NY/T 844　绿色食品　温带水果
NY/T 2637　水果和蔬菜可溶性固形物含量的测定　折射仪法

3 术语和定义

下列术语和定义适用于本文件。

3.1 枣头 extension shoot

由主芽萌发形成的发育枝，是形成树体骨架和结果枝组的主要枝条。一个完整的枣头由一次枝、二次枝、枣股和枣吊四种枝条及主芽和副芽两类芽构成。

3.2 一次枝 primary shoot

枣头上由主芽形成的永久性枝，位于枣头的中央，是着生二次枝的枝条。

3.3 二次枝 secondary shoot

枣头上由副芽形成的永久性枝，是着生枣股的主要枝条，又称结果基枝。

3.4 枣股 mother bearing shoot

由主芽萌发形成的结果母枝，主要着生在 2 年生以上的二次枝上，年生长量仅 0.1 cm ~ 0.2 cm。

3.5 枣吊　bearing shoot

由副芽萌发形成的结果枝，秋后多数自然脱落，又称脱落性枝。主要着生在枣股和当年生二次枝上。

3.6 主芽　main bud

形成枣头和枣股的芽，主要位于一次枝的顶端、各节位及枣股的顶端。

3.7 副芽　accessory bud

形成二次枝和枣吊的芽，为早熟性芽。

3.8 果实白熟期　period of white mature

枣果的果面褪绿变白的时期。

3.9 果实半红期　period of half-red mature

枣果的果面红色达到一半左右的时期。

3.10 果实脆熟期　period of crisp mature

枣果的果面变为全红、果肉仍硬脆的时期。

3.11 果实完熟期　period of full mature

枣果的果面全红、色泽加深、果肉开始变软糖化的时期。

3.12 大枣　big fruit jujube

鲜枣平均单果重10g以上的大果型枣品种，如婆枣、赞皇大枣、骏枣、圆铃枣等。

3.13 小枣　small fruit jujube

鲜枣平均单果重10g以下的小果型枣品种，如金丝小枣、无核小枣、鸡心枣、蜂蜜罐等。

3.14 制干率　ratio of dried fruit

完熟期鲜枣经制干含水量降至GB/T 5835规定的含水量（大枣类25%，小枣类28%）时的重量占鲜枣重量的百分率。

3.15 灌溉枣园　irrigated jujube orchard

有充足灌溉条件，能满足枣树正常生长结果补水需求的枣园。

3.16 雨养枣园　rain-fed jujube orchard

没有灌溉条件只能依靠天然降雨的枣园，亦可称旱作枣园。

3.17 开甲　girdling

在主干或枝条上去除一圈深达形成层的树皮或枝皮。

4 指标体系与检测方法

4.1 枣园类型

依据有无充足灌溉条件，将枣园划分为灌溉枣园和雨养枣园两类；依据株行距和间作情况，分为纯枣园和间作枣园两类；依据有无封闭性增温设施，分为露地枣园和设施枣园。

4.2 丰产枣园产量指标及检测方法

4.2.1 产量指标

依枣园类型不同，分为高产和超高产（比高产的指标高 30%～50%）两套产量指标，详见表1。不提倡产量超过超高产的上限指标。

表1　枣园丰产指标

丰产级别	灌溉枣园		雨养枣园	
	纯枣园/设施枣园	间作枣园	纯枣园	间作枣园
高产/（kg/667 m²）	1 000	1 200	700	840
超高产/（kg/667 m²）	1 300～1 500	1 560～1 800	910～1 050	1 092～1 260

注：产量指不同用途枣达到适宜采收期（见附表E）时的鲜枣产量。间作枣园的产量指标（按树冠垂直投影面积计算产量）较纯枣园（按枣园占地面积计算产量）高 20%，雨养枣园的产量指标为灌溉枣园的 70%，设施枣园的产量指标与灌溉枣园中的纯枣园相同。

4.2.2 园相和树相指标

缺株率低于 10%，株行距和树体大小整齐一致，树体发育正常。

4.2.3 验收面积

原则上不少于总面积的 5%，最小验收面积不得少于 $5 \times 667 m^2$。

4.2.4 取样和产量计算方法

不同用途的枣分别在其采收适期，采用随机抽样法取样，选取样株 30 株～50 株（密度小、树体大的采样量相应减少），并进行实地测产，实打实收，计算出平均株产后，按照实际株数核算单位面积产量。

4.3 果实质量安全指标及检测方法

4.3.1 质量指标

4.3.1.1 外观品质

成熟时果实呈品种固有的颜色、形状和大小，畸形果率不超过 5%。

4.3.1.2 病虫果率

虫果率不超过 5%，病果率不超过 15%。

4.3.1.3 制干率

制干品种的制干率在 45% 以上。

4.3.1.4 可溶性固形物含量

制干品种果实完熟期可溶性固形物达 28% 以上，鲜食品种果实脆熟期可溶性固形物达 25% 以上。

可溶性固形物测定按 NY/T 2637 的规定执行。

4.3.2 食品安全指标

应达到国家绿色食品 A 级的安全性指标，按 NY/T 844 的规定执行。

4.3.3 检测

4.3.3.1 检测样本容量

病果率、虫果率、畸形果率检测样本容量不少于 100 个果实；制干率样本不少于 2kg，平均单果重样本不少于 100 个果实，其他各项指标不少于 30 个果实。

4.3.3.2 取样方法

全部采用随机抽样法。按 GB/T 8855 的规定执行。

5 育苗

5.1 品种选择

选择当地品种中的优良类型及通过省或国家审定（认定）的新品种（参见附录 A），转基因品种必须是经国家有关部门批准允许推广的品种。

5.2 苗圃建立

5.2.1 苗圃地选择

选择土层 50cm 以上，排水良好、肥沃的壤土或沙壤土建圃。

5.2.2 苗圃地整理

每亩施腐熟农家肥 3 000kg～5 000kg 或相应的腐熟畜禽粪便，撒施后耕翻 25cm～30cm 深，作畦备用。南方多雨地区采用高畦，北方少雨地区采用平畦或低畦。

5.3 嫁接苗培育

5.3.1 砧木的选择

枣的砧木可选用酸枣、枣（本砧）和铜钱树，其中铜钱树可用于长江以南地区。

5.3.2 实生砧木苗培育

5.3.2.1 种子采集、处理与检验

果实充分成熟后采集果实，除去果肉，收集种核，对种核进行层积处理或用机械破壳后获取种子。种子生活力按 GB 2772 的规定执行，有生活力的种子应达 80% 以上。

5.3.2.2 播种

将种子或层积后的种核，在春天地温上升到 10℃ 以上后进行播种。北方一般播种时间为 3 月中下旬，可持续到 4 月下旬～5 月上旬。提倡用种子播种和适时早播，以保证砧木苗整齐和有较长的生长期。播种时可以人工或机械点播、条播，行距 35cm～40cm、点播时株距 20cm～25cm，播种深度 1cm～2cm。播种量为酸枣种核 15 kg/667m^2～30kg/667m^2、酸枣种仁 1.0kg/667m^2～1.5 kg/667m^2，播后覆盖地膜，幼苗长出 1 片～2 片真叶后放风。

5.3.2.3 苗期管理

幼苗期要注意防治立枯病等病害和地下害虫。当苗高 3cm～5cm 时进行间苗，苗高 5cm～10cm 时定苗。苗高 40cm～60cm 时摘心。幼苗期要注意及时灌溉防旱。

5.3.3 接穗的选择与处理

选直径（粗度）在5mm～10mm的1年～2年生枣头一次枝或健壮的二次枝做接穗，以一年生枣头一次枝为最佳。接穗要求芽体饱满，生长充实，无病虫害。接穗一般在休眠季采集，以发芽前采集最好。采集后剪截，每段留一个饱满芽，即刻进行100℃蘸蜡处理，待充分冷凉后，置于冷凉环境贮藏待用。

5.3.4 嫁接时期

枝接在砧木萌芽前后进行，南方带木质部芽接在生长季离皮期间均可进行。

5.3.5 嫁接方法

采用劈接法、改良劈接法等枝接方法，在南方可采用带木质部芽接法。嫁接前1周～2周完成浇透水和剪砧工作。

5.3.6 嫁接后管理

嫁接后3周～4周检查成活情况，未接活者要及时补接。注意接穗和伤口保湿，及时除萌。早春发芽前施一次速效性氮肥。苗高达到80cm以后摘心、促其粗壮。提倡在15cm～20cm深处对主根进行断根，促进侧根生长。

5.4 苗木出圃

5.4.1 出圃规格

苗木达一级、二级苗标准（见表2）后方可出圃。

5.4.2 出圃时间

在休眠期出圃。

5.4.3 起苗要求

根系完整，枝皮无损伤，并及时包装、运输、假植或栽植。

5.4.4 苗木包装

按品种和等级，每捆25株～50株，包内外各放一标签，注明品种、等级、株数、产地、出圃日期。

5.4.5 苗木运输

出圃苗木要严防风吹日晒、根系失水。短途运输时对根部沾泥浆并用草袋包裹；长途运输时增加湿草或锯末并包塑料保湿，同时用草袋包严枝干；长期放置的，进行假植或在冷库中贮藏。

5.5 苗木分级标准与检测

5.5.1 苗木分级标准

见表2。

表2 苗木分级标准

级别	苗高/m	地径/cm	根系状况
一级苗	≥0.8	≥1.5	直径≥2mm、长≥20cm的侧根6条以上
二级苗	≥0.8	≥1.0、<1.5	直径≥2mm、长≥15cm的侧根6条以上

5.5.2 检测内容

包括苗木的等级、数量、检疫性病虫，茎、干、根的生长情况，嫁接苗接口的愈合程度及品种纯度。

5.5.3 苗木要求

品种纯正，无检疫性病虫，茎干挺直、生长充实，枝干无机械损伤，根系完整；嫁接苗的嫁接口合良好。

6 枣园营建

6.1 品种和苗木选择

品种选择当地传统地方良种或通过省级以上审（认）定、适合本地栽植的新品种。栽植苗木应达到 5.4.1 的标准。

6.2 栽植地选择

6.2.1 地点选择

尽量选择地势开阔、光照良好、远离松柏等枣疯病转主寄主的地段。丘陵山区宜选择25°以下向阳开阔的缓坡地带，并修筑等高水平梯田或隔坡水平沟等水土保持工程，采取生草制和滴灌条件下可不修筑水土保持工程。

6.2.2 土壤选择

以沙壤土—粘壤土、土层50cm以上、pH值5.5~8.5、氯化盐低于0.1%、总盐量低于0.3%为宜。不能满足这些指标时，应先进行土壤改良。

6.3 栽植密度及方式

平原地区采用南北行向栽植，山区沿等高线栽植，坡度20°以下的丘陵山坡可以顺坡栽植。栽植密度或株行距根据枣园类型、品种特性、立地条件、机械化程度而定。树体大的品种、立地条件好、机械化管理的枣园行距宜大些，反之宜小些。具体见表3。

表3　　　　　　　　株行距

经营方式	株距/m	行距/m
间作枣园	1~3	10~15
密植枣园	1~2	3.5~4.5
计划密植枣园	0.5~1.0	1~2
设施枣园	0.8~2.0	1.5~3.0

6.4 品种配置要求

花粉败育或自花不实的品种，须配置适宜的优良品种作为授粉品种。

6.5 栽植时期

1月平均气温高于 -8℃ 的地区，既可春栽，也可秋栽。冬季严寒，1月平均气温低于 -8℃ 的地区，只宜春栽。

6.6 枣园营建方式

可采用苗木栽植、酸枣仁直播嫁接及利用野生酸枣嫁接改造等枣园营建方式。

6.6.1 栽植建园

6.6.1.1 栽植方法

采用穴栽，穴深0.6m以上、直径1.0m左右。株距低于1.5m时适宜沟栽，沟深0.6m以上，沟宽1.0m左右。随取苗随栽植。肥料与表土混合后填压于下层，分层填土踏实，使根系与土壤密接。栽植深度以原根颈为准，使原根颈与地面相平，或高出地面3cm~5cm，灌水后下沉与地面持平。栽后及时浇透水，北方干旱多风地区栽后须在距地表30cm左右处截干。提倡栽后采取树盘覆膜和枝干套袋等保墒保湿措施。

6.6.1.2 栽后管理

栽后遇干旱要及时灌水。雨后及灌溉后，及时对树苗周围进行中耕除草，保持土壤疏松，缓苗后及时追肥和防治病虫。发现缺株，及时补栽。

6.6.2 酸枣仁直播嫁接建园

有灌溉条件特别是有滴灌条件的地方以及春季酸枣仁播种期降雨充分的雨养枣区，可利用酸枣仁进行直播建立枣园。播种方式可以采用机械或人工点播，具体方法参见5.3.2.2。翌年酸枣苗萌芽前后，按照设计的株行距，采用劈接或改良劈接法嫁接优良品种接穗，接后注意及时除萌、补接、解绑、防风引缚和摘心，同时注意配合土肥水管理和病虫害防治，对于过密不需要嫁接的酸枣苗连根刨除或移栽他处。

6.6.3 野生酸枣嫁接改造建园

在坡度小于25°、野生酸枣密度较大且分布比较均匀的地方，采用劈接、皮下接或腹接法，通过对野生酸枣嫁接枣优良品种，改造成新枣园。采用这种方式建园时，不强求株行距和行向，但必须通过间伐和及时清除多余的根蘖等，保持适当的株行距和作业道，以保证良好的通风透光条件并便于栽培管理。

7 栽培管理技术

7.1 土壤管理

7.1.1 耕翻和除草

土壤耕翻可在初冬进行，春季多风地区宜于风季过后进行土壤耕翻。耕翻深度15cm~30cm，树冠下宜内浅外深，不伤大根。雨后及灌水后，及时中耕除草、刨除根蘖。实行树下覆盖和行间生草的枣园，可隔几年耕翻一次。

7.1.2 行间间作和生草

树下不宜间作。行间可因地制宜合理间作，枣树与间作物之间要为枣树留出充足的营养带，不提倡间作玉米等高秆作物。提倡行间生草或种植豆科绿肥植物，达20cm~30cm高度时，及时进行刈割，刈割下的草可覆盖或翻盖于树下作为绿肥。年降雨大于550mm或有灌溉条件的枣园，更适宜行间生草。

7.1.3 树下覆盖

提倡树下覆盖地膜、地布或秸秆等。

7.2 土壤施肥

7.2.1 肥料种类

按 NY/T 394 的规定执行。

7.2.2 施肥时期

基肥在枣果采收后施入。追肥在萌芽期、终花期和果实迅速膨大期施入。

7.2.3 施肥方法

稀植大树采用轮状沟或辐射沟施肥；密植枣园可沿行向树冠垂直投影外缘开沟施肥；施肥深度 30cm 以上。提倡利用滴灌、喷灌系统等水肥一体化施用。

7.2.4 施肥量

基肥用量相当全年施肥量的 50%～70%，追肥用量每次相当全年施肥量的 15%～25%。每产 100kg 鲜枣施氮（N）1.5 kg、磷（P_2O_5）1 kg、钾（K_2O）1.5 kg 左右。根据土壤肥力情况和产量目标，确定施肥量，避免过量使用化肥。

7.3 叶面喷肥

7.3.1 时期

从展叶后到采收，全年可喷施 5 次～10 次，每次间隔 2 周～3 周。喷施时间避开中午阳光暴晒时间段和雨天。前期以氮肥为主，后期以磷、钾为主。提倡多次喷施钙、铁、锌、硼、锰、镁等多元素肥及氨基酸肥、沼液、腐植酸肥等生物型叶面肥。

7.3.2 浓度

喷施浓度，尿素 0.3%～0.5%，磷酸二氢钾和硫酸钾 0.1%～0.3%，过磷酸钙浸出液 1.0%～2.0%，草木灰浸出液 3.0%～5.0%。一般不宜多种肥料混喷或先进行混喷预备试验。

7.4 灌溉、排水及防雨

7.4.1 灌溉

灌溉用水须符合 NY/T 391—2013 中 6.1 的要求。枣树在萌芽期、开花前、幼果期、果实膨大期、越冬前遇干旱应灌水。水源充足的枣园施行畦灌或沟灌；提倡喷灌、滴灌、膜下滴灌等节水灌溉措施；山地枣园提倡修建聚雨水窖。

7.4.2 排水

平原低洼地带或排水不良的枣园，要设置排水沟或暗管，及时排出积水，防止涝害。山区沟谷地在雨季要及时排水。

7.4.3 防雨

成熟期多雨的地区，可在易裂果枣品种的树行上方搭建遮雨设施。

7.5 整形修剪

参见附录 B、附录 C。

7.6 提高坐果率措施

应根据当地实际情况，选用壮树开甲、新枣头摘心、花期喷水、喷肥、喷生长调节剂、枣园放蜂等技术措施。避免过度开甲和使用生长调节剂。

7.7 有害生物防治

7.7.1 农业措施

合理修剪、疏除过密的徒长枝、交叉重叠枝、病虫枝，保持良好的树体通风透光条件；加强枣园管理，结合冬剪，刮除老树皮，清除园内杂草、枯枝落叶，并集中烧毁；合理控制产量，增施有机肥。

7.7.2 生物、物理措施

利用物理杀虫灯和树干涂抹粘虫胶等物理方法以及性诱剂诱捕器等生物方法进行杀虫。

7.7.3 药剂防治

在虫口密度过大及病害严重时，尽量采用生物农药、矿物农药（波尔多液、石硫合剂等）进行防治，必要时再配合采用高效低毒低残留的化学农药，并确保在枣果采收前的安全期限内停止喷施化学农药，用药种类须符合 NY/T 393 的要求。

7.7.4 主要病虫害防治技术

参见附录 D。

8 果实采收

8.1 采收时期和标准

根据果实的用途确定采收时期。各采收期果实标准见附录 E。

8.2 采收方法

鲜食和蜜枣品种的枣果宜采用分期采收，制干品种及加工乌枣和南枣的枣果均可一次采收；制干品种提倡用乙烯利催落采收和机械采收。

9 档案管理

9.1 生产技术档案的内容

包括枣园面积、自然条件、土地利用和耕作情况、苗木来源、生长发育情况、品种、产量、品质、病虫害发生情况及各阶段采取的技术措施，各项作业的实际用工量和肥料、农药、物料的使用情况，投入产出情况。

9.2 档案管理要求

技术档案要有专人记载，年终系统整理，由负责人审查存档，长期保存。

附录 A
（资料性附录）
部分地方良种及审（认）定的新品种

部分地方良种及审（认）定的新品种见表 A.1。

表 A.1　　　　　　　　　　部分地方良种及审（认）定的新品种

用途	品种名及审（认）定编号	主要特点	备注
鲜食品种	伏脆蜜鲁－SV－ZJ－014－2006	在山东果实 8 月上旬成熟，生育期 77d～85d。短圆柱形，紫红色，平均果重 16.2g，果肉酥脆无渣、汁液丰富，鲜食品质极上，较耐贮藏。树体结构紧凑，萌芽力及成枝力强，早实丰产，较抗寒、抗旱、耐瘠薄、抗裂果	地方品种
	蜜罐新 1 号 QLR012－J0012－2007	在陕西果实 8 月上中旬成熟，生育期 85d。长圆形，平均果重 8.4g，汁液多、极甜。树势中庸，丰产稳产，抗裂果和缩果	选自蜂蜜罐
	武隆猪腰枣渝 S－SV－ZJ－008－2006	在重庆果实 8 月上中旬。圆柱形，腰部稍瘦，深红色，平均果重 9.4g，果肉致密、汁液较多、含糖量高。树体高大，早果，较丰产，耐干旱、瘠薄	地方品种
	月光冀－SV－ZJ－026－2005 国 S－SV－ZJ－015－2011	在河北保定果实 8 月中下旬成熟，生育期 80d 左右。果实近橄榄形，深红色，单果重 10g 左右，果肉细脆、汁液多、酸甜适口、风味浓。成枝力弱，修剪量小，早果速丰，耐寒、抗缩果病、裂果轻、较抗枣疯病，露地和设施栽培均宜	地方品种
	大金丝王枣冀 S－SV－ZJ－010－2010	在河北省中部果实 8 月中下旬成熟，生育期 80d～90d。近圆形，红色（底色微黄），果面略呈疙瘩状，平均果重 27.8g，果肉细脆、甜。树姿开张，早果性、丰产性强，裂果、缩果病较轻	地方品种
	鲁枣 2 号国 S－SV－ZJ－012－2011	在山东泰安果实 8 月中下旬成熟，生育期 80d～85d。长倒卵形或长椭圆形，果皮紫红色，平均果重 15.5g，果肉质细疏松、汁液中多、味甜。树势强，发枝力中等，早实丰产，抗裂果	选自六月鲜
	七月鲜 QLS045－J030－2002	在陕西果实 8 月中下旬成熟，生育期 85d 左右。果实卵圆形，深红色，平均果重 29.8g，肉质细、味甜。早果性强，丰产稳产，不易裂果，适宜矮化密植和设施栽培	地方品种
	辰光冀 S－SV－ZJ－013－2009	在河北献县果实 9 月中下旬成熟，发育期 100d 左右。近圆形，红色，平均果重 39.6g，果肉细腻酥脆、汁液多、酸甜适口、风味浓。树姿半开张，枝条稀疏，需较高肥水条件	四倍体，诱变自临猗梨枣
	大白铃鲁种审字第 296 号	在山东果实 9 月中旬成熟，生育期 95d 左右。近球形或短椭圆形，棕红色，平均果重 25.9g，果肉松脆、略粗、汁中多、味甜。树体矮化，早果，极丰产、稳产；耐瘠薄，抗旱，抗寒	地方品种
	临汾蜜枣	在山西太谷果实 9 月初成熟。卵圆形，红色，平均果重 11.5g，果肉细、酥脆、汁液多、味极甜。树体矮化，成枝力较差	地方品种
	京枣 31 国 S－SV－ZJ－014－2010	在北京果实 9 月初脆熟，9 月中旬完熟。圆柱形或近圆形，紫红色，平均果重 12.62g，果肉酥脆、细、汁液多、酸甜。抗裂果、缩果	地方品种

(续表)

用途	品种名及审（认）定编号	主要特点	备注
鲜食品种	雨娇冀 S-SV-ZJ-013-2015	在河北献县果实9月下旬成熟。近圆形，深红色，平均果重19.71g，果肉酥脆、汁液多、甜，耐贮藏。早果丰产性强，高抗裂果和缩果病	大雪枣自然实生后代
	京枣60国 S-SV-ZJ-015-2010	在北京果实，9月中旬脆熟，9月下旬完熟。圆锥形或卵圆形，红色至紫红色，平均果重25.56g，果肉酥脆、中细、汁液多、味甜。抗旱，抗寒，耐瘠薄，抗裂果，较抗枣疯病	地方品种
	灵武长枣宁 S-SV-ZJ-003-2005	在宁夏果实9月下旬成熟。长圆柱形，略扁，紫红色，平均果重15.0g，果肉细脆、汁液较多、味甜微酸。树体高大，产量中等，耐寒性稍差	地方品种
	冷白玉晋 S-SC-ZJ-008-2006	在山西果实9月底~10月初成熟。卵圆形或椭圆形，平均果重19.5g，果肉致密酥脆、汁多、味浓甜，耐贮。树体紧凑，树冠较小，成枝力差，早期丰产性强，抗缩果病，较抗裂果，适宜密植	选自北京白枣
	沾冬2号	在山东沾化果实10月上中旬成熟，生育期110d左右。扁圆形，赭红色，平均果重21.9g，果肉细嫩、多汁、酸甜。发枝力中等，抗旱，耐盐碱，裂果轻，需较高肥水条件	二、四混倍体，冬枣芽变
	冀星冬枣冀 S-SV-ZJ-005-2008	在河北果实9月底~10月初成熟。圆形，赭红色，平均果重16.6g，果肉细嫩酥脆、多汁、甜味浓。耐盐碱，早期丰产性较强，裂果轻	选自冬枣
	中秋酥脆枣	果实椭圆形或长圆形，最大果重25.7g，平均单果重13.2g，果形指数为1.21，可食率97.1%，可溶性固形物35.8%。在祁东县9月中下旬进入完熟期，果实生长期90d~100d	选自糖枣
制干品种	圆铃1号鲁种审字第340号	在山东果实9月上中旬成熟，生育期95d左右。圆柱形，紫褐色，平均果重18.0g，果肉厚硬、致密、汁液少、甜味浓，制干率60.0%，干枣肉厚，富弹性。树姿开张，早果丰产，抗裂果	选自圆铃枣
	鲁枣12号国 S-SV-ZJ-011-2013	在山东泰安果实9月上中旬成熟，生育期95d~100d。倒卵形，紫红色，平均果重17.4g，果肉质细致密、硬、汁液中多、味甜，制干率62.8%。树势较强，早实丰产，裂果轻	选自圆铃1号
	星光冀 S-SV-ZJ-027-2005	在河北果实9月中下旬成熟。近圆柱形，深红色，平均果重22.9g，果肉厚，制干率56.4%，较易裂果。树体半开张，早果丰产，极抗枣疯病	选自骏枣
	金昌1号晋 S-SV-ZJ-004-2003	在山西果实9月中旬成熟，生育期100d左右。短柱形，鲜红色，平均果重30.2g，果肉厚、汁多，制干率58.3%。树姿较开张，早果、丰产性较强	选自壶瓶枣
	佳县油枣 QLS036-J021-2001	在陕西果实9月下旬成熟，生育期105d左右。椭圆形，深红色，平均果重11.6g，果肉质硬致密、汁液中多、味甜酸，制干率50.0%。树体较大，树姿半开张，结果早，较丰产	地方品种
	曙光国 S-SV-ZJ-011-2010	在河北果实9月下旬成熟，生育期95d~110d。圆柱形，深红色，平均果重16.5g，果肉质细、汁液较多、味浓、酸甜，制干率55.4%。树势中庸，发枝力弱，丰产，高抗缩果、裂果	选自婆枣

(续表)

用途	品种名及审（认）定编号	主要特点	备注
制干品种	雨帅冀 S-SV-ZJ-014-2009	在河北献县果实9月下旬成熟，生育期110d左右。长圆形，平均果重11.1g，果肉致密、汁液少、酸甜适口，制干率58%。干性一般，树姿开张，早果丰产，极抗裂果和缩果病	选自金丝小枣
	临黄1号晋 S-SC-ZJ-020-2014	在山西临县果实10月上旬成熟。长圆柱形或长卵圆形，深红色，平均果重22.8g，果肉致密、汁液较少、味酸甜，制干率61.5%。早期丰产性较强，抗裂果	选自木枣
兼用品种	赞硕冀 S-SV-ZJ-014-2015	在河北果实9月中旬成熟，生育期100d左右。近圆形，平均果重28.11g，果肉疏松、汁液中等、甜，制干率63.3%。树势中庸，树姿开张，早果丰产性强，抗旱性强	选自赞皇大枣
	鲁枣5号国 S-SV-ZJ-018-2012	在山东泰安果实9月中旬成熟，生育期95d～100d。椭圆形，鲜红色，平均果重10.5g，果肉质细、疏松、汁液中、味酸甜。树势强，发枝力中等，早果性强，果实病害轻，抗裂果	选自金丝小枣
	新郑灰枣豫 S-SV-ZJ-019-2006	在河南新郑果实9月中旬脆熟，生育期100d左右。长卵形，深红色，平均果重12.3g，果肉致密、较脆、味甜、汁液较多，制干率50%左右。树姿半开张；结果较迟，丰产	地方品种
	雨丰枣晋 S-SC-ZJ-007-2006	果实长圆形，平均果重21.9g，果肉致密、酥脆、酸甜。干性强，骨干枝分枝角度大，结果早，丰产性强，抗裂果	选自赞皇大枣
	金谷大枣晋 S-SC-ZJ-004-2010	在山西太谷果实9月中旬脆熟，9月下旬完熟，生育期100d。长圆柱形，深红色，平均果重24.1g，果肉致密、汁液中多、味酸甜，制干率54.6%。早果丰产，较抗裂果和缩果	地方品种
	蛤蟆枣1号陕 S-SC-ZH-007-2015	在陕西果实9月下旬脆熟，生育期110d左右。扁圆柱形，平均果重23.8g，肉质较细、致密、较甜。丰产稳产	选自蛤蟆枣
	延川狗头枣 QLS035-J020-2001	在陕西延川果实9月下旬脆熟，10月上中旬完全成熟。卵圆形或锥形，褐红色，似狗头状，平均果重18.7g，果肉致密细脆、汁液中多、味酸甜。树姿直立，产量较高而稳定	地方品种
	无核丰冀 S-SC-ZJ-009-2003	在河北沧州果实9月下旬成熟。长圆形，平均果重4.6g，可食率近100%，制干率65.0%。果核基本退化。抗干旱，耐盐碱能力强，裂果轻	地方品种
	板枣1号晋 S-SC-ZJ-005-2007	在山西稷山果实9月下旬成熟。扁倒卵形，平均果重11.9g，果肉致密、汁中多、味浓甜。树势较强，干性弱，树姿开张，结果较早，丰产性较强，较抗裂果	选自板枣
	金丝4号	在山东中部果实9月底～10月初完全成熟，生育期105d～110d。长筒形，浅棕红色，平均果重10.0g～12.0g，果肉细脆致密、汁较多、味极甜微酸，制干率55.0%左右。早实丰产、果实病害轻	选自金丝小枣

附录 B
（资料性附录）
传统枣园枣树整形修剪技术要求（株距 2m 以上）

传统枣园枣树整形修剪技术要求（株距 2m 以上）见表 B.1。

表 B.1　　传统枣园枣树整形修剪技术要求（株距 2m 以上）

项目		技术要求
幼树定干	截干法	栽植苗木后的第 2 年，在定干高度以上留 4 节~5 节作为培养第 1 层主枝的整形带，剪除整形带内的二次枝；或将整形带内的二次枝保留 1 节~2 节，其中最上面的一个二次枝在向上的芽眼前剪截，其余的在平或斜上的芽眼节位前剪截
树冠培养	疏散分层形、开心形	在定干部位上方，培养或选用健壮的枣头作为第 1 层主枝；在距主枝基部 50cm~60cm 处选留或重剪刺激萌生第 1、第 2 个侧枝；在中心主干延长枝 1.2m~1.5m 处和 2.4m~3.0m 处选留或重剪刺激萌生第 2、第 3 层主枝（开心形只有一层主枝）；在各个主、侧枝上促进萌发其他枣头分支，扩大树冠；同侧方向每 50cm~60cm 选留培养一个枣头作为结果枝组，其大小按照着生部位的空间、枝条密度和本身的长势而定
盛果期树修剪	清除徒长枝	对主侧枝下部大型结果枝组弓背部位及树冠顶部抽生的枣头，如不作更新利用，及早从基部剪除
	清除细弱枝、过密枝和病虫枝	对树冠外围萌生的生长不到 30cm、只有 1 条~2 条短小细弱二次枝或无二次枝、结果能力极低的细弱枣头，及时疏除；同时，疏除树冠内的过密枝，疏除或短截交叉枝
	更新结果枝组	在进入衰老期的结果枝组中、下部或近旁的骨干枝上，选留或目伤促发枣头，培养 1 年~2 年后取代衰老的结果枝组；对树龄较大，树势较弱，发枝少的树，应回缩衰老结果枝组 1/2~2/3，刺激萌发健壮的新枣头，予以更新
老弱树更新	轻度更新	回截骨干枝长的 1/3 左右，刺激其留下的部位抽生枣头，形成新的结果枝组
	中度更新	回截骨干枝全长的 1/2 左右，并对光秃的结果枝组保留基部 1 个~2 个芽重截、促生新枝
	重度更新	回截骨干枝全长的 2/3 左右，同时重截光秃的结果枝组，刺激萌生新枝，重新形成树冠

附录 C
（资料性附录）
高度密植枣园枣头形树形整形过程和修剪要点（株距1.0m~1.5m）

高度密植枣园枣头形树形整形过程和修剪要点（株距1.0m~1.5m）见表C.1。

表 C.1 高度密植枣园枣头形树形整形过程和修剪要点（株距1.0m~1.5m）

整形年	整形修剪要点
第1年	在冬季于距地面60cm~80cm处对中心干进行短截，短截后中心干最上面3个~5个二次枝留1节~2节短截
第2年	夏季修剪时，对中心干最上面一个二次枝上发出的新枣头选留一个直立而健壮的作为中心干延长枝，其下2~4个二次枝上发出的新枣头各选留一个开张角度大而健壮的作为第1层结果枝组延长枝，并在其半木质化期间通过拿枝、撑枝、拉枝或专用开角器开张角度调整到70°~110°不作为延长枝的所有其他新枣头全都从基部清除；冬季修剪时，于距地面100cm~150cm处对中心干延长枝进行短截，其上3个~5个二次枝留1节~2节短截并在二次枝的上部刻芽，第1层结果枝组延长枝留30cm~50cm在有外向二次枝处进行短截，并对该外向二次枝留1节~2节短截
第3年	夏季修剪时，对中心干延长枝最上面一个二次枝上发出的新枣头选留一个直立而健壮的新枣头继续作为中心干延长枝，其下2个~4个二次枝上发出的新枣头各选留一个开张角度大而健壮的作为第二层结果枝组延长枝，第一层结果枝组延长枝最前端一个二次枝上发出的新枣头选留一个开张角度大而健壮的继续作为第1层结果枝组延长枝，对不作为延长枝的所有新枣头全都从基部清除，各结果枝组延长枝在其半木质化期间将开张角度调整到70°~100°；冬季修剪时，于距地面150cm~200cm处对中心干延长枝进行短截，其最上部3个~5个二次枝保留1节~2节短截并在二次枝的上部刻芽，第2层结果枝组延长枝留30cm~50cm在有外向二次枝处进行短截并对该外向二次枝留1节~2节短截，第1层结果枝组留60cm~100cm进行短截
第4年	对中心干及各层结果枝组的处理同第3年，对新出现的第3层结果枝组处理方法同第3年的第2层结果枝组，对第1层结果枝组基本不再做整形处理
第5年	对中心干及各层结果枝组（包括新出现的第4层结果枝组）的处理同第4年，对第1层和第2层结果枝组不再做整形处理
5年以后	经过5年左右的整形，整株枣树形似一个放大了的枣头，无主、侧枝结构。树高3m~4m、冠幅1.5m~2.0m，干高60cm~80cm，冠层厚2.5m~3.5m。其中，中心干曲折上升（防止树势上强下弱），形似枣头一次枝；中心干上螺旋平衡分布15个左右水平方向弯曲延伸的结果枝组，顶端经摘心或短截使其不再向前延伸，形似顶端枯死不再延伸的枣头二次枝。完成整形后，每年只需清除多余的非延长枝新枣头，去除过密枝，并对过于衰弱和过于粗壮开始大量萌发新枣头的结果枝组及时进行回缩更新

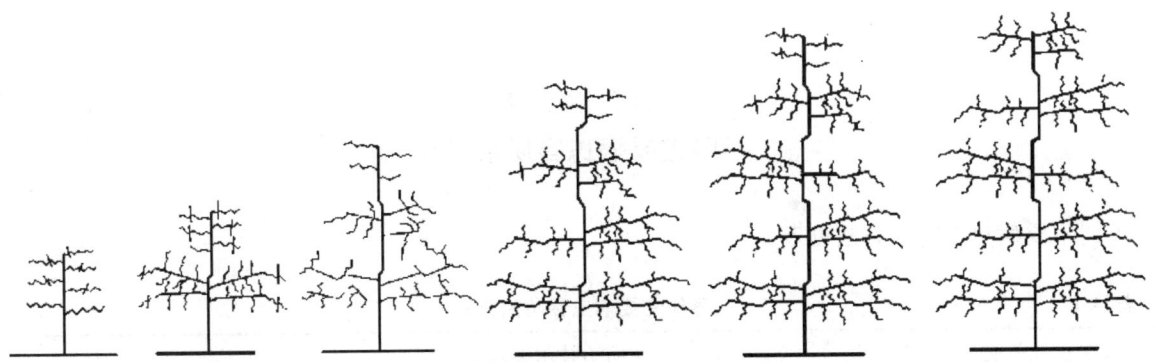

注：从左到右依次为整形第1年、第2年、第3年、第4年、第5年和第5年以后。

图 C.1　枣头形树形整形过程

附录 D
（资料性附录）
枣树主要病虫害防治方法

枣树主要病虫害防治方法见表 D.1。

表 D.1　　枣树主要病虫害防治方法

中文名称及英文/拉丁名	防治技术要点	备注
枣疯病（丛枝病） Jujube witches' broom disease	1. 手术治疗：包括去除疯枝和病根等，主要是针对Ⅰ、Ⅱ级轻病树。 2. 药物治疗：利用河北农业大学研制的兼具治疗与康复双重功效的"祛疯1号（3g/L盐酸土霉素+1%硫酸镁+2%柠檬酸）进行树干滴注治疗，主要治疗对象是进入结果期、病情小于Ⅳ级的病树（Ⅴ级疯的衰弱树宜及时刨除处理），根据树体大小和病情严重程度确定用药量。 3. 高接换头改造法：利用"星光"等高抗品种嫁接到病树上，可以达到控制病情与品种更新的双重目的。 其他：及时刨除疯根蘖、未结果疯树、衰弱重病树，减少病原；及时防治传病昆虫—叶蝉；建园时，远离叶蝉的转主寄主松柏树等	病原为植原体（Phytoplasma），为检疫性病害
裂果 Fruit cracking disease	1. 选用高抗裂果病的品种，如雨帅、雨娇、曙光、临黄1号等。 2. 架设避雨设备，如避雨大棚等。 3. 喷施钙肥，如氯化钙、硝酸钙等	为生理性病害
缩果病（铁皮病） Fruit shrinking disease	1. 选用抗缩果病的品种，如鲜食品种月光、冬枣、六月鲜、冷白玉、雨娇等，制干品种曙光、雨帅等。 2. 枣树坐果后，土壤施用河北农业大学研发的专用配方肥（硫酸钾∶硫酸锰∶硫酸镁=10∶2∶3），用肥量依据树体大小和病情严重程度确定，同时配合喷施80%代森锰锌1 000倍液等杀菌剂	
枣锈病 Common jujube rust	1. 喷施矿物农药，如波尔多液（硫酸铜∶石灰∶水为1∶2∶200）。 2. 喷施杀菌剂，如腈菌唑、戊唑醇、多菌灵等，交替使用杀菌剂，避免产生抗药性	病原为枣多层锈菌 *Phakopsora zizyphi-vulgaris*
桃小食心虫 *Carposina niponensis* Walsingham	1. 利用桃小食心虫性诱剂诱捕成虫。 2. 幼虫出土期地面喷洒甲氰菊酯；根据虫情测报喷施高效氯氰菊酯、氯氟氰菊酯等低毒农药	

(续表)

中文名称及英文/拉丁名	防治技术要点	备注
枣粘虫（枣镰翅小卷蛾、粘叶虫、卷叶虫） *Ancylis sativa* Liu	1. 利用性诱剂、杀虫灯等诱杀成虫。 2. 喷施灭幼脲、氟虫脲等杀虫剂，并交替使用，避免产生抗药性。	
枣尺蠖 *Sucra jujube* Chu	1. 树干涂抹粘虫胶捕杀。 2. 喷施高效 BT 可湿性粉剂（苏芸金芽孢杆菌） 3. 喷施灭幼脲、高效氯氰菊酯等杀虫剂，交替使用	
枣瘿蚊 *Contaria sp*	1. 利用杀虫灯诱杀。 2. 喷施吡虫啉、氯氟氰菊酯等杀虫剂，并交替使用	
绿盲蝽 *Lygocoris lucorum* Mcyer–Dur (*Lygus lucorum* Mcyer–Dur)	1. 利用杀虫灯诱杀。 2. 喷施 3 波美度~5 波美度石硫合剂矿物农药。 3. 主干涂抹粘虫胶，结合喷施吡虫啉、高效氯氰菊酯、联苯菊酯等杀虫剂，并交替使用杀虫剂	
山楂红蜘蛛 *Tetranychus viennensis* Zacher	1. 树干涂抹粘虫胶捕杀。 2. 喷施植物来源杀虫剂，如苦参碱。 3. 喷施杀虫剂，如甲氨基阿维菌素苯甲酸盐、四螨嗪等，交替使用	
枣龟蜡蚧（日本龟蜡蚧） *Ceroplaste sjaponicus* Green	1. 喷施 3 波美度~5 波美度石硫合剂矿物农药。 2. 喷施杀虫剂，如吡虫啉、氯氟氰菊酯等，交替使用	
皮暗斑螟 *Euzophera batangensis* Caradja	1. 开甲后马上涂抹枣树伤口愈合保护剂，20 d 以后再涂抹一次。 2. 高接换头枣园，嫁接后新梢长到 30cm 以上解除绑缚的塑料条后马上涂抹保护剂，20 d 后再涂抹一次	
黄刺蛾 *Cnidocampa flavescens* (*Walker*)	1. 保护黄刺蛾天敌，如刺蛾广肩小蜂、上海青蜂、姬蜂等。 2. 喷施杀虫剂，如灭幼脲、高效氯氰菊酯、联苯菊酯等，交替使用	
食芽象甲 *Scythropus yasumatsui* Kono et Morimoto	1. 树干涂抹粘虫胶捕杀。 2. 喷施植物来源杀虫剂，如苦参碱、楝素、苦皮藤素。 3. 喷施甲氨基阿维菌素苯甲酸盐、氯氟氰菊酯、高效氯氰菊酯等杀虫剂，交替使用	
枣实蝇 *Carpomya vesuviana* Costa	1. 定期清除枣园树上和地上的带虫枣果，集中深埋，减少虫源。 2. 利用引诱剂甲基丁香酚诱杀成虫。 3. 喷施啶虫脒、氯氟氰菊酯等杀虫剂，交替使用	为外来有害生物
中华拟菱纹叶蝉 *Hishimonoides chinensis* Anufriev	1. 喷施高效氯氰菊酯、甲氨基阿维菌素苯甲酸盐、氯氟氰菊酯等杀虫剂，交替使用	

附录 E
（资料性附录）
枣果实采收的参考特征

枣果实采收的参考特征见表 E.1。

表 E.1　　枣果实采收的参考特征

枣果用途	采收特征
制干用枣果	果实进入完熟期为采收适期。此期养分终止积累，干物质含量增高，形态标志是果柄开始退绿转黄，近核处的果肉开始变软
加工乌枣、南枣用枣果	果实进入全红脆熟期为采收适期。其形态指标是果皮全红，果肉尚未软化，仍保持品种脆熟期的性状
加工蜜枣用枣果	果实白熟为采收适期。形态标志是果皮绿色减退呈绿白色或乳白色，果实基本达到固有大小
鲜食用枣果	果实进入点红至全红脆熟期为采收适期。形态标志是果皮转红，果肉质地转细脆，甘甜可口。就地销售或 3d 内销售的宜选择全红脆熟期采收，长期贮藏或长途运输销售的宜在点红至半红期采收

ICS 65.020.20
B 05

LY

中华人民共和国林业行业标准

LY/T 2825—2017

枣栽培技术规程

Technical regulation for cultivation of Chinese
jujube (*Zizyphus jujuba* Mill)

2017-06-05 发布　　　　　　　　　　　　　　2017-09-01 实施

国家林业局　发布

前　言

本标准按照 GB/T 1.1—2009 给出的规则起草。

本标准由国家林业局提出并归口。

本标准起草单位：北京市农林科学院林业果树研究所。

本标准主要起草人：潘青华、张玉平、孙浩元、杨丽、张俊环、王玉柱、姚砚武、王乐乐。

枣栽培技术规程

1 范围

本标准规定了枣树适宜栽培的产地环境、果园建立、栽培管理、病虫害防治和果实采收等方面的技术要求。

本标准适用于我国枣栽培与管理。

2 规范性引用文件

下列文件对于本文件的应用是必不可少的。凡是注日期的引用文件，仅注日期的版本适用于本文件。凡是不注日期的引用文件，其最新版本（包括所有的修改单）适用于本文件。

GB 4285　农药安全使用标准

NY/T 496—2010　肥料合理使用准则　通则

3 术语和定义

下列术语和定义适用于本文件。

3.1 主芽　main shoot

着生在枣头和枣股的顶端，或侧生于枣头二次枝基部叶腋间的芽称为主芽。

3.2 副芽　buds

位于主芽的左上方或右上方，当年即可萌发成不同的发育形态的芽称为副芽。

3.3 枣头　extension shoot

由顶芽、枣股中心芽或二次枝基部主芽萌发而成的发育枝，其基部着生脱落性果枝，中上部着生永久性二次枝。

3.4 二次枝　secondary branch

由枣头中上部副芽长成的永久性二次枝，简称"二次枝"。这种枝呈"之"字形弯曲生长，是形成枣股的基础，故又称为结果基枝。

3.5 枣股　mother bearing branch

为短缩的结果母枝，主要着生在2年生以上的二次枝上，是着生枣吊的主要部位。

3.6 枣吊 bearing branch

由副芽发育而成,是枣树的结果枝,主要着生在枣股、枣头一次枝的基部和二次枝的各节上,小叶片互生,在叶腋间形成花序,在果实成熟采摘后整枝脱落,又称脱落性果枝。

3.7 开甲 girdling

环剥

对生长势强的枣树大枝或主干,进行环状剥皮,可以缓和树势,促进坐果。

4 产地环境条件

4.1 气候条件

年平均温度不低于6.5℃、极端最低温度不低于-31℃,无霜期不少于100d,年日照大于1 200h。对冬枣,极端最低温度不低于-21℃,无霜期不少于190d。

4.2 土壤条件

pH值4.5~8.5的沙壤土、壤土或黏质壤土,枣园周围没有严重污染源,远离松柏类树木。

5 果园建立

5.1 园地规划

园地规划包括小区划分、道路、排灌系统、防护林及其他必要的附属设施。

5.2 整地

平地建园应进行土地深翻和平整;沙荒地先进行土壤改良并平整土地;山区及丘陵地沿等高线方向修筑水平梯田。

5.3 品种选择

根据建园目的、市场需要及社会经济状况等因素,并结合品种特性确定主栽品种和品种配置,主栽品种应为乡土良种或选育的新品种,引进品种应是经过区域试验并获成功的品种。枣树主要栽培品种参见附录A。

5.4 苗木选择

选择一级苗为主,苗木标准参见附录B。

5.5 栽植密度

根据园地的立地条件、整形修剪方式等因素确定栽植密度。一般平地建园株距2m~4m,行距3m~6m;山地建园株距2m~3m,行距3m~5m;枣粮间作园株距2m~3m,行距10m~15m。

5.6 栽植行向

平地栽植南北行向;山地和丘陵地沿等高线栽植。

5.7 栽植时期

秋栽在苗木落叶后至土壤封冻前进行，春栽在土壤解冻后至苗木芽体萌动前进行。

5.8 挖栽植穴

栽植穴的长、宽、深各 80cm~100cm，表土和心土分开堆放，每穴施腐熟农家肥 30kg，与表土拌匀，先在穴底填入少许秸秆、杂草，然后将混合好的肥土填入穴中部，再回填心土，灌水沉实后栽植。

5.9 栽植方法

栽植前修整苗木根系，并在清水中浸泡 12h，栽植时苗木根系舒展分布于坑内；栽植深度以苗木根颈与地面持平为宜；栽后踏实，立即灌透水，水下渗后用细干土覆盖树盘，土壤沉实后定干，并及时松土保墒，7d~10d 后进行第二次灌水并覆膜。

6 栽培管理

6.1 土肥水管理

6.1.1 土壤管理

6.1.1.1 深翻改土

枣果采收后至土地封冻前，枣园深翻一次，耕深 20cm~25cm，耕翻后耙平；山区枣园在枣果采收后扩穴改土。

6.1.1.2 中耕除草

在生长季降雨或灌水后要及时中耕除草，松土保墒，同时除去根蘖。落叶后全面清除园间杂草及落叶。

6.1.1.3 间作

枣粮间作园可间作小麦、大豆等矮秆作物；纯枣园行间也可种植矮秆作物或绿肥，忌间作有害枣树的蔬菜和高秆作物，间作时距树干应留出 1m 以上的营养带。

6.1.1.4 覆草

在树冠下或全园覆盖厚度为 10cm~15cm 的杂草、绿肥及农作物的碎细秸秆等。

6.1.2 施肥

6.1.2.1 施肥原则

按照 NY/T 496—2010 规定执行。

6.1.2.2 基肥

枣果采收后至土地封冻前施基肥，以腐熟的农家肥为主，施肥量为每 667m² 1 500kg~2 000kg，可适量加入磷肥。施肥方法是在定植穴外挖环状沟或平行沟，沟深 40cm~60cm，掺入有机肥回填后灌透水。山地枣园在枣果采收后，根据条件扩大定植穴，并施入有机肥，从而改良土壤结构。

6.1.2.3 追肥

6.1.2.3.1 土壤追肥

果实膨大期，以氮肥为主，配以磷、钾复合施，每株 0.5kg~0.6kg。施肥方法为穴施或沟施，沟深 10cm~15cm，追肥后及时灌水。

6.1.2.3.2 叶面追肥

果实膨大期至着色前,每隔15d~20d,进行一次叶面追肥,常用叶面追肥的种类和浓度分别为尿素0.3%~0.5%、磷酸二氢钾0.2%~0.3%、氯化钙0.3%~0.5%、硼砂0.1%~0.3%。叶面追肥宜避开高温时段。

6.1.3 水分管理
6.1.3.1 灌水
萌芽前后、开花前一周、果实膨大期、果实采收后结合施基肥等各灌一次水。沙地可根据墒情在果实生长后期加灌一次;地下水位较高的枣园或降水较多时,可相应减少灌水次数。提倡采用设施节水和农艺节水技术。

6.1.3.2 排水
地下水位较高的果园应设置排水沟,出现积水及时排涝。

6.2 整形修剪

6.2.1 修剪时期
冬季修剪在落叶后至萌芽前进行,夏季修剪在生长期进行。

6.2.2 主要树形及结构
6.2.2.1 主干疏层形
树高低于3.5m,主干高60cm~80cm,有中心干,第一层3个~4个主枝,第二层2个~3个主枝,第三层1个~2个主枝。层间距80cm~100cm,层内距20cm~30cm。主枝与中心干成70°~80°夹角,主枝上着生侧枝和二次枝,侧枝上着生二次枝。主枝上的第一侧枝与中心主干的距离应为40cm~60cm,同一主枝上相邻的两个侧枝应分布在主枝的两侧,间距约为20cm~30cm。

6.2.2.2 自由纺锤形
树高低于3.5m,主干高60cm~80cm,有中心干,主枝交互着生于中心干上,各主枝间距15cm~20cm,主枝与主干成70°~80°夹角,主枝上着生侧枝,侧枝上着生结果枝组。

6.2.3 修剪方法
6.2.3.1 幼树修剪
幼树从栽植到结果初期,顶芽萌发力强,自然分枝少,单轴延长生长,主干周围主要是枣头二次枝。自然生长的树干高,主枝少,骨架不牢固,树冠形成年限长。为此,必须采取整形修剪技术达到早形成树冠,早丰产的目的。

栽植后定干,将剪口下第一个二次枝从基部疏除,选3个~4个方向适宜、生长健壮的二次枝留1个~2个枣股短截促发枣头,对新枝条轻剪长放,培养主枝、侧枝和辅养枝等,主枝长70cm~80cm时拉枝开角至70°~80°,扩大树冠,加快幼树成形。

6.2.3.2 初果期修剪
以轻剪缓放为主,继续培养各级骨干枝和结果枝组,结果枝组要合理搭配,开张主侧枝角度,扩大树冠;同时控制树高和竞争枝,疏除内膛枝和直立枝。

6.2.3.3 盛果期修剪
调节枝组生长势,解决生长与结果的矛盾。疏除背上直立枝和内膛枝,引光入膛;更新粗度超过3cm的结果枝;保持小型枝组健康生长,防止主枝光秃。如树高超过规定高度,落头开心,落头时留南向枝,如行间枝相距小于1m,回缩或疏除。

6.2.3.4 衰老期修剪
疏除过密骨干枝,回缩各主、侧枝总长的1/3;当出现二次枝大量死亡,骨干枝大部光秃时应进行中度更新，回缩骨干枝总长的1/2，并重短截光秃的结果枝组；当树体极度衰弱、出现各级枝条大量死亡时进行重度更新，在骨干枝1/3长度内选留生命力强、向外或侧向的健壮枣股或其他芽位，回缩2/3或更长，刺激新枝萌发。枣树骨干枝的更新一次完成，及时培养新的树形。

6.3 花果管理

6.3.1 花期摘心
保留的枣头长至3个~5个二次枝时摘心，顶部留外向二次枝；木质化枣吊，25cm~30cm摘心。

6.3.2 拉枝
对生长直立或开张角度小的结果主枝，花前或花期开张角度。

6.3.3 开甲

6.3.3.1 开甲时期
一般在花期（北京地区为5月底），主要是在盛花期（6月初至上旬）。开甲只能对生长势强的植株，且不宜连年开甲。各品种开花坐果的特征不同，因而开甲时间也有差异。

对于落花重、不易坐果的品种，开甲最适宜的时间在盛花初期，即全树大部分结果枝已开花5朵~8朵，正值花质最好的"头蓬花"盛开之际。这时所坐的果实生长期长，个大整齐，成熟一致，能达到品种固有的品质。

对于花期容易坐果、花后落果严重的品种，开甲最适宜的时间在盛花末期到生理落果高峰以前的这段时间。盛花期开甲这类品种往往会坐果过多，从而引起供给单果的养分不足，而且开甲伤口在落果高峰前就已开始愈合，逐渐失去调节营养运转的作用，因而防止落果的效果不明显。

6.3.3.2 开甲部位
主干环剥最好。位置低，易操作，韧皮部易剥离，愈合快。

6.3.3.3 开甲方法
首次开甲枣树，甲口距地面10cm~20cm，以后每年上移5cm~10cm，甲口宽度为树干粗度的1/10~1/8，最宽不超过1.0cm，要求甲口在30d~40d内愈合。当开甲部位到达第一主枝下时，再从树干基部重新开始。骨干枝首次开甲，甲口离中心干约20cm~25cm。

6.3.4 花期喷激素和微量元素
对自然坐果率低的品种，在盛花期叶面喷布10mg/L~15mg/L赤霉素、3g/L硼酸、0.3g/L尿素或0.2g/L磷酸二氢钾混合水溶液1次~2次。间隔3d~5d。喷布时间宜避开中午高温时段。

6.3.5 花期喷水
盛花期间，除喷激素和微量元素外，在近傍晚时采用机械或人工在叶面上喷洒清水，每隔1d~2d喷1次，共喷3次~4次。

6.3.6 花期放蜂
花期在枣园附近或枣园内养蜂，每1hm^{2}放3箱蜜蜂，开花前2d~3d将蜂箱置于枣园中。采用放蜂授粉的果园，花期禁止喷布对蜜蜂有害的农药。

6.3.7 叶面施肥
在喷赤霉素溶液前进行叶面追肥，可提高喷激素的效果。花期叶面喷布0.2%~0.3%的磷钾肥、0.1%~0.2%的氮肥、0.3%的硼肥。叶面喷肥宜避开中午高温。

7 病虫害防治

7.1 主要病害

枣锈病、炭疽病、缩果病、裂果病、枣疯病。

7.2 主要虫害

枣瘿蚊、龟蜡蚧壳虫、枣叶壁虱、桃小食心虫、盲蝽象、红蜘蛛、尺蠖、枣黏虫。

7.3 防治方法

具体防治方法参见附录C。

8 果实采收

8.1 采收时期

鲜食枣采收时期为脆熟期，干制枣采收期为完熟期，蜜制加工枣采收时期为白熟期。

8.2 采收方法

8.2.1 鲜食枣
鲜食枣宜用手工采摘，保留果柄。

8.2.2 干制枣和加工枣
采用振枝法。

附录 A
（资料性附录）
枣树主要栽培品种及地方良种

枣树主要栽培品种及地方良种的主要特点见表 A.1。

表 A.1　　枣树主要栽培品种及地方良种的特点

序号	用途	品种名	原产地	主要特点
1	鲜食	京枣18	北京	果实为圆柱形，单果均重11.8g；果肉细，质地酥脆，汁液多，风味酸，可溶固形物31.6%、糖23.3%、酸1.44%、维生素V含量为374mg/100g。9月上中旬成熟
2		京枣31	北京	果实为圆柱形，单果均重12.6g，熟后果面有深褐色斑点，果肉细，质地酥脆，汁液多，酸甜，可溶性固形物31.6%、总糖23.3%、酸0.6%、维生素V含量310mg/100g。9月中旬成熟
3		京枣39	北京	果实圆柱形，单果均重25g，质地酥脆，汁液多，味酸甜，风味佳，品质上等。总糖21.7%，可溶性固形物25.4%，酸0.36%，维生素C含量276mg/100g。9月中下旬成熟
4		京枣60	北京	果实为近圆锥形，单果均重25.6g，质地酥脆，果肉中细，汁液多，风味甜。可溶性固形物26%；总糖18.6%；酸0.54%；维生素C含量324mg/100g；9月中下旬为完熟期
5		马牙枣	北京 河北	果形似马牙，果肉酥脆，汁液多，风味甜，品质上等。鲜果含全糖35.3%，总酸0.67%，维生素C含量332.8mg/100g，8月下旬成熟
6		长辛店白枣	北京	果长卵圆形，单果均重13.6g，果皮薄，汁多味甜，品质上等。可溶固形物29%，含糖量达25%左右，含酸量0.39%。9月上旬成熟
7		朵朵枣	北京	果实梭形，果肉酥脆，味甜多汁，有清香，品质上等。可溶性固形物含量30%~40%，丰产性极好。9月中旬成熟
8		鸡蛋枣	北京	果实卵圆形，单果均重20.3g，果肉酥脆、汁液多，风味甜，品质中上等。鲜果含糖18.52%，酸0.47%，维生素C含量202.7mg/100g，可溶固形物18.5%。9月中旬果实成熟
9		冬枣	山东 河北	果实近圆形，单果均重14g~15g，果皮薄，果肉质脆且细嫩多汁，皮薄，肉厚，质松脆，汁液多，甜味。可溶性固形物35%~38%，总糖22%，维生素C含量303.8mg/100g。10月上中旬成熟
10		大白铃	山东	果实近球形或短椭圆形，特大果略扁，平均单果重24.5g~25.9g，最大80g。果肉绿白色，质地松脆略粗，汁中多，味甜，品质上等。含可溶性固形物33%，可食率98%。9月上中旬成熟
11		桐柏大枣	河南	果实近圆形，特大，平均单果重30g，最大鲜果重80g。果皮色泽鲜亮，肉厚，质脆而甜，鲜食口感好。鲜枣肉含糖25.8%，维生素C含量458.2mg/100g。果实9月下旬成熟
12		早脆王	河北	果实卵圆形，平均单果重25g，最大单果重87g，果皮鲜红，果肉酥脆，甜酸多汁，有清香味，品质佳。含糖39%左右，维生素C含量497mg/100g，可食率96.7%。果实9月初成熟
13		蜂蜜罐	陕西	果实近圆形，平均果重7g~8g，果肉细脆，汁液多，品质上等。可溶固形物25%~28%。早产丰产，8月底~9月初成熟

(续表)

序号	用途	品种名	原产地	主要特点
14	鲜食	梨枣	山西	果实大，近圆形，平均单果重28.5g。皮中厚，肉厚，质地酥脆。鲜枣含糖23.25%、酸0.37%，维生素C含量292mg/100g，品质上等。9月下旬成熟
15		宁武长枣	宁夏	果长圆柱形，单果均重15g，果肉细脆，汁液较多，可溶固形物31%，可溶性糖25.3%，可滴定酸0.41%，维生素C含量693mg/100g。9月下旬成熟
16	干制	金丝小枣	河北 山东	果实较小，椭圆形或倒卵形，单果均重4g~6g，果皮薄，肉质肥厚、细腻，汁液偏多，红枣含糖量75%左右，品质极上，是优良的干鲜兼用品种，畅销全国及东南亚诸国
17		无核金丝小枣3号	河北	果实圆柱形，单果均重3g~4g，果皮薄，质地致密，味极甜，鲜枣可溶性固形物36.5%，制干总糖76.2%，品质极上。果核全部退化，核膜薄软无渣。不裂果
18		金丝4号	山东	果实近长筒形。单果均重10g~12g，果皮细薄、果肉白色、质地致密脆嫩、汁液较多、口感极佳，可溶性固形物40%~50%，品质极上。宜鲜食和制干，制干率55%。9月底成熟，抗病、抗裂
19		赞皇大枣	河北	果实形为长圆形至圆形，单果均重22.7g，鲜枣含可溶性固形物30.5%，干枣含糖量73%~76%，100g鲜枣中维生素C含量394.62mg~496.29mg。9月下旬成熟
20		婆枣	河北	果实长圆或倒卵圆形，单果均重11g~12g，果皮较薄，果肉粗松少汁，含可溶性固形物26%左右，干制率53.1%，干枣含总糖73.2%，味较淡，品质中。9月下旬成熟
21		圆铃枣	山东	果实近圆形，单果均重12.5g，果皮较厚，果肉厚，肉质紧密较粗，味甜，汁少，适宜制干，品质上等，鲜枣可溶性固形物31%~35.6%，干枣含糖量74%~76%，酸0.8%~1.4%。9月上中旬成熟
22		赞新大枣	新疆	果实倒卵圆形，单果均重24.4g，果皮较薄，果肉厚，肉质致密、细脆，味甜，略酸，汁液中多，品质上等，适宜制干，鲜枣含总糖27%，干枣含总糖72.9%。9月底~10月初成熟
23		鸣山大枣	甘肃	果实特大，圆筒形，平均单果重23.9g，果皮厚，果肉致密酥脆，可溶性固形物37.5%，总糖31.4%，酸0.54%，维生素C含量396.2mg/100g。品质均上等。9月上旬成熟
24		鸡心枣	河南	果实呈鸡心形，平均单果重5g，果皮较薄，果肉致密略脆，汁少味甜。适宜制干
25		长红枣	山东	果实长圆柱形，平均单果重13g，皮薄，肉厚，汁多味甜，鲜枣含可溶性固形物31.3%，鲜枣含糖量29.8%，干枣含糖量75%，维生素C含量492mg/100g。耐贮运，较抗裂果
26		灰枣	河南	果实长倒卵形，平均单果重12g，果肉质地致密，较脆，汁液中多，品质上等。含可溶性固形物30%。9月中旬成熟
27		相枣	山西	果实近圆形，单果均重20g~24g。深红色，果肉厚，质地致密，汁少，味甜，品质上等，为优良的制干品种，制干红枣含糖量为73.5%
28		骏枣	山西	果实短柱形，平均单果重17g，丰产性，品质上等。含糖量34.4%，维生素C含量464mg/100g，可溶固形物34.5%，9月底成熟
29		宣城圆枣	安徽	果实大，近圆形，平均单果重24.5g，果皮薄，果肉厚，质地致密细脆，味较甜，汁中多，品质上等。白熟期含糖10.7%，酸0.23%，维生素C含量333.1mg/100g，可食率97.4%。9月上旬脆熟

(续表)

序号	用途	品种名	原产地	主要特点
30	干制	板枣	山西	果实扁倒卵形，平均单果重11.2g，果皮中等厚，少裂果。果肉厚，质地致密，可溶性固形物41.7%，含糖量33.7%，品质上等，鲜食和作醉枣。干枣含糖74.5%。9月下旬完熟
31		壶瓶枣	山西	果实长倒卵形，单果均重19g，皮薄肉厚，质脆，鲜枣可溶性固形物37%，制干率35%，含糖71%。成熟期遇雨裂果，落果较重。抗逆性较强，适应性较广，品质中上，9月中旬成熟
32		木枣	山西 甘肃	果实柱形，平均单果重11.7g，最大单果重14g。皮厚，肉质地致密较硬，味甜，制干率为57%，品质上中，耐贮运，抗裂果
33		油枣	山西	果实椭圆形，平均单果重11.42g。肉中厚，质较硬，含可溶性固形物28.5%，干枣含糖量57.9%，果实品质中，制干率61.1%。裂果率较高
34		泗洪大枣	江苏	果实卵圆形、近圆形或长圆形，平均单果重30g，最大果重107g。果皮中厚，果肉浅绿色，肉质酥脆，汁多味甜，含可溶性固形物30%~36%，品质上。9月中下旬成熟
35		尖枣	安徽	果实中大，尖柱形，平均单果重10.1g，果皮中厚，质致密较脆，汁液多，含可溶性固形物26.9%。果实品质中上，适于生食，也可制干，制干率55.2%。9月中旬果实成熟
36		义乌大枣	浙江	果圆柱形或长圆形，平均单果重15.4g，果皮较薄，果肉厚，乳白色，质地较松，加工蜜枣，品质上等。白熟期含可溶性固形物13.1%，维生素C含量503.2mg/100g。产地8月下旬采收加工蜜枣
37		官滩枣	山西	果实长圆形，平均单果重11g，果肉厚，肉质细而致密，味甜、汁少，鲜枣含可溶性固形物34.5%，酸0.39%，维生素C含量445.9mg/100g，品质上等，制干率52.0%
38		金昌一号	山西	果实大，短柱形，大小均匀。果肉厚，绿白色，肉质酥脆，味甜微酸，鲜枣含可溶性固形物38.4%，糖35.7%，酸0.62%，维生素C含量532.6mg
39		长果圆玲	山东	果实长卵圆形、平均果重12g~13g，果肉致密，可溶固形物31%
40		金铃圆枣	辽宁	果实近圆形，单果均重26g，可溶性固形物39.2%、总糖32.3%、总酸0.39%、维生素C含量329mg/100g，果肉致密、酥脆多汁，鲜食品质极上，适宜我国北纬40度以北地区栽培
41	观赏	茶壶枣	山东	果形似茶壶，适合于园林、庭院及盆栽等绿化树种。果重5g~8g，最大果重10.2g，紫红色，果肉绿白色，质地粗松，汁液中多，味甜略酸。9月上旬着色成熟
42		磨盘枣	陕西	果实石磨形状，在果实中部有一条缢痕横贯中部腰间，深宽为2mm~3mm。果重6g~7g，成熟时紫色，有光泽，鲜干果品质均较差。9月下旬成熟，适应性强，抗寒
43		葫芦枣	主要枣产区	果实中等大，果腰部有深缢痕，呈葫芦形，平均单果重9g，成熟果面褐红色，光滑，果皮薄而脆，品质中等。鲜果含全糖20%，含酸0.77%，维生素C含量231.6mg/100g。9月上中旬成熟
44		龙枣	北京、河北等	果实椭圆形，偏斜；树形矮小，树姿开张，枝条扭曲

附录 B
（规范性附录）
苗木选择标准

苗木选择标准见表 B.1。

表 B.1　　苗木选择标准

序号	一级苗木	二级苗木
1	苗高 100cm 以上，地径 1.0cm 以上	苗高 80cm 以上，地径 0.8cm 以上
2	主根长大于 20cm，粗度大于 3mm 的侧根 5 条以上，根系无严重劈裂	垂直主根 20cm 以上，具有粗度 2mm 以上侧根 5 条以上
3	整形带内，有健壮饱满主芽 5 个以上	芽体同一级
4	嫁接部位愈合良好	嫁接部位愈合良好
5	无严重机械伤和病虫害	无严重机械伤和病虫害

附录 C
（资料性附录）
枣主要病虫害及其防治

C.1 主要病害及其防治

C.1.1 枣锈病

C.1.1.1 防治适期

萌芽前，幼果期及果实膨大期。

C.1.1.2 防治方法

防治方法如下：

a) 结合冬剪清除病枝、落叶果，集中烧毁；

b) 增施有机肥，注意改良土壤和排水，远离松柏类树种；

c) 发芽前，喷 3°Bé～5°Bé 石硫合剂；

d) 花后 7d～10d 喷 25% 粉锈宁 1 000 倍液～1 500 倍液或 50% 多菌灵 600 倍液～800 倍液，7 月上旬和 8 月初各使用 1 次 1∶2∶200 波尔多液或 50% 代森锌可湿性粉剂 500 倍液或 75% 甲基托布津可湿性粉剂 1 000 倍液。

C.1.2 炭疽病

C.1.2.1 防治适期

生长季。

C.1.2.2 防治方法

防治方法如下：

a) 枣园内间作花生、红薯等矮秆作物，可减轻病害；

b) 采用组培或无枣疯病的枣园中接穗、分根繁殖，培育无病苗木；

c) 加强枣园及树体管理，减少病虫害的发生，彻底清除病树和病枝；

d) 药物治疗可参考枣锈病防治。

C.1.3 缩果病

C.1.3.1 防治适期

萌芽前；幼果期及果实膨大期。

C.1.3.2 防治方法

防治方法如下：

a) 结合冬剪清除病枝、落叶果，集中烧毁；

b) 增施有机肥，注意改良土壤和排水，远离松柏类树种；

c) 7 月下旬第一次用药，喷 50% 枣缩果宁 1 号可湿性粉剂 600 倍或 75% 百菌清可湿性粉剂 600 倍或农用链霉素 70 单位/mL～140 单位/mL；8 月上旬可喷 53.8% 可杀得 2 000 悬浮剂 1 000 倍液～1 200 倍液，每隔 10d 左右用一次药，共 2 次～3 次。

C.1.4 裂果病

C.1.4.1 防治适期

果实发育期，生长季。

C.1.4.2 防治方法

防治方法如下：

a) 采用合理修剪提高和改善树体通风透光条件；
b) 果实发育初期适当浇水，有助于减轻裂果的发生；
c) 7月初开始可结合病虫害防治每10d~15d左右喷施2g/L的氯化钙和0.2%的磷酸二氢钾水溶液；
d) 在8月上旬前覆盖与树冠大小相同的地膜；在果实彭大期及时浇水，进入成熟期停止灌水。

C.1.5 枣疯病

C.1.5.1 防治适期

休眠期；早春萌芽期。

C.1.5.2 防治方法

防治方法如下：

a) 选用抗病品种苗木造林或用抗病品种为接穗；
b) 采用组培或无枣疯病的枣园中接穗、分根繁殖，培育无病苗木；
c) 加强枣园及树体管理，发现枣疯病植株后，立即连根挖掉整株树；对发病轻或只有局部染病的植株，可采用从基部去掉疯枝；
d) 采用土霉素、链霉素等相关药物配制的溶液进行树干输液进行药物治疗。

C.2 主要虫害及其防治

C.2.1 枣瘿蚊

C.2.1.1 防治适期

休眠期，萌芽期。

C.2.1.2 防治方法

防治方法如下：

a) 结合枣树冬季管理挖树盘，消灭越冬虫茧；
b) 在萌芽初期，发现枣芽尖或幼叶紫红，应立即用药，可选用25%溴氰菊酯乳油2 000倍液~2 500倍液。每10d用药1次，共喷1次~2次，同时防治红蜘蛛、红缘天牛等。

C.2.2 龟蜡蚧壳虫

C.2.2.1 防治适期

休眠期，萌芽期。

C.2.2.2 防治方法

防治方法如下：

a) 结合冬剪，人工刮除越冬虫源并集中烧毁；
b) 6月中旬~7月初，大球蚧、枣龟蜡蚧壳虫危害严重的果园，可喷布4 000倍来福灵液或10%烟碱乳油800倍液，杀灭初孵化的若蚧，同时防治枣瘿蚊、红蜘蛛等；
c) 保护和利用瓢虫和草蛉类捕食性天敌及小蜂类和霉菌类寄生性天敌。

C.2.3 枣叶壁虱

C.2.3.1 防治适期

生长季。

C.2.3.2 防治方法

7月中下旬，喷布维尔螨2 000倍液、可杀得2 000倍液，20%速螨酮可湿性粉剂3 000倍液~

4 000倍液防治枣叶壁虱，同时防治枣瘿蚊、红蜘蛛等。

C.2.4 桃小食心虫

C.2.4.1 防治适期

休眠期，生长季。

C.2.4.2 防治方法

防治方法如下：

a) 结合冬季挖树盘，将冬茧翻到地表，以冻死越冬虫茧。

b) 采用桃小性诱剂、诱芯诱杀雄成虫。

c) 地下防治：在越冬幼虫出土化蛹期间，于土面喷洒25%辛硫磷微胶囊剂，每667m² 250g，兑水25 kg~50kg，然后均匀周密地喷洒在地面上；20%速灭丁乳油，每亩用0.3 kg~0.5 kg，喷洒地面有良好效果。喷药前除净地面杂草，喷药后中耕一遍，20 d后再喷一次，喷药后在其上覆盖一薄层细土。

d) 树上防治：在卵果率达1%或卵孵化初期喷药，药剂可用50%杀螟松乳剂1 000倍液，或2.5%敌杀死2 000倍液~3 000倍液，或20%杀灭菊酯乳剂2 000倍液~3 000倍液，或2.5%天王星乳油2 000倍液等，800倍的桃小金杀星等交替使用。

C.2.5 盲蝽象

C.2.5.1 防治适期

萌芽前及萌芽期。

C.2.5.2 防治方法

防治方法如下：

a) 萌芽前喷3°Bé~5°Bé石硫合剂，可杀死部分越冬虫卵。或者在萌芽后发现为害的2d~3d内用药，选用溴氰菊酯2 000倍液~2 500倍液，在无风天气、太阳未出前的早晨或落山后的傍晚进行，树干、树冠、地上杂草、行间作物全面喷药，附近枣园集中用药，确保防治效果。

b) 10月中旬左右，虫口密度大时，喷药杀灭成虫，减少产卵量。

C.2.6 红蜘蛛

C.2.6.1 防治适期

休眠期，萌芽前，幼果期。

C.2.6.2 防治方法

防治方法如下：

a) 结合冬季管理，刮除老翘树皮并集中烧毁；

b) 在枣树萌芽前喷施用3°Bé~5°Bé的石硫合剂，长期干旱期间、座果后至6月中下旬，当虫口密度平均达到0.5/叶时及时使用40%扫螨净2 000倍液或20%哒螨灵2 000倍液或73%克螨特1 000倍液等。

C.2.7 尺蠖

C.2.7.1 防治适期

休眠期，生长季。

C.2.7.2 防治方法

防治方法如下：

a) 结合冬剪，深翻枣园或挖树盘，以消灭越冬虫蛹；

b) 4月下旬~5月上旬，利用幼虫的假死性用杆击法进行人工捕杀；

c）幼虫发生盛期选用菊酯类杀虫剂防效显著。

C.2.8　大叶蝉

C.2.8.1　防治适期

生长季。

C.2.8.2　防治方法

防治方法如下：

a）结合修剪，及时剪除为害枝条；

b）在枣果脆熟期，根据天气预报，降温前在树体和行间杂草上喷布50%辛硫磷乳油80倍液或速灭杀丁1 500倍液。

C.2.9　枣黏虫

C.2.9.1　防治适期

休眠期，生长季。

C.2.9.2　防治方法

防治方法如下：

a）结合冬季修剪，刮除老翘树皮并集中烧毁；

b）在成虫发生盛期，利用其趋化性和趋光性采用黑光灯、糖醋液或性诱剂诱杀雄虫；

c）幼虫发生盛期，喷20%杀灭菊酯3 000倍液～4 000倍液或其他菊酯类农药防治；

d）保护和利用天敌。

ICS 65.020.01
B 05

GB

中华人民共和国国家标准化指导性技术文件

GB/Z 26579—2011

冬枣生产技术规范

Production technical practice for Chinese winter jujube

2011-06-16 发布　　　　2011-11-15 实施

中华人民共和国国家质量监督检验检疫总局
中国国家标准化管理委员会　发布

前 言

本指导性技术文件的附录A及附录B为规范性附录。

本指导性技术文件由国家质量监督检验检疫总局提出。

本指导性技术文件由中国标准化研究院归口。

本指导性技术文件起草单位：滨州市植保站、山东省植物保护总站、中华人民共和国山东出入境检验检疫局、东营河口区植保站、无棣县植保站。

本指导性技术文件主要起草人：刘俊展、李明立、章红兵、刘会海、宋姝娥、孙洁、张秀安、刘京涛。

冬枣生产技术规范

1 范围

本指导性技术文件规定了冬枣生产的基本要求，主要包括生产基地的选择和管理、生产投入品管理、栽培管理、有害生物防治、劳动保护、批次管理、档案记录等方面。

本指导性技术文件适用于冬枣的生产。

2 规范性引用文件

下列文件中的条款通过本指导性技术文件的引用而成为本指导性技术文件的条款。凡是注日期的引用文件，其随后所有的修改单（不包括勘误的内容）或修订版均不适用于本指导性技术文件，然而，鼓励根据本指导性技术文件达成协议的各方研究是否可使用这些文件的最新版本。凡是不注日期的引用文件，其最新版本适用于本指导性技术文件。

GB/T 8321（所有部分） 农药合理使用准则

GB/T 18407.2 农产品安全质量 无公害水果产地环境要求

3 术语和定义

下列术语和定义适用于本指导性技术文件。

3.1 枣头 vegetative shoot

形成树冠骨架的生长性枝条。

3.2 枣吊 bearing branch

着生枣树花、果的枝条。

3.3 枣股 bearing base shoot

着生枣吊的短缩枝。

3.4 结果基枝 secondary tress

着生枣股的枝条。

3.5 环剥 band girdle

环状切除树干或主枝上适当宽度的树皮、韧皮部。

4 生产基地选择和管理

4.1 生产基地选择

生产基地环境条件符合 GB/T 18407.2 的要求，并填写《生产基地基本情况记载表》（见表 A.1）和《生产基地现存生物种类调查记录表》（见表 A.2）。宜选择地势平坦、排灌方便、土层深厚、土壤疏松肥沃、理化性状良好的壤土地块。

生产基地应远离污染源。连片面积宜在 3 hm² 以上。

4.2 生产基地管理

4.2.1 工作室

生产基地应建有工作室。室内配备桌椅、资料橱等，放置有关生产管理记录表册，张贴生产技术规范、病虫害防治安全用药标准一览表、基地管理及投入品管理等有关规章制度。

4.2.2 基地仓库

生产基地应建有专用仓库，单独存放施药器械和未用完的种子（苗）、农药、化肥等。仓库应安全、卫生、通风、避光，内设货架，配备必要的农药配制量具、防护服、急救箱等，并填写《生产基地主要农用设备（工具）登记表》（见表 A.3）。

4.2.3 盥洗室

生产基地应设有盥洗室，室内卫生清洁。

4.2.4 废物与污染物收集设施

生产基地应设有收集垃圾和农药空包装等废物与污染物的设施。

4.2.5 灌溉系统

生产基地应建立排灌分开的管理系统，如储水池、供水渠道、灌溉设备等。

井灌区水井井口应高出地面 30cm 以上，并配有防护设施，防止雨水倒灌和弃入污染物等。

4.2.6 植保员

生产基地应配备植保员，负责病虫害的防治、农药使用管理与记录等。植保员配备数量应能满足每个基地生产的需要，并填写《生产基地基本情况记载表》（见表 A.1）和《生产基地人员登记表》（见表 A.4）。

植保员应获得国家植保员职业资格证书，并经过有害生物综合治理（IPM）培训。

4.2.7 肥料员

有条件的生产基地宜配备肥料技术人员，负责肥料的施用管理与记录等。填写《生产基地人员登记表》（见表 A.4）。

4.2.8 环境条件监测

新建生产基地应进行环境条件监测。每 2 年～3 年，或环境条件发生变化有可能影响产品质量安全时，应由有资质的监测单位及时进行相关指标的检测，以确定是否继续使用该生产基地。保留检测报告，并填写《生产基地基本情况记载表》（见表 A.1）。

4.2.9 平面图

生产基地应制作平面分布图，用来制定种植规划和田间管理方案等。

4.2.10 标志标示

生产基地有关的位置、场所，应设置醒目的标志、标示。

4.2.11 隔离防护

基地周围应建立隔离网、隔离带等，或具有天然隔离屏障，防止外源污染。

5 生产投入品管理

5.1 农药的采购与贮藏

5.1.1 农药的采购

应从正规渠道采购合格的农药，并索取购药凭证或发票。不应采购下列农药：非法销售点销售的农药、无农药登记证或农药临时登记证的农药、无农药生产许可证或者农药生产批准文件的农药、无产品质量标准及合格证明的农药、无标签或标签内容不完整的农药、超过保质期的农药以及国家禁止使用的农药。

采购的农药应索取农药质量证明资料，必要时进行检验，填写《生产基地投入品出、入库记录表》（见表 A.5）和《生产基地农药质量检测结果记录表》（见表 A.6）。

5.1.2 农药的贮藏

农药应贮藏于厂区专用仓库，由专人负责保管。仓库应符合防火、卫生、防腐、避光、通风等安全条件要求，并配有农药配制量具、急救药箱，出入口处贴有警示标志。

5.1.3 农药包装物处理

农药包装物不应重复使用、乱扔。农药空包装物应清洗 3 次以上，清洗水妥善处理，将清洗后的包装物压坏或刺破，防止重复使用，必要时应贴上标签，以便回收处理。空的农药包装物在处置前应安全存放。

5.2 肥料的采购与贮藏

5.2.1 肥料的采购

应从正规渠道采购合格肥料，并索取购肥凭证或发票。不得采购下列肥料：非法销售点销售的肥料、超过保质期的肥料。

采购的肥料应填写《生产基地投入品出、入库记录表》（见表 A.5）。

5.2.2 肥料的贮藏

肥料应妥善保存，单独放置于清洁、干燥的仓库，由专人负责保管。不得与苗木、农产品存放在一起。

6 栽培管理

6.1 栽植

6.1.1 挖穴施肥

根据栽植密度要求，开挖树穴。穴径 80cm~100cm，深 60cm。熟（表）土与生土分开堆放。穴底部先铺易腐烂的秸草 2kg~3kg，然后每穴施优质圈肥或堆肥 20kg~30kg，磷酸二铵 0.5 kg，也可拌入适量的生物菌肥。将肥料与表土掺合后填入穴内，稍踏实，使穴底部略高于四周，呈丘状。基肥施用填写《生产基地田间农事活动记录表》（见表 A.7）。

6.1.2 树苗处理

剪去树苗死伤及过长的树根、结果基枝，用清水浸泡 24h~48h，使树苗吸足水分，备栽。

填写《生产基地种子/种苗处理记录表》(见表 A.8)。

6.1.3 栽植时间

春、秋两季均可栽植。春栽宜在土壤解冻后至树苗萌芽前进行。秋栽宜于树苗落叶后至土壤封冻前进行。长江以南气候温暖地区宜秋栽,而秋季干旱、冬季寒冷多风的长江以北地区宜春栽。

苗木起出后应尽快栽植,否则应进行假植,随栽随取。

6.1.4 栽植密度

普通枣园:行距 4m~5m,株距 3m,44 株/667m²~55 株/667m²;

密植枣园:行距 2m~3m,株距 1m~2m,111 株/667m²~333 株/667m²;

栽植以南北行向为宜。

6.1.5 栽植方法

树苗扶正,使根系向四周自然舒展,边填土边轻轻提动树苗,让熟土灌满根际,生土回培在上层,分层踏实。栽植深度与其在苗圃时的深度基本相同。然后,将剩余的生土围成穴堰,浇足水,使土沉实,充分与苗根密接。待水下渗、划锄后,穴面铺盖地膜,保墒保湿。

填写《生产基地田间农事活动记录表》(见表 A.7)。

6.2 修剪

6.2.1 修剪时间

冬季修剪:从落叶到发芽前进行。北方地区以萌动期为宜。

夏季修剪:从抽枝展叶期到幼果速长期进行。

6.2.2 幼树修剪

以整形为主。该期抽生枣头数量少,单枝生长量大,修剪时要少疏多留。

6.2.2.1 截干

适于密植园冬枣树形的修剪。树干直径 3cm 左右,发芽前,从定干高度以上 4 节~5 节处剪除树梢,并从基部剪掉剪口下的第 1 个结果基枝,以刺激主干抽生枣头培养中心干。然后选 3 个~4 个方位适宜的结果基枝,各剪留 1 个~2 个枣股,促其主芽萌发枣头,培养第 1 层主枝。其他枝条全部剪除。修剪后填写《生产基地田间农事活动记录表》(见表 A.7)。

6.2.2.2 清干

适于普通园和间作园冬枣树形的修剪。逐年自下而上清除树干上的结果基枝和不能用做主枝的枣头。按选择的树形,留出所需要的树干高度,选留主枝。清干高度不超过树高的 1/3~1/2,3 年~5 年完成清干。

6.2.2.3 主枝培养

按所整树形,在中心干的适当部位选留健壮的枣头,用撑、拉、别等方法,调整其延伸方向和开张角度,将其培养为主枝。

6.2.2.4 刻芽补枝

春季树液流动后到萌芽期,在缺枝部位选择较饱满的芽,剪除其近旁的结果基枝,在芽上方 1cm 处横切树皮,深达木质部,刀口长超过芽侧各 0.5cm,宽 0.3cm。刻芽枝条直径应在 2.5cm 以上,细枝刻芽效果不佳。填写《生产基地田间农事活动记录表》(见表 A.7)。

6.2.2.5 重截枣头

超过 1m~1.5m 长的主、侧枝条,冬剪时在其 1 年生枣头中部饱满芽处重截或回缩到多年生枝的适当部位,疏除剪口下的结果基枝或留 1 节~2 节,以促使剪口芽和重截的结果基枝春季抽发新枝,培养成侧枝和枣吊组。填写《生产基地田间农事活动记录表》(见表 A.7)。

6.2.2.6 摘心疏枝

夏季(7月~8月)枣头生长后期,对主、侧枝延长枝需要分生侧生骨干枝或枣吊组的部位摘心或短截。冬季修剪时,剪去剪口下的2个~3个结果基枝,促使2个侧芽春季萌发成新的延长枝和侧生分枝。夏季摘心不宜过重过早,以免剪口芽当年萌发,长成弱枝,达不到预期目的。填写《生产基地田间农事活动记录表》(见表 A.7)。

6.2.2.7 培养枣吊组

选留主、侧枝两侧和斜上方,以及主干四周适当部位的枣头,采用摘心、短截等措施控制其长势,使其转化成理想的枣吊组。

培养枣吊组内膛一般以小枝组为主,中部以大枝组为主,外部以中小枝组为主。主、侧枝上的枣吊组同侧间距0.6m左右,相邻枣吊组的基枝互不连接,全树枣股平均90个/m³~120个/m³,为宜。

6.2.3 结果树修剪

6.2.3.1 疏枝

从枝条基部剪除交叉枝、重叠枝、病虫枝、过密枝,改善通风透光条件,集中营养增强树势。

6.2.3.2 短截

主要截短枣头延长枝,以刺激主芽萌发形成新枣头,促进侧枝生长,扩大结果面积。

6.2.3.3 回缩

剪除多年生的细弱枝、冗长枝、下垂枝,使其更新复壮。

6.2.3.4 抹芽

枣树萌芽后,对不做延长枝和枣吊组培养的新生枣头及早抹掉,随生随抹。

6.2.3.5 摘心

主干或主、侧枝延长用的枣头,长到适当节位后,停止生长前摘除1节~2节嫩梢,使枝条发育充实;用于培养枣吊组的枣头及当年结果的枣吊从初花期开始,根据生长发育状况分2次~3次摘除1节~2节嫩梢,以提高坐果率。

6.2.3.6 拉枝

按树形要求,通过绳拉或棍撑等方式改变直立枝条的角度,调整树冠,均衡树势,促进花芽分化。填写《生产基地田间农事活动记录表》(见表 A.7)。

6.2.4 衰老树修剪

6.2.4.1 疏截枣吊组

冬季修剪时,全部重截回缩衰老的枣吊组,以培养新的枣吊组。

6.2.4.2 回缩更新骨干枝

按主、侧枝层次,回缩骨干枝系。回缩长度为原枝长的1/3~1/2。

6.2.4.3 停甲养树

长势较弱的枣树,应停止环剥1年~2年,以增加树体营养,恢复树势。

6.2.4.4 调整新枝

从更新修剪的第二年起,选择部位好、长势强的枣头,作为骨干枝新的延长枝培养;疏除细弱枝,配置好枣吊组。用摘心、截顶和撑、拉等方法,调整、控制各个新枝的长势和角度。

填写《生产基地田间农事活动记录表》(见表 A.7)。

6.3 施肥

6.3.1 施肥数量

施肥数量宜因树而异，需肥量随树龄增长而逐年增加。

6.3.1.1 幼树需肥量

1年~4年树需腐熟有机肥25kg/株~60kg/株，尿素0.2kg/株~0.4kg/株，过磷酸钙0.5kg/株~1.0kg/株，硫酸钾0.2kg/株~0.6kg/株。

6.3.1.2 结果树需肥量

5年以上树需腐熟有机肥60kg/株~150kg/株，尿素0.4kg/株~1.0kg/株，过磷酸钙1.0kg/株~2.0kg/株，硫酸钾0.6kg/株~1.2kg/株。

6.3.2 施肥时间和方法

6.3.2.1 基肥

春、秋两季均可施用。基肥以腐熟有机肥为主，化肥少量，其中腐熟有机肥占全年需肥量的50%~70%，化肥占全年用量的10%左右。

施肥部位。基肥宜沟施，在树冠投影范围内距主干0.5m处，按放射状挖沟6条~8条，或绕树挖一环状沟，或按东西方向挖沟2条（第二年调整为南北方向），深20cm~40cm，宽30cm~50cm。放射状挖沟，近树干处渐浅渐窄，尽量少伤根系，将肥料掺土拌匀后施入，加土覆盖。也可将肥料全园撒施，深翻树盘20cm~30cm。

6.3.2.2 追肥

幼树，初栽幼树待缓苗后追肥一次。追肥方法：在树根周围挖穴3个~4个，深5cm~8cm。每穴施尿素或复合肥40g~60g，施后浇水培穴。其后每年枣头旺长期追肥1次~2次。每次追施尿素0.1kg/株~0.5kg/株，缺磷的土壤，改用0.15kg/株~0.5kg/株的磷酸二铵。也可叶面喷施0.2%~0.3%尿素或0.2%磷酸二氢钾，隔7d~10d，喷2次~3次。

结果树每年宜追肥3次~4次。第一次在萌芽期，肥料以充分腐熟的人粪尿或氮素化肥为主，施肥量占全年速效肥用量的20%左右。第二次在花前期，以速效氮肥为主，配施少量磷、钾肥，施肥量占全年速效肥用量的30%左右。第三次在幼果期，氮、磷、钾配合，适当增施磷、钾肥（沤熟的饼肥或复混肥、灰肥等），施肥量占全年速效肥用量的25%左右。第四次在果实生长期，以磷、钾肥为主，施肥量占全年速效肥用量的15%左右，其余10%与基肥混施。

追肥宜穴施或沟施。穴、沟深5cm~10cm，肥、土混匀后施入。追肥后如遇干旱土壤墒情差时，应及时浇水。

施肥后填写《生产基地田间农事活动记录表》（见表A.7）。

6.4 浇水

初栽幼树，栽后宜每月浇透水一次，直到进入雨季，旱情结束为止。

结果树应根据墒情确定浇水时间和次数。

每年宜浇水4次，即催芽水、花前水、促果水和越冬水。

浇水宜配合施肥进行，追肥后如遇干旱土壤墒情差时，应及时浇水。

宜采取滴灌或分区浇灌，一般2行~3行树为一个小区。不具备滴灌或分区灌溉条件的，可采取树盘浇水或穴浇。

浇水后及时松土保墒，清除杂草。

多雨季节，应及时排水防涝。

浇水后填写《生产基地田间农事活动记录表》（见表A.7）。

6.5 促花保果

6.5.1 环剥

选树干平整光滑处环剥。先刮掉一圈老树皮露出活树皮，宽 1cm~2cm，然后环切，深达木质部，但不伤木质部，剔除韧皮组织。环剥刀口应不留残皮、毛茬。填写《生产基地田间农事活动记录表》（见表 A.7）。

6.5.2 环割

用刀在枝、干或枣头下部切断形成层 1 圈~2 圈，不伤木质部。环割适于幼树或弱树。填写《生产基地田间农事活动记录表》（见表 A.7）。

6.5.3 绞缢

用铁丝在干、枝或枣头下部拧紧勒伤韧皮部 1 圈，20d 后解除。绞缢适于幼树或弱树。填写《生产基地田间农事活动记录表》（见表 A.7）。

6.5.4 叶面喷水

在及时追肥、浇水的基础上，从盛花初期开始，每 2d~3d 喷一次水，连喷 3 次~5 次，可结合叶面施肥或喷药进行喷水。填写《生产基地田间农事活动记录表》（见表 A.7）。

6.5.5 叶面施肥

开花前喷 0.3%~0.5% 尿素。开花、坐果、幼果期喷 0.3%~0.4% 尿素和 98% 磷酸二氢钾的混合液各 1 次，能明显减少落花落果。

6.5.6 化学调控

花前枣吊长出 8 叶~9 叶时，喷一次 2000mg/kg~2500mg/kg 的多效唑，然后于盛花初期喷一次 10mg/kg~15mg/kg 赤霉素和 0.3% 稀土混合液，或在盛花初期喷施 0.002mg/kg~0.003mg/kg 芸薹素内酯或 10mg/kg 维生素 C，能提高坐果率。

6.5.7 疏果

第一次生理落果高峰后 1 周~2 周进行人工疏果。平均留果量：强树每个枣吊留 1 果，中庸树 2 个枣吊留 1 果，弱树 3 个枣吊留 1 果。宜留枣吊中部果。

调控后填写《生产基地田间农事活动记录表》（见表 A.7）。

6.6 收获及收获后处理

6.6.1 采摘

6.6.1.1 采摘时期

应按照客商的要求适时采摘。客商无要求的，应在果实着色后的脆熟期分批采摘，成熟一批，采摘一批。

采摘前，应对产品农药残留、重金属、硝酸盐等有害物质进行检验，保证产品符合相关质量安全要求，并填写《产品农药残留等有害物质检测结果记录表》（见表 A.9）；采收后，填写《产品采收及流向记录表》（见表 A.10）。

6.6.1.2 采摘方法

人工采摘。一手抓好枣吊，一手拿稳枣果向上用力抬起枣果，将枣果带柄摘下；或一手托牢枣果，一手用蔬果剪从枣柄与枣吊连接处剪断。采下的果实要轻轻放入有软衬垫的包装物内，防止果实受伤。不得用杆震落后捡拾。

6.6.2 分选

首先捡除病残果，然后按等级标准分选。分捡时应戴棉织手套。

6.6.3 包装物

包装物应洁净无污染，并妥善存放。再利用的包装物品，应清洗干净，防止有害物质污染。

7 有害生物防治

7.1 防治原则

坚持"预防为主，综合防治"的植保方针，以农业和物理防治为基础，优先采用生物防治技术，辅之化学防治应急控害措施。

7.2 主要防治对象

主要防治对象为：枣瘿蚊、绿盲蝽、灰暗斑螟、红蜘蛛、疱斑病、叶枯病、溃疡病、枣锈病、黑斑病、轮纹病等。

7.3 防治措施

7.3.1 农业防治

冬耕冬灌，耕翻树盘20cm以下，捡拾越冬虫、蛹，封冻前浇足越冬水；

及时清园，清除田间杂草、枯枝、落叶、落果、树上残留枣吊和僵果；

刮除主干及主枝基部的老树皮至木栓层；

结合修剪，去除病枝、虫枝、枯死枝和衰弱枝、堵树洞、破虫茧、摘蘘囊，刨除病死株；

生长期及时去除病残体，集中清烧毁、深埋等；

中耕除草，降雨或灌水后及时中耕除草，中耕深度5cm～10cm；

植草或覆草，在枣树行间种植紫花苜蓿、三叶草等豆科植物，适时耕翻埋于土壤中做绿肥，或于枣树株、行间覆盖杂草、秸秆，厚度15cm～20cm，上面盖一层土。树干周围20cm内不覆草。

7.3.2 物理防治

7.3.2.1 地膜

春季干旱的盐碱地区，在解冻后或发芽前灌水造墒后覆盖地膜，地温达35℃时，膜上再加盖一层2cm～3cm厚的细土，防止土壤越冬害虫出土危害。

7.3.2.2 粘虫胶

树干涂抹粘虫胶防止红蜘蛛、绿盲蝽等害虫上树危害，冬枣萌动期，刮除树干翘皮后，在分枝下5cm左右缠绕宽度2cm～3cm的胶带，上面涂一层均匀的粘虫胶，或直接将粘虫胶涂抹于光滑的树干上。粘虫胶环应对接严密，不留空隙，并撤掉树体的支架、拉绳等与地面连接的物体。风尘天气应及时刷除胶带上的尘土、飞絮和虫体等。3个月左右，再涂抹1次粘虫胶。

7.3.2.3 电子杀虫灯

诱杀金龟子、桃小食心虫等害虫，每2hm²～3hm²悬挂1盏电子杀虫灯，杀虫灯应高出树冠0.2m左右。

7.3.3 生物防治

盛花初期，雨后树盘内撒白僵菌，杀死出土的桃小食心虫。

盛花初期，释放赤眼蜂（4d～5d释放一次，共3次～4次，每次放8万头/667m²～10万头/667m²），防虫，促进授粉。

利用昆虫性外激素诱杀或干扰成虫交配。

填写《生产基地有害生物防治记录表》（见表A.11）。

7.3.4 化学防治

7.3.4.1 一般要求

应符合GB/T 8321（所有部分）的要求。

7.3.4.2 防治方案

见附录B。防治后填写《生产基地有害生物防治记录表》（见表A.11）。

7.3.4.3 施药器械

施药前应确保施药器械洁净并校准。施药器械使用后应清洗干净放置。

7.3.4.4 轮换用药

为避免或减缓有害生物抗药性的产生，宜轮换使用化学防治农药。

7.3.4.5 剩余药液处理

应按照需要准确配制，少量剩余药液（粉）进行无害化处理，或喷洒到法规允许的休耕地中，并填写《剩余药液或清洗废液处理记录表》（见表A.12）。

8 劳动保护

8.1 培训

凡使用、处理农药、化肥的人员，以及所有操作危险或复杂设备的人员都应经过培训，并填写《生产基地人员登记表》（见表A.4）。

8.2 施药保护

施药时，操作者应穿着防护服，不得吸烟、吃东西，施药后应立即用肥皂清洗皮肤裸露部位，换洗衣服。

8.3 警示

施药后，现场应立即设置警示标志。其他工作现场和危险场所附近亦应设置警示标志。潜在危险区的警示标志设于入口处。

9 批次管理

同一地块或同一大棚采用同一种植管理模式在同一天采收的同一品种为1个生产批。以1年为1个流水周期编号，共3位数。产品批次号为采收日期（yymmdd）+流水号+产品名称拼音首字母+基地所在省（市、区）行政区划代码（6位）+基地名称拼音首字母。填写《产品采收及流向记录表》（见表A.10）。

10 档案记录

每个生产地块应建立独立、完整的生产记录档案（见附录A），保留生产过程中各个环节的有效记录，以证实所有的农事操作遵循本指导性技术文件规定。记录应当保留两年以上。

附录 A
（规范性附录）
生产记录表格

表 A.1　　　　　　　　　　　　生产基地基本情况记载表

基地名称					
基地地址			基地面积		
基地负责人		电话		基地建成时间	
植保员姓名			资格证书号		
灌溉水源					
周围环境情况					
前茬栽培主要作物					
拟种植的主要作物					
土壤检测报告编号		报告日期		评定结论	
水质检测报告编号		报告日期		评定结论	
空气检测报告编号		报告日期		评定结论	
备注					

制表人：　　　　　　　　　　　　　制表日期：

表 A.2 生产基地现存生物种类调查记录表

调查单位： 调查负责人： 调查时间：

生物名称	学名	分类地位	密度

制表人： 制表日期：

表 A.3　　　　　　　　　　　　　　主要农用设备（工具）登记表

农用设备（工具）名称	型号	生产厂家	数量	购买日期	现况	保管人	备注

制表人：　　　　　　　　　　　　　制表日期：

表 A.4　　　　　　　　　　　　　　　　生产基地人员登记表

姓名	性别	出生日期	学历	职称/职务	参加工作时间	家庭住址	电话	证书及编号	培训记录

制表人：　　　　　　　　　　　　　　制表日期：

表 A.5　　　　　　　　　　　　　　生产基地投入品出、入库记录表

日期	入库							出库			库存
	投入品名称	数量	规格	生产企业	产品来源	检测报告编号	数量	领用单位	领用人	

仓库保管：

表 A.6　　　　　　　　　　　　生产基地农药质量检测结果记录表

农药名称		剂型含量	
生产厂家		登记证号	
农药批号		采购单位	
发票号码		检测日期	
检测单位			
检测执行标准		检测报告编号	
检测结果			
检测项目	标准值	检测值	结论
备　注			

制表人：　　　　　　　　　　　制表日期：

表 A.7　　　　　　　　　　　　　　　生产基地田间农事活动记录表

地块编号	

田间农事活动记录

日期	活动内容	肥料名称	使用量	使用设备	天气状况	操作人	技术负责人

注：农事操作包括：耕田、种植、移栽、施肥、浇水、除草、修剪、整枝、培土、划锄、疏花、疏果、采摘等；天气状况主要记载温度、湿度、风力、降水等。

制表人：　　　　　　　　　　　　　　制表日期：

表 A.8　　　　　　　　　　　　　　　　生产基地种子/种苗处理记录表

操作人		电话	
种子/种苗品种		地块/大棚编号	
种子/种苗来源			
防治对象			

药剂处理情况记录

药剂名称与剂型	
生产厂家	
处理方式	
处理剂量	
处理日期	

温水浸种

水温		浸种时间	
备注			

注：每地块/大棚一卡。

制表人：　　　　　　　　　制表日期：

表 A.9　　　　　　　　　　　产品农药残留等有害物质检测结果记录表

产品名称		地块编号	
检测单位			
样品采集时间		检测执行标准	
报告日期		检测报告编号	

检测结果

检测项目	标准值	检测值	结论
备注			

制表人：　　　　　　　　　　　　制表日期：

表 A.10　　　　　　　　　　　　　　　　　产品采收及流向记录表

批次号	地块/大棚编号	产品名称	采收日期	数/重量	农残检测	供货对象	备注

制表人：　　　　　　　　　　　　　制表日期：

表 A.11　　　　　　　　　　　　　　生产基地有害生物防治记录表

作物名称				地块编号		

防治措施										
日期	防治对象	农药名称	使用量	使用设备	是否符合标准方案	更改标准方案理由及新方案可行性	天气状况	防治人员	植保员

注：天气状况主要记载温度、湿度、风力、降水等。

制表人：　　　　　　　　　　制表日期：

表 A.12　　　　　　　　　　　　　　　剩余药液或清洗废液处理记录表

操作人		电话	
剩余农药或清洗废液名称		数量	
处理地点		处理日期	
处理方式			
备注			

制表人：　　　　　　　　　　制表日期：

附录 B
（规范性附录）
冬枣主要有害生物防治方案

表 B.1　　　　　　　　　　　　冬枣主要有害生物防治方案

冬枣生育期	防治对象	防治适期	化学防治方法	兼治对象	安全间隔期
萌动期	预防病虫害	发芽前	树冠及地表淋洗式喷一遍 3°Bé~5°Bé 石硫合剂。喷液量 75kg/667m²~100kg/667m²	—	
萌芽期	绿蝽象	若虫初孵期	方案一：1.8%阿维菌素 EC 4 000 倍液 - 25%噻虫嗪 WG 6 000 倍液喷雾，施药间隔 7d~10d 防治一次，连续防治 2 次~3 次。方案二：5%噻螨酮 EC 1 000 倍~1 500 倍液 - 5%氟定脲 EC 2 000 倍液均匀喷雾，施药间隔 7d~10d，防治 2 次~3 次	红蜘蛛、枣芽象甲、枣尺蠖等	柴油：7d 度石硫合剂：7d 吡虫啉：45d 阿维菌素：40d 氟定脲：45d 噻螨铜：45d 噻虫嗪：25d 苯醚甲环唑：21d 氯氟氢菊酯：48d 多抗霉素：45d 腈嘧菌酯：41d 亚胺菌：26d 氢氧化铜：7d 三唑酮：17d
萌芽期	枣瘿蚊	虫叶率 1%			
萌芽期	疱斑病	初见病斑	10%苯醚甲环唑 WG 2 000 倍液兑水喷雾，防治一次	轮纹病	
抽枝展叶期	绿盲蝽	百株有虫 20 头	25%噻虫嗪 WG 6 000 倍液 - 2.5%氯氟氢菊酯 WE 1 500 倍液均匀喷雾，施药间隔 7d~10d，防治 2 次~3 次	枣黏虫、红蜘蛛、枣锈壁虱	
抽枝展叶期	叶枯病	初见病叶	77%氢氧化铜 WP 600 倍液~800 倍液兑水喷雾，防治 1 次~2 次	溃疡病、嫩梢焦枯病等	
花果期	绿盲蝽	百株有虫 20 头	方案一：10%吡虫啉 WP 1 500 倍液 - 3%多抗霉素 WP 1 000 倍液 + 77%氢氧化铜 WP 3 000 倍液均匀喷雾，施药间隔 7d~10d，防治 2 次~3 次。方案二：2.5%氯氟氢菊酯 WE 1 500 倍液 + 25%腈嘧菌酯 SC 1500 倍液 + 77%氢氧化铜 WP 3 000 倍液均匀喷雾，施药间隔 7d~10d，防治 2 次~3 次	棉铃虫、枣尺蠖、炭疽病、轮纹病、黑斑病、叶枯病、金龟甲、桃小食心虫等	
花果期	溃疡病	初见病斑			
花果期	枣锈病	初见病叶			
花果期	灰暗斑螟	环剥后 7d	2.5%氯氟氰菊酯 WE 1 000 倍涂抹甲口，施药间隔 7d 涂抹一次，连续防治 2 次~3 次		

(续表)

冬枣生育期	防治对象	防治适期	化学防治方法	兼治对象	安全间隔期
果实膨大期	黑斑病	病果率1%	方案一：20%三唑酮EC 1 000倍液-77%氢氧化铜WP 3 000倍液均匀喷雾，施药间隔7d~10d，连续防治3次~4次。方案二：喷50%亚胺菌DF 1500倍液-25%腈嘧菌酯SC 1 500倍液均匀喷雾，施药间隔7d~10d，连续防治3次~4次	浆果病、缩果病、锈壁虱、炭疽病	柴油：7d 度石硫合剂：7d 吡虫啉：45d 阿维菌素：40d 氟定脲：45d 噻螨铜：45d 噻虫嗪：25d 苯醚甲环唑：21d 氯氟氰菊酯：48d 多抗霉素：45d 腈嘧菌酯：41d 亚胺菌：26d 氢氧化铜：7d 三唑酮：17d
	枣锈病	初见病叶			
	轮纹病	初见病果			
	红蜘蛛	百叶有活动螨50头	25%氯氟氰菊酯WE 2 000倍液+5%噻螨铜EC 1 500倍液均匀喷雾，视虫情防治1次~2次	枣刺蛾等	
果实白熟期	轮纹病 枣锈病	发病初期	方案一：50%亚胺菌DF 1 500倍液均匀喷雾，视病情防治2次~3次。方案二：25%腈嘧菌酯SC 1 500倍液均匀喷雾，视病情防治2次~3次	炭疽病、缩果病、疱斑病、日灼病、裂果病	
果实着色、采收期（9月下旬至10月下旬）	枣锈病 轮纹病	发病初期	果实采摘后，用20%三唑酮EC 800倍液~1 000倍液，全园喷洒一遍	炭疽病、缩果病	

注：方案中的"+"，表示"+"两边的药剂混用；方案中的"-"，表示"-"两边的药制轮换使用。

第四部分　加工储运

ICS

DB

吐 鲁 番 市 地 方 标 准

DB6521/T 262—2020

红枣贮藏保鲜技术规程

2020－06－20 发布　　　　　　　　　　　　　　　2020－07－15 实施

吐鲁番市市场监督管理局　发 布

前 言

本标准根据 GB/T 1.1—2009《标准化工作导则第一部分标准的结构和编写》进行编写。

本标准由吐鲁番市林果业技术推广服务中心提出。

本标准由吐鲁番市林业和草原局归口。

本标准由吐鲁番市林果业技术推广服务中心、吐鲁番市质量与计量检测所负责起草。

本标准主要起草人：周黎明、刘丽媛、武云龙、王春燕、周慧、徐彦兵、陈志强。

红枣贮藏保鲜技术规程

1 范围

本规范规定了红枣贮藏保鲜的采收与质量要求、贮藏条件、贮藏管理、出库等。

本规范适用于红枣的贮藏保鲜。

2 规范性引用文件

下列文件对于本文件的应用是必不可少的。凡是注日期的引用文件，仅所注日期的版本适用于本文件。凡是不注日期的引用文件，其最新版本（包括所有的修改单）适用于本文件。

GB 2762　食品中污染物限量

GB 2763　食品中农药最大残留量限量

3 采收

3.1 采收

果面颜色达本品种固有色泽的1/3红时、可溶性固形物含量在13%（Brix）以上时进行采收，保留果柄。采收后鲜枣放在阴凉处，避免阳光直晒，并尽快入库、预冷。

3.2 质量要求

用于贮藏保鲜的红枣，首先应按照大小进行分级，剔除病虫、畸形、有伤枣。卫生指标应符合GB 2762和GB 2763的有关要求。

4 贮藏前准备

4.1 贮藏库消毒

红枣贮藏前，对贮藏库进行彻底清扫和消毒处理。

4.2 检修设备

检修设备，在红枣入库前2d~3d开机降温，使库温降至0℃左右。

4.3 预冷、入库

采后12h以内，装箱、入库，箱内衬聚乙烯塑料或纸壳，装后不封箱，先放库内预冷1d，待箱内温度降至0℃时，再封箱码垛。堆垛方向与库内空气循环方向一致，堆垛时要留有空隙。

5 贮藏

5.1 贮藏温度

贮藏温度控制在 -0.5℃~1℃。

5.2 贮藏湿度

相对湿度控制在 85%~90%。

5.3 贮藏管理

定期观察库内温、湿度情况,以及果品质量变化情况,适时对库内进行通风换气。

5.4 CO_2 气体含量

气调库储藏时,CO_2 气体含量小于 2.5%~3%。

5.5 贮藏期限

一般红枣贮藏期限为 30d~90d。

6 出库

根据市场情况及时出库,应避免库内外温差过大。

ICS 67.040
X 09

NY

中华人民共和国农业行业标准

NY/T 1762—2009

农产品质量安全追溯操作规程
水 果

Operating rules for quality and safety
traceability of agricultural products—Fruit

2009-04-23 发布　　　　　　　　　　　　　2009-05-22 实施

中华人民共和国农业部　发布

前　言

本标准由中华人民共和国农业部农垦局提出并归口。

本标准起草单位：中国农垦经济发展中心、农业部热带农产品质量监督检验测试中心。

本标准主要起草人：徐志、韩学军、王生。

农产品质量安全追溯操作规程 水果

1 范围

本标准规定了水果质量安全追溯的术语和定义、要求、编码方法、信息采集、信息管理、追溯标识、体系运行自检、质量安全问题处置。

本标准适用于水果质量安全追溯体系的实施。

2 规范性引用文件

下列文件中的条款通过本标准的引用而成为本标准的条款。凡是注日期的引用文件，其随后所有的修改单（不包括勘误的内容）或修订版均不适用于本标准，然而，鼓励根据本标准达成协议的各方研究是否可使用这些文件的最新版本。凡是不注日期的引用文件，其最新版本适用于本标准。

NY/T 1761 农产品质量安全追溯操作规程通则

3 术语与定义

NY/T 1761确立的术语和定义适用于本标准。

4 要求

4.1 追溯目标

追溯的水果产品可根据追溯码追溯到各个生产、采后处理、流通环节的产品、投入品信息及相关责任主体。

4.2 机构和人员

追溯的水果生产企业（组织或机构）应指定部门或人员负责追溯的组织、实施、监控和信息的采集、上报、核实及发布等工作。

4.3 设备和软件

追溯的水果生产企业（组织或机构）应配备必要的计算机、网络设备、标签打印机、条码读写设备及相关软件等。

4.4 管理制度

追溯的水果生产企业应制定产品质量安全追溯工作规范、信息采集规范、信息系统维护和管理规范、质量安全问题处置规范等相关制度，并组织实施。

5 编码方法

5.1 种植环节

5.1.1 产地编码

产地编码按 NY/T 1761 的规定执行。

5.1.2 地块编码

应对每个追溯地块编码。以种植时间、种植品种、生产措施相对一致的地理区域为一单位地块，按排列顺序编码，并建立编码地块档案。编码地块档案至少包括区域、面积、产地环境等信息。

5.1.3 种植者编码

生产、管理相对统一的种植户或种植组统称为种植者，应对种植者进行编码并建立种植者档案。种植者编码档案至少包括姓名（户名或组名）、种植区域、种植面积、种植品种等信息。

5.1.4 采摘批次编码

应对采摘批次进行编码，并建立采摘批次编码档案。采摘批次编码档案至少包括姓名（户名或组名）、采摘区域、采摘面积、采摘品种、采摘数量、采摘标准等信息。

5.2 采后处理环节

5.2.1 采后处理地点编码

应对采后处理地点进行编码，并建立采后处理地点编码档案。编码档案至少包括温度、卫生条件、地点等信息。

5.2.2 采后处理批次编码

应对采后处理批次进行编码，并建立采后处理批次编码档案。编码档案至少包括处理工艺、处理标准等信息。

5.2.3 包装批次编码

应对编制包装批次进行编码，并建立包装批次编码档案。编码档案至少包括产品等级、规格及检测结果等信息。

5.3 贮运环节

5.3.1 贮存设施编码

应对贮存设施按照位置进行编码，并建立贮存设施编码档案。编码档案至少包括位置、通风防潮状况、卫生条件等信息。

5.3.2 贮存批次编码

应对存贮批次进行编码，并建立存储批次编码档案。编码档案至少记录温度、湿度等信息。

5.3.3 运输设施编码

应对运输设施按照位置、牌号等进行编码，并建立运输设施编码档案。编码档案至少记录卫生条件、车辆类型、牌号等信息。

5.3.4 运输批次编码

应对运输批次编码，并建立运输批次编码档案。运输批次编码档案至少记录运输产品来自的存储设施、包装批次或逐件记录运输起止地点、运输设施等。

5.4 销售环节

销售编码可用以下方式：
——企业编码的预留代码位加入销售代码，成为追溯码。
——在企业编码外标出销售代码。

6 信息采集

6.1 产地信息

产地代码、产地环境监测情况（包括取样地点、时间、监测机构、监测结果等）、种植者档案等信息。

6.2 生产信息

种苗、农业投入品的品名、来源、使用和管理；采摘信息，包括采摘人员、采摘时间、采摘数量、预冷等信息。

6.3 采后处理信息

清洗、分级、包装的批次、日期、设施、投入品和规格、包装责任人等信息。

6.4 产品存储信息

存储位置、存储日期、存储设施、存储环境等信息。

6.5 产品运输信息

运输车型、车号、运输环境条件、运输日期、运输起止地点、数量等信息。

6.6 市场销售信息

市场流向、分销商、零售商、进货时间、销售时间等信息。

6.7 产品检验信息

产品来源、检验日期、检验机构、检验结果等信息。

7 信息管理

7.1 信息存储

应建立信息管理制度。纸质记录应及时归档，电子记录应每2周备份一次，所有信息档案至少保存2年以上。

7.2 信息传输

上环节操作结束时，相关企业（组织或机构）应及时通过网络、纸质记录等形式将代码和相关信息传递给下一环节，企业（组织或机构）汇总诸环节信息后传输到追溯系统。

7.3 信息查询

凡经相关法律法规要求，应予向社会发布的信息，应建立相应的查询平台。内容至少包括种植者、产品、产地、采后处理企业、批次、质量检验结果、产品标准。

8 追溯标识

水果追溯标识按 NY/T 1761 的规定执行。

9 体系运行自查和质量安全问题处置

企业追溯体系运行自查和质量安全问题处置按 NY/T 1761 的规定执行。

ICS 67.080.10
B 31

NY

中华人民共和国农业行业标准

NY/T 2860—2015

冬枣等级规格

Grades and specifications of winter jujube

2015-12-29 发布　　　　　　　　　　　　2016-04-01 实施

中华人民共和国农业部　发布

前 言

本标准按照 GB/T 1.1—2009 给出的规则起草。

本标准由农业部种植业管理司提出。

本标准由全国果品标准化技术委员会（SAC/TC 510）归口。

本标准起草单位：山东省农业科学院农业质量标准与检测技术研究所、山东省标准化研究院。

本标准主要起草人：滕葳、李倩、张树秋、柳琪、王磊、聂燕、王玉涛、郭栋梁、高磊。

冬枣等级规格

1 范围

本标准规定了冬枣等级规格的要求、抽样方法、包装及标识。

本标准适用于冬枣等级规格的划分。

2 规范性引用文件

下列文件对于本文件的应用是必不可少的。凡是注日期的引用文件，仅所注日期的版本适用于本文件。凡是不注日期的引用文件，其最新版本（包括所有的修改单）适用于本文件。

GB/T 191　包装储运图示标志

GB/T 6543　运输包装用单瓦楞纸箱和双瓦楞纸箱

GB 7718　食品安全国家标准　预包装食品标签通则

GB/T 8855　新鲜水果和蔬菜　取样方法

NY/T 1778　新鲜水果包装标识　通则

国家质量监督检验检疫总局令〔2005〕第75号　定量包装商品计量监督管理办法

3 术语和定义

下列术语和定义适用于本文件。

3.1 果点　spot fruit

因药害、气孔木质化等原因导致的冬枣果面分散的细小斑点。

3.2 浆头　serous part

枣的两头或局部出现浆包，色泽发暗。

4 要求

4.1 等级

4.1.1 基本要求

冬枣应符合下列基本要求：

——果形基本一致，果面清洁、果点小，成熟适度；

——无皱缩、萎蔫、浆头、腐烂或变质、异味；

——无病虫害导致的严重虫蚀、病斑和裂果等损伤；

——无冷冻、高温、日灼、机械导致的严重损伤；

——无不正常外来水分，无异物。

4.1.2 等级划分

在符合基本要求的前提下，冬枣分为特级、一级和二级。各等级应符合表1的规定。

表1　冬枣等级

等级	要　　求
特级	具有该品种固有的形态，果皮赭红光亮、着色50%以上，果肉白或黄白色，皮薄、果肉细脆无渣、浓甜微酸、爽口，无病虫害导致的病斑和裂果等损伤。无冷冻、高温、日灼、机械导致的损伤
一级	具有该品种固有的形态，果皮赭红光亮、着色40%以上，果肉白或黄白色，皮薄、果肉细脆无渣、浓甜微酸、爽口，无病虫害导致的病斑，无冷冻、高温、日灼导致的损伤。允许有轻微机械导致的损伤。同批果中裂纹果不超过2%
二级	具有该品种固有的形态，果皮赭红光亮、着色30%以上，果肉白或黄白色，皮薄、果肉较脆无渣、浓甜微酸、较爽口，无病虫害导致的病斑，无冷冻、高温导致的损伤，允许有少许日灼、机械导致的损伤。同批果中裂纹果不超过5%

4.1.3 等级容许度

等级的容许度按其数量计：

a）特级允许有3%的产品不符合该等级的要求，但应符合一级的要求；

b）一级允许有5%的产品不符合该等级的要求，但应符合二级的要求；

c）二级允许有8%的产品不符合该等级的要求，但符合基本要求。

4.2 规格

4.2.1 规格划分

以冬枣单果重为划分规格的指标，分为大（L）、中（M）、小（S）三个规格。冬枣的规格应符合表2的规定。

表2　冬枣规格

规　格	大（L）	中（M）	小（S）
单果重（W），g	>17	15≤W≤17	12≤W<15
同一包装中的允许误差，%	≤15	≤10	≤5

4.2.2 规格容许度

规格的容许度按其数量计：

a）特级允许有5%的单果不符合该规格的要求；

b）一级和二级允许有10%的单果不符合该规格的要求。

5 抽样方法

按GB/T 8855和表3的规定执行。

表3 抽样数量

批量件数	≤100	101~300	301~500	501~1000	>1000
抽样件数	5	7	9	10	15

6 包装

6.1 基本要求

同一包装内,应为同一地点生产、同一采收时间、同一等级和同一规格的产品。

6.2 包装方式

宜采用纸箱等包装。包装材料应清洁、卫生、干燥、无毒、无异味,符合GB/T 6543的规定。

6.3 净含量及允许负偏差

每个包装质量视具体情况确定,净含量及允许负偏差应符合国家质量监督检验检疫总局令〔2005〕第75号的规定。

6.4 限度范围

每批受检样品质量和大小不符合等级、规格要求的允许误差按所检单位的平均值计算,其值不应超过规定的限度,且任何所检单位的允许误差值不应超过规定值的2倍。

7 标识

包装物上应有明显标识,内容包括:产品名称、等级、规格、产品的标准编号、生产或供应商单位及详细地址、产地、净含量和采收、包装日期、联系方式。标注内容应字迹清晰、规范、完整。标识应符合NY/T 1778的规定。产品标签应符合GB 7718的规定。

包装外部应注明防晒、防雨、防挤压、轻拿轻放要求和保存方法。包装标识图示应符合GB/T 191的要求。

ICS 65.020
B 66

LY

中华人民共和国林业行业标准

LY/T 1780—2018
代替 LY/T 1780—2008

干制红枣质量等级

Grades of dried Chinese jujube

2018-12-29 发布　　　　　　　　　　　　2019-05-01 实施

国家林业和草原局　发布

前　言

本标准按照 GB/T 1.1—2009 给出的规则起草。

本标准由国家林业和草原局提出。

本标准由全国经济林产品标准化技术委员会（SAC/TC 557）归口。

本标准起草单位：河北农业大学。

本标准主要起草人：毛永民、宋仁平、申连英、楚旭名、刘新云、刘平、彭士琪。

干制红枣质量等级

1 范围

本标准规定了干制红枣的定义、要求、检验方法、检验规则、标志、标签、包装、运输和贮存。本标准适用于干制红枣（Zizyphus jujuba Mill.）的质量等级划定。

2 规范性引用文件

下列文件对于本文件的应用是必不可少的。凡是注日期的引用文件，仅所注日期的版本适用于本文件。凡是不注日期的引用文件，其最新版本（包括所有的修改单）适用于本文件。

GB/T 13607　苹果、柑桔包装

GB 16325　干果食品卫生标准

NY/T 2742　水果及制品可溶性糖的测定　3,5-二硝基水杨酸比色法

3 术语和定义

下列术语和定义适用于本文件。

3.1 干制红枣　dried Chinese jujube

达到完熟期的枣果采收后经自然晾晒或人工烘干而成的枣产品。

3.2 完熟期　full maturity

枣果完全着色变红到生理上完全成熟的一段时期。此期果皮红色加深，果肉变软，果实失水皱缩。此期采收适宜干制红枣。

3.3 品种特征　cultivar characteristics

不同枣品种的干制红枣在果实形状、大小、色泽、皱纹深浅等方面的特征。

3.4 大枣和小枣　big fruit cultivars and small fruit cultivars

按果实大小将枣品种分为两类，果实较大的一类为大枣品种，果实较小的一类为小枣品种。一般小枣品种平均单果重（脆熟期鲜重）小于8g。

3.5 果个大小　fruit size

干制红枣果实体积的大小。枣品种繁多，各品种间果实大小差异很大。果个大小只限于同一品种内比较，可分为果个大、果个较大、果个中等、果个较小4个级别。

3.6 色泽　skin luster

干制红枣果皮红色的深浅和光泽度。

3.7 果形　fruit shape

干制红枣果实的外观形态。

3.8 浆烂　decay

枣果发霉浆烂。

3.9 破头　skin crack

果实出现长度超过果实纵径 1/5 以上的裂口，但裂口处没有发生霉烂。

3.10 干条　dried immature fruit

由不成熟的果实干制而成，果形干瘦，果肉很不饱满，质地坚硬，无弹性，色泽黄，无光泽。

3.11 油头　dark or oiled skin spot

果实上出现颜色发暗似油浸状的斑块。

3.12 虫果　insect fruit

被害虫危害的枣果。

3.13 病果　disease fruit

带有病斑的果实。由于在生长季枣果实上发生缩果病（铁皮病）、炭疽病、褐斑病等危害果实的病害，制干后干枣上仍留有病斑。患缩果病（铁皮病）的干制红枣病斑部分干缩微凹，果皮暗红，果肉黄褐色、质硬，味甚苦，不能食用。

3.14 果形完整　uniformity in shape

果实形态完整，无缺损。

3.15 果实异味　odder flavour or odour

果实有不正常气味或口味。

3.16 杂质　foreign material

除枣果外的任何其他物质，如沙土、石粒、枝段、碎叶、金属物或其他外来的各种物质。

3.17 挤压变形　distortion

由于严重挤压导致干制红枣果形发生改变，不能保持自然晾晒或人工烘制后的果形状态。

3.18 串等果　mixed fruit

不属于本等级的枣果为串等果。

3.19 缺陷果 defect fruit

在外观和内在品质等方面有缺陷的果实，主要指腐烂果、裂口果、黑斑果、锈斑果、浆头、油头、破头、虫蛀果、病果、机械伤果、挤压变形果及其他伤害等。

3.20 容许度 tolerance

某一等级果中允许其他等级果占有的比例。

4 要求

4.1 质量等级

按照干制红枣果实大小、色泽等质量指标将其划分为特级、一级、二级、三级4个等级，分级标准见表1。未列入以上等级的果实为等外果。

表1　　　　　　　　　　干制红枣质量等级标准

项目	等级			
	特级	一级	二级	三级
基本要求	品种一致，具有本品种特征，果形完整，小枣含水量不高28%，大枣含水量不高于25%，无大的沙土、石粒、枝段、金属物等杂质，无异味，几乎无尘土			
果形	果形饱满	果形饱满	果形较饱满	果形不饱满
果实色泽	色泽良好	色泽较好	色泽一般	色泽差
果个大小[a]	果个大，均匀一致	果个较大，均匀一致	果个中等，较均匀	果个较小，不均匀
总糖含量	≥75%	≥70	≥65%	≥60%
缺陷果	无虫果、无浆烂、无干条，油头和破头之和不超过2%，病果不超过1%	无干条，病虫果不超过2%，浆烂、油头和破头之和不超过3%	病虫果不超过2%，浆烂、油头和破头之和不超过5%，干条不超过5%	病虫果不超过2%，浆烂、油头和破头之和不超过10%，干条不超过10%
杂质含量	不超过0.1%	不超过0.3%	不超过0.5%	不超过0.5%

注：主要枣品种干制红枣的果个大小分级标准参见附录A。

[a] 品种间果个大小差异很大，每千克果个数不作统一规定，各地可根据品种特性，按等级自行规定。

4.2 安全卫生要求

按GB 16352规定执行。如国家发布新标准或要求，服从新标准或要求。

5 检验方法

5.1 外观和感官特性

5.1.1 外观特性

将样品放在干净的平面上，在自然光下通过目测观察枣果的形状、颜色、光泽、果个大小的均匀程度、有无外来水分等。

5.1.2 缺陷果

逐个检查样品果有无缺陷，同一果上有两项或两项以上缺陷时，只记录对品质影响最大的一项。根据式（1）计算缺陷果所占比率：

$$Q = \frac{N_1}{N_2} \times 100\% \tag{1}$$

式中：

Q——缺陷果比率，%；

N_1——缺陷果个数，单位为个；

N_2——样品果总数，单位为个。

5.1.3 杂质

取不低于10kg样品，统计尘土、石粒、碎枝烂叶、金属等所有杂质的重量。根据式（2）计算杂质所占比率：

$$Z = \frac{W_1}{W_2} \times 100\% \tag{2}$$

式中：

Z——杂质百分率，%；

W_1——杂质总质量，单位为克（g）；

W_2——样品总质量，单位为克（g）。

5.1.4 异味

将样品取出，或打开包装，直接用嗅觉闻和用口品尝，检查是否有异味和苦味。

5.1.5 每千克枣果个数

用天平（感量为0.1g）准确称取800g~1 000g枣果，统计枣果个数，计算每千克枣果个数。重复5次。样品果实的含水率如果低于要求的含水率最大值，可以将样品果重折合成最大允许含水量时的果实重。

5.1.6 串等果及其比例

根据果个大小、色泽、果形指标，确定串等果。各级串等果的果重占样品总重的百分率即为该级串等果所占比例。

5.2 内在品质

5.2.1 果实含水率

取干制红枣样品200g~250g，切开果肉，去除枣核，将果肉切成薄片放在天平（感量为0.1g）上称重，然后将果肉放入60℃~65℃烘箱中烘至恒重后再称重，按式（3）计算含水率：

$$W = \frac{M_1 - M_2}{M_1} \times 100\% \tag{3}$$

式中：

W——果实含水率，%；

M_1——烘前果肉重，单位为克（g）；

M_2——烘后果肉重，单位为克（g）。

5.2.2 总糖含量

按 NY/T 2742 规定执行。

5.2.3 安全卫生指标检验

按 GB 16325 规定执行。

6 等级判定规则

6.1 检验批次

同品种、同等级、同一批交货进行销售和调运的干制红枣为一个检验批次。

6.2 抽样方法

在一个检验批次的不同部位按规定数量进行抽样，抽取的样品应具有代表性。

6.3 抽样数量

每批次干制红枣的抽样数量见表 2。如果在检验中发现问题或遇特殊情况，经交接货双方同意，可适当增加抽样数量。

表 2　每批次干制红枣的抽样数量

每批件数/件	抽样件数
≤100	5 件
101~500	以 100 件抽验 5 件为基数，每增 100 件增抽 2 件
501~1 000	以 500 件抽验 13 件为基数，每增 100 件增抽 1 件
>1 000	以 1 000 件抽验 18 件为基数，每增 200 件增抽 1 件

6.4 取样

包装抽出后，自每件包装的上中下三部分共抽取样品 300g~500g，根据检测项目的需要可适当加大样品数量，将所有样品充分混合，按四分法分取所需样品供检验使用。

6.5 容许度

在果形、色泽、大小等指标上允许有串等果。各级允许的串等果只能是邻级果。

a) 特级中允许有 5% 的一级枣果；
b) 一级中允许有 7% 的串等果；
c) 二级中允许有 10% 的串等果；
d) 三级中允许有 10% 的二级果和 10% 的等外果。

6.6 判定规则

检验结果全部符合本标准规定的，判定该批产品为合格品。若检验时出现不合格项时，允许加倍抽样复检，如仍有不合格项即判定该批产品不合格。卫生指标有一项不合格即判为不合格，不得复检。

7 包装、标志、运输和贮存

7.1 包装

包装容器应坚固、干净、无毒、无污染、无异味。包装材料可用瓦楞纸箱（其技术要求应符合 GB/T 13607 的规定）或塑料箱，不允许使用麻袋和尼龙袋。干制红枣可先装入小塑料袋中密封包装，再放在纸箱或塑料箱中。塑料袋密封包装宜采用 0.5kg～3kg 的小包装。包装内可放有袋装的干燥剂，但要特别注明，避免误食。纸箱包装宜采用 5kg～10kg 的包装。包装容器内不得有枝、叶、砂、石、尘土及其他异物。内衬包装材料应新而洁净、无异味，且不会对枣果造成伤害和污染。

7.2 标志

在包装上打印或系挂标签卡，标明产品名称、等级、净重、产地、包装日期、包装者或代号、生产单位等。已注册商标的产品，可注明品牌名称及其标志。同一批货物，其包装标志应统一。

7.3 运输

待运时，按品种、等级分别堆放。运输工具清洁卫生、无异味。不与有毒有害物品混运。装卸时轻拿轻放。待运和运输过程中严禁烈日曝晒、雨淋，注意防潮。

7.4 贮存

贮存场所应干燥、通风良好、洁净卫生、无异味。也可在低温冷库（0℃～10℃）存放。不与有毒、有害物品混合存放。贮存时需标明贮存期限。贮存过程中要定期检查，以防发生腐烂、霉变、虫蛀和鼠害等现象。

附录 A
（资料性附录）
干制红枣果个大小分级标准

分级标准见表 A.1。

表 A.1　　　　　　　　主要品种干制红枣果个大小分级标准

品种	每千克果个数/（个/kg）				
	特级	一级	二级	三级	等外果
金丝小枣	<260	260~300	301~350	351~420	>420
无核小枣	<400	400~510	511~670	671~900	>900
婆枣	<125	125~140	141~165	166~190	>190
圆铃枣	<120	120~140	141~160	161~180	>180
扁核酸	<180	180~240	241~300	301~360	>360
灰枣	<120	120~145	146~170	171~200	>200
赞皇大枣	<100	100~110	111~130	131~150	>150

ICS 67.050
X 04

GB

中华人民共和国国家标准

GB/T 18525.3—2001

红枣辐照杀虫工艺

Code of good irradiation practice
for insect disinfestation of dried red jujube

2001-12-05 批准　　　　　　　　　　2002-03-01 实施

中华人民共和国国家质量监督检验检疫总局　发布

前 言

　　仓贮害虫是造成干果贮存期间损失的重要原因之一，辐照可以有效杀灭红枣中的害虫。为规范辐照工艺，确保辐照产品质量，特制定本标准。

　　本标准在技术内容上非等效采用了国际食品辐照咨询组（ICGFI）制定的《干果、坚果辐照杀虫工艺规范》（ICGF1 Doc. No. 20 1995）。

　　本标准由中华人民共和国农业部提出。

　　本标准起草单位：中国农业科学院原子能利用研究所。

　　本标准主要起草人：林音、施培新、李香玲、刘宏跃。

　　本标准由中国农业科学院原子能利用研究所负责解释。

红枣辐照杀虫工艺

1 范围

本标准规定了红枣辐照杀虫的工艺和要求。

本标准适用于包装红枣及枣脯的辐照杀虫。其他枣类及其加工制品也可参照使用。本标准不适用于红枣的防霉、杀菌。

2 引用标准

下列标准所包含的条文，通过在本标准中引用而构成为本标准的条文。本标准出版时，所示版本均为有效。所有标准都会被修订，使用本标准的各方应探讨使用下列标准最新版本的可能性。

GB/T 5835—1986 红枣

GB/T 18524—2001 食品辐照通用技术要求

3 定义

本标准采用下列定义。

3.1 红枣 dried jujubes

充分成熟的鲜枣经晾干、晒干或烤干而成。果皮红至紫红色。

3.2 最低有效剂量 minimum effective dose

为达到辐照目的所需的辐照工艺剂量下限值。本标准中指达到红枣杀虫目的的最低剂量。

3.3 最高耐受计量 maximum tolerance dose

不影响被辐照产品质量的辐照工艺剂量上限值。本标准中指不影响红枣食用品质和功能特性的最高剂量。

4 辐照前要求

4.1 产品

红枣质量应达到 GB/T 5835 规定的等级规格二等以上。精选的产品中不允许存在仓贮害虫的蛹和成虫。精选后应立即包装，以免再感染害虫。

4.2 包装

应使用食品级，耐辐照、保护性的包装材料。外包装使用瓦楞纸箱并用胶带密封。

4.3 辐照时期

辐照应在精选、包装后立即进行,以防幼虫和卵发育为蛹和成虫。

5 辐照

5.1 辐照装置和管理

按 GB/T 18524 规定执行。

5.2 工艺剂量

杀灭害虫卵和幼虫的最低有效剂量为 0.3 kGy,最高耐受剂量为 1.0 kGy。用于红枣辐照杀虫的工艺剂量应设定在 0.3~1.0 kGy。

6 辐照后贮运

产品库必须无虫源,在运输和装卸时应防止内外包装的破损以避免害虫的再侵入。

7 辐照后产品质量

按本标准要求操作,辐照后无活虫,卵和幼虫辐照后 1~3 周内全部死亡。辐照后红枣的品质和功能特性同未辐照产品。

8 标识

按 GB/T 18524—2001 中第 8 章执行。

9 重复照射

根据 GB/T 18524—2001 中第 7 章的规定,可进行重复照射,但累积剂量不应超过 1.0 kGy,以免影响产品的食用品质和功能特性。

ICS 67.080
B 66

GB

中华人民共和国国家标准

GB/T 22345—2008

鲜枣质量等级

Grades of fresh Chinese jujube fruit

2008-09-02 发布　　　　　　　　　　2009-03-01 实施

中华人民共和国国家质量监督检验检疫总局
中国国家标准化管理委员会　发布

前　言

本标准的附录 A 为资料性附录。

本标准由国家林业局提出并归口。

本标准由河北农业大学负责起草。

本标准主要起草人：毛永民、宋仁平、申连英、徐立新、王建学、刘平、刘新云、彭士琪。

鲜枣质量等级

1 范围

本标准规定了鲜枣的定义、要求、检验方法、检验规则、标志、标签、包装、运输和贮存。

本标准适用于鲜枣（Zizyphus jujuba Mill.）的质量等级划定。

2 规范性引用文件

下列文件中的条款通过本标准的引用而成为本标准的条款。凡是注日期的引用文件，其随后所有的修改单（不包括勘误的内容）或修订版均不适用于本标准，然而，鼓励根据本标准达成协议的各方研究是否可使用这些文件的最新版本。凡是不注日期的引用文件，其最新版本适用于本标准。

GB/T 12295　水果蔬菜制品　可溶性固形物含量的测定　折射仪法

GB/T 13607　苹果、柑桔包装

GB 18406.2　农产品安全质量　无公害水果安全要求

3 术语和定义

下列术语和定义适用于本标准。

3.1 鲜枣　fresh Chinese jujube fruit

白熟期、脆熟期和完熟期的枣果实，因用途不同可在不同时期采收。

3.2 鲜食枣　fruit harvested in crisp maturity for fresh eating

在脆熟期采收的果实。

3.3 成熟期　maturity

果实生长和发育中达到特定用途的最佳时期。按用途枣果的成熟期分为白熟期、脆熟期和完熟期。

3.4 白熟期　white maturity

果皮退绿发白至着色前这一段时期。此期果实已基本长到该品种应有的大小，果皮叶绿素减少，肉质较松，汁液少，含糖量低，适宜加工蜜枣。

3.5 脆熟期　crisp maturity

果实着色至全红这一段时期。此期果实已长到该品种应有的大小，果肉呈绿白色或乳白色，含糖量高，汁液多，质地脆，适宜鲜食。

3.6 完熟期 full maturity

脆熟期之后到生理上完全成熟的一段时期。此期果皮红色加深，果肉变软，果实失水皱缩。此期采收适宜干制红枣。

3.7 品种特征 cultivar characteristics

成熟期果实在果形、色泽、大小、质地等方面表现出的该品种固有特征。

3.8 果形正常 normal fruit shape

果实形状为本品种固有的形状。

3.9 畸形果 abnormal fruit shape

形状明显与本品种正常果形不同的果实。

3.10 色泽 luster

鲜枣果皮的颜色和光亮度。
a）色泽好　果皮颜色鲜艳光亮。
b）色泽较好　果皮颜色比较鲜艳，光泽度较好。
c）色泽一般　果皮颜色较暗，光泽度较差。
d）色泽差　果皮颜色暗，无光泽。

3.11 自然着色 nature colouring

枣果实在树上发育成熟过程中果面自然变红的现象。

3.12 着色面积 red colour area

枣果实自然着色（红色）面积。

3.13 整齐度 uniformity

果实在形状、大小、色泽方面的一致程度。

3.14 杂质 foreign substance

除枣果外的任何其他物质，如土块、石粒、枝段、碎叶、金属物或其他外来的各种物质。

3.15 浆烂果 decay fruit

有溃疡、腐烂斑块或全部腐烂的枣果。

3.16 残留物 residue

在枣果表面附着的可见外来物质，主要为田间生长过程中喷洒到果面的物质残留。

3.17 裂果 cracking or splitting fruit

果面上有一条以上明显可见、长度超过3mm裂纹的果实。

3.18 机械伤 mechanical injury

受机械外力作用，导致枣果实出现明显划痕或伤口，或虽没明显外伤，但果肉组织受损。

3.19 锈斑 rusted spot

果面黄褐色斑纹或斑块总面积超过果面总面积的5%。

3.20 黑斑 black spot

枣果表面出现直径大于1mm的黑色斑点。

3.21 虫果 insect fruit

被害虫危害的枣果。

3.22 病果 disease fruit

有明显或较明显病害特征的果实。

3.23 缺陷果 defect fruit

在外观或内在品质等方面有缺陷的果实，如腐烂果、裂果、黑斑果、锈斑果、虫蛀果、病果、畸形果、机械伤及其他伤害果等。

3.24 串等果 mixed fruit

不属于本等级的枣果。

3.25 不正常外来水分 abnormal foreign water

果实经雨淋或用水冲洗后表面残留的水分。但果实从冷库或冷藏车内移出时，允许因温度差异而带轻微凝结水。

3.26 容许度 tolerance

某一等级果中允许其他等级果占有的比率。

4 要求

4.1 质量等级要求

4.1.1 作蜜枣用

作蜜枣用时，鲜枣的采收期为白熟期，等级划分见表1。未列入表1等级的果实为等外果。

表 1　　作蜜枣用鲜枣质量等级标准

项目	等 级		
	特级	一级	二级
基本要求	白熟期采收。果形完整。果实新鲜，无明显失水。无异味		
品种	品种一致	品种基本一致	果形相似品种可以混合
果个大小[a]	果个大，均匀一致	果个较大，均匀一致	果个中等，较均匀
缺陷果	≤3%	≤8%	≤10%
杂质含量	≤0.5%	≤1%	≤2%

[a] 品种间果个大小差异很大，每千克果个数不作统一规定，各地可根据品种特性，按等级自行规定。

4.1.2　鲜食枣

按鲜枣果实大小、色泽等指标将其划分为特级、一级、二级、三级4个等级，分级标准见表2。未列入以上等级的果实为等外果。

表 2　　鲜食枣质量等级标准

项目		等 级			
		特级	一级	二级	三级
基本要求		脆熟期采收。品种纯正，果形完整，果面光洁，无残留物。果肉脆适口，无异味和不良口味。无或几乎无尘土，无不正常的外来水分，基本无完熟期果实。最好带果柄。			
果实色泽		色泽好	色泽好	色泽较好	色泽一般
着色面积占果实表面积的比例		1/3 以上	1/3 以上	1/4 以上	1/5 以上
果个大小[a]		果个大，均匀一致	果个较大，均匀一致	果个中等，较均匀	果个较小，较均匀
可溶性固形物		≥27%	≥25%	≥23%	≥20%
缺陷果	浆烂果	无	≤1%	≤3%	≤4%
	机械伤	≤3%	≤5%	≤10%	≤10%
	裂果	≤2%	≤3%	≤4%	≤5%
	病虫果	≤1%	≤2%	≤4%	≤5%
	总缺陷果	≤5%	≤10%	≤15%	≤20%
杂质含量		≤0.1%	≤0.3%	≤0.5%	≤0.5%

[a] 品种间果个大小差异很大，每千克果个数不作统一规定，各地可根据品种特性，按等级自行规定。冬枣、梨枣的果实大小分级标准参见附录A。

4.2　安全卫生要求

按 GB 18406.2 执行。

5 检验方法

5.1 外观和感官特性

通过目测和品尝进行鉴定。

5.1.1 外观特性

将样品放在干净的平面上,在自然光下通过目测观察枣的形状、颜色、光泽、果个大小的均匀程度、有无外来水分等。

5.1.2 缺陷果

逐个检查样品果有无缺陷,同一果上有两项或两项以上缺陷时,只记录对品质影响最重的一项。根据式(1)计算缺陷果所占比率:

$$Q = \frac{N_1}{N_2} \times 100\% \tag{1}$$

式中:

Q——缺陷果百分率,%;

N_1——缺陷果个数,单位为个;

N_2——样品果总数,单位为个。

5.1.3 杂质

取不低于10kg样品,统计尘土、石粒、碎枝烂叶、金属等所有杂质的重量。根据式(2)计算杂质所占比率:

$$Z = \frac{m_1}{m_2} \times 100\% \tag{2}$$

式中:

Z——杂质百分率,%;

m_1——杂质总重量,单位为克(g);

m_2——样品总重量,单位为克(g)。

5.1.4 异味

将样品取出,或打开包装直接用嗅觉检验是否有异味,通过品尝判断是否有不良口味。

5.1.5 单果重

用天平(感量为0.1g)准确称取800g~1 000g枣果,统计枣果个数,按式(3)计算单果重,重复5次求平均值。

$$S = \frac{m}{N} \tag{3}$$

式中:

S——单果重,单位为克每个(g/个);

m——果实总重,单位为克(g);

N——果实数量,单位为个。

5.1.6 串等果及其比率

根据果个大小、着色面积、色泽确定串等果。各级串等果的果重占样品总重的百分率即为该级串等果所占比率。

5.2 内在品质

5.2.1 口感

通过品尝确定果实是否脆甜适口。

5.2.2 可溶性固形物

按 GB/T 12295 中的方法进行。

5.2.3 安全卫生指标检验

按 GB 18406.2 规定执行。

6 等级判定规则

6.1 检验批次

同品种、同等级、同一批交货进行销售和调运的鲜枣为一个检验批次。

6.2 抽样方法

在一个检验批次的不同部位按规定数量随机进行抽样，抽取的样品应具有代表性。

6.3 抽样数量

每批次鲜枣的抽样数量见表3。如果在检验中发现问题或遇特殊情况，经交接货双方同意，可适当增加抽样数量。

表3 每批次鲜枣的抽样数量

每批件数/件	抽样件数
≤100	5 件
101~500	以 100 件抽验 5 件为基数，每增 100 件增抽 2 件
501~1000	以 500 件抽验 13 件为基数，每增 100 件增抽 1 件
>1000	以 1000 件抽验 18 件为基数，每增 200 件增抽 1 件

6.4 取样

包装抽出后，自每件包装的上中下三个部位提取样品 300g~500g，根据检测项目的需要可适当加大样品数量，将所有样品充分混合，按四分法分取所需样品供检验使用。

6.5 容许度

在果形、色泽、大小等指标上允许有串等果，但不包括杂质含量和缺陷果两项指标。各级允许的串等果只能是邻级果。

a）特级中允许有5%的一级枣果。
b）一级中允许有7%的串等果（特级和二级）。
c）二级中允许有10%的串等果（一级和三级）。
d）三级中允许有10%的二级果和10%的等外果。

6.6 判定规则

检验结果全部符合本标准规定的，判定该批产品为合格品。若检验时出现不合格项时，允许加倍抽样复检，如仍有不合格项即判定该批产品不合格。卫生指标有一项不合格即判为不合格，不得复检。

7 包装、标志、运输和贮存

7.1 包装

7.1.1 外包装

包装材料应坚固、干净、无毒、无污染、无异味。包装材料可用瓦楞纸箱（其技术要求应符合GB/T 13607的规定）、塑料箱和保温泡沫箱。外包装大小根据需要确定，一般不宜超过10kg。

7.1.2 内包装

内包装材料要求清洁、无毒、无污染、无异味、透明、有一定的通气性，不会对枣果造成伤害和污染。包装容器内不得有枝、叶、砂、石、尘土及其他异物。

做蜜枣用的鲜枣只用外包装，包装材料可用编织袋、布袋、尼龙网袋和果筐等大容器。

7.2 标志

在包装上打印或系挂标签卡，标明产品名称、等级、净重、产地、包装日期、包装者或代号、生产单位等。已注册商标的产品，可注明品牌名称及其标志。同一批货物，其包装标志应统一。

作蜜枣用的鲜枣标志可以适当简化。

7.3 运输

运输应采用冷藏车或冷藏集装箱，运输工具应清洁卫生、无异味，不与有毒有害物品混运。装卸时轻拿轻放。

鲜枣做蜜枣用时，在不影响加工蜜枣品质的情况下可常温运输。

7.4 贮存

应在冷库或气调库低温（0 ± 1）℃贮存。不与有毒、有害物品混合存放，不要与其他易释放乙烯的果品如苹果等混放。贮存时需标明贮存期限。贮存过程中要定期检查，以防发生失水、腐烂等现象。

鲜枣做蜜枣用时，在不影响加工蜜枣品质的情况下可常温短期贮藏。

附录 A
（资料性附录）
冬枣和梨枣果实大小分级标准

表 A.1

品种	单果重/（g/个）			
	特级	一级	二级	三级
冬枣	≥20.1	16.1~20	12.1~16	8~12
梨枣	≥32.1	28.1~32	22.1~28	17~22

ICS 67.080.10
B 31

GB

中华人民共和国国家标准

GB/T 5835—2009
代替 GB/T 5835—1986

干制红枣

Dried Chinese jujubes

2009-03-28 发布　　　　　　　　　　　　　　2009-08-01 实施

中华人民共和国国家质量监督检验检疫总局
中国国家标准化管理委员会　发布

前 言

本标准代替 GB/T 5835—1986《红枣》。

本标准与 GB/T 5835—1986 相比主要变化如下：

——修改了 GB/T 5835—1986 中的术语；

——修改了 GB/T 5835—1986 中的检验规则；

——修改了 GB/T 5835—1986 中的标志、标签与包装。

本标准的附录 A 为资料性附录。

本标准由中华全国供销合作总社提出。

本标准由中华全国供销合作总社济南果品研究院归口。

本标准主要起草单位：中华全国供销合作总社济南果品研究院。

本标准主要起草人：解维域、丁辰、宋烨。

本标准所代替标准的历次版本发布情况为：

——GB/T 5835—1986。

干 制 红 枣

1 范围

本标准规定了干制红枣的相关术语和定义、分类、技术要求、检验方法、检验规则、包装、标志、标签、运输和贮存。

本标准适用于干制红枣的外观质量分级、检验、包装和贮运。

2 规范性引用文件

下列文件中的条款通过本标准的引用而成为本标准的条款。凡是注日期的引用文件，其随后所有的修改单（不包括勘误的内容）或修订版均不适用于本标准，然而，鼓励根据本标准达成协议的各方研究是否可使用这些文件的最新版本。凡是不注日期的引用文件，其最新版本适用于本标准。

GB/T 191　包装储运图示标志（GB/T 191—2008，ISO 780：1997，MOD）

GB 2762　食品中污染物限量

GB 2763　食品中农药最大残留限量

GB/T 5009.3　食品中水分的测定

GB/T 8855　新鲜水果和蔬菜　取样方法

GB/T 10782　蜜饯通则

SB/T 10093　红枣贮存

3 术语和定义

下列术语和定义适用于本标准。

3.1 干制红枣　dried Chinese jujubes

用充分成熟的鲜枣，经晾干、晒干或烘烤干制而成，果皮红色至紫红色。

3.2 外观质量

3.2.1 品种特征　cultivar characters

不同品种的红枣干制后的外观特征，如果实形状、果实大小、色泽浓淡、果皮厚薄、皱纹深浅、果肉和果核的比例以及肉质风味等。

3.2.2 果实大小均匀　fruit uniform size

同一批次、同一等级规格的干制红枣果实大小基本一致。

3.2.3 肉质肥厚　plump flesh

干制红枣可食部分的百分率超过一定的数值为肉质肥厚。鸡心枣可食部分不低于84%为肉质肥厚，其他品种可食部分达到90%以上者为肉质肥厚。

3.2.4 身干 dryness

干制红枣果肉的干燥程度。以红枣含水率的高低表示。

3.2.5 色泽 colour and lustre

干制红枣果皮颜色深浅和光泽。

3.3 杂质

3.3.1 一般杂质 general impurity

混入干制红枣中的枣枝、叶、微量泥沙及灰尘。

3.3.2 有害杂质 harmful impurity

混入干制红枣中的各种有毒、有害及其他有碍食品卫生安全的物质。如玻璃碎片、瓷片、沥青、水泥块、煤屑、毛发、昆虫尸体、塑料及其他有害杂质。

3.4 缺陷果 defect fruit

鲜枣在生长发育和采摘过程中受病虫危害、机械损伤和化学品作用造成损伤的果实。

3.5 干条 dried immature fruit

由不成熟的鲜枣干制而成，果实干硬瘦小，果肉不饱满，质地坚硬，果皮颜色淡偏黄，无光泽。

3.6 浆头果 starch head fruit

红枣在生长期或干制过程中因受雨水影响，枣的两头或局部未达到适当干燥，含水率高，色泽灰暗，进一步发展即成霉烂枣。浆头枣已裂口属于烂枣，不作浆头果处理。

3.7 破头果 skin crack fruit

破损果

红枣在生长期间因自然裂果或机械损伤而造成果皮出现长达1/10以上的破口，且破口不变色、不霉烂的果实。

3.8 油头果 dark or oiled skin spot fruit

鲜枣在干制过程中翻动不匀，枣上有的部位受温过高，引起多酚类物质氧化，使外皮变黑，肉色加深的果实。

3.9 病果 diseased fruit

带有病斑的干制红枣。

3.10 虫蛀果 wormy fruit

果实受害虫危害，伤及果肉，或在果核外围留有虫絮、虫体、排泄物的果实。

3.11 霉变果 mildewed fruit

果实受微生物侵害，果肉部分变色变质，或果皮表面留有明显发霉危害痕迹的果实。

3.12 内在品质

3.12.1 含水量 moisture content
干制红枣中水分的含量，以百分率表示。

3.12.2 总糖 total sugar
干制红枣中总糖的含量，以百分率表示。

3.12.3 可食率 edible rate
可食用部分重量与整果重之比，以百分率表示。

3.13 容许度 tolerance
某一等级果中允许不符合本等级要求的干制红枣所占的比例。

4 分类

干制红枣分为干制小红枣和干制大红枣两类。

4.1 干制小红枣
用金丝小枣、鸡心枣、无核小枣等品种和类似品种干制而成。

4.2 干制大红枣
用灰枣、板枣、郎枣、圆铃枣（核桃纹枣、紫枣）、长红枣、赞皇大枣、灵宝大枣（屯屯枣）、壶瓶枣、相枣、骏枣、扁核酸枣、婆枣、山西（陕西）木枣、大荔圆枣、晋枣、油枣、大马牙、圆木枣等品种和类似品种干制而成。

5 技术要求

5.1 干制小红枣等级规格要求

干制小红枣分为特等果、一等果、二等果和三等果（见表1）。

表1　　　　　　　　　干制小红枣等级规格要求

项目	果形和果实大小	品质	损伤和缺陷	含水率/%	容许度/%	总不合格果百分率/%
特等	果形饱满，具有本品种应有的特征，果大均匀	肉质肥厚，具有本品种应有的色泽，身干，手握不粘个，总糖含量≥75%，一般杂质不超过0.5%	无霉变、浆头、不熟果和病虫果。允许破头、油头果两项不超过3%	不高于28	不超过5	不超过3

(续表)

项目	果形和果实大小	品质	损伤和缺陷	含水率/%	容许度/%	总不合格果百分率/%
一等	果形饱满,具有本品种应有的特征,果实大小均匀	肉质肥厚,具有本品种应有的色泽,身干,手握不粘个,总糖含量≥70%,一般杂质不超过0.5%,鸡心枣允许肉质肥厚度较低	无霉变、浆头、不熟果和病果。允许虫果、破头、油头果三项不超过5%	不高于28	不超过5	不超过5
二等	果形良好,具有本品种应有的特征,果实大小均匀	肉质较肥厚,具有本品种应有的色泽,身干,手握不粘个,总糖含量≥65%,一般杂质不超过0.5%	无霉变、浆头果。允许病虫果、破头、油头果和干条四项不超过10%(其中病虫果不得超过5%)	不高于28	不超过10	不超过10
三等	果形正常,具有本品种应有的特征,果实大小较均匀	肉质肥瘦不均,允许有不超过10%的果实色泽稍浅,身干,手握不粘个,总糖含量≥60%,一般杂质不超过0.5%	无霉变果。允许浆头、病虫果、破头、油头果和干条五项不超过15%(其中病虫果不得超过5%)	不高于28	不超过15	不超过15

5.2 干制大红枣等级规格要求

干制大红枣分为一等果、二等果和三等果(见表2)。

表2　　干制大红枣等级规格要求

项目	果形和果实大小	品质	损伤和缺陷	含水率/%	容许度/%	总不合格果百分率/%
一等	果形饱满,具有本品种应有的特征,果大均匀	肉质肥厚,具有本品种应有的色泽,身干,手握不粘个,总糖含量≥70%,一般杂质不超过0.5%	无霉变、浆头、不熟果和病果。虫果、破头果两项不超过5%	不高于25	不超过5	不超过5
二等	果形良好,具有本品种应有的特征,果实大小均匀	肉质较肥厚,具有本品种应有的色泽,身干,手握不粘个,总糖含量≥65%,一般杂质不超过0.5%	无霉变果。允许浆头不超过2%,不熟果不超过3%,病虫果、破头果两项不超过5%	不高于25	不超过10	不超过10

(续表)

项目	果形和果实大小	品 质	损伤和缺陷	含水率/%	容许度/%	总不合格果百分率/%
三等	果形正常,果实大小较均匀	肉质肥瘦不均,允许有不超过10%的果实色泽稍浅,身干,手握不粘个,总糖含量≥60%,一般杂质不超过0.5%	无霉变果。允许浆头不超过5%,不熟果不超过5%,病虫果、破头果两项不超过10%（其中病虫果不得超过5%）	不高于25	不超过15	不超过20

注：干制红枣品种繁多，各品种果实大小差异较大，本标准对干制红枣每千克果数不作统一规定，产地可根据当地品种特性，按等级要求自行规定。主要品种干制红枣的果实大小分级标准可参见附录A。

5.3 卫生指标

按照 GB 2762 和 GB 2763 有关规定执行。

6 检验方法

6.1 取样方法

按 GB/T 8855 规定执行。

6.2 等级规格检验

6.2.1 标准样品的制备

干制红枣产地在开始收购以前，可根据本标准规定的等级质量指标制备各品种干制红枣等级规格标准样品，以便于市场交易的直观判断。

6.2.2 果形及色泽

将抽取的样枣，铺放在洁净的平面上，对照标准样品，按标准规定目测观察样枣的形状和色泽，记录观察结果。

6.2.3 果实大小

样枣按四分法取样1000g，观察枣粒大小及其均匀程度。

6.2.4 肉质

以制备的标准样品为比照依据，确定干制红枣果肉的干湿和肥瘦程度。如双方对检验结果存在分歧时，可按本标准规定的含水率和可食率指标实际测定。

6.2.5 杂质

原包装检验，检验时将干制红枣倒在洁净的板或布上，用目测检查杂质，连同袋底存有的沙土一起称重。按式（1）计算其百分率，结果保留一位小数。

$$杂质 = （杂质重量/样枣重量）\times 100\% \qquad (1)$$

6.2.6 不合格果

将干制红枣样品混合均匀，随机取样1 000g，用目测检查，依据标准规定分别拣出不熟果、病虫果、霉变及浆头果、破头果、油头果以及其他损伤果并称重。按式（2）计算各项不合格果的百分率，结果保留一位小数。

$$单项不合格果百分率 = （单项不合格果重量/试样重量） \times 100\% \tag{2}$$

同一果实有多项缺陷时，只记录其中最主要的一项缺陷。

各单项不合格果百分率的总和即为该批干制红枣的总不合格果百分率。

6.3 理化检验

6.3.1 含水率测定

6.3.1.1 样品制备

称取去核干制红枣250g，带果皮纵切成条，然后横切成碎片（每片厚约0.5mm），混合均匀，放入磨口瓶中，作为含水率的测试样品。

6.3.1.2 测定

按GB/T 5009.3中蒸馏法的规定测定含水率。

6.3.2 总糖测定

按GB/T 10782中总糖的规定执行。

6.3.3 可食率测定

称取具有代表性的样枣200g~300g，逐个切开将枣肉与枣核分离，称量果肉重量，然后按式（3）计算。

$$可食率 = （果肉重量/全果重量） \times 100\% \tag{3}$$

6.4 卫生指标检测

污染物、农药残留量分别按GB 2762和GB 2763规定的相应检验方法和标准执行。

7 检验规则

7.1 组批规则

同一生产单位、同品种、同等级、同一贮运条件、同一包装日期的干制红枣作为一个检验批次。

7.2 型式检验

型式检验是对第5章技术要求规定的全部指标进行检验。有下列情形之一者，应进行型式检验：

a) 前后两次检验，结果差异较大；
b) 生产或贮藏环境发生较大变化；
c) 国家质量监督机构或主管部门提出型式检验要求。

7.3 交收检验

7.3.1 每批产品交收前，生产单位都应进行交收检验，其内容包括等级规格、容许度、净含量、包装、标志的检验。检验的期限，货到产地站台24h内检验，货到目的地48h内检验。检验合格并附合格证的产品方可交收。

7.3.2 双方交接时，每个包装件的净重应和规定重量相符。

7.4 判定规则

7.4.1 等级规格要求的总不合格果百分率符合等级要求，理化指标和卫生指标均为合格，则该批产品判为合格。

7.4.2 当一个果实的等级规格质量要求有多项不合格时，只记录其中最主要的一项。

7.4.3 等级规格要求的总不合格果百分率不符合等级要求，或有一项理化指标不合格，或卫生指标有一项不合格，或标志不合格，则该批产品判为不合格。

7.4.4 卫生指标出现不合格时，允许另取一份样品复检，若仍不合格，则判该项指标不合格；若复检合格，则需再取一份样品作第二次复检，以第二次复检结果为准。

7.4.5 在取样的同时对包装进行检查，不符合规定的包装容器和包装方法，应局部或全部予以整理。不合格的产品，允许生产单位进行整改后申请复检。

8 包装与标志、标签

8.1 包装

8.1.1 每一包装容器只能装同一品种、同一等级的干制红枣，不得混淆不清。

8.1.2 麻袋、尼龙袋装果后，应用拉力强的麻绳或其他封包绳封合严密，搬动时不能使红枣从缝隙中漏出。

8.1.3 包装容器和材料

8.1.3.1 干制红枣可用麻袋、尼龙袋、纸箱或塑料箱等包装。麻袋、尼龙袋应编织紧密，纸箱或塑料箱应具有较强的抗压强度。同一批货物各件包装的净重应完全一致。

8.1.3.2 麻袋、尼龙袋的封包绳可用麻绳等，封包绳应具有较强拉力。

8.1.3.3 包装干制红枣的容器和材料，要求清洁卫生、干燥完整、无毒性、无异味、无虫蛀、无腐蚀、无霉变等现象。

8.2 标志、标签

8.2.1 包装容器上应系挂或粘贴标有品名、品种、等级、产地、执行标准编号、毛重（kg）、净含量（kg）、包装日期、封装人员或代号的标签和符合 GB/T 191 规定的防雨、防压等相关储运图示的标记，标志字迹应清晰无误。

8.2.2 采用不同颜色的标识或封包绳作为等级的辨识标志，特等为蓝色、一等为红色、二等为绿色、三等为白色。

9 运输与贮存

9.1 运输

9.1.1 不同型号包装容器分开装运。运输工具应清洁、干燥。

9.1.2 装卸、搬运时要轻拿轻放，严禁乱丢乱掷。堆码高度应充分考虑干制红枣和容器的抗压能力。

9.1.3 交运手续力求简便、迅速，运输时严禁日晒、雨淋。不得与有毒有害物品混运。

9.2 贮存

9.2.1 红枣干制后应挑选分级,按品种、等级分别包装、分别堆存。批次应分明,堆码整齐。

9.2.2 干制红枣在存放过程中,严禁与其他有毒、有异味、发霉以及其他易于传播病虫的物品混合存放。严禁雨淋,注意防潮、防虫、防鼠。

9.2.3 堆放干制红枣的仓库地面应铺设木条或格板,使通风良好。

9.2.4 贮存技术:按 SB/T 10093 规定执行。

附录 A
（资料性附录）
干制红枣主要品种果实大小分级标准

干制红枣主要品种各等级果实大小分级标准见表 A.1。

表 A.1　　　　　　　　　干制红枣主要品种果实大小分级标准

品种	每千克果粒数/（个/千克）				
	特级	一级	二级	三级	等外果
金丝小枣	<260	260~300	301~350	351~420	>420
无核小枣	<400	400~510	511~670	671~900	>900
婆枣	<125	125~140	141~165	166~190	>190
圆铃枣	<120	120~140	141~160	161~180	>180
扁核酸	<180	180~240	241~300	301~360	>360
灰枣	<120	120~145	146~170	171~200	>200
赞皇大枣	<100	100~110	111~130	131~150	>150

ICS 65.020.01
B 08

GB

中华人民共和国国家标准

GB/T 26908—2011

枣贮藏技术规程

Storage practice for fresh Chinese jujubes

2011-09-29 发布　　　　　　　　　　　　　2011-12-01 实施

中华人民共和国国家质量监督检验检疫总局
中国国家标准化管理委员会　发布

前　言

本标准由国家林业局提出并归口。

本标准起草单位：中国林业科学研究院林业研究所、中国人民大学环境学院。

本标准主要起草人：王贵禧、李江华、梁丽松、宋振基。

枣贮藏技术规程

1 范围

本标准规定了贮藏用鲜枣的采收与质量要求、贮藏前准备、采后处理与入库、贮藏条件与方式、贮藏管理、贮藏期限、出库、包装与运输等的技术要求。

本标准适用于鲜食枣的商业贮藏。

2 规范性引用文件

下列文件中的条款通过本标准的引用而成为本标准的条款。凡是注日期的引用文件，其随后所有的修改单（不包括勘误的内容）或修订版均不适用于本标准，然而，鼓励根据本标准达成协议的各方研究是否可使用这些文件的最新版本。凡是不注日期的引用文件，其最新版本适用于本标准。

GB 2762　食品中污染物限量

GB 2763　食品中农药最大残留限量

GB/T 22345—2008　鲜枣质量等级

3 采收与质量要求

3.1 品种

短期贮藏适用于所有的鲜枣品种，长期贮藏则应选择晚熟的耐藏品种。

3.2 采收

应选择栽培管理规范、果实发育正常、病虫害少的枣园。

应在果面颜色初红至1/3红时选择晴天早晚、露水干后采收。应人工采摘，保留果柄。采收后的鲜枣应放在阴凉处，并尽快入库、预冷。

采后的运输包装宜采用塑料周转箱，采收和运输过程中应避免机械损伤。

3.3 质量要求

鲜枣的质量应符合GB/T 22345—2008中4.1.2特级和一级的要求（成熟度除外）。

卫生指标应符合GB 2762和GB 2763的有关规定。

4 贮藏前准备、采后处理与入库

4.1 库房准备

贮藏前应对贮藏场所和用具（如贮藏箱、托盘等）进行彻底的清扫（清洗）和消毒，并进行通风。检修所有的设备。在入库前2d~3d开机降温，使库温降至0℃左右。

4.2 挑选、清洗

4.2.1 挑选

入库前进行挑选，剔除有机械伤、病虫害和畸形的果实。挑选应在阴凉通风处进行，工作人员应戴手套，避免碰压伤。

应按果实的质量和成熟度（着色面积）进行分类贮藏。

4.2.2 清洗、消毒

长期贮藏的鲜枣应进行清洗，并使用符合食品安全要求的消毒剂消毒。清洗后的果实应尽快入库。

4.3 预冷、入库

采收的鲜枣应当天完成采后处理并入库降温预冷，预冷温度为0℃~2℃，预冷至果温接近库温。预冷时应避免上层果实被冷风直吹。

若无预冷库，应控制每天入库量为贮藏库单库容量的20%左右，在3d~5d内将果实温度降至贮藏温度。

当天采收的鲜枣要当天预冷或入库。

4.4 堆码

垛的走向、排列方式应与库内空气循环方向一致，垛底加10cm~20cm的垫层（如托盘等）。垛与垛间、垛与墙壁间应留有40cm~60cm间隙，码垛高度应低于蒸发器的冷风出口60cm以上。靠近蒸发器和冷风出口的部位应遮盖防冻。

每垛应标明品种、来源、采收及入库时间、果实质量等。

5 贮藏条件与方式

5.1 贮藏条件

5.1.1 温度

一般鲜枣的贮藏温度为-1℃~0℃，冬枣为-2℃~-1℃。

5.1.2 湿度

湿度为90%~95%。

5.1.3 气体成分

氧气8%~12%，二氧化碳低于0.5%。

5.2 贮藏方式

冷藏或冷藏加打孔塑料袋包装适用于短期贮藏。

微孔膜包装冷藏（自发气调贮藏）适用于中期贮藏。

气调贮藏或塑料大帐气调贮藏适用于长期贮藏。

6 贮藏管理

定时观测和记录贮藏温度、湿度、气体成分，维持贮藏条件在规定的范围内。

贮藏库内的气流应畅通，适时对库内气体进行通风换气。

7 贮藏期限

一般鲜枣品种短期可贮藏10d～20d，中期可贮藏20d～30d，长期可贮藏30d～50d。冬枣短期可贮藏20d～30d，中期可贮藏30d～60d，长期可贮藏60d～90d。

8 出库、包装与运输

8.1 出库

出库时的鲜枣应基本保持其固有的风味和新鲜度，果实不应有明显的失水（皱缩）、发酵、褐变等现象。

出库时要避免库内外温差过大。当外界气温超过20℃时，出库后应在10℃～15℃环境温度下回温12h后再进行分选和包装处理。

8.2 分选和包装

出库后销售前可根据需要按照质量要求进行分选、包装，剔除软烂果。包装材料应透气，防止果实失水。

8.3 运输

中远距离（500km以上）运输销售的鲜枣应采用保温车、冷藏车或冷藏集装箱运输，运输温度为0℃左右，低温运输的鲜枣在出库时不需要回温处理。

ICS 67.040
X 08

GB

中华人民共和国国家标准

GB/T 28843—2012

食品冷链物流追溯管理要求

Management requirement for traceability
in food cold chain logistics

2012-11-05 发布 2012-12-01 实施

中华人民共和国国家质量监督检验检疫总局
中国国家标准化管理委员会 发布

前 言

本标准按照 GB/T 1.1—2009 给出的规则起草。

本标准由全国物流标准化技术委员会（SAC/TC 269）提出并归口。

本标准起章单位：上海市标准化研究院、中国物流技术协会、英格索兰制冷设备有限公司、上海市冷冻食品行业协会、上海海洋大学、河南众品食业股份有限公司。

本标准主要起草人：王晓燕、秦玉青、刘卫战、晏绍庆、王二卫、谢晶、康俊生、金祖卫、刘芳、乐飞红。

食品冷链物流追溯管理要求

1 范围

本标准规定了食品冷链物流的追溯管理总则以及建立追溯体系、温度信息采集、追溯信息管理和实施追溯的管理要求。

本标准适用于包装食品从生产结束到销售之前的运输、仓储、装卸等冷链物流环节中的追溯管理。

2 规范性引用文件

下列文件对于本文件的应用是必不可少的。凡是注日期的引用文件，仅所注日期的版本适用于本文件。凡是不注日期的引用文件，其最新版本（包括所有的修改单）适用于本文件。

GB/T 9829—2008 水果和蔬菜 冷库中物理条件 定义和测量

GB/T 22005 饲料和食品链的可追溯性 体系设计与实施的通用原则和基本要求（ISO 22005：2007，IDT）

3 术语和定义

下列术语和定义适用于本文件。

3.1 食品冷链物流 food cold chain logistics

采用低温控制的方式使预包装食品从生产企业成品库到销售之前始终处于所需温度范围内的物流过程，包括运输、仓储、装卸等环节。

4 追溯管理总则

4.1 冷链物流服务提供方应建立追溯体系、采集追溯信息并在必要时实施追溯。

4.2 冷链物流服务提供方在产品交接时应诚信、协作，互相配合。

4.3 食品冷链物流提供方应建立温度信息记录制度，保证物流全程食品冷链温度可追溯。

5 建立追溯体系

5.1 通用要求

5.1.1 追溯体系的设计和实施应符合 GB/T 22005 的规定，并充分满足客户需求。

5.1.2 追溯体系的设计应将食品冷链物流中的温度信息作为主要追溯内容，建立和完善全程温度监测管理和环节间交接制度，实现温度全程可追溯。

5.1.3 应配置相关的温度测量设备对环境温度和产品温度进行测量和记录。温度测量设备应通过计量检定并定期校准。

5.1.4 应制定详细的食品冷链物流温度监测作业规范，明确食品在不同物流环节的温度监测和记录要求（包括温度测量设备要求、测温点的选择、允许的温度偏差范围、温度监测方法、温度监测结果的记录），以及温度记录保存方法、保存期限等要求。

5.1.5 应制定适宜的培训、监视和审查制度，对操作人员进行必要的培训，使其能够根据检测方法对冷链物流温度进行监测和记录，完成交接确认等操作。

5.1.6 应对食品冷链物流追溯体系进行验证，确保追溯体系的记录连续、真实有效。

5.2 追溯信息

5.2.1 食品冷链物流服务提供方在物流作业过程中应及时、准确、完整地记录各物流环节的追溯信息。

5.2.2 食品冷链物流运输、仓储、装卸环节的追溯信息主要包括客户信息、产品信息、温度信息、收发货信息和交接信息，必要时可增加补充信息，见表1。

表1　　　　　　　　　　　　　食品冷链物流追溯信息

信息类型	信息内容
客户信息	客户名称、服务日期
产品信息	食品名称、数量、生产批号、追溯标识、保质期
温度信息	环境温度记录、产品温度记录（采集时间和温度）、运输载体或仓库名称、运输时间和仓储时间
收发货信息	上、下环节企业或部门名称、收发货时间、收发货地点
交接信息	产品温度确认记录、交接时间、交接地点，外包装良好情况，操作人员签名
补充信息	温度测量设备和方法（包括温度测量设备的名称、精确度、测温位置、测量和记录间隔时间等）；装载前运输载体预冷温度信息（包括预冷时间、预冷温度、装车时间、作业环境温度以及开始装车后的载体内环境温度）；特殊情况追溯信息

5.2.3 常见温度信息采集见第6章。运输和仓储环节追溯温度信息时对环境温度记录有争议的，可通过查验产品温度记录进行追溯。

5.2.4 当食品冷链物流环节中制冷设备或温度记录设备出现异常时，应将出现异常的时间、原因、采取的措施以及采取措施后的温度记录作为特殊情况的温度追溯信息。

5.3 追溯标识

5.3.1 食品冷链物流服务提供方应全程加强食品防护，保证包装完整，并确保追溯标识清晰、完整、未经涂改。

5.3.2 食品冷链物流服务过程中需对食品另行添加包装的，其新增追溯标识应与原标识保持一致。

5.3.3 追溯标识应始终保留在产品包装上，或附在产品的托盘或随附文件上。

5.4 温度记录

5.4.1 追溯体系中的温度记录应便于与外界进行数据交换，温度记录应真实有效，不得涂改。

5.4.2 温度记录载体可以是纸质文件，也可以是电子文件。温度表示可以用数字，也可以用图表。

5.4.3 温度记录在物流作业结束后作为随附文件提交给冷链物流服务需求方。

5.4.4 运输和仓储环节内的温度信息宜采用环境温度，交接时温度信息宜采用产品温度。各环节的产品温度测量方法参见附录A。

5.4.5 产品交接时应按以下顺序检查、测量并记录温度信息：

a) 环境温度记录：检查环境温度监测记录是否符合温控要求，并记录；

b) 产品表面温度：测量货物外箱表面温度或内包装表面温度，并记录；

c) 产品中心温度：如产品表面温度超出可接受范围，还应测量产品中心温度，或采用双方可接受测温方式测温并记录。

6 温度信息采集

6.1 运输环节

6.1.1 产品装运前应对运输载体进行预冷，查看相关产品质量证明文件，确认承运的货物运输包装完好，测量并记录产品温度，并和上一环节操作人员签字确认。

6.1.2 运输过程中应全程连续记录运输载体内环境温度信息。运输载体的环境温度一般可用回风口温度表示运输过程中的温度，必要时以载体三分之二至四分之三处的感应器的温度记录作为辅助温度记录。

6.1.3 运输过程中需提供产品温度记录时，产品温度测量点的选取参见A.1.2。

6.1.4 运输结束时，应与下一环节的操作人员对产品温度进行测量、记录，并双方签字确认，产品温度测量点的选取参见A.1.3。

6.1.5 运输服务完成后，根据冷链运输服务需求方要求，提供与运输时间段相吻合的温度记录。

6.1.6 运输过程中每一次转载视为不同的作业和追溯环节。转载装卸时应符合6.3的要求。

6.2 仓储环节

6.2.1 产品入库前，应查看相关产品质量证明文件，并与运输环节的操作人员对食品的运输温度记录、入库时间、交接产品温度进行记录并签字确认。

6.2.2 当接收食品的产品温度超出合理范围时，应详细记录当时产品温度情况，包括接收时产品温度、处理措施和时间、处理后温度以及入库时冷库温度等温度记录的补充信息。

6.2.3 冷库温度记录和显示设备宜放置在冷库外便于查看和控制的地方。温度感应器应放置在最能反映产品温度或者平均温度的位置，例如感应器可放在冷库相关位置的高处。温度感应器应远离温度有波动的地方，如远离冷风机和货物进出口旁，确保温度准确记录。

6.2.4 冷库环境温度的测量记录可按GB/T 9829—2008中第3章的要求，冷库内温度感应器的数量设置需满足温度记录的需要。

6.2.5 需提供仓储过程中的产品温度记录时，冷库产品温度的测量参见A.1.1。

6.2.6 产品出冷库时，应与下一环节的操作人员确认冷库环境温度记录，以及交接时的产品温度并签字确认。

6.2.7 涉及分拆、包装等物流加工作业的，应确保追溯标识符合5.3的要求，并详细记录食品名称、数量、批号、保质期、分拆和包装时的环境温度和产品温度，作为仓储环节的加工追溯信息。

6.2.8 仓储服务完成后，根据冷链仓储需求方要求，提供仓储过程中的温度记录。

6.3 装卸环节

6.3.1 装卸前应先对产品的包装完好程度、追溯标识进行检查，对环境温度记录进行确认，选取合适样品测量产品温度并双方确认签字。

6.3.2 装卸环节的温度追溯信息包括装卸前的环境温度、产品温度、装卸时间以及装卸完成后的产品温度和环境温度。

6.3.3 装载时的追溯补充信息包括装车时间、预冷温度、作业环境温度以及开始装车后的运输载体内环境温度。

6.3.4 卸载时的追溯补充信息包括到达时的运输载体环境温度、卸货时间及将要转入的冷库温度。

7 追溯信息管理

7.1 信息存储

7.1.1 应建立信息管理制度。

7.1.2 纸质记录及时归档，电子记录及时备份。记录应至少保存两年。

7.2 信息传输

7.2.1 冷链物流上、下环节交接时应做到信息共享。

7.2.2 每次冷链物流服务完成后服务提供方应将信息提供给服务需求方。

8 实施追溯

8.1 食品冷链物流服务提供方应保留相关追溯信息，积极响应客户的追溯请求并实施追溯。追溯请求和实施条件可在商务协议中进行规定。

8.2 食品冷链物流服务提供方应根据相关法律法规、商业惯例或合同实施追溯，特别是遇到以下情况：

——发现产品有质量问题时，应及时实施追溯；

——根据服务协议或者客户提出的追溯要求，向客户提交相关追溯信息；

——当上、下环节企业对产品有疑问时，应根据情况配合进行追溯；

——当发生食品安全事故时，应快速实施追溯。

8.3 实施追溯时，应将相关追溯信息数据封存，以备检查。

附录 A
（资料性附录）
食品冷链物流环节产品温度的测量

A.1 直接测量产品温度的取样方法

A.1.1 冷库

冷库中，当货箱紧密地堆在一起时，应测量最外边的单元包装内靠外侧的包装的温度值，和本批货物中心的单元包装的内部温度值。它们分别被称为本批产品的外部温度和中心温度。两者的差异视为本批货物的温度差，需进行多次测量，以记录本批货物的准确温度。

A.1.2 运输

运输过程中产品温度测量应测量车厢门开启边缘处的顶部和底部的样品，见图 A.1。

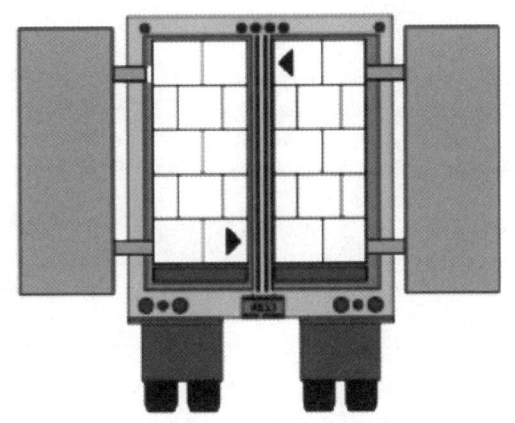

图 A.1 运输途中产品温度测量取样点

A.1.3 卸车

卸车时产品温度测量取样点见图 A.2，包括：
——靠近车门开启边缘处的车厢的顶部和底部；
——车厢的顶部和远端角落处（尽可能地远离制冷温控设备）；
——车厢的中间位置；
——车厢前面的中心（尽可能地靠近制冷温控设备）；
——车厢前面的顶部和底部角落（尽可能地靠近空气回流入口）。

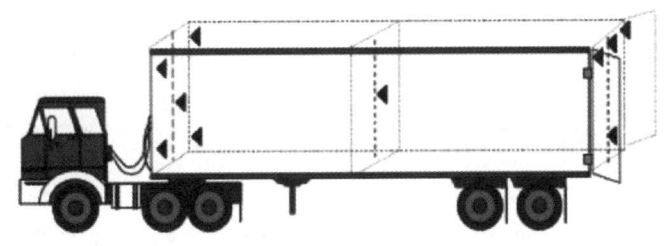

图 A.2 卸车时产品温度的取样点

A.2 间接的产品温度测量方法

食品冷链物流过程中可采取使用模拟产品、包装间放置温度感应器、采用射线或红外温度计等间接的产品温度测量方法进行温度测量。

ICS 67.080.01
B 31

GB

中华人民共和国国家标准

GB/T 33129—2016

新鲜水果、蔬菜包装和冷链运输通用操作规程

General code of practice for packaging and cool chain transport of fresh fruits and vegetables

2016-10-13 发布　　　　2017-05-01 实施

中华人民共和国国家质量监督检验检疫总局
中国国家标准化管理委员会　发布

前 言

本标准按照 GB/T 1.1—2009 给出的规则起草。

本标准由中国标准化研究院归口。

本标准起草单位：中国标准化研究院、中国农业科学院农业信息所、广东省肇庆市供销合作联社、深圳市中安测标准技术有限公司。

本标准起草人：杨丽、刘文、李哲敏、张永恩、张瑶、谭国熊、张毅、席兴军、初侨、王东杰、张超、于海鹏。

新鲜水果、蔬菜包装和冷链运输通用操作规程

1 范围

本标准规定了新鲜水果、蔬菜包装、预冷、冷链运输的通用操作规程。

本标准适用于新鲜水果、蔬菜的包装、预冷和冷链运输操作。

2 规范性引用文件

下列文件对于本文件的应用是必不可少的。凡是注日期的引用文件，仅所注日期的版本适用于本文件。凡是不注日期的引用文件，其最新版本（包括所有的修改单）适用于本文件。

GB/T 5737 食品塑料周转箱

GB/T 6543 运输包装用单瓦楞纸箱和双瓦楞纸箱

GB/T 6980 钙塑瓦楞箱

GB/T 8946 塑料编织袋通用技术要求

GB/T 31550 冷链运输包装用低温瓦楞纸箱

NY/T 1778 新鲜水果包装标识通则

QC/T 449 保温车、冷藏车技术条件及试验方法

SB/T 10158 新鲜蔬菜包装与标识

3 包装

3.1 基本要求

3.1.1 包装材料、容器和方式的选择应保护所包装的新鲜水果、蔬菜避免磕碰等机械损伤；满足新鲜水果、蔬菜的呼吸作用等基本生理需要，减轻新鲜水果、蔬菜在贮藏、运输期间病害的传染。

3.1.2 包装材料、容器和方式的选择应方便新鲜水果、蔬菜的装载、运输和销售。

3.1.3 包装材料、容器和方式的选择应安全、便捷、适宜，尽量减少包装环境的变化，减少包装次数。

3.1.4 选择的包装材料和容器应节能、环保，可回收利用或可降解，不应过度包装。

3.2 包装材料

3.2.1 包装材料的选择应考虑产品包装和运输的需要，考虑包装方法、可承受的外力强度、成本耗费、实用性等因素。需要冷藏运输的新鲜水果和蔬菜，其包装材料的选择除考虑上述因素外，还应考虑所使用的预冷方法。

3.2.2 包装材料应清洁、无毒，无污染，无异味，具有一定的防潮性、抗压性，包装材料应可回收利用或可降解。

3.2.3 包装应能够承受得住装、卸载过程中的人工或机械搬运；承受得住上面所码放物品的重量；承受得住运输过程中的挤压和震动；承受得住预冷、运输和存储过程中的低温和高湿度。

3.2.4 可用的包装材料有：

——纸板或纤维板箱子、盒子、隔板、层间垫等；

——木制箱、柳条箱、篮子、托盘、货盘等；

—— 纸质袋、衬里、衬垫等；

——塑料箱、盒、袋、网孔袋等；

——泡沫箱、双耳箱、衬里、平垫等。

3.3 包装容器

3.3.1 包装容器的尺寸、形状应考虑新鲜水果、蔬菜流通、销售的方便和需要。销售包装不宜过大、过重。

3.3.2 新鲜水果常用的包装容器、材料及适用范围可参照 NY/T 1778 的规定，参见附录 A；新鲜水果包装内的支撑物和衬垫物可参照 NY/T 1778 的规定，参见附录 B。

3.3.3 新鲜蔬菜常用的包装容器、材料及适用范围可参照 SB/T 10158 的规定，参见附录 C。

3.3.4 新鲜水果、蔬菜包装使用的单瓦楞纸箱和双瓦楞纸箱应符合 GB/T 6543 的规定；钙塑瓦楞箱应符合 GB/T 6980 的规定；塑料周转箱应符合 GB/T 5737 的规定；塑料编织袋应符合 GB/T 8946 的规定；采用冷链运输的新鲜水果、蔬菜所用的瓦楞纸箱应符合 GB/T 31550 的规定。

3.4 包装方式

3.4.1 应根据新鲜水果、蔬菜的运输目的及准备采取的处理方式，选择以下相应的包装方式；

——按容量填装：用人工或用机器将产品装入集装箱，达到一定容量、重量或数量；

——托盘或单个包装：将产品装入模具托盘或进行单独包装，减少摩擦损伤；

——定位包装：将产品小心放入容器中的一定位置，减少果蔬损伤；

——消费包装或预包装：为了便于零售而采用有标识定量包装；

——薄膜包装：单个或定量果蔬用薄膜包装，薄膜可用授权使用的杀真菌剂或其他化合物处理，减少水分散失，防止产品腐烂；

——气调包装：减小氧气浓度，增大二氧化碳浓度，降低产品的呼吸强度，延缓后熟过程。

3.4.2 可以在田间直接对新鲜水果和蔬菜进行包装，即田间包装。收货时直接在田间将水果、蔬菜放在纤维板盒子、塑料或木质板条箱中。

3.4.3 在条件允许情况下，应尽快将经田间包装的新鲜水果、蔬菜送到预冷设施处消除田间热。

3.4.4 在不具备田间包装条件时，应尽快将水果，蔬菜装在柳条箱、大口箱中，或用卡车成批从田间运到包装地点进行定点包装。

3.4.5 新鲜水果、蔬菜运到包装地点后，应在室内或在有遮盖的位置进行包装和处理，如果可能，可根据产品性质，在装入货运集装箱前进行预冷。

3.4.6 新鲜水果和蔬菜可直接进行零售包装，方便零售需要。若事先没有进行零售包装，在需要时，应将新鲜水果和蔬菜从集装箱中取出，重新分级，再装入零售包装中。

3.5 包装操作

3.5.1 包装前应在包装潮湿或含冰块物品的纤维板盒子的表面上涂一层蜡，或者在盒子的四周涂一层防水材料。所有用胶水粘合的盒子都应该采用防水的粘合剂。

3.5.2 纸盒或柳条箱应从底部到顶部直线堆叠,不应沿封口或侧壁堆叠,以增强纸盒或箱子的抗压能力和保护产品的能力。

3.5.3 为增加抗压强度和保护产品,可以在货物集装箱内装入一些不同材质的填充物。将货物集装箱内部分成几个隔层,增加封口或侧部的厚度可以有效地增加箱子的抗压强度,减少产品损伤。

3.5.4 必要时在包装容器内使用衬垫、包裹、隔垫和细刨花等材料,可以减少新鲜水果和蔬菜的挤压或摩擦。例如:衬垫可以用来为芦笋提供水分;有些化合物可以用于延缓腐烂,二氧化硫处理过的衬垫可减少葡萄的腐烂;高锰酸钾处理过的衬垫可以吸收香蕉和花卉散发出的乙烯,减少后熟作用。

3.5.5 可使用塑料薄膜衬里或塑料袋保持新鲜水果和蔬菜的水分。大多数新鲜水果和蔬菜产品可采用带有细孔的塑料薄膜进行包装,这种薄膜既可以使新鲜蔬菜、水果与外界空气流通,又可以避免潮湿。普通塑料薄膜一般用来密封产品,调整空气浓度,减少果蔬呼吸和后熟所需的氧气含量。薄膜可用于香蕉、草莓、番茄和柑橘等。

4 预冷

4.1 水果、蔬菜应在清晨收获以降低田间热,同时减少预冷设备的冷藏负担。

4.2 水果、蔬菜收货后应尽快预冷,以降低水果和蔬菜的田间热,通过预冷达到推荐的储藏的温度和相对湿度。

4.3 水果、蔬菜预冷前应遮盖以防阳光照射。

4.4 预冷方式的选择取决于水果、蔬菜的属性、价值、质量以及劳动力、设备和材料的消耗。常用的预冷方式包括:

——室内冷却:在冷藏间对整齐堆放的装有产品的集装箱预冷。有些产品可同时采用水淋或水喷的方式。

——强压空气或湿压冷却:在冷藏间抽去整齐堆放的装有产品的集装箱之间的空气。有些产品采用湿压。

——水冷却:用大量冰水冲刷散装箱,大口箱或集装箱中的产品。

——真空冷却:通过抽真空除去集装箱中产品的田间热。

——真空水冷却:在真空冷却前或冷却中增加集装箱中产品的湿度,加快消除田间热。

——包装冰冻冷却:在集装箱中放半融的雪或碎冰块,可用于散装容器。

4.5 预冷措施的选择应考虑以下因素:

——水果、蔬菜收获和预冷之间的时间间隔。

——水果、蔬菜已包装完毕的包装类型。

——水果、蔬菜的最初温度。

——用于预冷的冷空气、水、冰块的数量或流速。

——水果、蔬菜预冷后的最终温度。

——用预冷的冷空气和水的卫生状况,减少可引起腐败的微生物污染。

——预冷后的推荐温度的保持。

4.6 很多水果、蔬菜经田间包装或定点包装后预冷时,采用水和冰预冷方式的水果、蔬菜,可使用绳子捆绑或订装的木质柳条箱或涂蜡的纤维板纸盒包装。

4.7 由于运输和存储过程中,通过包装或包装周围的空气流通有限,应对包装在集装箱内的产品提前预冷再用货盘装载。

4.8 不要在低于推荐的温度下预冷或贮藏，冻坏的水果、蔬菜在销售时会显示出冻坏的迹象，如表面带有冻斑、易腐烂、软化、非正常色泽等。

4.9 预冷设备和水应使用次氯酸盐溶液连续消毒，消除引起产品腐烂的微生物。

4.10 预冷后要采取措施防止产品温度上升，保持推荐的温度和相对湿度。

5 冷链运输

5.1 运输装备

5.1.1 选择运输装备时应考虑的主要因素包括：
——运输的目的地；
——产品价值；
——产品易腐坏程度；
——运输数量；
——推荐的贮藏温度和湿度；
——产地和目的地的室外温度条件；
——陆运、海运和空运的运输时间；
——货运价格、运输服务的质量等。

5.1.2 保温车、冷藏车技术要求和条件应符合 QC/T 449 的规定。

5.1.3 冷藏运输装备和制冷设备不能用于除去已经包装在集装箱中新鲜水果和蔬菜的田间热，只是用于维持经过预冷的水果和蔬菜的温度和相对湿度。

5.1.4 在炎热或寒冷气候条件下进行长途运输时，运输装备应设计合理、结实，以抵抗恶劣的运输环境和保护产品。冷藏拖车和货运集装箱应具备以下特点：
——在炎热的环境温度条件下，冷藏温度可达到 2℃；
——拥有高性能、可持续工作的蒸发器吹风机，均衡产品温度和保持较高的相对湿度；
——在拖车的前端配备制冷隔板，以保证装货过程中车内的空气循环；
——后车门处配备垂直板，辅助空气流通；
——配备足够的隔热和制热设备，以备需要；
——地板凹槽深度应合理，以保证货物直接装在地板上时有足够的空气流通截面；
——配备具有空气温度感应装置的冷藏设备，以减少冷却和冰冻对产品的损伤；
——配备通风设备，预防乙烯和二氧化碳的积聚；
——采用气悬吊架减少对集装箱和里面的产品撞击和震动的次数；
——集装箱气流循环方式是：冷空气从集装箱前部出发，空气流动从底部（接近地面）至后部，然后到达集装箱上部。

5.2 运输方式

5.2.1 在条件允许的情况下，通常推荐采用冷藏拖车和货运集装箱运输大量的、运输和贮藏寿命为 1 周或 1 周以上的水果、蔬菜。运输后，产品应保持足够的新鲜度。

5.2.2 对于价值高和容易腐烂的产品，可以考虑采取费用较高，但运输时间较短的空运方式。

5.2.3 利用拖车、集装箱、空运货物集装箱可提供取货、送货上门的服务。这样可以减少装卸、暴露、损坏和偷窃等对产品的损害。

5.2.4 很多产品用非冷藏空运集装箱或空运货物托盘方式运输。在这种情况下，当空运航班延误时，就需要产品产地和目的地之间密切协调以保证产品质量。在可能的条件下，应使用冷藏空运集装箱或隔热毯。

5.2.5 遇到特殊季节，产品价格很高而供应量有限时，一些可以通过冷藏拖车和货运集装箱运输的产品有时会通过空运方式运输，这时应精确地监测集装箱内的温度和相对湿度。

5.3 运输装载

5.3.1 装货前检查

5.3.1.1 检查运输装备的清洁情况、设备完好及维修状况，应满足所装载产品的需求。

5.3.1.2 检查运输装备的清洁情况，主要包括：
——货舱应清洁，定期清扫；
——没有前批货物的残留气味；
——没有有毒的化学残留物；
——装备上没有昆虫巢穴；
——没有腐烂农产品的残留物；
——没有阻塞地板上排水孔或气流槽的碎片、废弃物等。

5.3.1.3 检验运输装备是否完备及维修状况是否良好，主要包括：
——门、壁、通风孔没有损坏，密封状况良好；
——外部的冷、热、湿气、灰尘和昆虫不能进入；
——制冷装置运行良好，及时校正，能够提供持续的空气流通，以保证产品温度一致；
——配备货物固定和支撑装置。

5.3.1.4 对于冷藏拖车和货运集装箱，除检查上述事项外，还应检查以下条件：
——在门关闭的情况下，货物装载区检查门垫圈应密闭不透光线；也可以使用烟雾器检查是否有裂缝；
——当达到预计温度时，制冷装置应由高速到低速循环，然后回到高速；
——确定控制冷气释放温度的感应器的位置。如果测定制冷温度，自动调温器设置的温度应稍高，以避免冷却和冷冻对水果、蔬菜的损伤；
——在拖车的前端配置制冷隔板；
——在极端寒冷气候条件下运输时，需要配备制热装置；
——空气配置系统良好，装有斜置的纤维气流槽或顶置的金属气流槽。

5.3.2 装货前处理

5.3.2.1 需要冷链运输的产品在装货前应进行预冷，用温度计测量产品温度，并记录在货装单上以备日后参考。

5.3.2.2 货舱也应预冷到推荐的储藏和储运温度。

5.3.2.3 装运不同货物时，一定要确定这些货品能够相容。

5.3.2.4 不应将水果、蔬菜与可能受到臭气或有毒化学残留物污染的货品混装在一起。

5.3.3 装货

5.3.3.1 基本的装货方法包括：
——机械或人工装载大量的、未包装的散装货品；

——人工装载使用货盘或不使用货盘的单个集装箱；

——用货盘起重机或叉式升降机对逐层装载的或货盘装载的集装箱进行整体装载。

5.3.3.2 集装箱应按尺寸正确填充，填充容量不宜过大或过小。

5.3.3.3 货品配送中心提供整体货盘装载时，应尽量使用在货盘上整体装载替代搬运单个集装箱，减轻对集装箱和其内部果蔬的损坏。

5.3.3.4 整体装载应使用托盘或隔板；应遵循叉式升降装卸车和货盘起重机的操作规范。

5.3.3.5 箱子之间应有纤维板、塑料或线状垂直内锁带；箱子应有孔以利于空气流通，箱子间应连结在一起避免水平位移；货盘上装载的箱子用塑料网覆盖；箱子和角板周围用塑料或金属带子捆住。

5.3.3.6 货盘应足够牢固，具备一定的承载能力，可以承受货物的交叉整齐堆放而不倒塌。

5.3.3.7 货盘底部的设计应考虑空气流通的需要，可用底部有孔的纤维板放在托盘底部使空气循环流通。

5.3.3.8 箱子不能悬在货盘边缘，这样会导致整个装载坍塌、产品摩擦受损，或造成运输过程中箱子位置的移动。

5.3.3.9 货盘应有适当数量的顶层横板，能承受住纤维板箱子的压力，避免产品摩擦受损或装载倾斜致使货盘倾翻。

5.3.3.10 没有捆绑或罩网的集装箱货盘装载，至少上面三层集装箱应交叉整齐堆放以保证货物的稳定性。除此之外，还可在顶层使用薄膜包裹或胶带。但当产品需要通风时，集装箱不应使用薄膜包裹。

5.3.3.11 可使用隔板代替货盘以降低成本，减少货盘运输和回收的费用。隔板一般是纤维或塑料质地，纤维板质地的隔板在潮湿环境中使用时要涂蜡。隔板应足够牢固，在满载时应能耐受叉式升降机的叉夹和牵拉。隔板还应有孔以保证装载情况下的空气流通，冷链运输不使用地槽浅的隔板以方便空气流通。

5.3.3.12 隔板上的集装箱应交叉整齐堆放，用薄膜缠绕或通过角板和捆绑加以固定。

5.3.3.13 装货时应使用以下一种或多种材料进行固定，防止在运输和搬运过程中震动和挤压对货品的损坏：

——铝制或木制的装载固定锁；

——纸板或纤维板蜂窝状填充物；

——木块和钉条；

——可充气的牛皮纸袋；

——货物网或货带等。

5.3.3.14 顶层纸板箱和集装箱的顶之间应保持一定的间隙以保证空气流通的需要。使用托盘、支架和衬板等使货运集装箱远离地板和墙面。在货品底端、四周和货品之间留有空气流通的间隙。

5.3.3.15 在混合装载时，相似大小的货物集装箱应放在一起。先装载较重的货物集装箱，均匀排列在拖车或集装箱底部，然后由重到轻依次装载，将轻的集装箱放在重的集装箱的上面。锁住和固定住不同尺寸的货运集装箱以确保安全。

5.3.3.16 应在靠近集装箱门的位置放置每种货物的样品，以减少检验时对货品的挪动。

5.3.4 运输操作

5.3.4.1 装货结束后，运输前要确保货舱封闭，装货出入口区域也应密封。

5.3.4.2 装货结束后，需要时要向拖车和集装箱中提供减低了氧气浓度、提高了二氧化碳和氮气浓度的空气。在拖车和集装箱货物装载通道的门旁应装有塑料薄膜帘和通气口。

5.3.4.3 运输过程中要保持货仓内的温度和相对湿度。

5.3.4.4 在温度最高区域的包装箱之间，应配备温度监控记录设备。

5.3.4.5 温度监控记录设备应安装在货品的顶端，靠近墙面，远离直接排出的冷气。当货品顶端放置冰块或湿度高于95%时，温度监控记录设备应防水或密封在塑料袋中。

5.3.4.6 温度的感应和测量应在制冷系统停止运行后进行。应遵循温度记录仪的使用说明，记录所装载货品、开启记录仪时间、记录结果、校准和验证等。

5.3.4.7 制冷系统、墙、顶、地板和门应密封，与外面的空气隔绝。否则形成的气体环境会被破坏。

5.3.4.8 冷链运输装备上应贴警示条，明示注意事项；卸货之前，车箱内应经过良好通风。

附录 A
（资料性附录）
新鲜水果包装容器的种类、材料及适用范围

新鲜水果常用的包装容器、材料及适用范围见表 A.1。

表 A.1　　新鲜水果包装容器的种类、材料及适用范围

种类	材料	适用范围
塑料箱	高密度聚乙烯	适用于任何水果
纸箱	瓦楞纸板	适用于任何水果
纸袋	具有一定强度的纸张	装果量通常不超过 2kg
纸盒	具有一定强度的纸张	适用于易受机械伤的水果
板条箱	木板条	适用于任何水果
筐	竹子、荆条	适用于任何水果
网袋	天然纤维或合成纤维	适用于不易受机械伤的水果
塑料托盘与塑料膜组成的包装	聚乙烯	适用于蒸发失水率高的水果，装果量通常不超过 1kg
泡沫塑料箱	聚苯乙烯	适用于任何水果

附录 B
（资料性附录）
新鲜水果包装内的支撑物和衬垫物

新鲜水果包装内的支撑物和衬垫物的种类和作用见表 B.1。

表 B.1　　新鲜水果包装内的支撑物和衬垫物

种类	作用
纸	衬垫，缓冲挤压，保洁，减少失水
纸托盘、塑料托盘、泡沫塑料盘	衬垫和分离水果，减少碰撞
瓦楞插板	分离水果，增大支撑强度
泡沫塑料网或网套	衬垫，减少碰撞，缓冲震动
塑料薄膜袋	控制失水和呼吸
塑料薄膜	保护水果，控制失水

附录 C
（资料性附录）
新鲜蔬菜包装容器的种类、材料及适用范围

新鲜蔬菜常用的包装容器、材料及适用范围见表 C.1。

表 C.1　　新鲜蔬菜包装容器的种类、材料及适用范围

种类	材料	适用范围
塑料箱	高密度聚乙烯	任何蔬菜
纸箱	瓦楞板纸	经过修整后的蔬菜
钙塑瓦楞箱	高密度聚乙烯树脂	任何蔬菜
板条箱	木板条	果菜类
筐	竹子、荆条	任何蔬菜
加固竹筐	筐体竹皮、筐盖木板	任何蔬菜
网、袋	天然纤维或合成纤维	不易擦伤、含水量少的蔬菜
发泡塑料箱	可发性聚苯乙烯等	附加值较高，对温度比较敏感，易损伤的蔬菜和水果

第五部分 检验检测

ICS 650.20
B 16

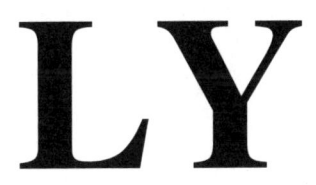

LY

中华人民共和国林业行业标准

LY/T 2353—2014

枣大球蚧检疫技术规程

Quarantine technical rules of *Eulecanium gigantea*(Shinji)

2014-08-21 发布　　　　　　　　　　　　　　　　2014-12-01 实施

国家林业局　发 布

前　言

本标准按照 GB/T 1.1—2009 给出的规则起草。

本标准由全国植物检疫标准化技术委员会林业植物检疫分技术委员会（SAC/TC 271/SC 2）提出并归口。

本标准起草单位：山西省林业有害生物防治检疫局、太原市林业有害生物防治检疫站、大同市林业有害生物防治检疫站。

本标准主要起草人：苗振旺、周维民、梁丽珺、霍履远、吴旭东、王晓丽、靳成龙、高晋华、张连友、马雨亭、王日龙、李广文、冯钦。

枣大球蚧检疫技术规程

1 范围

本标准规定了枣大球蚧的检疫范围、产地检疫、调运检疫、检验鉴定、除害处理等。
本标准适用于对枣大球蚧寄主植物及其产品的检疫。

2 规范性引用文件

下列文件对于本文件的引用是必不可少的。凡是注日期的引用文件，仅注日期的版本适用于本文件。凡是不注日期的引用文件，其最新版本（包括所有的修改单）适用于本文件。

GB/T 28107—2011 枣大球蚧检疫鉴定方法
GB/T 26420—2010 林业检疫性害虫除害处理技术规程

3 术语和定义

下列术语和定义适用于本文件。

3.1 枣大球蚧 *Eulecanium gigantea* (Shinji)

又称瘤坚大球蚧、大球蚧、梨大球蚧、大玉坚介壳虫、枣球蜡蚧，属昆虫纲 *Insecta*，同翅目 *Homoptera*，蜡蚧科 *Coccidae*，准球蚧属 *Eulecanium* 的一种枝梢害虫。鉴定特征参见附录 A。

4 检疫范围

枣属 *Ziziphus* spp. 植物的植株、繁殖材料，及其包装物、运载工具、贮存场所等。枣大球蚧的寄主植物种类和国内外分布参见附录 B。

5 产地检疫

5.1 踏查

5.1.1 踏查全年均可进行，但以 5 月份雌虫蚧壳膨大期和秋冬季枣属植物落叶后调查最为明显。

5.1.2 在枣属植物种苗繁育基地、栽植地、苗木交易场所等，以自然界线、道路为单位进行线路（目测）踏查。

5.1.3 调查枣属寄主植物叶片是否发黄，枝条是否干萎、树势衰弱或枯死。重点查看叶片主脉及两侧、枝条基部及分叉处、裂缝、芽腋附近是否有蚧虫。

5.1.4 在调查区域内，如有除枣属植物外的其他寄主植物分布，也应纳入调查范围。

5.1.5 初步确认有疫情需进一步掌握危害情况的，应设标准地（或样方）做详细调查。

5.2 黄板引诱调查

5.2.1 黄胶板引诱在4月底至5月上旬雄成虫羽化期进行。

5.2.2 疫情发生区每公顷宜放置40个~50个黄胶板，发生区外围和未发生区每公顷10个~15个黄胶板。黄胶板布置间距5m，板悬挂高度1.5m，每3d检查一次，10d更换一次，检查时间宜在检查日的上午12点前进行。

5.2.3 初步确认有疫情需进一步掌握危害情况的，应设标准地（或样方）做详细调查。

5.3 标准地（或样方）调查

5.3.1 种苗繁育基地，设置样方的累计面积应不少于调查总面积的0.1%~5%，每块样方面积为$5m^2$，采取对角线取样法，抽取苗木总量的1/2。

5.3.2 枣属植物栽植地，按照林分面积大小设置标准地，$5hm^2$以下（含$5hm^2$）设置1块，$5hm^2$以上每增加$5hm^2$增设1块。每块标准地面积为$0.1hm^2$，采取对角线取样法，抽取样树10株~15株；四旁树每隔20m~30m，抽取样树1株。

5.3.3 苗木交易场所，按应检苗木总量的0.5%~15%抽样检查，小批量的应全部检查。

5.3.4 抽取的样株应进行逐株检查，仔细观察枝梢、叶片是否有枣大球蚧虫体，并统计调查总株数、被害株数、虫口密度、有虫株率。

6 调运检疫

6.1 抽样方法

6.1.1 对调运的枣属植物及其产品，首先检查其表层、包装物外部、填充物、堆放场所、运载工具和铺垫材料等，是否带有枣大球蚧虫体或具有危害痕迹，再按照抽样比例，采取分层抽样法设3~5个样点抽样检查。与枣属植物及其产品同批次调运的其他寄主植物，采用同样方法一并抽样检疫。

6.1.2 活体植株发现可疑症状的应直接抽出检查。

6.2 抽样比例

6.2.1 苗木按一批货物总件数（株）的5%~30%抽取，抽取的样株不少于10株，总样本少于10株的应逐一进行检查。

6.2.2 对来自疫情发生区以及可疑的苗木需增大抽样比例，或逐株全部检查。

6.3 现场检验

6.3.1 检查枣属植物的叶片、芽腋及其附近、树皮裂缝、枝干部是否有蚧虫。

6.3.2 现场不能作出可靠鉴定的，按不同部位各制2份样品，带回室内作进一步检验鉴定。

6.4 复检

对调入的枣属植物的植株、繁殖材料，及其包装物、运载工具、贮存场所等，可按照6.1~6.3所述方法进行复检。

7 检验鉴定

对发现的可疑虫体应采集标本，按照 GB/T 28107—2011 的方法，并结合生物学特性，进行虫种鉴定。对不能进行准确鉴定的，应送请上级检疫机构或有关专家鉴定。枣大球蚧主要鉴定特征见附录A，生物学特性及危害状见附录C。

8 除害处理

8.1 销毁处理

8.1.1 对检疫时发现的带疫寄主植物，可将所有带虫枝叶剪除，将剪下的虫枝叶集中烧毁处理或深埋。

8.1.2 对检疫中发现的受害较重的寄主植物，且其他方法无法达到除害处理效果时，全部进行烧毁或深埋。

8.2 人工处理

8.2.1 对检疫时发现的带疫寄主植物，可用硬毛刷或徒手全部抹除枝叶上的虫体，抹除下的虫体及时杀灭。

8.2.2 装载物和运载工具沾染了枣大球蚧的，采取扫除等方法彻底打扫运载工具，将清除出的枣大球蚧虫体及携带物，连同包装物等一起烧毁或深埋。

8.3 药剂喷洒处理

8.3.1 产地检疫中，若发现枣属植物有枣大球蚧危害，在初孵若虫期时，可用化学药剂喷洒进行除害处理，具体方法参见附录D。

8.3.2 枣属植物种植地周边如有其他寄主植物被枣大球蚧感染，参照8.3.1方法处理。

8.4 熏蒸处理

对带疫的不在生长期的寄主植株及繁育材料可采取溴甲烷熏蒸处理。溴甲烷熏蒸处理的方法按照 GB/T 26420—2010 中的5.3规定执行。

8.5 除害处理效果检查

熏蒸处理方法按照6.1和6.2抽样方法和抽样比例进行检查，化学处理在施药后3d~4d按5.3调查方法进行检查。除害处理后枣大球蚧虫体脱离寄主植物，且虫体发干变暗即为死亡，达到除害处理效果要求。如固着在寄主枝叶、且虫体新鲜（若虫活体为淡黄色），用手按压有体液渗出为枣大球蚧存活，未达到除害处理效果要求。

附录 A
（资料性附录）
枣大球蚧主要鉴定特征

A.1 雌成虫

腹面：可见触角1对，7节，以第3节最长。足3对，均小，跗冠毛和爪冠毛均细尖。胸气门2对，每条气门路上五格腺20个~25个，呈不规则1列。多格腺数量多，在腹面中区。大瓶状腺在腹亚缘区成密集带状分布，较细小的瓶状腺见于胸部中区。

体缘：具缘刺，尖锥形，稀疏1列。

体背面：肛板三角形2块，合成正方形，其后角外缘有长、短毛各2根。肛周体壁幼时不硬化，老熟期硬化，无网纹。肛环宽，有内、外列孔及环毛8根。背面盘腺丰富，有少量小瓶状腺。背刺散布。

A.2 雄成虫

体长2.35mm~3.50mm，翅展4.8mm~5.2mm。头部黑褐色，前胸、腹部、触角和足为黄色。

触角丝状，10节，长约1.50mm，各节均密集分布刚毛，第10节末端着生有2根~3根端部膨大呈锤状的长刚毛。单眼5对，分布在头部背面和腹面眼各1对，头之两侧各3个。

前胸背板发达。中胸盾片近长方形，中胸具气门1对。后胸背板盾片大，小盾片呈显著的"V"形，下嵌至腹部第1节，腹面具1对后胸气门。

前翅1对，半透明，翅面密布微型刺毛。后翅退化为平衡棒，呈叶片状，在端部具3根（少数2根）钩状刚毛。胸足3对，后足较长，足上密布刚毛。爪冠毛和跗冠毛各1对，末端均膨大呈球形。

腹部8节，具刚毛，沿体两侧数量较多，腹部末端最多，约8根，簇生。第8腹节有一尾突。交配器从腹部末端伸出。阳茎鞘长度约为体长之半。

A.3 卵

长圆形，初产为白色，渐变为粉红色。

A.4 若虫

1龄若虫虫体椭圆形，肉红色，体节明显；触角6节，第3节最长，第6节具8根刚毛。足3对，发达，跗冠毛和爪冠毛各1对，末端明显膨大；臀末有2根长尾丝。体缘刺细尖，稀疏分布。胸气门2对，气门路五格腺各4个~5个，气门刺各3根，锥状；肛门臀裂浅而宽，肛筒伸至臀裂之间且明显外露。肛板表面具网纹。肛板端毛3根，中央1条极长。肛环毛6根，背面2根最长。固定后若虫扁平，淡黄褐色，体长0.6mm~0.72mm，宽0.3mm~0.5mm。体背具白色透明蜡质，成平滑的薄蜡壳，透过蜡壳可见体色淡黄，眼淡红色。

2龄若虫虫体椭圆形，黄褐至栗褐色，体长1.0mm~1.3mm，宽0.5mm~0.7mm。越冬后虫体被一层灰白色半透明龟裂状蜡层，体缘刺具蜡层覆盖呈白色。头部具单眼1对。触角在第3节末端又分1节，成为7节，第3节最长；足发达。体缘刺粗大，密集1列，锥状，亚缘刺1列，细小，刚毛状。胸气门各气门路上五格腺10个~15个，气门刺与缘刺无大区别。虫体背面散布锥状小刺。肛筒加长，疏松网状，肛板的长端毛消失，肛板端毛5根，肛环毛6根。管状腺体在虫体腹面亚缘成宽带状分布，在腹部中央零散分布。雄性2龄若虫体背具一层污白色毛玻璃状蜡壳。

3龄雌若虫虫体背腹面管状腺数量增多，在亚缘区成带状排列，在背中和缘区散布。

A.5 蛹

雄预蛹：预蛹体近梭形，黄褐色。体长1.2mm~1.8mm，宽0.4mm~0.6mm，具有触角、足、翅芽的雏形，各器官和附肢发育不完全。

雄蛹，深褐色，长椭圆形，离蛹。体长1.7mm~2.0mm，宽0.5mm~0.7mm。触角和足分节明显，发育已正常。无眼。触角10节，具少量短而粗的刚毛。翅芽半透明，末端已达中足。胸部背板骨化明显。腹部分节明显，可见8节，密布微小刺毛，腹部体缘具锥状刚毛，末端数量多。交配器钝圆锥形。

A.6 枣大球蚧各虫态显微特征图

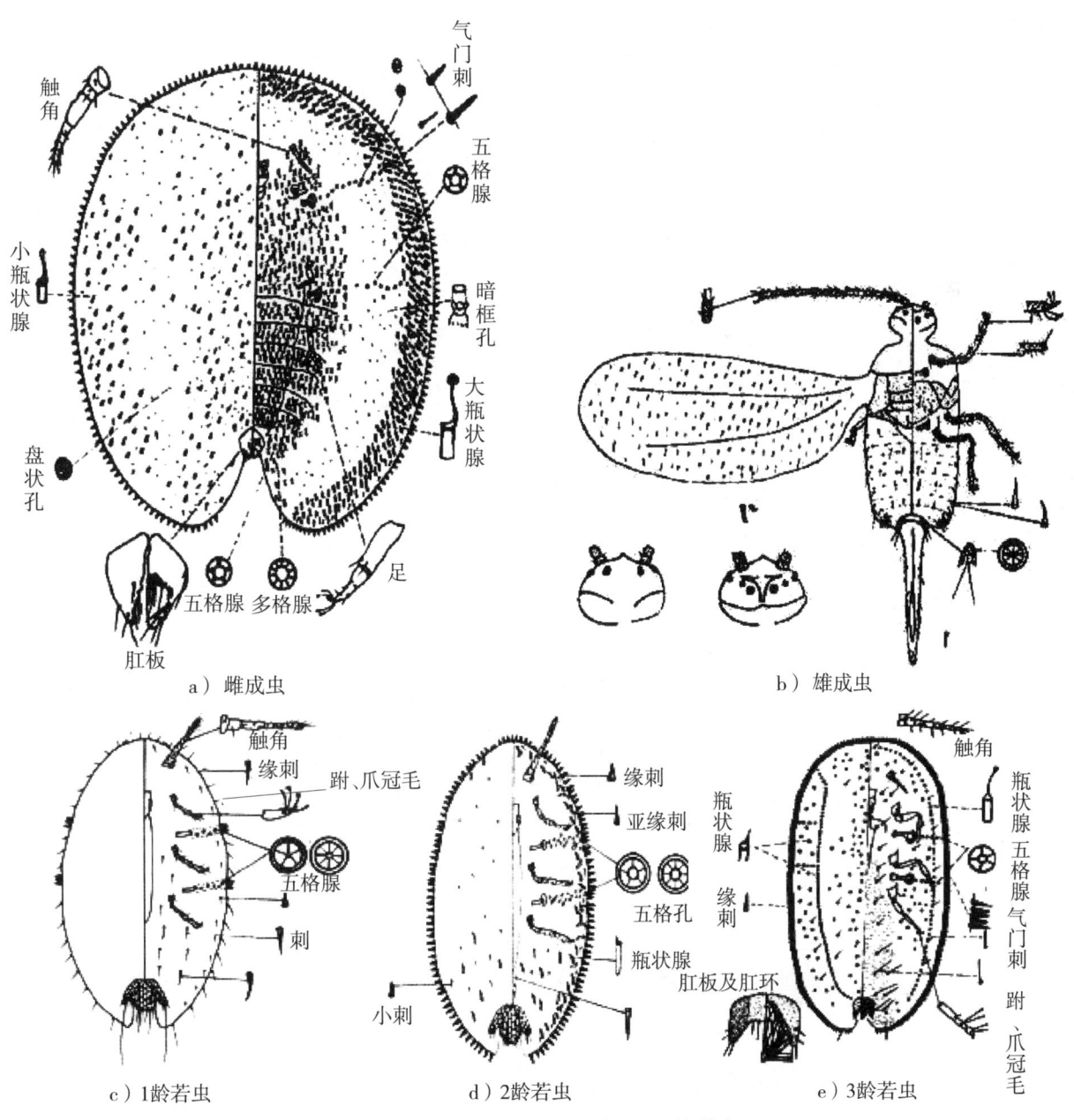

图A.1 枣大球蚧各虫态显微特征图（仿谢映平）

a）雌成虫　b）雄成虫　c）1龄若虫　d）2龄若虫　e）3龄若虫

f）雄预蛹　　　　　　　　　g）雄蛹

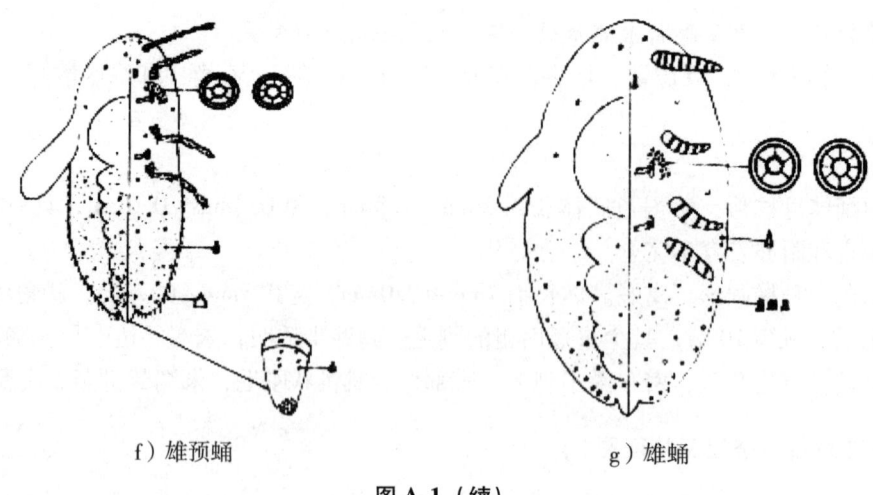

图 A.1（续）

附录 B
（资料性附录）
枣大球蚧寄主植物种类和国内外分布

B.1 寄主植物种类及检疫重要性

枣大球蚧可寄生的植物种类有枣属 *Ziziphus* spp.、核桃属 *Juglans* spp.、苹果属 *Malus* spp.、梨属 *Pyrus* spp.、李属 *Prunus* spp.、栗属 *Castanea* spp.、榆属 *Ulmus* spp.、杨属 *Populus* spp.、柳属 *Salix* spp.、蔷薇属 *Rosa* spp.、槭属 *Acer* spp.、槐属 *Sophora* spp. 等植物。

在这些寄主植物中，枣属植物易感染枣大球蚧，受害后防治难度大，严重影响枣的产量，且枣树苗木和接穗跨区域调运频繁，极易传播枣大球蚧疫情，经济重要性大，因而枣属植物具有检疫重要性。

B.2 枣大球蚧国内外分布

国内：北京、天津、河北、辽宁、内蒙古、山东、河南、山西、陕西、甘肃、青海、四川、安徽、江苏、宁夏、新疆、云南等省（市、自治区）。

国外：日本、俄罗斯等。

附录 C
（资料性附录）
枣大球蚧生物学特性及危害状

C.1 枣大球蚧生物学特性

枣大球蚧1年发生1代，以2龄若虫固定在枝杆上越冬。翌年3月下旬至4月上旬树体萌动后刺吸取食，4月下旬雌虫开始膨大，在10余天内，雌体长度由2.5mm膨大到10.0mm左右，宽度由1.5mm增到8.0mm，雄虫无明显增大，此时是雌虫危害盛期。4月底至5月初雄虫开始羽化并交尾，雌虫开始产卵。5月底至6月初始见若虫，6月上中旬为孵化盛期，日孵化高峰在上午10:00，初孵若虫活跃，先在介壳内乱爬，出壳后在寄主枝条或叶片上爬行1d~2d，多固定在叶片正反面主脉和嫩梢、枝条下方刺吸危害，直至10月中下旬寄主落叶前转移到枝干上越冬。雄成虫羽化多集中在晴朗、无风或微风天气的上午10:00~12:00，出介壳后，先静伏后爬行，0.5h左右起飞即寻找雌成虫交尾，寿命仅有1d~2d，交尾后不久死亡。雌虫不能孤雌生殖，产卵随寄主而异。雌成虫寿命20d~34d，卵期21d~27d，若虫期长达320d左右，雄蛹期为12d~16d，雌雄性比为1:4.3。越冬若虫和羽化后的雌成虫只危害枝干。

C.2 危害状

寄主树木受害后，轻者影响树木发芽抽梢，重者形成干枝枯梢，甚至整株死亡。雌虫排泄油状透明液，如下雨状，污染下部叶片和枝干，使叶片黏附尘埃。受枣大球蚧危害严重的枣苗、接穗或枝条上带有陈旧蚧壳，当年侵染的带虫枣苗，其枣头、枣股及嫩枝处，带有灰白色微小越冬若虫，上年侵染的枣苗越冬若虫受压后有体液浸出。

附录 D
（资料性附录）
枣大球蚧化学药剂喷洒处理

枣大球蚧化学药剂喷洒处理参照表 D.1 进行。

表 D.1 枣大球蚧化学药剂喷洒处理方法

药剂	配比	使用方法
5%噻虫啉乳油	5 000 倍~8 000 倍液	喷洒寄主植物
5%~10%吡虫啉乳油	2 000 倍~4 000 倍液	喷洒寄主植物
4.5%高效氯氰菊酯乳油	1 000 倍~2 000 倍液	喷洒寄主植物

ICS 65.020
B 60

LY

中华人民共和国林业行业标准

LY/T 2426—2015

枣品种鉴定技术规程
SSR 分子标记法

Technical regulations for the identification of Chinese jujube
(*Ziziphus jujuba* Mill) cultivars—SSR marker method

2015-01-27 发布　　　　　　　　　　　　　2015-05-01 实施

国家林业局　发布

前 言

本标准按照 GB/T 1.1—2009 给出的规则起草。

本标准由国家林业局提出并归口。

本标准起草单位：北京林业大学。

本标准主要起草人：庞晓明、李颖岳、续九如、王斯琪、麻丽颖、刘华波。

枣品种鉴定技术规程
SSR 分子标记法

1 范围

本标准规定了利用简单重复序列（simple sequence repeat，SSR）分子标记对枣（*Ziziphus jujuba* Mill）品种 DNA 指纹鉴定的试验方法。

本标准适用于基于 SSR 分子标记技术构建的 DNA 指纹图谱对枣品种 DNA 分子数据采集和品种鉴定。

2 规范性引用文件

下列文件对于本文件的应用是必不可少的。凡是注日期的引用文件，仅注日期的版本适用于本文件。凡是不注日期的引用文件，其最新版本（包括所有的修改单）适用于本文件。

GB/T 6682　分析实验室用水规格和试验方法

GB/T 19557.1　植物新品种特异性、一致性和稳定性测试指南　总则

LY/T 2190—2013　植物品种特异性、一致性、稳定性测试指南　枣

3 术语和定义

下列术语和定义适用于本文件。

3.1 核心引物　core primer

人工合成的，多态性、稳定性、重复性等综合特性较好，用于品种 DNA 指纹鉴定必须选用的一套 SSR 引物。

3.2 SSR 指纹图谱　SSR fingerprint

基于 SSR 分子标记鉴别生物个体之间差异的 DNA 电泳图谱，通过聚丙烯酰胺凝胶电泳或毛细管电泳，得到不同大小的 DNA 片段图谱。

3.3 参照品种　reference cultivar

多样性好，核心引物位点扩增片段大小已知的一组品种。参照品种用于比对待测样品在某个 SSR 位点上等位变异扩增片段的大小，校正不同仪器设备和不同实验室间检测数据的系统误差。

3.4 待检样品　test sample

送检单位提供的待鉴定的枣种质、品系、品种。

3.5 对照品种　control cultivar

与待检样品近似的品种，用于与待检样品进行对比；或指已知品种中与待检样品相似度最高的品种。

4 原理

SSR 广泛分布于枣基因组中，不同枣品种每个 SSR 位点的重复基元重复次数可能不同。设计特异性引物对重复序列进行聚合酶链反应（polymerase chain reaction，PCR）扩增，扩增产物的片段长度可以通过变性聚丙烯酰胺凝胶电泳和硝酸银染色，或通过毛细管电泳技术加以区分。不同的枣品种间遗传组成存在差异，某些 SSR 位点重复次数不同显示不同的谱带，从而实现品种差异鉴定。

5 仪器设备及试剂

除非另有说明，本标准所用试剂均为分析纯。仪器设备及试剂参见附录 A。

6 溶液配制

所有用水按照 GB/T 6682 的要求，相关溶液配制方法参见附录 B。

7 核心引物

核心引物相关信息见附录 C，附录 C 中的参考品种及代码参见附录 D。

8 枣样品 DNA 指纹图谱鉴定及其使用

枣样品 DNA 指纹图谱鉴定报告书参见附录 E。在进行等位变异检测时，应同时包括相应参照品种的编号及名称。同一名称不同来源的对照品种的某一位点上的等位变异可能不相同，在使用其他来源的参照品种时，应与原参照品种核对，确认无误后使用。对于附录 D 中未包括的等位变异，应按本标准方法，确定其大小和对应参照品种。

9 操作程序

9.1 样品准备

试验样品为待鉴定枣样品和对照品种的叶片、枝条等器官或组织，最好为幼嫩叶片，采样后在 4℃ 贮藏条件下送至检测机构。选用 2 个～3 个参照品种同时进行分析。

9.2 DNA 提取

按以下步骤进行 DNA 提取：
a）称取样品组织材料 0.30g，放入 -20℃ 预冷的研钵中，加入液氮迅速研磨至粉末状后，立即用预冷的药匙转移至2mL离心管中，依次加入1mL预热（65℃）的DNA提取缓冲液和50μLβ-巯基乙醇，充分颠倒混匀。

b）65℃恒温水浴50min，每隔10min轻轻颠倒混匀一次，12 000g常温下离心10min。

c）取上清液，加入等体积的水饱和酚/氯仿/异戊醇（25∶24∶1，体积比），轻轻颠倒混匀，静置10min，于常温下12 000g离心10min。

d）取上清液，转入另一个2mL离心管中，加入等体积的氯仿/异戊醇（24∶1，体积比），轻轻颠倒混匀，静置10min，于4℃12 000g离心10min。

e）吸取上清液于新的1.5mL离心管中，加入等体积-20℃预冷的异丙醇沉淀DNA，颠倒混匀，在-20℃下静置30min；12 000g，4℃离心10min，弃上清液。

f）沉淀的DNA用70%乙醇洗涤两次，离心后风干，溶于200μL超纯水中，-20℃保存待用。

注：其他所获DNA质量能够满足PCR扩增需要的DNA提取方法都适用于本标准。

9.3 PCR扩增

9.3.1 SSR引物

使用的核心引物及其序列见附录C。

9.3.2 PCR反应体系

利用变性聚丙烯酰胺凝胶电泳检测时，PCR反应体系为10μL，包括成分为：20ng～25ng基因组DNA，Taq DNA聚合酶1.0U，1×PCR缓冲液，每种dNTPs 0.2mmol/L，正向引物和反向引物各0.2μmol/L，剩余体积用超纯水补足至10μL。

利用毛细管电泳检测时PCR反应体系为10μL，包括成分为：20ng～25ng基因组DNA，Taq DNA聚合酶1.0U，1×PCR缓冲液，每种dNTPs 0.2mmol/L，M13荧光标记引物和反向引物各3.2μmol/L，正向引物0.8μmol/L，剩余体积用超纯水补足至10μL。

9.3.3 PCR反应程序

变性聚丙烯酰胺凝胶电泳检测时，PCR反应程序为：94℃预变性5min，94℃变性30s，50℃～65℃（根据附录C引物退火温度设定）退火40s，72℃延伸45s，共32个循环；72℃延伸5min，4℃保存。

毛细管电泳检测时，PCR反应程序为：94℃预变性5min；94℃变性30s，50℃～65℃（根据附录C引物退火温度设定）退火40s，72℃延伸45s，共30个循环；94℃变性30s，53℃退火40s，72℃延伸45s，8个循环；72℃延伸5min，4℃保存。

9.4 PCR产物检测

9.4.1 变性聚丙烯酰胺凝胶电泳（polyacrylamide gel electrophoresis，PAGE）

9.4.1.1 清洗玻璃板

用去污剂和清水将玻璃板洗涤干净并晾干。用无水乙醇擦洗2遍，吸水纸擦干。小玻璃板用1mL剥离硅烷处理，大玻璃板用3mL预混的亲和硅烷工作液处理。操作过程中防止两块玻璃板互相污染。

9.4.1.2 组装电泳板

将两块玻璃板晾干，以0.4mm的边条置于大玻璃板左右两侧，将小玻璃板压于其上并固定，用胶带封住底部；在两玻璃板两侧在有边条处用夹子夹住，注意间距。

9.4.1.3 配胶及灌胶

按附录B配制50mL 6%的变性PAGE胶溶液，轻轻混匀后灌胶。灌胶过程中防止出现气泡。待胶液充满玻璃板夹层，将 0.4mm 厚鲨鱼齿梳平齐端向里轻轻插入胶液约 0.5cm 处。室温下聚合 1h 以上。待胶聚合后，清理胶板表面溢出的胶液，轻轻拔出梳子，用水清洗干净备用。

9.4.1.4 预电泳

正极槽（下槽）中加入 1×TBE 缓冲液（没过下槽高度的 80%），在负极槽（上槽）加入 1×TBE 缓冲液（没过短玻璃板上端 1cm），60W 恒功率预电泳 30min。

9.4.1.5 变性

把 PCR 扩增产物与凝胶加样缓冲液按 5∶1（体积比）混合，95℃变性 5min，立即置于冰上冷却待用。

9.4.1.6 电泳

用吸球吹吸加样槽，清除气泡和残胶。将梳子反过来，把梳齿端插入凝胶 2mm，形成加样孔。每个加样孔点入 3μL 扩增产物，在胶板两侧点入 DNA 分子量标准。在 60W 恒功率电泳，溴酚蓝至胶的四分之三处时，终止电泳。

9.4.1.7 银染

按以下步骤进行银染：

a）固定：电泳结束后，小心分开两块玻璃板，把附着凝胶的玻璃板放入盛有固定液的托盘中，放在摇床中轻摇直至溴酚蓝颜色褪去，回收固定液；

b）漂洗：取出胶板，放入水洗框中，用蒸馏水清洗凝胶 2 次，每次 2min；

c）染色：将凝胶放入染色液中，在摇床上轻摇，避光染色 30min；

d）漂洗：弃掉染色液，用蒸馏水轻轻漂洗一次，冲洗凝胶不超过 10s；

e）显影：凝胶放到预冷的显影液中，置摇床上轻摇，直到条带清楚可见；

f）定影：待条带清晰后，将胶板放入回收的固定液中定影 10min；

g）漂洗：用蒸馏水清洗胶板 1min。

9.4.1.8 PCR 扩增产物的谱带分析

干燥后扫描或拍照成像并保存，参照 DNA 分子量标准进行谱带判定。

9.4.2 毛细管电泳荧光检测

9.4.2.1 样品准备

对 6-FAM（6-Carboxyfluorescein）和 HEX（Hexachlorofluorescein）荧光标记的 PCR 产物用超纯水稀释 30 倍，ROX（Carboxy-X-Rhodamine）和 TAMRA（Carboxytetramethylrhodamine）荧光标记的 PCR 产物用超纯水稀释 10 倍。混合等体积的上述四种稀释液，从混合液中吸取 1μL 加入到 DNA 分析仪专用深孔板中，在各孔中分别加入 0.1μL 的 LIZ-500 分子量内标和 8.9μL 去离子甲酰胺，置于离心机中 1 000g 下离心 10s。将样品在 PCR 仪上 95℃变性 5min，取出后迅速置于冰水中，冷却 10min 以上。离心 10s 后上机电泳。

注：不同荧光标记的扩增产物的最适稀释倍数通过预试验确定。

9.4.2.2 收集数据

启动 DNA 分析仪，检查仪器工作状态后更换缓冲液，灌胶。将装有样品的深孔板置于样品架基座上，打开数据收集软件。将电泳板信息等录入后，启动运行程序，DNA 分析仪自动收集毛细管电泳数据。

10 结果及判定

10.1 结果记录

根据 DNA 分子量标准确定样品扩增谱带大小来表示每个 SSR 位点的等位变异。以所分析的 SSR 引物名称为前缀，该标记在某样品上扩谱增带的分子量为后缀，得到每个样品在某个标记的带型编号。

示例1：

黄骅冬枣：BFU1205，169，171/BFU0377，298，304/BFU0614，275，275。

示例2：

成武冬枣：BFU1205，171，181/BFU0377，298，304/BFU0614，275，275。

10.2 判定方法

对待检样品和对照品种以附录C中的引物进行标记检测，获得待检样品和对照品种在这些位点的等位变异数据，利用这些数据进行比较，判定方法如下：

a）检测样品间的差异谱带数≥2，判定为不同的品种；

b）检测样品间的差异谱带数=1，判定为相近的品种；

c）检测样品间的差异谱带数=0，判定为疑同品种。

对于10.2 b）或10.2 c）的情况，按照GB/T 19557.1和LY/T 2190—2013的规定进行田间鉴定。

10.3 结论

根据10.2的判定结果，填写枣样品DNA指纹图谱鉴定报告书。

附录 A
（资料性附录）
仪器设备及试剂

A.1 主要仪器设备

A.1.1　PCR 核酸扩增仪。

A.1.2　DNA 分析仪。

A.1.3　制冰机。

A.1.4　电子天平（精确到 0.01g）。

A.1.5　微量移液器。

A.1.6　微波炉。

A.1.7　高压灭菌锅。

A.1.8　pH 酸度计。

A.1.9　高速台式离心机。

A.1.10　磁力搅拌器。

A.1.11　垂直电泳槽及配套的制胶附件。

A.1.12　恒温水浴锅。

A.1.13　凝胶成像系统。

A.1.14　超纯水系统。

A.1.15　扫描仪。

A.2 试剂

除非另有说明，在分析中均使用分析纯试剂，所用水符合 GB/T 6682 的规定。

A.2.1　三羟甲基氨基甲烷（Tris）。

A.2.2　氯化钠（NaCl）。

A.2.3　乙二胺四乙酸二钠盐。

A.2.4　十六烷基三乙基溴化铵（Cetyltriethylammonium bromide，CTAB）。

A.2.5　聚乙烯吡咯烷酮（Polyvinylpyrrolidone，PVP）。

A.2.6　三氯甲烷（氯仿）。

A.2.7　水饱和酚。

A.2.8　无水乙醇。

A.2.9　浓盐酸。

A.2.10　氢氧化钠。

A.2.11　β-巯基乙醇。

A.2.12　硼酸。

A.2.13　溴化乙锭（EB）。

A.2.14　SSR 引物。

A.2.15　Taq DNA 聚合酶。

A.2.16　琼脂糖。

A.2.17　四种脱氧核苷酸（dNTPs）。

A.2.18　PCR 缓冲液（含 Mg^{2+}）。

A.2.19　亲和硅烷。

A.2.20　丙烯酰胺。

A.2.21　尿素。

A.2.22　过硫酸铵（APS）。

A.2.23　四甲基乙二胺（TEMED）。

A.2.24　甲醛。

A.2.25　M13 荧光标记引物。

A.2.26　剥离硅烷。

A.2.27　冰醋酸。

A.2.28　硝酸银。

A.2.29　异戊醇。

A.2.30　甲叉双丙烯酰胺。

A.2.31　去离子甲酰胺。

A.2.32　二甲苯青。

A.2.33　LIZ–500 分子量内标。

A.2.34　DNA 分析仪用丙烯酰胺胶液。

A.2.35　DNA 分析仪用光谱校准基质，包括 FAM、HEX、TAMRA、ROX 4 种荧光标记的 DNA 片段。

A.2.36　DNA 分析仪专用电泳缓冲液。

A.2.37　硫代硫酸钠。

A.3　耗材

A.3.1　离心管（1.5mL、2mL）。

A.3.2　移液器吸头（10μL、200μL、1 000μL）。

A.3.3　200μL PCR 薄壁管或 96 孔 PCR 板。

A.3.4　一次性手套。

附录 B
（资料性附录）
溶液配制

B.1 DNA 提取溶液的配制

DNA 提取溶液的配制使用超纯水。

B.1.1 DNA 提取液

称取 12.114g Tris 碱、81.816g NaCl、7.445g 乙二胺四乙酸二钠盐。20.000g CTAB、20.000g PVP，溶于适量水中，搅拌溶解，定容至 1 000mL。β-硫基乙醇用前加入。

B.1.2 70%（体积分数）乙醇溶液

量取无水乙醇 700mL，加超纯水定容至 1 000mL。

B.1.3 1×TE 缓冲液

称取 0.606g Tris 碱、0.186g EDTA，加入适量水溶解，加浓盐酸调 pH 至 8.0，定容至 500mL，高压灭菌后备用。

B.2 电泳缓冲液的配制

电泳缓冲液的配制使用超纯水。

B.2.1 0.5mol/L EDTA 溶液

称取 186.1g 乙二胺四乙酸二钠盐，溶于 800mL 水中，氢氧化钠调 pH 至 8.0，定容至 1 L。

B.2.2 6×加样缓冲液

分别称取 0.125g 溴酚蓝和 0.125g 二甲苯青，置于烧杯中，加入 49mL 去离子甲酰胺和 1mL 乙二胺四乙酸二钠盐溶液（0.5mol/L，pH 8.0），搅拌均匀。

B.2.3 10×TBE 浓贮液

称取 108.0g Tris 碱、55.0g 硼酸、37.0mL 0.5mol/L EDTA，加水定容至 1 000mL，室温保存，出现沉淀则予以废弃。

B.2.4 1×TBE 使用液

量取 100mL 10×TBE 浓贮液，加水定容至 1 000mL。

B.3 SSR 引物溶液的配制

引物干粉 12 000g 离心 10s，加入相应体积的超纯水，稀释成 10μmol/L，分装保存，避免反复冻融。取 30μL 加入超纯水至 300μL，配制成 1μmol/L 的工作液。

B.4 变性聚丙烯酰胺凝胶电泳相关溶液的配制

变性聚丙烯酰胺凝胶电泳相关溶液的配制使用超纯水。

B.4.1 40%（W/V）丙烯酰胺溶液

分别称取 190.0g 丙烯酰胺和 10.0g 甲叉双丙烯酰胺溶于约 400mL 水中，加水定容至 500mL，置于棕色瓶中 4℃储存。

B.4.2　6.0%变性PAGE胶溶液

称取42.0g尿素溶于约60mL水中,分别加入10mL 10×TBE缓冲液、15mL 40%丙烯酰胺溶液、150μL 10%过硫酸铵（新鲜配制）和50μL四甲基乙二胺（TEMED），加水定容至100mL。

B.4.3　亲和硅烷工作液

吸取3.0mL无水乙醇，加入15μL亲和硅烷和15μL冰醋酸，混匀。

B.4.4　10%（W/V）过硫酸铵溶液

称取0.100g过硫酸铵溶于1mL水中。

B.5　银染溶液的配制

银染溶液的配制使用超纯水。

B.5.1　固定液

量取200mL冰醋酸，用水定容至2 000mL。

B.5.2　染色液

称取1.000g硝酸银并量取3mL 37%甲醛，溶于2 000mL水中。

B.5.3　显影液

称取60.0g无水碳酸钠，溶解于2 000mL双蒸水，冷却到4℃，使用之前加入37%的甲醛和400μL浓度为10 mg/mL的硫代硫酸钠。取10.0g氢氧化钠溶液于1 000mL水中，用前加上甲醛。

附录 C
（规范性附录）
核心引物

核心引物（24 对）见表 C.1。

表 C.1　　核心引物（24 对）

位点	连锁群	引物序列（5'→3'）	退火温度 ℃	等位变异 bp	参照品种代码
BFU0263	1	正向引物： GGTTTTTGTGGGTATGGAGGT 反向引物： AGGAAAACAAAGGGATGGAGA	55	292 296 306 308	28 10 8 41
BFU0478	8	正向引物： AACGCTGAAGATTTCCTCCTC 反向引物： CCTGAATTCCAACCAAAACAG	55	190 206 208 210	8 41 5 1
BFU1205	6	正向引物： TGTTGCTGGTTCAATTCCAG 反向引物： CTTATGGCTTTTTCATTTTGTGA	55	169 171 177 179 181	20 5 18 1 4
BFU0586	9	正向引物： CGAACTTGGAGAGCTTGGAG 反向引物： TTGAGCTCTGCAACGAAATG	55	271 275 277 279 283 285	2 7 1 28 42 37
BFU0377	2	正向引物： CCAGCTGGTATCCAATTGCT 反向引物： ACGACGATGCCATGAAAGAT	55	294 298 300 302 304 306 312	3 10 41 38 42 34 40
BFU0539	4	正向引物： CCGGAAACGTTTAAAATGACA 反向引物： GGAGGAAGAAGGATCCAAGG	55	229 231 235 241 243 247 249 251	6 23 13 41 18 19 41 36

（续表）

位点	连锁群	引物序列（5'→3'）	退火温度 ℃	等位变异 bp	参照品种代码
BFU1279	1	正向引物： TTTTTCAAGACCTCCACGATG 反向引物： TCCCACCACTTTCCTCTCAT	55	176 180 184 188 192 196	25 31 30 22 26 18
BFU0249	3	正向引物： AATGGGTCCACGTAGACAGG 反向引物： GCCCTGAGGTTGGACATAGA	55	274 282 286	21 42 33
BFU0733	9	正向引物： TCCTTTTGCCGAGAATATGAA 反向引物： GTGAAGCCCCTAATTGTGTCA	55	302 308 310	41 17 34
BFU0467	3	正向引物： CCGGACCGAGTGGAGTTATTA 反向引物： AGAATATGGCATCAACCTATACCA	55	240 242 244 246 248 252 254 256	17 9 21 38 37 32 3 20
BFU0308	1	正向引物： TTTCCACCCCAAAATACCAA 反向引物： AGACGCTGGATGAGGATGAT	55	156 158 168 170 172 174 176 184 190 192 194 196	26 3 31 36 25 10 13 33 18 25 29 6
BFU0584	2	正向引物： AGGTCGATTTCCCCATCAC 反向引物： GCTGAGAGAGAATCCCAACG	55	310 312	29 13

（续表）

位点	连锁群	引物序列（5'→3'）	退火温度 ℃	等位变异 bp	参照品种代码
BFU0467	3	正向引物： CCGGACCGAGTGGAGTTATTA 反向引物： AGAATATGGCATCAACCTATACCA	55	240 242 244 246 248 252 254 256	17 9 21 38 37 32 3 20
BFU0308	1	正向引物： TTTCCACCCCAAAATACCAA 反向引物： AGACGCTGGATGAGGATGAT	55	156 158 168 170 172 174 176 184 190 192 194 196	26 3 31 36 25 10 13 33 18 25 29 6
BFU0473	8	正向引物： GTCCTGATGTGGAGTGCATTT 反向引物： TCTACAAGGACGAATCGTTGC	55	287 291 293	31 33 29
BFU1157	2	正向引物： TCCCTAAATTACCCTTCCCAAT 反向引物： AAAGCGACAGCGAAAACTGT	55	226 238 240 248 252 254 256 260 262	4 23 29 5 6 18 21 24 42
BFU0501	3	正向引物： GCCATGCTTGACTTGCTACA 反向引物： AATGTTCCCATCCTCCCTTC	55	150 152 156	9 28 30

(续表)

位点	连锁群	引物序列（5'→3'）	退火温度 ℃	等位变异 bp	参照品种代码
BFU0614	1	正向引物： GATCGGTCCGAGACGATAAA 反向引物： ATACGCTCACGCCCTAGTGT	55	273 275	3 10
BFU1178	2	正向引物： CCTTGGTGGATTTTGGTTTG 反向引物： TATACTTTGGCAGCGGTGTG	55	297 299 301 303	1 23 12 26
BFU0479	1	正向引物： GAAAACCATTGTTGGAGACCA 反向引物： TGAACCAAGCAACAAAAATCA	55	226 228 234 236 256 258	21 11 6 7 20 33
BFU0574	1	正向引物： GAAGGTTGAAGATGCTCTCTCTC 反向引物： CCTGACATCCATTTGAAGGAA	55	104 110 112 116 118 126 134 136	17 15 22 30 31 12 13 23
BFU0521	9	正向引物： CCTTTACTCGGCATTTCCAA 反向引物： TGGTGAAGCAGCAAAAACAG	55	240 246 262 264 266	19 41 17 25 13
BFU0286	2	正向引物： GATTGTTGCTGGTTTCCATGT 反向引物： CTGGACTCTCCGATGCAGTAG	55	278 282 284 286 290 292	13 18 15 24 25 20
BFU0564	1	正向引物： CTTTTCAAGCACCGCTTTTT 反向引物： GACTATTGGCAACCCTCCAA	55	127 133 135	14 13 17

（续表）

位点	连锁群	引物序列（5'→3'）	退火温度 ℃	等位变异 bp	参照品种代码
BFU1409	1	正向引物： CAAATGATGGATCGAGCAAA 反向引物： AATGGAGGACAAACCGTCAC	55	174 176 178 182 184 188 190	13 25 33 36 1 39 38
BFU0277	6	正向引物： GCACTACCCTGTGGAACTCAA 反向引物： AGTGTTGACCTGGCAAGAAGA	55	253 255 257 259 261 263 267	16 8 40 17 18 23 37

附录 D
（资料性附录）
参照品种名单

参照品种名单见表 D.1。

表 D.1　　参照品种名单

品种代码	品种名称	品种代码	品种名称	品种代码	品种名称
1	沧县金丝小枣 Cangxianjinsixiaozao	15	新郑鸡心枣 Xinzhengjixinzao	29	金丝 1 号 Jinsiyihao
2	河北无核枣 Hebeiwuhezao	16	壶瓶枣 Hupingzao	30	运城相枣 Yunchengxiangzao
3	雪枣 Xuezao	17	枣强婆枣 Zaoqiangpozao	31	连县木枣 Lianxianmuzao
4	交城骏枣 Jiaochengjunzao	18	京枣 39 Jingzao39	32	哈密大枣 Hamidazao
5	圆铃枣 Yuanlingzao	19	北京马牙枣 Beijingmayazao	33	保定月光 Baodingyueguang
6	蜜罐新 1 号 Miguanxinyihao	20	赞皇大枣 Zanhuangdazao	34	河北早脆王 Heibeizaocuiwang
7	民勤小枣 Minqinxiaozao	21	黄骅冬枣 Huanghuadongzao	35	溆浦鸡蛋枣 Xupujidanzao
8	河北辣椒枣 Hebeilajiaozao	22	中阳木枣 Zhongyangmuzao	36	灵宝大枣 Lingbaodazao
9	蚂蚁枣 Mayizao	23	成武冬枣 Chengwudongzao	37	冷白玉 Lengbaiyu
10	内黄大叶无核 Neihuangdayewuhe	24	朝阳小平顶 Chaoyangxiaopingding	38	针葫芦枣 Zhenhuluzao
11	新郑灰枣 Xinzhenghuizao	25	葫芦长红 Huluchanghong	39	襄汾官滩枣 Xiangfenguantanzao
12	长辛店白枣 Changxindianbaizao	26	榆次面枣 Yucimianzao	40	太谷葫芦枣 Taiguhuluzao
13	交城牙枣 Jiaochengyazao	27	稷山板枣 Jishanbanzao	41	随州大枣 Suizhoudazao
14	临猗梨枣 Linyilizao	28	陕西面枣 Shanximianzao	42	晋枣一号 Jinzaoyihao

附录 E
（资料性附录）
枣样品 DNA 指纹图谱鉴定报告书

待检样品编号		待检样品名称	
对照品种编号		对照品种名称	
送检单位			
测试单位		依据标准	

检测引物数量：

检测引物编号：

DNA 指纹图谱检测结果：

检测差异引物和谱带：

结论：

评语：

测试单位（公章）
年　月　日

制表人：　　　　　　　　　审核人：　　　　　　　　　批准人：

UDC 634/635：543.257.1
B 30

中华人民共和国国家标准

GB 10468—89

水果和蔬菜产品 pH 值的测定方法

Fruit and vegetable products
—Determination of pH

1989-03-22 发布　　　　　　　　　　　1989-10-01 实施

中华人民共和国商业部　发布

中 华 人 民 共 和 国 国 家 标 准

UDC 634/635：
543.257.1

水果和蔬菜产品 pH 值的测定方法

GB 10468—89

Fruit and vegetable products
—Determination of pH

本标准等效采用国际标准 ISO 1842 —1975《水果和蔬菜产品 pH 值的测定》。

1 主题内容和适用范围

本标准规定了测定水果和蔬菜产品 pH 值的电位差法。适用于水果和蔬菜产品 pH 值的测定。

2 引用标准

GB6857　pH 基准试剂　苯二甲酸氢钾
GB6858　pH 基准试剂　酒石酸氢钾

3 试剂

3.1 新鲜蒸馏水或同等纯度的水：将水煮沸 5～10min，冷却后立即使用，且存放时间不应超过 30min。

3.2 pH 标准缓冲溶液：制备方法按 GB 6857、GB 6858 中规定操作。

4 仪器

pH 测定装置：分度值 0.02 单位。在试验温度下用已知 pH 值的标准缓冲溶液进行校正。

5 样品的制备

5.1 液态产品和易过滤的产品〔例如：果（菜）汁、水果糖、浆、盐水、发酵的液体等〕：将试验样品充分混合均匀。

5.2 稠厚或半稠厚的产品和难以分离出液体的产品（例如：果酱、果冻、糖浆等）：取一部分试验样品，在捣碎机中捣碎或在研钵中研磨，如果得到的样品仍较稠，则加入等量的水混匀。

5.3 冷冻产品：取一部分试验样品解冻，除去核或籽腔硬壁后，根据情况按 5.1 条或 5.2 条方法制备。

5.4 干产品：取一部分试验样品，切成小块，除去核或籽腔硬壁，将其置于烧杯中，加入2~3倍重量或更多些的水，以得到合适的稠度。在水浴中加热30min，然后在捣碎机中捣至均匀。

5.5 固相和液相明显分开的新鲜制品（例如，糖水水果、盐水蔬菜罐头产品）：按5.2条方法制备。

6 分析步骤

6.1 仪器标准

操作程序按仪器说明书进行。先将样品处理液和标准缓冲溶液调至同一温度，并将仪器温度补偿旋钮调至该温度上，如果仪器无温度校正系统，则只适合在25℃时进行测定。

6.2 样品测定

在玻璃或塑料容器中加入样品处理液，使其容量足够浸没电极，用pH测定装置测定样品处理液，并记录pH值，精确至0.02单位。同一制备样品至少进行两次测定。

7 分析结果的计算

如能满足第8章的要求，取两次测定的算术平均值作为测定结果。准确到小数点后第二位。

8 重复性

对于同一操作者连续两次测定的结果之差不超过0.1单位，否则重新测定。

附加说明：
本标准由中华人民共和国商业部副食品局提出。
本标准由北京市食品研究所负责起草。
本标准主要起草人沈兵、回九珍。

ICS 67.080.20
C 53

GB

中华人民共和国国家标准

GB 14891.5—1997

辐照新鲜水果、蔬菜类卫生标准

Hygienic standard for irradiated
fresh fruits and vegetables

1997–06–16 发布　　　　　　　　　　　　1998–01–01 实施

中华人民共和国卫生部　发布

前 言

根据"六五""七五"期间已制定的个别食品辐照卫生标准，参考 FAO/WHO/IAEA 等国际组织食品辐照的指导原则，收集国内外有关资料，制定了本标准。类别卫生标准的研究较完整、较系统，在国际上也是比较超前的，辐照食品的人体试食试验的研究在国际上具有一定的影响。因此，类别标准的制定，既省人力、财力，又可以扩大食品的覆盖面，提高标准的利用率。

本标准从实施之日起，同时代替 ZB C53 001—84《辐照大蒜卫生标准》、ZB C53 003—84《辐照蘑菇卫生标准》、ZB C53 004—84《辐照马铃薯卫生标准》、ZB C53 006—84《辐照洋葱卫生标准》、GB 9980—88《辐照苹果卫生标准》、GB 14891.5—94《辐照番茄卫生标准》、GB 14891.7—94《辐照荔枝卫生标准》、GB 14891.8—94《辐照蜜桔卫生标准》。

本标准由中华人民共和国卫生部提出，由中国预防医学科学院营养与食品卫生研究所归口。

本标准由上海市食品卫生监督检验所、中科院上海原子核研究所辐射基地、河南省食品卫生监督检验所负责起草。

本标准主要起草人：张维兰、姜培珍、徐志成、马洛成、王培仁。

本标准由卫生部委托技术归口单位中国预防医学科学院负责解释。

中华人民共和国国家标准　　　　　　　　　　　　GB 14891.5—1997

代替 GB 9980—88
GB 14891.5—94
GB 14891.7—94
GB 14891.8—94
ZB C53 001—84
ZB C53 003—84
ZB C53 004—84
ZB C53 006—84

辐照新鲜水果、蔬菜类卫生标准

Hygienic standard for irradiated
fresh fruits and vegetables

1 范围

本标准规定了辐照新鲜水果、蔬菜类食品的技术要求和检验方法。

本标准适用于以抑止发芽、贮藏保鲜或推迟后熟延长货架期为目的，采用 ^{60}Co 或 ^{137}Cs 产生的 γ 射线或能量低于 5 MeV 的 X 射线或能量低于 10 MeV 的电子束照射处理的新鲜水果、蔬菜。

2 引用标准

下列标准所包含的条文，通过在本标准中引用而构成为本标准的条文。本标准出版时，所示版本均为有效。所有标准都会被修订，使用本标准的各方应探讨使用下列标准最新版本的可能性。

GB 2763—81　粮食、蔬菜等食品中六六六、滴滴涕残留量标准

GB 4788—94　食品中甲拌磷、杀螟硫磷、倍硫磷最大残留限量标准

GB 4809—84　食品中氟允许量标准

GB 4810—94　食品中砷限量卫生标准

GB 5009.11—1996　食品中总砷的测定方法

GB 5009.18—1996　食品中氟的测定方法

GB 5009.19—1996　食品中六六六、滴滴涕残留量的测定方法

GB 5009.20—1996　食品中有机磷农药残留量的测定方法

GB 5127—85　食品中敌敌畏、乐果、马拉硫磷、对硫磷允许残留量标准

3 技术要求

3.1 原料要求

凡需采用辐照处理的水果、蔬菜，在辐照前应经过认真挑拣，剔除腐败变质或已不适宜辐照处理的食品，以保证辐照产品的卫生质量。

3.2 辐照限量与照射要求

3.2.1 剂量限制：辐照处理的新鲜水果、蔬菜总体平均吸收剂量不大于 1.5 kGy。

3.2.2 照射要求：照射均匀，剂量准确，吸收剂量的不均匀度≤2。各种水果、蔬菜典型产品的参照吸收剂量见表1。

表1
kGy

品种	辐照处理目的	总体平均吸收剂量
马铃薯	抑止发芽	0.1
洋葱	抑止发芽	0.1
大蒜	抑止发芽	0.1
生姜	抑止发芽	0.1
番茄	抑止后熟	0.2
冬笋	抑止后熟	0.1
胡萝卜	抑止后熟	0.1
蘑菇	抑止后熟	1.0
刀豆	抑止后熟	0.1
花菜	抑止后熟	0.1
卷心菜	延长保存期	0.1
茭白	延长保存期	0.1
苹果	延长保存期	0.5
荔枝	抑止后熟	0.5
葡萄	抑止后熟	1.0
猕猴桃	抑止后熟	0.5
草莓	延长保存期	1.5

3.3 感官要求

凡经辐照处理的新鲜水果、蔬菜，应保持其原有的色、香、味和形状，且无腐败变质或异味。

3.4 理化指标

理化指标应符合表2的规定。

表2

项目	指标
六六六、滴滴涕	按 GB 2763 规定
甲拌磷、杀螟硫磷、倍硫磷	按 GB 4788 规定
氟	按 GB 4809 规定
砷	按 GB 4810 规定
敌敌畏、乐果、马拉硫磷、对硫磷	按 GB 5127 规定

4 检验方法

4.1 六六六、滴滴涕残留量的测定按 GB 5009.19 规定执行。
4.2 有机磷农药残留量的测定按 GB 5009.20 规定执行。
4.3 氟的测定按 GB 5009.18 规定执行。
4.4 总砷的测定按 GB 5009.11 规定执行。

ICS 67.080.10
C 53

GB

中华人民共和国国家标准

GB 16325—2005
代替 GB 16325—1996

干果食品卫生标准

Hygienic standard for dried fruits

2005-01-25 发布　　　　　　　　　　　　2005-10-01 实施

中华人民共和国卫生部
中国国家标准化管理委员会　发布

前　言

本标准全文强制。

本标准代替并废止 GB 16325—1996《干果食品卫生标准》。

本标准与 GB 16325—1996 相比主要变化如下：

——按照 GB/T 1.1—2000 对标准文本格式进行了修改；

——对 GB 16325—1996 结构、适用范围进行了修改，增加了原料、食品添加剂、生产加工过程的卫生要求、包装、标识、贮存及运输的卫生要求。

本标准于 2005 年 10 月 1 日起实施，过渡期为一年。即 2005 年 10 月 1 日前生产并符合相应标准要求的产品，允许销售至 2006 年 9 月 30 日止。

本标准由中华人民共和国卫生部提出并归口。

本标准起草单位：浙江省食品卫生监督检验所、新疆维吾尔自治区卫生防疫站、广东省食品卫生监督检验所、四川省食品卫生监督检验所、湖北省卫生防疫站、卫生部卫生监督中心、天津市卫生局公共卫生监督所、辽宁省卫生监督所。

本标准主要起草人：陈安美、刘翠英、邓红、兰真、谷京宇、崔春明、王旭太。

本标准所代替标准的历次版本发布情况为：

——GB 16325—1996。

干果食品卫生标准

1 范围

本标准规定了干果食品的卫生指标和检验方法以及食品添加剂、生产加工过程、包装、标识、贮存、运输的卫生要求。

本标准适用于以新鲜水果（如桂圆、荔枝、葡萄、柿子等）为原料，经晾晒、干燥等脱水工艺加工制成的干果食品。

2 规范性引用文件

下列文件中的条款通过本标准的引用而成为本标准的条款。凡是注日期的引用文件，其随后所有的修改单（不包括勘误的内容）或修订版均不适用于本标准，然而，鼓励根据本标准达成协议的各方研究是否可使用这些文件的最新版本。凡是不注日期的引用文件，其最新版本适用于本标准。

GB 2760 食品添加剂使用卫生标准

GB/T 4789.32 食品卫生微生物学检验 粮谷、果蔬类食品检验

GB/T 5009.3 食品中水分的测定

GB/T 5009.187 干果（桂圆、荔枝、葡萄干、柿饼）中总酸的测定

GB 7718 预包装食品标签通则

GB 14881 食品企业通用卫生规范

3 指标要求

3.1 原料要求

应符合相应的标准和有关规定。

3.2 感官指标

无虫蛀、无霉变、无异味。

3.3 理化指标

理化指标应符合表1的规定。

表1　　　　　　　　　　理化指标

项目	指标			
	桂圆	荔枝	葡萄干	柿饼
水分/（g/100g）≤	25	25	20	35
总酸/（g/100g）≤	1.5	1.5	2.5	6

3.4 微生物指标

微生物指标应符合表2的规定。

表2　　　　　　　　　　　　　　　微生物指标

项目	指标	
	葡萄干	柿饼
致病菌（沙门氏菌、志贺氏菌、金黄色葡萄球菌）	不得检出	不得检出

4 食品添加剂

4.1 食品添加剂质量应符合相应的标准和有关规定。

4.2 食品添加剂品种及其使用量应符合 GB 2760 的规定。

5 食品生产加工过程

应符合 GB 14881 的规定。

6 包装卫生要求

包装容器和材料应符合相应的卫生标准和有关规定。

7 标识要求

定型包装的标识按 GB 7718 规定执行。

8 贮存及运输

8.1 贮存

成品应贮存在干燥、通风良好的场所，不得与有毒、有害、有异味、易挥发、易腐蚀的物品同时贮存。

8.2 运输

运输产品时应避免日晒、雨淋。不得与有毒、有害、有异味或影响产品质量的物品混装运输。

9 检验方法

9.1 水分

按 GB/T 5009.3 规定的方法测定。

9.2 总酸

按 GB/T 5009.187 规定的方法测定。

9.3 微生物指标

按 GB/T 4789.32 规定的方法检验。

ICS 67.050
X 04

GB

中华人民共和国国家标准

GB/T 23380—2009

水果、蔬菜中多菌灵残留的测定
高效液相色谱法

Determination of carbendazim residues in fruits and vegetables—
HPLC method

2009-04-08 发布

2009-05-01 实施

中华人民共和国国家质量监督检验检疫总局
中国国家标准化管理委员会 发布

前　言

本标准的附录 A 为资料性附录。

本标准由安徽省质量技术监督局提出。

本标准由中国标准化研究院归口。

本标准起草单位：国家农副加工食品质量监督检验中心、安徽国家农业标准化与监测中心。

本标准主要起草人：聂磊、卢业举、邵栋梁、张波、张先铃、赵维克、姚彦如。

水果、蔬菜中多菌灵残留的测定
高效液相色谱法

1 范围

本标准规定了水果、蔬菜中多菌灵残留量的高效液相色谱测定方法。

本标准适用于水果、蔬菜中多菌灵残留量的测定。

本标准的方法检出限：0.02mg/kg。

2 规范性引用文件

下列文件中的条款通过本标准的引用而成为本标准的条款。凡是注日期的引用文件，其随后所有的修改单（不包括勘误的内容）或修订版均不适用于本标准，然而，鼓励根据本标准达成协议的各方研究是否可使用这些文件的最新版本。凡是不注日期的引用文件，其最新版本适用于本标准。

GB/T 6682　分析实验室用水规格和试验方法（GB/T 6682—2008，ISO 3696：1987，MOD）

GB/T 8855　新鲜水果和蔬菜　取样方法（GB/T 8855—2008，ISO 874：1980，IDT）

3 原理

水果、蔬菜样品中多菌灵经加速溶剂萃取仪（ASE）萃取，萃取液经固相萃取（SPE）分离、净化、浓缩、定容后上高效液相色谱仪检测，外标法定量。

4 试剂和材料

除另有说明外，所用试剂均为分析纯，实验用水均为 GB/T 6682 规定的一级水。

4.1　甲醇：色谱纯。

4.2　0.1mol/L 盐酸。

4.3　2% 氨水（体积分数）：2mL 氨水（25%~28%）+98mL 水。

4.4　2% 氨水-甲醇溶液（体积分数）：2mL 氨水（25%~28%）+98mL 甲醇。

4.5　4% 氨水-甲醇溶液（体积分数）：4mL 氨水（25%~28%）+96mL 甲醇。

4.6　磷酸盐缓冲溶液（0.02mol/L，pH=6.8）：2.38g 磷酸二氢钠和 1.41g 磷酸氢二钠溶于 900mL 水中，用磷酸调 pH 至 6.8，定容至 1 000mL。

4.7　固相萃取小柱（Oasis MCX 6mL，150mg，或相当者），使用前需依次用 2mL 甲醇、3mL 2% 氨水进行活化。

4.8　多菌灵标准溶液：100 μg/mL。低温避光保存。

4.9　多菌灵标准工作溶液：取上述标准溶液根据需要用流动相配制成适当浓度的标准系列工作溶

液，需现配现用。

5 仪器和设备

5.1 液相色谱仪：配二极管阵列检测器（DAD）或紫外检测器（UV）。

5.2 加速溶剂萃取仪（ASE）。萃取参考条件：34mL 萃取池，温度100℃，压强13.80 MPa（2000 psi），加热5min，以甲醇为溶剂静态萃取5min，60%溶剂快速冲洗试样，60s 氮气吹扫。

5.3 固相萃取仪（SPE）。

5.4 旋转蒸发器。

5.5 氮吹装置。

5.6 分析天平：感量0.1mg。

6 测定步骤

6.1 试样制备、保存

按 GB/T 8855 取水果、蔬菜可食用部分，粉碎，装入密闭洁净容器中标记明示。

试样应置于4℃冷藏保存。

6.2 提取

称取制备样5.00g，加入硅藻土适量，上加速溶剂萃取仪，使用34mL 萃取池，温度100℃，压强13.80 MPa（2 000 psi），加热5min，以甲醇为溶剂静态萃取5min，60%溶剂快速冲洗试样，60s 氮气吹扫，循环一次，收集提取液，于45℃水浴中减压浓缩近干，用10mL 0.1mol/L 盐酸溶液将残余物溶解。

6.3 净化

将上述溶液移入活化后的固相萃取小柱，依次用2mL 2%氨水（4.3）、2mL 2%氨水 - 甲醇溶液（4.4）、2mL 0.1mol/L 盐酸溶液（4.2）、3mL 甲醇淋洗小柱，弃去淋洗液。最后用3mL 4%氨水 - 甲醇溶液（4.5）洗脱柱子，收集洗脱液，置于45℃水浴中用氮气吹干，用1mL 流动相溶解残渣，过0.45μm 滤膜后供液相色谱测定用。

6.4 参考色谱条件

6.4.1 色谱柱：C_{18}柱（4.6mm×250mm，5μm）。

6.4.2 流动相：磷酸盐缓冲溶液（4.6）+乙腈（80+20），使用前经0.45μm 滤膜过滤。

6.4.3 流速：1.0mL/min。

6.4.4 检测波长：286nm。

6.4.5 进样量：20μL。

6.5 测定

取净化后样品测试液和标准溶液各20μL，进行高效液相色谱分析，以保留时间为依据进行定性，以峰面积对标准溶液的浓度制作校正曲线，对样品进行定量。多菌灵标准品色谱图参见附录A。

6.6 平行实验

按以上步骤对同一试样进行平行试验测定。

6.7 空白实验

除不称取样品外，均按上述步骤进行。

7 结果结算

试样中多菌灵残留量按式（1）计算：

$$X = \frac{c \times V \times 1000}{m \times 1000} \tag{1}$$

式中：

X——试样中多菌灵残留量，单位为毫克每千克（mg/kg）；
c——从标准曲线上得到的多菌灵浓度，单位为微克每毫升（μg/mL）；
V——样品定容体积，单位为毫升（mL）；
m——称取试样的质量，单位为克（g）。

8 精密度

在再现性条件下获得的两次独立的测试结果的绝对差值不大于这两个测定值的算术平均值的15%。

附录 A
（资料性附录）
多菌灵标准品色谱图

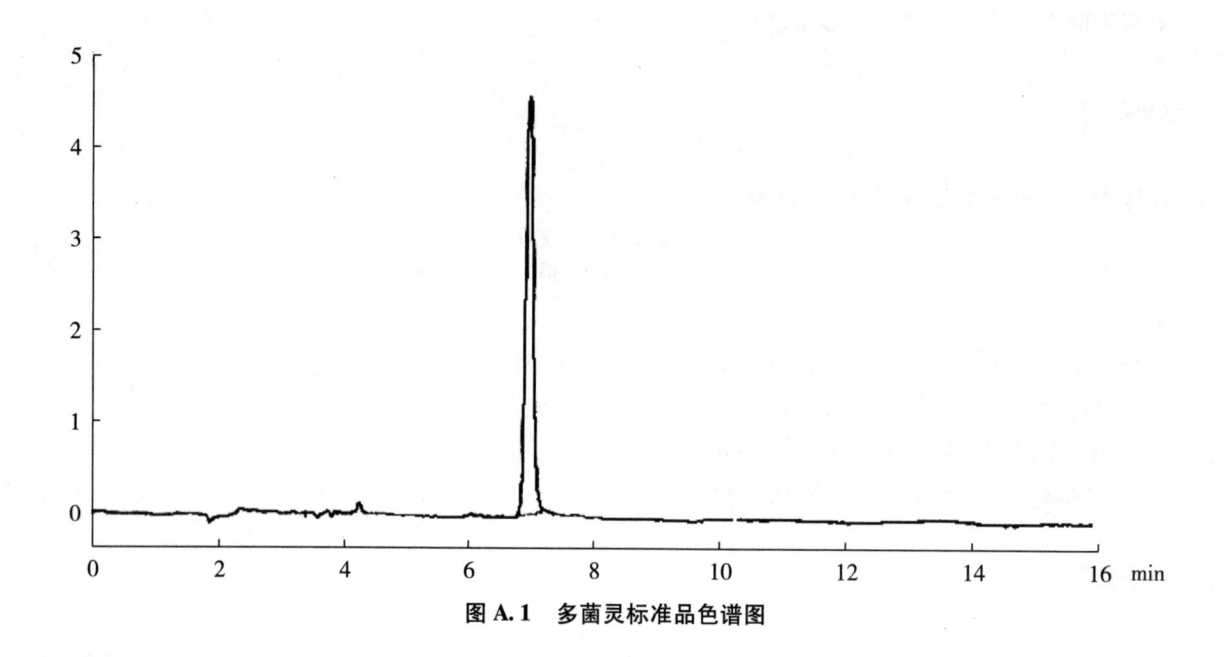

图 A.1 多菌灵标准品色谱图

ICS 65.020.01
B 16

GB

中华人民共和国国家标准

GB/T 28107—2011

枣大球蚧检疫鉴定方法

Detection and identification of *Eulecanium gigantea*（Shinji）

2011-12-30 发布　　2012-06-01 实施

中华人民共和国国家质量监督检验检疫总局
中国国家标准化管理委员会　发布

前　言

本标准按照 GB/T 1.1—2009 给出的规则起草。

本标准由全国植物检疫标准化技术委员会（SAC/TC 271）提出并归口。

本标准起草单位：中华人民共和国山西出入境检验检疫局、山西大学、中华人民共和国天津出入境检验检疫局、中国检验检疫科学研究院、中华人民共和国吉林出入境检验检疫局。

本标准主要起草人：李惠萍、丁三寅、连庚寅、谢映平、黄国明、陈乃中、党海燕、魏春艳、吴海军、牛春敬、田丽红、赵悠悠。

枣大球蚧检疫鉴定方法

1 范围

本标准规定了枣大球蚧 [*Eulecanium gigantea* (Shinji)] 的检疫鉴定以雌成虫的形态学特征作为依据，明确了现场检查、标本制备、镜检鉴定、样品保存的方法。

本标准适用于枣大球蚧的检疫鉴定。

2 术语和定义

下列术语和定义适用于本文件。

2.1 尾裂（臀裂） anal cleft

在蚧科中，蚧虫的肛门位置向内凹入，虫体后面出现一条狭缝，被称为尾裂或臀裂。

2.2 肛板 anal plate

在尾裂背底，肛门之上盖有两块三角形的硬化板，称为肛板。

2.3 肛环 anal ring

肛门凹入位于一筒状结构之内，后者叫肛筒（anal tube），在肛筒的外端有一硬化环。由两个月牙形的环组成，是肛门的开口，称为肛环。肛环上有一至几列环孔，并常有肛环毛6根~8根。

2.4 气门路 stigmatic groove

胸气门到体缘有成列的盘腺，形成气门路。

2.5 气门洼 stigmatic depression

气门路在体缘一端的体壁有不同程度的凹陷，称为气门洼。

2.6 气门刺 stigmatic spine

在气门路体缘一端即气门洼处的刺称为气门刺。

2.7 盘腺 discal pores

一类孔状的腺体结构，分泌蜡质物覆盖于虫体表面。蚧科中的特征盘腺有五格腺、多格腺和盘状孔。五格腺（quinquelocular pores）圆形，中心有一格，周围围绕五格。多格腺（multilocular pores）中心具一格，周围围绕多格（五格以上）。盘状孔（preopercular pores）圆形，不分格，仅为具有颗粒状表面的膜状结构。

2.8 管腺 tubular ducts

一类柱形或近柱形的腺体结构，分泌蜡丝形成虫体覆盖物或卵囊。蚧科中的特征管腺为瓶状腺。瓶状腺（invaginated tubular duct），呈柱形管筒，管口内端膨大有硬化框，因大小差异又分为大瓶状腺和小瓶状腺。

3 枣大球蚧基本信息

枣大球蚧（*E. gigantea*）隶属于同翅目（Homoptera），蚧科（Coccidae），大球蚧属（*Eulecanium* Cockerell）。

枣大球蚧其他信息参见附录 A。

4 方法原理

根据枣大球蚧的寄生危害特点，检查其寄主植物，获取不同发育期的虫体，将若虫饲养至成虫，制成显微玻片进行观察，依据成虫的显微形态特征对种类进行鉴定。

5 仪器、用具和试剂

5.1 仪器

生物显微镜、体视显微镜、水浴锅。

5.2 用具

放大镜、剪刀、小刀、镊子、昆虫解剖针、小毛笔、养虫瓶、铝盒、纸袋、吸水纸、1.5mL 离心管、6cm 表面皿、载玻片、凹面载玻片、盖玻片、解剖刀、酒精灯、滤纸、标签。

5.3 试剂

70% 乙醇、95% 乙醇、无水乙醇、10% 氢氧化钠（或 10% 氢氧化钾）溶液、冰醋酸、酸乙醇溶液（冰醋酸：95% 乙醇：蒸馏水体积比为 2:9:9）、酸性品红（酸性品红 95% 乙醇饱和溶液）、二甲苯、石炭酸 – 二甲苯溶液（石炭酸：二甲苯体积比为 1:2）、中性树胶、乙醇 – 甘油保存液（70% 乙醇：甘油的体积比为 50:1）。

6 现场检查

6.1 叶片检查

用放大镜检查寄主植物叶片正面、反面及叶脉两侧。如有黄色、淡黄色或黄褐色的固着虫体，体被白色蜡壳、蜡片或蜡块，则将带虫叶片取下，放入养虫瓶。

6.2 枝条检查

检查枝条、分叉、裂缝、芽腋及其附近，重点检查枝的向地一侧：

——如有灰褐色并被龟裂状蜡层的虫体，或被一层污白色毛玻璃状蜡壳虫体，则连寄主采下，放入养虫瓶或用吸水纸包被，再放入纸袋内，置于铝盒中；

——如有红褐色至紫褐色半球形或近球形的虫体，或体被灰白色薄蜡粉；或为亮褐色至亮黑褐色的虫体干尸，则均连同寄主采下，用吸水纸包被，再放入纸袋内，置于铝盒中。

6.3 将现场所取虫样标本送实验室鉴定。

7 实验室检疫鉴定

7.1 症状检查

检查送检样品（参见6.1和6.2），将虫样轻移入70%乙醇或乙醇-甘油保存液中固定保存。

7.2 标本制备

将现场所取和实验室挑取的虫样标本按固定、加热、解剖清洗、染色、脱色、脱水、封片的步骤制成玻片标本（参见附录B）。

7.3 镜检鉴定

将玻片标本置于生物显微镜下观察形态特征，先确定是否属于蚧科（参见C.1），然后确定是否属于大球蚧属（参见C.2），最后核对种的特征，并与近似种相区分（参见C.3）。

8 枣大球蚧鉴定特征

8.1 雌成虫

8.1.1 田间形态特征（参见图D.1）

8.1.1.1 产卵前的雌成虫

虫体长18.8mm，宽18.0mm，高14.0mm，属于大球蚧属中个体最大者；产卵前的年轻雌成虫体鼓起近半球形，头半部高突，后半部略狭而斜；体黑红褐色至紫褐色，或有些发绿红褐色，体背有暗红色或红褐色花斑组成的4个纵列，各斑块间不连续。靠近背中央的2列花斑较小，呈明显的3对~4对，外侧2纵列斑块常由6块组成。体被灰白色绒毛状薄蜡粉，蜡粉覆盖虫体不严，光滑的体壁和花纹闪光清晰可见。

8.1.1.2 雌成虫虫体干尸

虫体干尸固着树枝很紧，可持续1年甚至更长时间不易脱落，用手捏干尸，可感到体壁薄，易将顶部捏碎。

8.1.2 显微形态特征（参见图E.1）

8.1.2.1 体腹面

腹面可见触角1对，7节，以第3节最长，第4节突然变细。足3对，均小，腿节小于气门盘直径，胫节的长为跗节的1.3倍，跗、爪冠毛均细尖。胸气门2对，每条气门路上五格腺20个~25个，呈不规则1列。多格腺分布于腹面中区，尤以腹部为密集。大瓶状腺在腹面亚缘区成密集带状分布，小瓶状腺见于胸部中区。

8.1.2.2 体缘

体缘具缘刺，尖锥形。气门洼不显，气门刺与缘刺近似，略小，相互靠近。

8.1.2.3 体背面

肛板三角形2块，合成正方形，其后角外缘有长、短毛各2根。肛周体壁幼时不硬化，老熟期硬化，无网纹。肛环宽，有内、外列孔及环毛8根。腺体在背面盘状孔丰富，有少量小瓶状腺。背刺散布。

8.2 雄成虫（参见图D.2和图F.6）

8.2.1 虫体

体长2.35mm~3.50mm，翅展4.80mm~5.20mm。头部黑褐色，前胸、腹部、触角和足为黄色。

8.2.2 头部

触角丝状，10节，长约1.50mm。单眼5对，背、腹眼各1对，侧眼在头之两侧各3个，呈弧形排列，环绕于头部触角周缘。

8.2.3 胸部

中胸气门和后胸气门各1对，周围均无腺体分布。前翅1对，半透明。后翅退化为平衡棒，呈叶片状。胸足3对，胫节末端有1长距。爪稍弯曲，末端有小齿。爪冠毛和跗冠毛各1对，跗冠毛粗，爪冠毛较细，末端均膨大呈球形。

8.2.4 腹部

腹部8节，具刚毛，在腹面和背面稀疏分布，腹部末端数量最多，约8根，簇生。第8节有一尾突。阳茎鞘长度约为体长之半，基部上方两侧各有一个尾槽，尾槽内壁具多格腺和粗长刚毛2根，尾槽内各生出一根白色细长的蜡丝，长度约为体长的3倍。

8.3 卵

长圆形，初产时为白色，渐变粉红色。卵在体下常被白色细蜡丝搅裹成块，不易散开。

8.4 1龄若虫

8.4.1 田间形态特征（参见图D.3）

固定后若虫扁平，草履形，体被白色透明蜡质，成平滑的薄蜡壳，其背中部有一条隆线。透过蜡壳可见体色淡黄，眼色淡红。

8.4.2 显微形态特征（参见图F.1）

8.4.2.1 虫体椭圆形，体长0.60mm~0.72mm，宽0.30mm~0.50mm。

8.4.2.2 触角6节；足3对，发达，具跗冠毛和爪冠毛各1对，均细长，末端明显膨大。

8.4.2.3 体缘刺细尖，稀疏分布，腹部之缘刺略长于头部的，最末1根最长，约70μm。

8.4.2.4 胸气门2对，直筒状，气门刺各3根，锥状等大；气门路上有五格腺4个~5个，排成1列。

8.4.2.5 肛门位于虫体背面腹部末端，臀裂浅而宽，肛筒伸至臀裂之间且明显外露。肛板表面具网纹。肛板端毛3根，中央1条极长，约380μm。肛环毛6根，背面2根最长，约300μm。

8.5 2龄若虫

8.5.1 田间形态特征（参见图D.3和图D.4）

8.5.1.1 发育前期虫体体被白色半透明介壳，边缘有长方形白色蜡片12对，头部前端为1块，前、后胸气门处各有一条白色蜡丝覆盖于长方形蜡片之下，背中隆线加宽，背部有前后两个环状壳点（蜡块），臀末两根白色蜡丝部分露出介壳。

8.5.1.2 发育中期虫体背部有前、中、后3个环状壳点。

8.5.1.3 越冬后，2龄雌若虫体被一层灰白色半透明呈龟裂状的蜡层，蜡层外附少量白色蜡丝，体缘的缘刺被蜡层覆盖呈白色。

8.5.2 显微形态特征（参见图F.2）

8.5.2.1 虫体椭圆形，黄褐至栗褐色，体长1.00 mm～1.30 mm，宽0.50 mm～0.70 mm。

8.5.2.2 头部具单眼1对。触角为7节。

8.5.2.3 足发达，腿节长度大于气门盘直径。

8.5.2.4 体缘刺密集1列，锥状，粗大，亚缘刺1列，细小，刚毛状。胸气门扩大呈喇叭状，各气门路上五格腺到多格腺已多至10个～15个，呈不规则排列，气门刺与缘刺已无大区别。

8.5.2.5 虫体背面散布锥状小刺。肛筒加长，疏松网状，肛板的长端毛消失，肛板端毛5根，肛环毛6根。管状腺体在虫体腹面成宽亚缘带，在腹部中央零散分布。

8.6 3龄若虫（参见图F.3）

虫体背、腹两面管状腺数量增多，在亚缘区成带状排列，在背中和缘区散布。

8.7 蛹

8.7.1 田间形态特征（参见图D.4）

越冬后雄蛹被一层茧壳，长椭圆形，不太突，毛玻璃状半透明，背面有圆形、直角形等蜡块，茧壳上以缝分成几小块，雄茧边缘有成列的短细蜡丝。

8.7.2 显微形态特征（参见图F.4和图F.5）

8.7.2.1 雄预蛹体近梭形，黄褐色。体长1.20 mm～1.80 mm，宽0.40 mm～0.60 mm，各器官和附肢发育不完全，具有触角、足、翅芽的雏形。

8.7.2.2 雄蛹体色深褐，长椭圆形，离蛹。体长1.70 mm～2.00 mm，宽0.50 mm～0.70 mm。无眼。触角10节。翅芽半透明，宽度和厚度均增加，已达中足。胸部背板骨化明显。腹部分节明显，可见8节，密布有微刺毛，腹部体缘具三角锥状刚毛，腹部末端数量最多。交配器钝圆锥形，表面光滑，基部有4根～6根微型刚毛，在末端刚毛密集分布，约18根～20根。

9 结果判定

以雌成虫鉴定特征为主要依据，其余虫态的形态特征可作参考，符合8.1描述的可鉴定为枣大球蚧（*E. gigantea*）。

10 标本和样品保存

将枣大球蚧及重要的为害状标本妥善保存，各龄若虫、蛹和成虫均可用乙醇－甘油保存液保存，成虫也可制成玻片标本保存，同时记录害虫名称、来源、截获时间、地点、人员等相关信息。对检出该蚧虫的样品，要进行无害化处理。

附录 A
（规范性附录）
枣大球蚧其他信息

A.1 寄主

国槐（*Sophora japonical* L.）、刺槐（*Robinia pseudo-acacia* L.）、枣（*Zizyphus sativa* Gaertn.）、酸枣（*Ziziphus spinosus* Hu）、朴树（*Celtis sinensis* Pers.）、榔榆（*Uhnus parvifolia* Jacq.）、法桐（*Platanus orientalis* L.）、栾树（*Koelreuteria paniculata* Laxm）、臭椿（*Ailanthus altissima* Swing）、香椿（*Cedrela sinensis* A. Juss）、楝（*Melia azedarach* L.）、胡桃（*Juglans regia* L.）、苹果（*Malus pumila* Mill.）、桃（*Prunus persica* Stokes）、樱花（*Prunus serrulata* Lindl.）、板栗（*Castanea mollissima* Blume）、文冠果（*Xanthoceras sorbifolia* Bunge）、蒲公英（*Taraxacum* sp.）、苦菊（*Chrysanthemum* sp.）、甘草（*Glycyrriza Uralensis* Fisch. G. Glabra L.）等。

A.2 分布

枣大球蚧原记录于日本，现已扩散到俄罗斯（远东地区）和中国的局部地区。

A.3 传播途径

枣大球蚧固着在植株上为害，易随寄主的调运远距离传播和扩散。

附录 B
（资料性附录）
玻片标本的制作

B.1 将乙醇－甘油保存液中的虫体移入装有10%氢氧化钠（或10%氢氧化钾）溶液的离心管中，如是活体标本应预先在70%乙醇溶液中固定1h~2h后，再置于前述液体中。

B.2 将放入标本的离心管置于40℃~50℃的水浴锅中加热，定时观察，当虫体涨满内容物近透明时移至凹玻片上，在体视显微镜下解剖，一手执解剖刀，一手执解剖针，先用解剖刀的刀尖刺入虫体的背腹交接线上，再用解剖针在刀口皮层上刮动，逐渐向前剖开皮层，成背腹两面，并在虫体的一侧稍留一段相连的部分，再用沸水将内容物冲洗掉。

B.3 将洗干净的虫体移入表面皿中，滴入酸乙醇中和5min，用滤纸吸掉酸乙醇。

B.4 再加入70%乙醇浸泡5min，吸掉乙醇，滴入酸性品红溶液，染色12h~16h。

B.5 用70%乙醇洗掉多余染色剂，再依次经过95%乙醇、无水乙醇，脱水各5min。

B.6 用滤纸吸掉乙醇，滴入石炭酸－二甲苯溶液，3min后吸掉。

B.7 滴入二甲苯3min后，将虫体移入载玻片上的中性树胶中整姿后盖上盖玻片。

B.8 待玻片标本晾干后，即可用生物显微镜来观察各虫态的形态特征，进行鉴定。

附录 C
（资料性附录）
蚧科、大球蚧属雌成虫的鉴定特征及枣大球蚧与近似种的区别

C.1 蚧科雌成虫的鉴定特征

体周围有一圈缘毛或缘刺；胸气门开口至体缘之间由五格腺组成了气门路；体末有一尾裂，其底端背面有两块相对的三角形肛板。

C.2 大球蚧属雌成虫的鉴定特征

触角6节~8节，第3节最长。

足分节正常，腿节长度约和气门盘直径等长；胫、跗关节不硬化，爪、跗冠毛各2根，爪下无齿。体背有筛状孔、杯状腺；腹面有五格腺、多格腺、杯状腺和暗框孔。

气门洼不显，气门刺明显或否，明显时2刺~3刺，不明显时和缘刺无区别。

C.3 枣大球蚧与近似种的区别

皱大球蚧 E. kuwanai Kanda 是枣大球蚧 E. gigantea 的近似种，常与枣大球蚧混合发生，生活习性相近，主要区别在于皱大球蚧：

——雌成虫虫体鼓起呈半球形，长5.0mm~7.0mm，高4.0mm~6.0mm，略小于枣大球蚧。产卵前虫体黄褐色，光亮，具虎皮状斑纹，一条蓝黑色背中线宽而明显，从头端直延伸至肛门边。体背侧具蓝黑色斑纹，体侧下缘有锯齿状色带，又似西瓜皮花斑；

——雌成虫虫体干尸，颜色暗淡，鲜艳花纹消失，体壁皱缩，木质化，用手捏捻不易碎；

——显微特征肛环毛6根。

附录 D
（资料性附录）
枣大球蚧田间形态特征图

图 D.1　雌成虫

图 D.2　雄成虫

图 D.3　叶片上 1、2 龄若虫

图 D.4　越冬后枝条上的虫体（雌雄分化）

附录 E
（资料性附录）
枣大球蚧雌成虫显微形态特征图

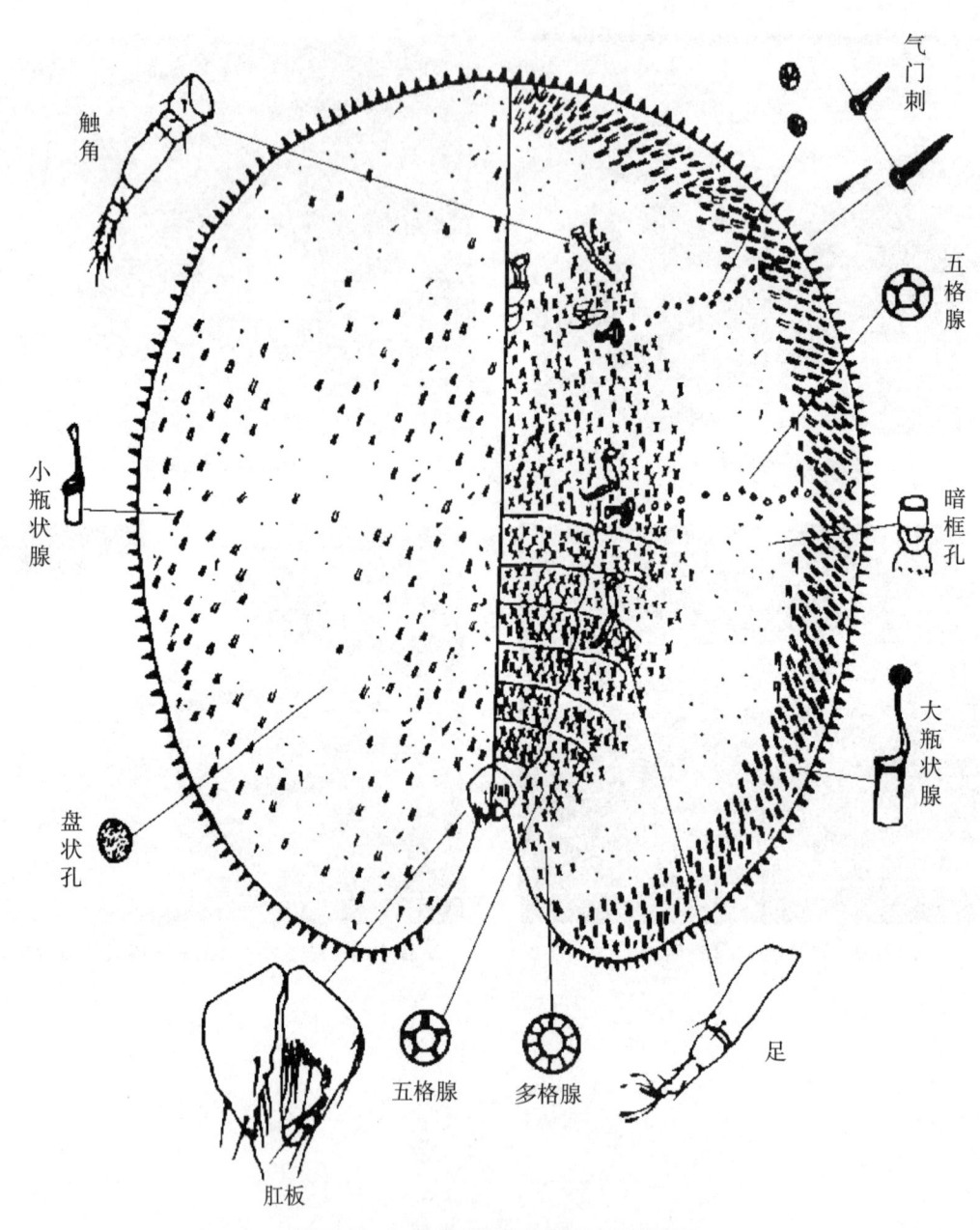

图 E.1 枣大球蚧雌成虫显微形态特征图

附录 F
（资料性附录）
枣大球蚧各虫态显微形态特征图

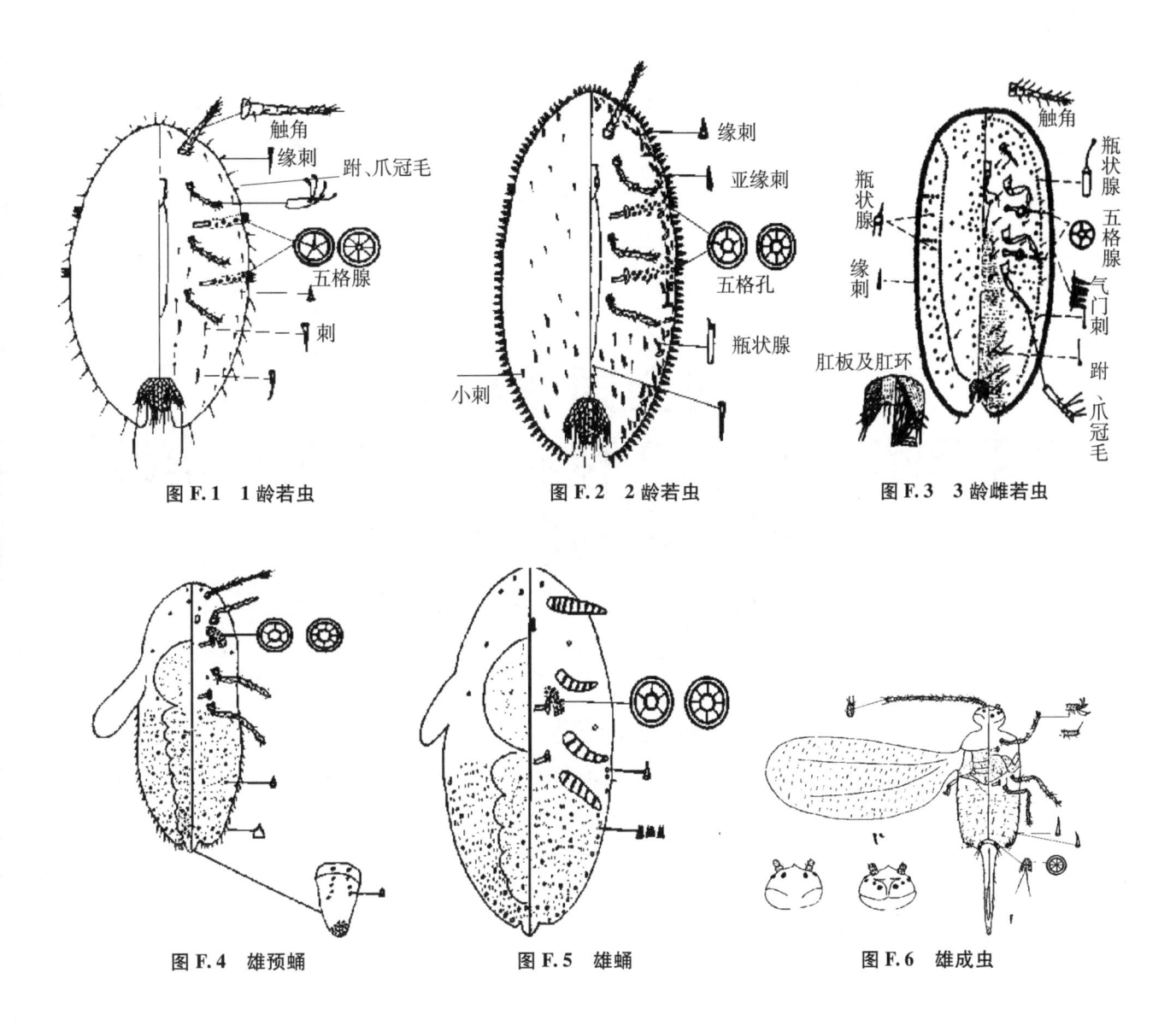

图 F.1 1龄若虫

图 F.2 2龄若虫

图 F.3 3龄雌若虫

图 F.4 雄预蛹

图 F.5 雄蛹

图 F.6 雄成虫

ICS

GB

中华人民共和国国家标准

GB 23200.8—2016
代替 GB/T 19648—2006

食品安全国家标准
水果和蔬菜中 500 种农药及相关化学品残留量的测定
气相色谱-质谱法

National food safety standards—
Determination of 500 pesticides and related chemicals residues in fruits and vegetables Gas chromatography – mass spectrometry

2016-12-18 发布

2017-06-18 实施

中华人民共和国国家卫生和计划生育委员会
中华人民共和国农业部 发布
国家食品药品监督管理总局

前　言

本标准代替 GB/T 19648—2006《水果和蔬菜中 500 种农药及相关化学品残留的测定气相色谱 – 质谱法》。

本标准与 GB/T 19648—2006 相比，主要变化如下：

——标准文本格式修改为食品安全国家标准文本格式；

——标准范围中增加"其他蔬菜和水果可参照执行"。

本标准所代替标准的历次版本发布情况为：

——GB/T 19648—2006。

食品安全国家标准
水果和蔬菜中500种农药及相关化学品残留量的测定 气相色谱－质谱法

1 范围

本标准规定了苹果、柑桔、葡萄、甘蓝、芹菜、西红柿中500种农药及相关化学品（参见附录A）残留量气相色谱－质谱测定方法。

本标准适用于苹果、柑桔、葡萄、甘蓝、芹菜、西红柿中500种农药及相关化学品残留量的测定，其他蔬菜和水果可参照执行。

2 规范性引用文件

下列文件对于本文件的应用是必不可少的。凡是注日期的引用文件，仅所注日期的版本适用于本文件。凡是不注日期的引用文件，其最新版本（包括所有的修改单）适用于本文件。

GB 2763 食品安全国家标准 食品中农药最大残留限量

GB/T 6682 分析实验室用水规格和试验方法

3 原理

试样用乙腈匀浆提取，盐析离心后，取上清液，经固相萃取柱净化，用乙腈－甲苯溶液（3+1）洗脱农药及相关化学品，溶剂交换后用气相色谱－质谱仪检测。

4 试剂和材料

4.1 试剂

4.1.1 乙腈（CH_3CN，75-05-8）：色谱纯。

4.1.2 氯化钠（NaCl，7647-14-5）：优级纯。

4.1.3 无水硫酸钠（Na_2SO_4，7757-82-6）：分析纯。用前在650℃灼烧4h，贮于干燥器中，冷却后备用。

4.1.4 甲苯（C_7H_8，108-88-3）：优级纯。

4.1.5 丙酮（CH_3COCH_3，67-64-1）：分析纯，重蒸馏。

4.1.6 二氯甲烷（CH_2Cl_2，75-09-2）：色谱纯。

4.1.7 正己烷（C_6H_{14}，110-54-3）：分析纯，重蒸馏。

4.2 标准品

农药及相关化学品标准物质：纯度≥95%，见附录A。

4.3 标准溶液配制

4.3.1 标准储备溶液

分别称取适量（精确至0.1mg）各种农药及相关化学品标准物分别于10mL容量瓶中，根据标准物的溶解性选甲苯、甲苯+丙酮混合液、二氯甲烷等溶剂溶解并定容至刻度（溶剂选择参见附录A），标准溶液避光4℃保存，保存期为一年。

4.3.2 混合标准溶液（混合标准溶液A、B、C、D和E）

按照农药及相关化学品的性质和保留时间，将500种农药及相关化学品分成A、B、C、D、E五个组，并根据每种农药及相关化学品在仪器上的响应灵敏度，确定其在混合标准溶液中的浓度。本标准对500种农药及相关化学品的分组及其混合标准溶液浓度参见附录A。

依据每种农药及相关化学品的分组号、混合标准溶液浓度及其标准储备液的浓度，移取一定量的单个农药及相关化学品标准储备溶液于100mL容量瓶中，用甲苯定容至刻度。混合标准溶液避光4℃保存，保存期为一个月。

4.3.3 内标溶液

准确称取3.5mg环氧七氯于100mL容量瓶中，用甲苯定容至刻度。

4.3.4 基质混合标准工作溶液

A、B、C、D、E组农药及相关化学品基质混合标准工作溶液是将40μL内标溶液（4.3.3）和50μL的混合标准溶液（4.3.2）分别加到1.0mL的样品空白基质提取液中，混匀，配成基质混合标准工作溶液A、B、C、D和E。基质混合标准工作溶液应现用现配。

4.4 材料

4.4.1 Envi-18柱[①]：12mL，2.0g或相当者。

4.4.2 Envi-Carb[①]活性碳柱：6mL，0.5g或相当者。

4.4.3 Sep-Pak[②]NH$_2$固相萃取柱：3mL，0.5g或相当者。

5 仪器和设备

5.1 气相色谱-质谱仪：配有电子轰击源（EI）。

5.2 分析天平：感量0.01g和0.0001g。

5.3 均质器：转速不低于20000r/min。

5.4 鸡心瓶：200mL。

5.5 移液器：1mL。

5.6 氮气吹干仪。

6 试样制备

水果、蔬菜样品取样部位按GB 2763附录A执行，将样品切碎混匀均一化制成匀浆，制备好的试

[①] Envi-18柱和Envi-Carb活性碳柱是SUPELCO公司产品的商品名称，给出这一信息是为了方便本标准的使用者，并不是表示对该产品的认可。如果其他等效产品具有相同的效果，则可使用这些等效产品。

[②] Sep-Pak NH$_2$柱是Waters公司产品的商品名称，给出这一信息是为了方便本标准的使用者，并不是表示对该产品的认可。如果其他等效产品具有相同的效果，则可使用这些等效产品。

样均分成两份，装入洁净的盛样容器内，密封并标明标记。将试样于-18℃冷冻保存。

7 分析步骤

7.1 提取

称取20g试样（精确至0.01g）于80mL离心管中，加入40mL乙腈，用均质器在15000r/min匀浆提取1min，加入5g氯化钠，再匀浆提取1min，将离心管放入离心机，在3000r/min离心5min，取上清液20mL（相当于10g试样量）待净化。

7.2 净化

7.2.1 将Envi-18柱放入固定架上，加样前先用10mL乙腈预洗柱，下接鸡心瓶，移入上述20mL提取液，并用15mL乙腈洗涤柱，将收集的提取液和洗涤液在40℃水浴中旋转浓缩至约1mL，备用。

7.2.2 在Envi-Carb柱中加入约2cm高无水硫酸钠，将该柱连接在Sep-Pak氨丙基柱顶部，将串联柱下接鸡心瓶放在固定架上。加样前先用4mL乙腈-甲苯溶液（3+1）预洗柱，当液面到达硫酸钠的顶部时，迅速将样品浓缩液（7.2.1）转移至净化柱上，再每次用2mL乙腈-甲苯溶液（3+1）三次洗涤样液瓶，并将洗涤液移入柱中。在串联柱上加上50mL贮液器，用25mL乙腈-甲苯溶液（3+1）洗涤串联柱，收集所有流出物于鸡心瓶中，并在40℃水浴中旋转浓缩至约0.5mL。每次加入5mL正己烷在40℃水浴中旋转蒸发，进行溶剂交换二次，最后使样液体积约为1mL，加入40μL内标溶液，混匀，用于气相色谱-质谱测定。

7.3 测定

7.3.1 气相色谱-质谱参考条件

a) 色谱柱：DB-1701（30 m×0.25mm×0.25μm）石英毛细管柱或相当者；

b) 色谱柱温度程序：40℃保持1min，然后以30℃/min程序升温至130℃，再以5℃/min升温至250℃，再以10℃/min升温至300℃，保持5min；

c) 载气：氦气，纯度≥99.999%，流速：1.2mL/min；

d) 进样口温度：290℃；

e) 进样量：1量℃；

f) 进样方式：无分流进样，1.5min后打开分流阀和隔垫吹扫阀；

g) 电子轰击源：70 eV；

h) 离子源温度：230℃；

i) GC-MS接口温度：280度；

j) 选择离子监测：每种化合物分别选择一个定量离子，2~3个定性离子。每组所有需要检测的离子按照出峰顺序，分时段分别检测。每种化合物的保留时间、定量离子、定性离子及定量离子与定性离子的丰度比值，参见附录B。每组检测离子的开始时间和驻留时间参见附录C。

7.3.2 定性测定

进行样品测定时，如果检出的色谱峰的保留时间与标准样品相一致，并且在扣除背景后的样品质谱图中，所选择的离子均出现，而且所选择的离子丰度比与标准样品的离子丰度比相一致（相对丰度＞50%，允许±10%偏差；相对丰度＞20%~50%，允许±15%偏差；相对丰度＞10%~20%，允许±20%偏差；

相对丰度≤10%，允许±50%偏差），则可判断样品中存在这种农药或相关化学品。如果不能确证，应重新进样，以扫描方式（有足够灵敏度）或采用增加其他确证离子的方式或用其他灵敏度更高的分析仪器来确证。

7.3.3 定量测定

本方法采用内标法单离子定量测定。内标物为环氧七氯。为减少基质的影响，定量用标准溶液应采用基质混合标准工作溶液。标准溶液的浓度应与待测化合物的浓度相近。本方法的 A、B、C、D、E 五组标准物质在苹果基质中选择离子监测 GC–MS 图参见附录 D。

7.4 平行试验

按以上步骤对同一试样进行平行测定。

7.5 空白试验

除不称取试样外，均按上述步骤进行。

8 结果计算和表述

气相色谱–质谱测定结果可由计算机按内标法自动计算，也可按式（1）计算

$$X = C_s \times \frac{A}{A_s} \times \frac{C_i}{C_{si}} \times \frac{A_{si}}{A_i} \times \frac{V}{m} \times \frac{1000}{1000} \tag{1}$$

式中：

X——试样中被测物残留量，单位为毫克每千克（mg/kg）；
C_s——基质标准工作溶液中被测物的浓度，单位为微克每毫升（μg/mL）；
A——试样溶液中被测物的色谱峰面积；
A_s——基质标准工作溶液中被测物的色谱峰面积；
C_i——试样溶液中内标物的浓度，单位为微克每毫升（μg/mL）；
C_{si}——基质标准工作溶液中内标物的浓度，单位为微克每毫升（μg/mL）；
A_{si}——基质标准工作溶液中内标物的色谱峰面积；
A_i——试样溶液中内标物的色谱峰面积；
V——样液最终定容体积，单位为毫升（mL）；
m——试样溶液所代表试样的质量，单位为克（g）。

计算结果应扣除空白值，测定结果用平行测定的算术平均值表示，保留两位有效数字。

9 精密度

9.1 在重复性条件下获得的两次独立测定结果的绝对差值与其算术平均值的比值（百分率），应符合附录 E 的要求。

9.2 在再现性条件下获得的两次独立测定结果的绝对差值与其算术平均值的比值（百分率），应符合附录 F 的要求。

10 定量限和回收率

10.1 定量限

本方法的定量限见附录 A。

10.2 回收率

当添加水平为 LOQ、2×LOQ、10×LOQ 时，添加回收率参见附录 G。

附录 A
（资料性附录）
500 种农药及相关化学品方法定量限、分组、溶剂选择和混合标准溶液的浓度

A.1 500 种农药及相关化学品中、英文名称，方法定量限，分组，溶剂选择和混合标准溶液浓度表见表 A.1。

表 A.1

序号	中文名称	英文名称	定量限（mg/kg）	溶剂	混合标准溶液浓度（mg/L）
内标	环氧七氯	Heptachlor–epoxide		甲苯	
A 组					
1	二丙烯草胺	Allidochlor	0.0250	甲苯	5
2	烯丙酰草胺	Dichlormid	0.0250	甲苯	5
3	土菌灵	Etridiazol	0.0376	甲苯	7.5
4	氯甲硫磷	Chlormephos	0.0250	甲苯	5
5	苯胺灵	Propham	0.0126	甲苯	2.5
6	环草敌	Cycloate	0.0126	甲苯	2.5
7	联苯二胺	Diphenylamine	0.0126	甲苯	2.5
8	杀虫脒	Chlordimeform	0.0126	正己烷	2.5
9	乙丁烯氟灵	Ethalfluralin	0.0500	甲苯	10
10	甲拌磷	Phorate	0.0126	甲苯	2.5
11	甲基乙拌磷	Thiometon	0.0126	甲苯	2.5
12	五氯硝基苯	Quintozene	0.0250	甲苯	5
13	脱乙基阿特拉津	Atrazine–desethyl	0.0126	甲苯+丙酮（8+2）	2.5
14	异噁草松	Clomazone	0.0126	甲苯	2.5
15	二嗪磷	Diazinon	0.0126	甲苯	2.5
16	地虫硫磷	Fonofos	0.0126	甲苯	2.5
17	乙嘧硫磷	Etrimfos	0.0126	甲苯	2.5
18	西玛津	Simazine	0.0126	甲醇	2.5
19	胺丙畏	Propetamphos	0.0126	甲苯	2.5
20	仲丁通	Secbumeton	0.0126	甲苯	2.5
21	除线磷	Dichlofenthion	0.0126	甲苯	2.5
22	炔丙烯草胺	Pronamide	0.0126	甲苯+丙酮（9+1）	2.5
23	兹克威	Mexacarbate	0.0376	甲苯	7.5
24	艾氏剂	Aldrin	0.0250	甲苯	5
25	氨氟灵	Dinitramine	0.0500	甲苯	10

(续表)

序号	中文名称	英文名称	定量限（mg/kg）	溶剂	混合标准溶液浓度（mg/L）
26	皮蝇磷	Ronnel	0.0250	甲苯	5
27	扑草净	Prometryne	0.0126	甲苯	2.5
28	环丙津	Cyprazine	0.0126	甲苯+丙酮（9+1）	2.5
29	乙烯菌核利	Vinclozolin	0.0126	甲苯	2.5
30	β-六六六	Beta-HCH	0.0126	甲苯	2.5
31	甲霜灵	Metalaxyl	0.0376	甲苯	7.5
32	毒死蜱	Chlorpyrifos（-ethyl）	0.0126	甲苯	2.5
33	甲基对硫磷	Methyl-Parathion	0.0500	甲苯	10
34	蒽醌	Anthraquinone	0.0126	二氯甲烷	2.5
35	δ-六六六	Delta-HCH	0.0250	甲苯	5
36	倍硫磷	Fenthion	0.0126	甲苯	2.5
37	马拉硫磷	Malathion	0.0500	甲苯	10
38	杀螟硫磷	Fenitrothion	0.0250	甲苯	5
39	对氧磷	Paraoxon-ethyl	0.4000	甲苯	80
40	三唑酮	Triadimefon	0.0250	甲苯	5
41	对硫磷	Parathion	0.0500	甲苯	10
42	二甲戊灵	Pendimethalin	0.0500	甲苯	10
43	利谷隆	Linuron	0.0500	甲苯+丙酮（9+1）	10
44	杀螨醚	Chlorbenside	0.0250	甲苯	5
45	乙基溴硫磷	Bromophos-ethyl	0.0126	甲苯	2.5
46	喹硫磷	Quinalphos	0.0126	甲苯	2.5
47	反式氯丹	trans-Chlordane	0.0126	甲苯	2.5
48	稻丰散	Phenthoate	0.0250	甲苯	5
49	吡唑草胺	Metazachlor	0.0376	甲苯	7.5
50	苯硫威	fenothiocarb	0.0250	丙酮	5
51	丙硫磷	Prothiophos	0.0126	甲苯	2.5
52	整形醇	Chlorfurenol	0.0376	甲苯+丙酮（9+1）	7.5
53	狄氏剂	Dieldrin	0.0250	甲苯	5
54	腐霉利	Procymidone	0.0126	甲苯	2.5
55	杀扑磷	Methidathion	0.0250	甲苯	5
56	氰草津	Cyanazine	0.0376	甲苯+丙酮（8+2）	7.5
57	敌草胺	Napropamide	0.0376	甲苯	7.5
58	噁草酮	Oxadiazone	0.0126	甲苯	2.5
59	苯线磷	Fenamiphos	0.0376	甲苯	7.5
60	杀螨氯硫	Tetrasul	0.0126	甲苯	2.5
61	杀螨特	Aramite	0.0126	二氯甲烷	2.5

(续表)

序号	中文名称	英文名称	定量限（mg/kg）	溶剂	混合标准溶液浓度（mg/L）
62	乙嘧酚磺酸酯	Bupirimate	0.0126	甲苯	2.5
63	萎锈灵	Carboxin	0.3000	甲苯	60
64	氟酰胺	Flutolanil	0.0126	甲苯	2.5
65	p，p'-滴滴滴	4,4'-DDD	0.0126	甲苯	2.5
66	乙硫磷	Ethion	0.0250	甲苯	5
67	硫丙磷	Sulprofos	0.0250	甲苯	5
68	乙环唑-1	Etaconazole-1	0.0376	甲苯	7.5
69	乙环唑-2	Etaconazole-2	0.0376	甲苯	7.5
70	腈菌唑	Myclobutanil	0.0126	甲苯	2.5
71	禾草灵	Diclofop-methyl	0.0126	甲苯	2.5
72	丙环唑	Propiconazole	0.0376	甲苯	7.5
73	丰索磷	Fensulfothion	0.0250	甲苯	5
74	联苯菊酯	Bifenthrin	0.0126	正己烷	2.5
75	灭蚁灵	Mirex	0.0126	甲苯	2.5
76	麦锈灵	Benodanil	0.0376	甲苯	7.5
77	氟苯嘧啶醇	Nuarimol	0.0250	甲苯+丙酮（9+1）	5
78	甲氧滴滴涕	Methoxychlor	0.1000	甲苯	20
79	噁霜灵	Oxadixyl	0.0126	甲苯	2.5
80	胺菊酯	Tetramethirn	0.0250	甲苯	5
81	戊唑醇	Tebuconazole	0.0376	甲苯	7.5
82	氟草敏	Norflurazon	0.0126	甲苯+丙酮（9+1）	2.5
83	哒嗪硫磷	Pyridaphenthion	0.0126	甲苯	2.5
84	亚胺硫磷	Phosmet	0.0250	甲苯	5
85	三氯杀螨砜	Tetradifon	0.0126	甲苯	2.5
86	氧化萎锈灵	Oxycarboxin	0.0750	甲苯+丙酮（9+1）	15
87	顺式-氯菊酯	cis-Permethrin	0.0126	甲苯	2.5
88	反式-氯菊酯	trans-Permethrin	0.0126	甲苯	2.5
89	吡菌磷	Pyrazophos	0.0250	甲苯	5
90	氯氰菊酯	Cypermethrin	0.0376	甲苯	7.5
91	氰戊菊酯	Fenvalerate	0.0500	甲苯	10
92	溴氰菊酯	Deltamethrin	0.0750	甲苯	15
B组					
93	茵草敌	EPTC	0.0376	甲苯	7.5
94	丁草敌	Butylate	0.0376	甲苯	7.5
95	敌草腈	Dichlobenil	0.0026	甲苯	0.5
96	克草敌	Pebulate	0.0376	甲苯	7.5

（续表）

序号	中文名称	英文名称	定量限（mg/kg）	溶剂	混合标准溶液浓度（mg/L）
97	三氯甲基吡啶	Nitrapyrin	0.0376	甲苯	7.5
98	速灭磷	Mevinphos	0.0250	甲苯	5
99	氯苯甲醚	Chloroneb	0.0126	甲苯	2.5
100	四氯硝基苯	Tecnazene	0.0250	甲苯	5
101	庚烯磷	Heptanophos	0.0376	甲苯	7.5
102	六氯苯	Hexachlorobenzene	0.0126	甲苯	2.5
103	灭线磷	Ethoprophos	0.0376	甲苯	7.5
104	顺式-燕麦敌	cis-Diallate	0.0250	甲苯	5
105	毒草胺	Propachlor	0.0376	甲苯	7.5
106	反式-燕麦敌	trans-Diallate	0.0250	甲苯	5
107	氟乐灵	Trifluralin	0.0250	甲苯	5
108	氯苯胺灵	Chlorpropham	0.0250	甲苯	5
109	治螟磷	Sulfotep	0.0126	甲苯	2.5
110	菜草畏	Sulfallate	0.0250	甲苯	5
111	α-六六六	Alpha-HCH	0.0126	甲苯	2.5
112	特丁硫磷	Terbufos	0.0250	甲苯	5
113	特丁通	Terbumeton	0.0376	甲苯	7.5
114	环丙氟灵	Profluralin	0.0500	甲苯	10
115	敌噁磷	Dioxathion	0.0500	甲苯	10
116	扑灭津	Propazine	0.0126	甲苯	2.5
117	氯炔灵	Chlorbufam	0.0250	甲苯	5
118	氯硝胺	Dicloran	0.0250	甲苯+丙酮（9+1）	5
119	特丁津	Terbuthylazine	0.0126	甲苯	2.5
120	绿谷隆	Monolinuron	0.0500	甲苯	10
121	氟虫脲	Flufenoxuron	0.0376	甲苯+丙酮（8+2）	7.5
122	杀螟腈	Cyanophos	0.0250	甲苯	5
123	甲基毒死蜱	Chlorpyrifos-methyl	0.0126	甲苯	2.5
124	敌草净	Desmetryn	0.0126	甲苯	2.5
125	二甲草胺	Dimethachlor	0.0376	甲苯	7.5
126	甲草胺	Alachlor	0.0376	甲苯	7.5
127	甲基嘧啶磷	Pirimiphos-methyl	0.0126	甲苯	2.5
128	特丁净	Terbutryn	0.0250	甲苯	5
129	杀草丹	Thiobencarb	0.0250	甲苯	5
130	丙硫特普	Aspon	0.0250	甲苯	5
131	三氯杀螨醇	Dicofol	0.0250	甲苯	5
132	异丙甲草胺	Metolachlor	0.0126	甲苯	2.5

(续表)

序号	中文名称	英文名称	定量限（mg/kg）	溶剂	混合标准溶液浓度（mg/L）
133	氧化氯丹	Oxy-chlordane	0.0126	甲苯	2.5
134	嘧啶磷	Pirimiphos-ethyl	0.0250	甲苯	5
135	烯虫酯	Methoprene	0.0500	甲苯	10
136	溴硫磷	Bromofos	0.0250	甲苯	5
137	苯氟磺胺	Dichlofluanid	0.6000	甲苯	120
138	乙氧呋草黄	Ethofumesate	0.0250	甲苯	5
139	异丙乐灵	Isopropalin	0.0250	甲苯	5
140	硫丹-1	Endosulfan-1	0.0750	甲苯	15
141	敌稗	Propanil	0.0250	甲苯+丙酮（9+1）	5
142	异柳磷	Isofenphos	0.0250	甲苯	5
143	育畜磷	Crufomate	0.0750	甲苯	15
144	毒虫畏	Chlorfenvinphos	0.0376	甲苯	7.5
145	顺式-氯丹	cis-Chlordane	0.0250	甲苯	5
146	甲苯氟磺胺	Tolylfluanide	0.3000	甲苯	60
147	p,p'-滴滴伊	4,4'-DDE	0.0126	甲苯	2.5
148	丁草胺	Butachlor	0.0250	甲苯	5
149	乙菌利	Chlozolinate	0.0250	甲苯	5
150	巴毒磷	Crotoxyphos	0.0750	甲苯	15
151	碘硫磷	Iodofenphos	0.0250	甲苯	5
152	杀虫畏	Tetrachlorvinphos	0.0376	甲苯	7.5
153	氯溴隆	Chlorbromuron	0.3000	甲苯	60
154	丙溴磷	Profenofos	0.0750	甲苯	15
155	氟咯草酮	Fluorochloridone	0.0250	甲苯	5
156	噻嗪酮	Buprofezin	0.0250	甲苯	5
157	o,p'-滴滴滴	2,4'-DDD	0.0126	甲苯	2.5
158	异狄氏剂	Endrin	0.1500	甲苯	30
159	己唑醇	Hexaconazole	0.0750	甲苯	15
160	杀螨酯	Chlorfenson	0.0250	甲苯	5
161	o,p'-滴滴涕	2,4'-DDT	0.0250	甲苯	5
162	多效唑	Paclobutrazol	0.0376	甲苯	7.5
163	盖草津	Methoprotryne	0.0376	甲苯	7.5
164	抑草蓬	Erbon	0.0250	甲苯	5
165	丙酯杀螨醇	Chloropropylate	0.0126	甲苯	2.5
166	麦草氟甲酯	Flamprop-methyl	0.0126	甲苯	2.5
167	除草醚	Nitrofen	0.0750	甲苯	15
168	乙氧氟草醚	Oxyfluorfen	0.0500	甲苯	10

（续表）

序号	中文名称	英文名称	定量限（mg/kg）	溶剂	混合标准溶液浓度（mg/L）
169	虫螨磷	Chlorthiophos	0.0376	甲苯	7.5
170	硫丹-2	Endosulfan-2	0.0750	甲苯	15
171	麦草氟异丙酯	Flamprop-Isopropyl	0.0126	甲苯	2.5
172	p,p'-滴滴涕	4,4'-DDT	0.0250	甲苯	5
173	三硫磷	Carbofenothion	0.0250	甲苯	5
174	苯霜灵	Benalaxyl	0.0126	甲苯	2.5
175	敌瘟磷	Edifenphos	0.0250	甲苯	5
176	三唑磷	Triazophos	0.0376	甲苯	7.5
177	苯腈磷	Cyanofenphos	0.0126	甲苯	2.5
178	氯杀螨砜	Chlorbenside sulfone	0.0250	甲苯	5
179	硫丹硫酸盐	Endosulfan-Sulfate	0.0376	甲苯	7.5
180	溴螨酯	Bromopropylate	0.0250	甲苯	5
181	新燕灵	Benzoylprop-ethyl	0.0376	甲苯	7.5
182	甲氰菊酯	Fenpropathrin	0.0250	甲苯	5
183	溴苯磷	Leptophos	0.0250	甲苯	5
184	苯硫膦	EPN	0.0500	甲苯	10
185	环嗪酮	Hexazinone	0.0376	甲苯	7.5
186	伏杀硫磷	Phosalone	0.0250	甲苯	5
187	保棉磷	Azinphos-methyl	0.0750	甲苯	15
188	氯苯嘧啶醇	Fenarimol	0.0250	甲苯	5
189	益棉磷	Azinphos-ethyl	0.0250	甲苯	5
190	咪鲜胺	Prochloraz	0.0750	甲苯	15
191	蝇毒磷	Coumaphos	0.0750	甲苯	15
192	氟氯氰菊酯	Cyfluthrin	0.1500	甲苯	30
193	氟胺氰菊酯	Fluvalinate	0.1500	甲苯	30
C 组					
194	敌敌畏	Dichlorvos	0.0750	甲醇	15
195	联苯	Biphenyl	0.0126	甲苯	2.5
196	灭草敌	Vernolate	0.0126	甲苯	2.5
197	3,5-二氯苯胺	3,5-Dichloroaniline	0.1000	甲苯	20
198	禾草敌	Molinate	0.0126	甲苯	2.5
199	虫螨畏	Methacrifos	0.0126	甲苯	2.5
200	邻苯基苯酚	2-Phenylphenol	0.0126	甲苯	2.5
201	四氢邻苯二甲酰亚胺	Tetrahydrophthalimide	0.0376	甲苯	7.5
202	仲丁威	Fenobucarb	0.0250	甲苯	5
203	乙丁氟灵	Benfluralin	0.0126	甲苯	2.5

（续表）

序号	中文名称	英文名称	定量限（mg/kg）	溶剂	混合标准溶液浓度（mg/L）
204	氟铃脲	Hexaflumuron	0.0750	甲苯	15
205	扑灭通	Prometon	0.0376	甲苯	7.5
206	野麦畏	Triallate	0.0250	甲苯	5
207	嘧霉胺	Pyrimethanil	0.0126	甲苯	2.5
208	林丹	Gamma-HCH	0.0250	甲苯	5
209	乙拌磷	Disulfoton	0.0126	甲苯	2.5
210	莠去净	Atrizine	0.0126	甲苯+丙酮（9+1）	2.5
211	七氯	Heptachlor	0.0376	甲苯	7.5
212	异稻瘟净	Iprobenfos	0.0376	甲苯	7.5
213	氯唑磷	Isazofos	0.0250	甲苯	5
214	三氯杀虫酯	Plifenate	0.0250	甲苯	5
215	丁苯吗啉	Fenpropimorph	0.0126	甲苯	2.5
216	四氟苯菊酯	Transfluthrin	0.0126	甲苯	2.5
217	氯乙氟灵	Fluchloralin	0.0500	甲苯	10
218	甲基立枯磷	Tolclofos-methyl	0.0126	甲苯	2.5
219	异丙草胺	Propisochlor	0.0126	甲苯	2.5
220	莠灭净	Ametryn	0.0376	甲苯	7.5
221	西草净	Simetryn	0.0250	甲苯	5
222	溴谷隆	Metobromuron	0.0750	甲苯	15
223	嗪草酮	Metribuzin	0.0376	甲苯	7.5
224	噻节因	Dimethipin	0.0376	甲苯	7.5
225	ε-六六六	HCH, epsilon-	0.0250	甲醇	5
226	异丙净	Dipropetryn	0.0126	甲苯	2.5
227	安硫磷	Formothion	0.0250	甲苯	5
228	乙霉威	Diethofencarb	0.0750	甲苯	15
229	哌草丹	Dimepiperate	0.0250	乙酸乙酯	5
230	生物烯丙菊酯-1	Bioallethrin-1	0.0500	甲苯	10
231	生物烯丙菊酯-2	Bioallethrin-2	0.0500	甲苯	10
232	o,p'-滴滴伊	2,4'-DDE	0.0126	甲苯	2.5
233	芬螨酯	Fenson	0.0126	甲苯	2.5
234	双苯酰草胺	Diphenamid	0.0126	甲苯	2.5
235	氯硫磷	Chlorthion	0.0250	甲苯	5
236	炔丙菊酯	Prallethrin	0.0376	甲苯	7.5
237	戊菌唑	Penconazole	0.0376	甲苯	7.5
238	灭蚜磷	Mecarbam	0.0500	甲苯	10
239	四氟醚唑	Tetraconazole	0.0376	甲苯	7.5

(续表)

序号	中文名称	英文名称	定量限（mg/kg）	溶剂	混合标准溶液浓度（mg/L）
240	丙虫磷	Propaphos	0.0250	甲苯	5
241	氟节胺	Flumetralin	0.0250	甲苯	5
242	三唑醇	Triadimenol	0.0376	甲苯	7.5
243	丙草胺	Pretilachlor	0.0250	甲苯	5
244	醚菌酯	Kresoxim－methyl	0.0126	甲苯	2.5
245	吡氟禾草灵	Fluazifop－butyl	0.0126	甲苯	2.5
246	氟啶脲	Chlorfluazuron	0.0376	甲苯	7.5
247	乙酯杀螨醇	Chlorobenzilate	0.0126	甲苯	2.5
248	烯效唑	Uniconazole	0.0250	环己烷	5
249	氟哇唑	Flusilazole	0.0376	甲苯	7.5
250	三氟硝草醚	Fluorodifen	0.0126	甲苯	2.5
251	烯唑醇	Diniconazole	0.0376	甲苯	7.5
252	增效醚	Piperonyl butoxide	0.0126	甲苯	2.5
253	炔螨特	Propargite	0.0250	甲苯	5
254	灭锈胺	Mepronil	0.0126	甲苯	2.5
255	噁唑隆	Dimefuron	0.0500	甲苯＋丙酮（8＋2）	10
256	吡氟酰草胺	Diflufenican	0.0126	甲苯	2.5
257	喹螨醚	Fenazaquin	0.0126	甲苯	2.5
258	苯醚菊酯	Phenothrin	0.0126	甲苯	2.5
259	咯菌腈	Fludioxonil	0.0126	甲苯＋丙酮（8＋2）	2.5
260	苯氧威	Fenoxycarb	0.0750	甲苯	15
261	稀禾啶	Sethoxydim	0.9000	甲苯	180
262	莎稗磷	Anilofos	0.0250	甲苯	5
263	氟丙菊酯	Acrinathrin	0.0250	甲苯	5
264	高效氯氟氰菊酯	Lambda－Cyhalothrin	0.0126	甲苯	2.5
265	苯噻酰草胺	Mefenacet	0.0376	甲苯	7.5
266	氯菊酯	Permethrin	0.0250	甲苯	5
267	哒螨灵	Pyridaben	0.0126	甲苯	2.5
268	乙羧氟草醚	Fluoroglycofen－ethyl	0.1500	甲苯	30
269	联苯三唑醇	Bitertanol	0.0376	甲苯	7.5
270	醚菊酯	Etofenprox	0.0126	甲苯	2.5
271	噻草酮	Cycloxydim	1.2000	甲苯	240
272	顺式－氯氰菊酯	Alpha－Cypermethrin	0.0250	甲苯	5
273	氟氰戊菊酯	Flucythrinate	0.0250	环己烷	5
274	S－氰戊菊酯	Esfenvalerate	0.0500	甲苯	10
275	苯醚甲环唑	Difenonazole	0.0750	甲苯	15

(续表)

序号	中文名称	英文名称	定量限(mg/kg)	溶剂	混合标准溶液浓度(mg/L)
276	丙炔氟草胺	Flumioxazin	0.0250	环己烷	5
277	氟烯草酸	Flumiclorac-pentyl	0.0250	甲苯	5
D组					
278	甲氟磷	Dimefox	0.0376	甲苯	7.5
279	乙拌磷亚砜	Disulfoton-sulfoxide	0.0250	甲苯	5
280	五氯苯	Pentachlorobenzene	0.0126	甲苯	2.5
281	三异丁基磷酸盐	Tri-iso-butyl phosphate	0.0126	甲苯	2.5
282	鼠立死	Crimidine	0.0126	甲苯	2.5
283	4-溴-3,5-二甲苯基-N-甲基氨基甲酸酯-1	BDMC-1	0.0250	甲苯	5
284	燕麦酯	Chlorfenprop-methyl	0.0126	甲苯	2.5
285	虫线磷	Thionazin	0.0126	甲苯	2.5
286	2,3,5,6-四氯苯胺	2,3,5,6-tetrachloroaniline	0.0126	甲苯	2.5
287	三正丁基磷酸盐	Tri-n-butyl phosphate	0.0250	甲苯	5
288	2,3,4,5-四氯甲氧基苯	2,3,4,5-tetrachloroanisole	0.0126	甲苯	2.5
289	五氯甲氧基苯	Pentachloroanisole	0.0126	甲苯	2.5
290	牧草胺	Tebutam	0.0250	甲苯	5
291	蔬果磷	Dioxabenzofos	0.1250	甲醇	25
292	甲基苯噻隆	Methabenzthiazuron	0.1250	甲苯+丙酮（9+1）	25
293	西玛通	Simetone	0.0250	甲苯	5
294	阿特拉通	Atratone	0.0126	甲苯	2.5
295	脱异丙基莠去津	Desisopropyl-atrazine	0.1000	甲苯+丙酮（8+2）	20
296	特丁硫磷砜	Terbufos sulfone	0.0126	甲苯	2.5
297	七氟菊酯	Tefluthrin	0.0126	甲苯	2.5
298	溴烯杀	Bromocylen	0.0126	甲苯	2.5
299	草达津	Trietazine	0.0126	甲苯	2.5
300	氧乙嘧硫磷	Etrimfos oxon	0.0126	甲苯	2.5
301	环莠隆	Cycluron	0.0376	甲苯	7.5
302	2,6-二氯苯甲酰胺	2,6-dichlorobenzamide	0.0250	甲苯+丙酮（8+2）	5
303	2,4,4'-三氯联苯	DE-PCB 28	0.0126	甲苯	2.5
304	2,4,5-三氯联苯	DE-PCB 31	0.0126	甲苯	2.5
305	脱乙基另丁津	Desethyl-sebuthylazine	0.0250	甲苯+丙酮（8+2）	5

(续表)

序号	中文名称	英文名称	定量限（mg/kg）	溶剂	混合标准溶液浓度（mg/L）
306	2,3,4,5-四氯苯胺	2,3,4,5-tetrachloroaniline	0.0250	甲苯	5
307	合成麝香	Musk ambrette	0.0126	甲苯	2.5
308	二甲苯麝香	Musk xylene	0.0126	甲苯	2.5
309	五氯苯胺	Pentachloroaniline	0.0126	甲苯	2.5
310	叠氮津	Aziprotryne	0.1000	甲苯	20
311	另丁津	Sebutylazine	0.0126	甲苯+丙酮（8+2）	2.5
312	丁咪酰胺	Isocarbamid	0.0626	甲苯+丙酮（9+1）	12.5
313	2,2',5,5'-四氯联苯	DE-PCB 52	0.0126	甲苯	2.5
314	麝香	Musk moskene	0.0126	甲苯	2.5
315	苄草丹	Prosulfocarb	0.0126	甲苯	2.5
316	二甲吩草胺	Dimethenamid	0.0126	甲苯	2.5
317	氧皮蝇磷	Fenchlorphos oxon	0.0250	甲苯	5
318	4-溴-3,5-二甲苯基-N-甲基氨基甲酸酯-2	BDMC-2	0.0500	甲苯	10
319	甲基对氧磷	Paraoxon-methyl	0.0250	甲苯	5
320	庚酰草胺	Monalide	0.0250	甲苯	5
321	西藏麝香	Musk tibeten	0.0126	甲苯	2.5
322	碳氯灵	Isobenzan	0.0126	甲苯	2.5
323	八氯苯乙烯	Octachlorostyrene	0.0126	甲苯	2.5
324	嘧啶磷	Pyrimitate	0.0126	甲苯	2.5
325	异艾氏剂	Isodrin	0.0126	甲苯	2.5
326	丁嗪草酮	Isomethiozin	0.0250	甲苯	5
327	毒壤磷	Trichloronat	0.0126	甲苯	2.5
328	敌草索	Dacthal	0.0126	甲苯	2.5
329	4,4-二氯二苯甲酮	4,4-dichlorobenzophenone	0.0126	甲苯	2.5
330	酞菌酯	Nitrothal-isopropyl	0.0250	甲苯	5
331	麝香酮	Musk ketone	0.0126	甲苯	2.5
332	吡咪唑	Rabenzazole	0.0126	甲苯	2.5
333	嘧菌环胺	Cyprodinil	0.0126	甲苯	2.5
334	麦穗宁	Fuberidazole	0.0626	甲苯+丙酮（8+2）	12.5
335	氧异柳磷	Isofenphos oxon	0.0250	甲苯	5
336	异氯磷	Dicapthon	0.0626	甲苯	12.5
337	2,2',4,5,5'-五氯联苯	DE-PCB 101	0.0126	甲苯	2.5
338	2-甲-4-氯丁氧乙基酯	MCPA-butoxyethyl ester	0.0126	甲苯	2.5

(续表)

序号	中文名称	英文名称	定量限（mg/kg）	溶剂	混合标准溶液浓度（mg/L）
339	水胺硫磷	Isocarbophos	0.0250	甲苯	5
340	甲拌磷砜	Phorate sulfone	0.0126	甲苯	2.5
341	杀螨醇	Chlorfenethol	0.0126	甲苯	2.5
342	反式九氯	Trans-nonachlor	0.0126	甲苯	2.5
343	消螨通	Dinobuton	0.1250	甲苯	25
344	脱叶磷	DEF	0.0250	甲苯	5
345	氟咯草酮	Flurochloridone	0.0250	甲醇	5
346	溴苯烯磷	Bromfenvinfos	0.0126	甲苯+丙酮（8+2）	2.5
347	乙滴涕	Perthane	0.0126	甲苯	2.5
348	灭菌磷	Ditalimfos	0.0126	甲苯	2.5
349	2,3,4,4′,5-五氯联苯	DE-PCB 118	0.0126	甲苯	2.5
350	4,4-二溴二苯甲酮	4,4-Dibromobenzophenone	0.0126	甲苯	2.5
351	粉唑醇	Flutriafol	0.0250	甲苯+丙酮（9+1）	5
352	地胺磷	Mephosfolan	0.0250	甲苯	5
353	乙基杀扑磷	Athidathion	0.0250	甲苯	5
354	2,2′,4,4′,5,5′-六氯联苯	DE-PCB 153	0.0126	甲苯	2.5
355	苄氯三唑醇	Diclobutrazole	0.0500	甲苯+丙酮（8+2）	10
356	乙拌磷砜	Disulfoton sulfone	0.0250	甲苯	5
357	噻螨酮	Hexythiazox	0.1000	甲苯	20
358	2,2′,3,4,4′,5-六氯联苯	DE-PCB 138	0.0126	甲苯	2.5
359	威菌磷	Triamiphos	0.0250	甲苯	5
360	苄呋菊酯-1	Resmethrin-1	0.2000	甲苯	40
361	环丙唑	Cyproconazole	0.0126	甲苯	2.5
362	苄呋菊酯-2	Resmethrin-2	0.2000	甲苯	40
363	酞酸甲苯基丁酯	Phthalic acid, benzyl butyl ester	0.0126	甲苯	2.5
364	炔草酸	Clodinafop-propargyl	0.0250	甲苯	5
365	倍硫磷亚砜	Fenthion sulfoxide	0.0500	甲苯	10
366	三氟苯唑	Fluotrimazole	0.0126	甲苯	2.5
367	氟草烟-1-甲庚酯	Fluroxypr-1-methylheptyl ester	0.0126	甲苯	2.5
368	倍硫磷砜	Fenthion sulfone	0.0500	甲苯	10
369	三苯基磷酸盐	Triphenyl phosphate	0.0126	甲苯	2.5

（续表）

序号	中文名称	英文名称	定量限（mg/kg）	溶剂	混合标准溶液浓度（mg/L）
370	苯嗪草酮	Metamitron	0.1250	甲苯+丙酮（8+2）	25
371	2,2,3,4,4′,5,5′-七氯联苯	DE-PCB 180	0.0126	甲苯	2.5
372	吡螨胺	Tebufenpyrad	0.0126	甲苯	2.5
373	解草酯	Cloquintocet-mexyl	0.0126	甲苯	2.5
374	环草定	Lenacil	0.1250	甲苯+丙酮（8+2）	25
375	糠菌唑-1	Bromuconazole-1	0.0250	甲苯	5
376	脱溴溴苯磷	Desbrom-leptophos	0.0126	甲苯	2.5
377	糠菌唑-2	Bromuconazole-2	0.0250	甲苯	5
378	甲磺乐灵	Nitralin	0.1250	甲苯+丙酮（8+2）	25
379	苯线磷亚砜	Fenamiphos sulfoxide	0.4000	甲苯	80
380	苯线磷砜	Fenamiphos sulfone	0.0500	甲苯+丙酮（8+2）	10
381	拌种咯	Fenpiclonil	0.0500	甲苯+丙酮（8+2）	10
382	氟喹唑	Fluquinconazole	0.0126	甲苯+丙酮（8+2）	2.5
383	腈苯唑	Fenbuconazole	0.0250	甲苯+丙酮（8+2）	5
E组					
384	残杀威-1	Propoxur-1	0.0250	甲苯	5
385	异丙威-1	Isoprocarb-1	0.0250	甲苯	5
386	甲胺磷	Methamidophos	0.4000	甲苯	10
387	二氢苊	Acenaphthene	0.0126	甲苯	2.5
388	驱虫特	Dibutyl succinate	0.0250	甲苯	5
389	邻苯二甲酰亚胺	Phthalimide	0.0250	甲苯	5
390	氯氧磷	Chlorethoxyfos	0.0250	甲苯	5
391	异丙威-2	Isoprocarb-2	0.0250	甲苯	5
392	戊菌隆	Pencycuron	0.0250	甲苯	10
393	丁噻隆	Tebuthiuron	0.0500	甲苯	10
394	甲基内吸磷	demeton-S-methyl	0.0500	甲苯	10
395	硫线磷	Cadusafos	0.0500	甲苯	10
396	残杀威-2	Propoxur-2	0.0250	甲苯	5
397	菲	Phenanthrene	0.0126	甲苯	2.5
398	螺环菌胺-1	Spiroxamine-1	0.0250	甲苯	5
399	唑螨酯	Fenpyroximate	0.1000	甲苯	20
400	丁基嘧啶磷	Tebupirimfos	0.0250	甲苯	5
401	茉莉酮	prohydrojasmon	0.0500	环己烷	10
402	苯锈啶	Fenpropidin	0.0250	甲苯	5

（续表）

序号	中文名称	英文名称	定量限（mg/kg）	溶剂	混合标准溶液浓度（mg/L）
403	氯硝胺	Dichloran	0.0250	甲苯	5
404	咯喹酮	Pyroquilon	0.0126	甲苯	2.5
405	螺环菌胺－2	Spiroxamine－2	0.0250	甲苯	5
406	炔苯酰草胺	Propyzamide	0.0250	甲苯	5
407	抗蚜威	Pirimicarb	0.0250	甲苯	5
408	磷胺－1	Phosphamidon－1	0.1000	甲苯	20
409	解草嗪	Benoxacor	0.0250	甲苯	5
410	溴丁酰草胺	Bromobutide	0.0126	环己烷	2.5
411	乙草胺	Acetochlor	0.0250	甲苯	5
412	灭草环	Tridiphane	0.0500	异辛烷	10
413	特草灵	Terbucarb	0.0250	甲苯	5
414	戊草丹	Esprocarb	0.0250	甲苯	5
415	甲呋酰胺	Fenfuram	0.0250	甲苯	5
416	活化酯	Acibenzolar－S－methyl	0.0250	环己烷	5
417	呋草黄	Benfuresate	0.0250	甲苯	5
418	氟硫草定	Dithiopyr	0.0126	甲苯	2.5
419	精甲霜灵	Mefenoxam	0.0250	甲苯	5
420	马拉氧磷	Malaoxon	0.2000	甲苯	40
421	磷胺－2	Phosphamidon－2	0.1000	甲苯	20
422	硅氟唑	Simeconazole	0.0250	甲苯	5
423	氯酞酸甲酯	Chlorthal－dimethyl	0.0250	甲苯	5
424	噻唑烟酸	Thiazopyr	0.0250	甲苯	5
425	甲基毒虫畏	Dimethylvinphos	0.0250	甲苯	5
426	仲丁灵	Butralin	0.0500	甲苯	10
427	苯酰草胺	Zoxamide	0.0250	甲苯＋丙酮（8＋2）	5
428	啶斑肟－1	Pyrifenox－1	0.1000	甲苯	20
429	烯丙菊酯	Allethrin	0.0500	甲苯	10
430	异戊乙净	Dimethametryn	0.0126	甲苯	2.5
431	灭藻醌	Quinoclamine	0.0500	甲苯	10
432	甲醚菊酯－1	Methothrin－1	0.0250	甲苯	5
433	氟噻草胺	Flufenacet	0.1000	甲苯	20
434	甲醚菊酯－2	Methothrin－2	0.0250	甲苯	5
435	啶斑肟－2	Pyrifenox	0.1000	甲苯	20
436	氰菌胺	Fenoxanil	0.0250	甲苯	5
437	四氯苯酞	Phthalide	0.0500	丙酮	10
438	呋霜灵	Furalaxyl	0.0250	甲苯	5

（续表）

序号	中文名称	英文名称	定量限（mg/kg）	溶剂	混合标准溶液浓度（mg/L）
439	噻虫嗪	Thiamethoxam	0.0500	甲苯	10
440	嘧菌胺	Mepanipyrim	0.0126	甲苯	2.5
441	克菌丹	Captan	0.8000	甲苯	40
442	除草定	Bromacil	0.1000	甲苯	5
443		Picoxystrobin	0.0250	甲苯	5
444	抑草磷	Butamifos	0.0126	环己烷	2.5
445	咪草酸	Imazamethabenz – methyl	0.0376	甲苯	7.5
446	苯氧菌胺 – 1	Metominostrobin – 1	0.0500	乙腈	10
447	苯噻硫氰	TCMTB	0.2000	甲苯	40
448	甲硫威砜	Methiocarb Sulfone	1.6000	甲苯 + 丙酮（8 + 2）	80
449	抑霉唑	Imazalil	0.0500	甲苯	10
450	稻瘟灵	Isoprothiolane	0.0250	甲苯	5
451	环氟菌胺	Cyflufenamid	0.2000	环己烷	40
452	嘧草醚	Pyriminobac – Methyl	0.0500	环己烷	10
453	噁唑磷	Isoxathion	0.1000	环己烷	20
454	苯氧菌胺 – 2	Metominostrobin – 2	0.0500	乙腈	10
455	苯虫醚 – 1	Diofenolan – 1	0.0250	甲苯	5
456	噻呋酰胺	Thifluzamide	0.1000	乙腈	20
457	苯虫醚 – 2	Diofenolan – 2	0.0250	甲苯	5
458	苯氧喹啉	Quinoxyphen	0.0126	甲苯	2.5
459	溴虫腈	Chlorfenapyr	0.1000	甲苯	20
460	肟菌酯	Trifloxystrobin	0.0500	甲苯	10
461	脱苯甲基亚胺唑	Imibenconazole – des – benzyl	0.0500	甲苯 + 丙酮（8 + 2）	10
462	双苯噁唑酸	Isoxadifen – Ethyl	0.0250	甲苯	5
463	氟虫腈	Fipronil	0.1000	甲苯	20
464	炔咪菊酯 – 1	Imiprothrin – 1	0.0250	甲苯	5
465	唑酮草酯	Carfentrazone – Ethyl	0.0250	甲苯	5
466	炔咪菊酯 – 2	Imiprothrin – 2	0.0250	甲苯	5
467	氟环唑 – 1	Epoxiconazole – 1	0.1000	甲苯	20
468	吡草醚	Pyraflufen Ethyl	0.0250	甲苯	5
469	稗草丹	Pyributicarb	0.0250	甲苯	5
470	噻盼草胺	Thenylchlor	0.0250	甲苯	5
471	烯草酮	Clethodim	0.0500	甲苯	10
472	吡唑解草酯	Mefenpyr – diethyl	0.0376	甲苯	7.5
473	伐灭磷	Famphur	0.0500	甲苯	10
474	乙螨唑	Etoxazole	0.0750	环己烷	15

（续表）

序号	中文名称	英文名称	定量限（mg/kg）	溶剂	混合标准溶液浓度（mg/L）
475	吡丙醚	Pyriproxyfen	0.0126	甲苯	5
476	氟环唑-2	Epoxiconazole-2	0.1000	甲苯	20
477	氟吡酰草胺	Picolinafen	0.0126	甲苯	2.5
478	异菌脲	Iprodione	0.0500	甲苯	10
479	哌草磷	Piperophos	0.0376	甲苯	7.5
480	呋酰胺	Ofurace	0.0376	甲苯	7.5
481	联苯肼酯	Bifenazate	0.1000	甲苯	20
482	异狄氏剂酮	Endrin ketone	0.0500	甲苯	10
483	氯甲酰草胺	Clomeprop	0.0126	乙腈	2.5
484	咪唑菌酮	Fenamidone	0.0126	甲苯	2.5
485	萘丙胺	Naproanilide	0.0126	丙酮	2.5
486	吡唑醚菌酯	Pyraclostrobin	0.3000	甲苯	60
487	乳氟禾草灵	Lactofen	0.1000	甲苯	20
488	三甲苯草酮	Tralkoxydim	0.1000	甲苯	20
489	吡唑硫磷	Pyraclofos	0.1000	环己烷	20
490	氯亚胺硫磷	Dialifos	0.1000	甲苯	80
491	螺螨酯	Spirodiclofen	0.1000	甲苯	20
492	苄螨醚	Halfenprox	0.0500	环己烷	5
493	呋草酮	Flurtamone	0.0500	甲苯	5
494	环酯草醚	Pyriftalid	0.0126	甲苯	2.5
495	氟硅菊酯	Silafluofen	0.0126	甲苯	2.5
496	嘧螨醚	Pyrimidifen	0.0500	乙腈	5
497	啶虫脒	Acetamiprid	0.4000	甲苯	10
498	氟丙嘧草酯	Butafenacil	0.0126	甲苯	2.5
499	苯酮唑	Cafenstrole	0.1500	乙腈	10
500	氟啶草酮	Fluridone	0.1000	甲苯	5

附录 B
（资料性附录）
500 种农药及相关化学品和内标化合物的保留时间、定量离子、定性离子及定量离子与定性离子的比值

B.1 500 种农药及相关化学品和内标化合物的保留时间、定量离子、定性离子及定量离子与定性离子的比值见表 B.1。

表 B.1

序号	中文名称	英文名称	保留时间/min	定量离子	定性离子1	定性离子2	定性离子3
内标	环氧七氯	Heptachlor－epoxide	22.10	353（100）	355（79）	351（52）	
	A 组
1	二丙烯草胺	Allidochlor	8.78	138（100）	158（10）	173（15）	
2	烯丙酰草胺	Dichlormid	9.74	172（100）	166（41）	124（79）	
3	土菌灵	Etridiazol	10.42	211（100）	183（73）	140（19）	
4	氯甲硫磷	Chlormephos	10.53	121（100）	234（70）	154（70）	
5	苯胺灵	Propham	11.36	179（100）	137（66）	120（51）	
6	环草敌	Cycloate	13.56	154（100）	186（5）	215（12）	
7	联苯二胺	Diphenylamine	14.55	169（100）	168（58）	167（29）	
8	杀虫脒	Chlordimeform	14.93	196（100）	198（30）	195（18）	183（23）
9	乙丁烯氟灵	Ethalfluralin	15.00	276（100）	316（81）	292（42）	
10	甲拌磷	Phorate	15.46	260（100）	121（160）	231（56）	153（3）
11	甲基乙拌磷	Thiometon	16.20	88（100）	125（55）	246（9）	
12	五氯硝基苯	Quintozene	16.75	295（100）	237（159）	249（114）	
13	脱乙基阿特拉津	Atrazine－desethyl	16.76	172（100）	187（32）	145（17）	
14	异噁草松	Clomazone	17.00	204（100）	138（4）	205（13）	
15	二嗪磷	Diazinon	17.14	304（100）	179（192）	137（172）	
16	地虫硫磷	Fonofos	17.31	246（100）	137（141）	174（15）	202（6）
17	乙嘧硫磷	Etrimfos	17.92	292（100）	181（40）	277（31）	
18	西玛津	Simazine	17.85	201（100）	186（62）	173（42）	
19	胺丙畏	Propetamphos	17.97	138（100）	194（49）	236（30）	
20	仲丁通	Secbumeton	18.36	196（100）	210（38）	225（39）	
21	除线磷	Dichlofenthion	18.80	279（100）	223（78）	251（38）	
22	炔丙烯草胺	Pronamide	18.72	173（100）	175（62）	255（22）	
23	兹克威	Mexacarbate	18.83	165（100）	150（66）	222（27）	
24	艾氏剂	Aldrin	19.67	263（100）	265（65）	293（40）	329（8）
25	氨氟灵	Dinitramine	19.35	305（100）	307（38）	261（29）	

(续表)

序号	中文名称	英文名称	保留时间/min	定量离子	定性离子1	定性离子2	定性离子3
26	皮蝇磷	Ronnel	19.80	285 (100)	287 (67)	125 (32)	
27	扑草净	Prometryne	20.13	241 (100)	184 (78)	226 (60)	
28	环丙津	Cyprazine	20.18	212 (100)	227 (58)	170 (29)	
29	乙烯菌核利	Vinclozolin	20.29	285 (100)	212 (109)	198 (96)	
30	β-六六六	beta-HCH	20.31	219 (100)	217 (78)	181 (94)	254 (12)
31	甲霜灵	Metalaxyl	20.67	206 (100)	249 (53)	234 (38)	
32	毒死蜱	Chlorpyrifos (-ethyl)	20.96	314 (100)	258 (57)	286 (42)	
33	甲基对硫磷	Methyl-Parathion	20.82	263 (100)	233 (66)	246 (8)	200 (6)
34	蒽醌	Anthraquinone	21.49	208 (100)	180 (84)	152 (69)	
35	δ-六六六	Delta-HCH	21.16	219 (100)	217 (80)	181 (99)	254 (10)
36	倍硫磷	Fenthion	21.53	278 (100)	169 (16)	153 (9)	
37	马拉硫磷	Malathion	21.54	173 (100)	158 (36)	143 (15)	
38	杀螟硫磷	Fenitrothion	21.62	277 (100)	260 (52)	247 (60)	
39	对氧磷	Paraoxon-ethyl	21.57	275 (100)	220 (60)	247 (58)	
40	三唑酮	Triadimefon	22.22	208 (100)	210 (50)	181 (74)	
41	对硫磷	Parathion	22.32	291 (100)	186 (23)	235 (35)	263 (11)
42	二甲戊灵	Pendimethalin	22.59	252 (100)	220 (22)	162 (12)	
43	利谷隆	Linuron	22.44	61 (100)	248 (30)	160 (12)	
44	杀螨醚	Chlorbenside	22.96	268 (100)	270 (41)	143 (11)	
45	乙基溴硫磷	Bromophos-ethyl	23.06	359 (100)	303 (77)	357 (74)	
46	喹硫磷	Quinalphos	23.10	146 (100)	298 (28)	157 (66)	
47	反式氯丹	trans-Chlordane	23.29	373 (100)	375 (96)	377 (51)	
48	稻丰散	Phenthoate	23.30	274 (100)	246 (24)	320 (5)	
49	吡唑草胺	Metazachlor	23.32	209 (100)	133 (120)	211 (32)	
50	苯硫威	Fenothiocarb	23.79	72 (100)	160 (37)	253 (15)	
51	丙硫磷	Prothiophos	24.04	309 (100)	267 (88)	162 (55)	
52	整形醇	Chlorfurenol	24.15	215 (100)	152 (40)	274 (11)	
53	狄氏剂	Dieldrin	24.43	263 (100)	277 (82)	380 (30)	345 (35)
54	腐霉利	Procymidone	24.36	283 (100)	285 (70)	255 (15)	
55	杀扑磷	Methidathion	24.49	145 (100)	157 (2)	302 (4)	
56	氰草津	Cyanazine	24.94	225 (100)	240 (56)	198 (61)	
57	敌草胺	Napropamide	24.84	271 (100)	128 (111)	171 (34)	
58	噁草酮	Oxadiazone	25.06	175 (100)	258 (62)	302 (37)	
59	苯线磷	Fenamiphos	25.29	303 (100)	154 (56)	288 (31)	217 (22)
60	杀螨氯硫	Tetrasul	25.85	252 (100)	324 (64)	254 (68)	

(续表)

序号	中文名称	英文名称	保留时间/min	定量离子	定性离子1	定性离子2	定性离子3
61	杀螨特	Aramite	25.60	185 (100)	319 (37)	334 (32)	
62	乙嘧酚磺酸酯	Bupirimate	26.00	273 (100)	316 (41)	208 (83)	
63	萎锈灵	Carboxin	26.25	235 (100)	143 (168)	87 (52)	
64	氟酰胺	Flutolanil	26.23	173 (100)	145 (25)	323 (14)	
65	p,p'-滴滴滴	4,4'-DDD	26.59	235 (100)	237 (64)	199 (12)	165 (46)
66	乙硫磷	Ethion	26.69	231 (100)	384 (13)	199 (9)	
67	硫丙磷	Sulprofos	26.87	322 (100)	156 (62)	280 (11)	
68	乙环唑-1	Etaconazole-1	26.81	245 (100)	173 (85)	247 (65)	
69	乙环唑-2	Etaconazole-2	26.89	245 (100)	173 (85)	247 (65)	
70	腈菌唑	Myclobutanil	27.19	179 (100)	288 (14)	150 (45)	
71	禾草灵	Diclofop-methyl	28.08	253 (100)	281 (50)	342 (82)	
72	丙环唑	Propiconazole	28.15	259 (100)	173 (97)	261 (65)	
73	丰索磷	Fensulfothion	27.94	292 (100)	308 (22)	293 (73)	
74	联苯菊酯	Bifenthrin	28.57	181 (100)	166 (25)	165 (23)	
75	灭蚁灵	Mirex	28.72	272 (100)	237 (49)	274 (80)	
76	麦锈灵	Benodanil	29.14	231 (100)	323 (38)	203 (22)	
77	氟苯嘧啶醇	Nuarimol	28.90	314 (100)	235 (155)	203 (108)	
78	甲氧滴滴涕	Methoxychlor	29.38	227 (100)	228 (16)	212 (4)	
79	噁霜灵	Oxadixyl	29.50	163 (100)	233 (18)	278 (11)	
80	胺菊酯	Tetramethirn	29.59	164 (100)	135 (3)	232 (1)	
81	戊唑醇	Tebuconazole	29.51	250 (100)	163 (55)	252 (36)	
82	氟草敏	Norflurazon	29.99	303 (100)	145 (101)	102 (47)	
83	哒嗪硫磷	Pyridaphenthion	30.17	340 (100)	199 (48)	188 (51)	
84	亚胺硫磷	Phosmet	30.46	160 (100)	161 (11)	317 (4)	
85	三氯杀螨砜	Tetradifon	30.70	227 (100)	356 (70)	159 (196)	
86	氧化萎锈灵	Oxycarboxin	31.00	175 (100)	267 (52)	250 (3)	
87	顺式-氯菊酯	cis-Permethrin	31.42	183 (100)	184 (15)	255 (2)	
88	反式-氯菊酯	Trans-Permethrin	31.68	183 (100)	184 (15)	255 (2)	
89	吡菌磷	Pyrazophos	31.60	221 (100)	232 (35)	373 (19)	
90	氯氰菊酯	Cypermethrin	33.19 33.38 33.46 33.56	181 (100)	152 (23)	180 (16)	
91	氰戊菊酯	Fenvalerate	34.45 34.79	167 (100)	225 (53)	419 (37)	181 (41)
92	溴氰菊酯	Deltamethrin	35.77	181 (100)	172 (25)	174 (25)	
B组							
93	茵草敌	EPTC	8.54	128 (100)	189 (30)	132 (32)	

(续表)

序号	中文名称	英文名称	保留时间/min	定量离子	定性离子1	定性离子2	定性离子3
94	丁草敌	Butylate	9.49	156 (100)	146 (115)	217 (27)	
95	敌草腈	Dichlobenil	9.75	171 (100)	173 (68)	136 (15)	
96	克草敌	Pebulate	10.18	128 (100)	161 (21)	203 (20)	
97	三氯甲基吡啶	Nitrapyrin	10.89	194 (100)	196 (97)	198 (23)	
98	速灭磷	Mevinphos	11.23	127 (100)	192 (39)	164 (29)	
99	氯苯甲醚	Chloroneb	11.85	191 (100)	193 (67)	206 (66)	
100	四氯硝基苯	Tecnazene	13.54	261 (100)	203 (135)	215 (113)	
101	庚烯磷	Heptenophos	13.78	124 (100)	215 (17)	250 (14)	
102	六氯苯	Hexachlorobenzene	14.69	284 (100)	286 (81)	282 (51)	
103	灭线磷	Ethoprophos	14.40	158 (100)	200 (40)	242 (23)	168 (15)
104	顺式-燕麦敌	cis-Diallate	14.75	234 (100)	236 (37)	128 (38)	
105	毒草胺	Propachlor	14.73	120 (100)	176 (45)	211 (11)	
106	反式-燕麦敌	trans-Diallate	15.29	234 (100)	236 (37)	128 (38)	
107	氟乐灵	Trifluralin	15.23	306 (100)	264 (72)	335 (7)	
108	氯苯胺灵	Chlorpropham	15.49	213 (100)	171 (59)	153 (24)	
109	治螟磷	Sulfotep	15.55	322 (100)	202 (43)	238 (27)	266 (24)
110	菜草畏	Sulfallate	15.75	188 (100)	116 (7)	148 (4)	
111	α-六六六	Alpha-HCH	16.06	219 (100)	183 (98)	221 (47)	254 (6)
112	特丁硫磷	Terbufos	16.83	231 (100)	153 (25)	288 (10)	186 (13)
113	特丁通	Terbumeton	17.20	210 (100)	169 (66)	225 (32)	
114	环丙氟灵	Profluralin	17.36	318 (100)	304 (47)	347 (13)	
115	敌噁磷	Dioxathion	17.51	270 (100)	197 (43)	169 (19)	
116	扑灭津	Propazine	17.67	214 (100)	229 (67)	172 (51)	
117	氯炔灵	Chlorbufam	17.85	223 (100)	153 (53)	164 (64)	
118	氯硝胺	Dicloran	17.89	206 (100)	176 (128)	160 (52)	
119	特丁津	Terbuthylazine	18.07	214 (100)	229 (33)	173 (35)	
120	绿谷隆	Monolinuron	18.15	61 (100)	126 (45)	214 (51)	
121	氟虫脲	Flufenoxuron	18.83	305 (100)	126 (67)	307 (32)	
122	杀螟腈	Cyanophos	18.73	243 (100)	180 (8)	148 (3)	
123	甲基毒死蜱	Chlorpyrifos-methyl	19.38	286 (100)	288 (70)	197 (5)	
124	敌草净	Desmetryn	19.64	213 (100)	198 (60)	171 (30)	
125	二甲草胺	Dimethachlor	19.80	134 (100)	197 (47)	210 (16)	
126	甲草胺	Alachlor	20.03	188 (100)	237 (35)	269 (15)	
127	甲基嘧啶磷	Pirimiphos-methyl	20.30	290 (100)	276 (86)	305 (74)	
128	特丁净	Terbutryn	20.61	226 (100)	241 (64)	185 (73)	

(续表)

序号	中文名称	英文名称	保留时间/min	定量离子	定性离子1	定性离子2	定性离子3
129	杀草丹	Thiobencarb	20.63	100（100）	257（25）	259（9）	
130	丙硫特普	Aspon	20.62	211（100）	253（52）	378（14）	
131	三氯杀螨醇	Dicofol	21.33	139（100）	141（72）	250（23）	251（4）
132	异丙甲草胺	Metolachlor	21.34	238（100）	162（159）	240（33）	
133	氧化氯丹	Oxy-chlordane	21.63	387（100）	237（50）	185（68）	
134	嘧啶磷	Pirimiphos-ethyl	21.59	333（100）	318（93）	304（69）	
135	烯虫酯	Methoprene	21.71	73（100）	191（29）	153（29）	
136	溴硫磷	Bromofos	21.75	331（100）	329（75）	213（7）	
137	苯氟磺胺	Dichlofluanid	21.68	224（100）	226（74）	167（120）	
138	乙氧呋草黄	Ethofumesate	21.84	207（100）	161（54）	286（27）	
139	异丙乐灵	Isopropalin	22.10	280（100）	238（40）	222（4）	
140	硫丹-1	Endosulfan-1	23.10	241（100）	265（66）	339（46）	
141	敌稗	Propanil	22.68	161（100）	217（21）	163（62）	
142	异柳磷	Isofenphos	22.99	213（100）	255（44）	185（45）	
143	育畜磷	Crufomate	22.93	256（100）	182（154）	276（58）	
144	毒虫畏	Chlorfenvinphos	23.19	323（100）	267（139）	269（92）	
145	顺式-氯丹	Cis-Chlordane	23.55	373（100）	375（96）	377（51）	
146	甲苯氟磺胺	Tolylfluanide	23.45	238（100）	240（71）	137（210）	
147	p, p'-滴滴伊	4,4'-DDE	23.92	318（100）	316（80）	246（139）	248（70）
148	丁草胺	Butachlor	23.82	176（100）	160（75）	188（46）	
149	乙菌利	Chlozolinate	23.83	259（100）	188（83）	331（91）	
150	巴毒磷	Crotoxyphos	23.94	193（100）	194（16）	166（51）	
151	碘硫磷	Iodofenphos	24.33	377（100）	379（37）	250（6）	
152	杀虫畏	Tetrachlorvinphos	24.36	329（100）	331（96）	333（31）	
153	氯溴隆	Chlorbromuron	24.37	61（100）	294（17）	292（13）	
154	丙溴磷	Profenofos	24.65	339（100）	374（39）	297（37）	
155	氟咯草酮	Fluorochloridone	25.14	311（100）	313（64）	187（85）	
156	噻嗪酮	Buprofezin	24.87	105（100）	172（54）	305（24）	
157	o, p'-滴滴滴	2,4'-DDD	24.94	235（100）	237（65）	165（39）	199（15）
158	异狄氏剂	Endrin	25.15	263（100）	317（30）	345（26）	
159	己唑醇	Hexaconazole	24.92	214（100）	231（62）	256（26）	
160	杀螨酯	Chlorfenson	25.05	302（100）	175（282）	177（103）	
161	o, p'-滴滴涕	2,4'-DDT	25.56	235（100）	237（63）	165（37）	199（14）
162	多效唑	Paclobutrazol	25.21	236（100）	238（37）	167（39）	
163	盖草津	Methoprotryne	25.63	256（100）	213（24）	271（17）	

(续表)

序号	中文名称	英文名称	保留时间/min	定量离子	定性离子1	定性离子2	定性离子3
164	抑草蓬	Erbon	25.68	169 (100)	171 (35)	223 (30)	
165	丙酯杀螨醇	Chloropropylate	25.85	251 (100)	253 (64)	141 (18)	
166	麦草氟甲酯	Flamprop – methyl	25.90	105 (100)	77 (26)	276 (11)	
167	除草醚	Nitrofen	26.12	283 (100)	253 (90)	202 (48)	139 (15)
168	乙氧氟草醚	Oxyfluorfen	26.13	252 (100)	361 (35)	300 (35)	
169	虫螨磷	Chlorthiophos	26.52	325 (100)	360 (52)	297 (54)	
170	硫丹-Ⅱ	Endosulfan – Ⅱ	26.72	241 (100)	265 (66)	339 (46)	
171	麦草氟异丙酯	Flamprop – Isopropyl	26.70	105 (100)	276 (19)	363 (3)	
172	p, p′-滴滴涕	4, 4′– DDT	27.22	235 (100)	237 (65)	246 (7)	165 (34)
173	三硫磷	Carbofenothion	27.19	157 (100)	342 (49)	199 (28)	
174	苯霜灵	Benalaxyl	27.54	148 (100)	206 (32)	325 (8)	
175	敌瘟磷	Edifenphos	27.94	173 (100)	310 (76)	201 (37)	
176	三唑磷	Triazophos	28.23	161 (100)	172 (47)	257 (38)	
177	苯腈磷	Cyanofenphos	28.43	157 (100)	169 (56)	303 (20)	
178	氯杀螨砜	Chlorbenside sulfone	28.88	127 (100)	99 (14)	89 (33)	
179	硫丹硫酸盐	Endosulfan – Sulfate	29.05	387 (100)	272 (165)	389 (64)	
180	溴螨酯	Bromopropylate	29.30	341 (100)	183 (34)	339 (49)	
181	新燕灵	Benzoylprop – ethyl	29.40	292 (100)	365 (36)	260 (37)	
182	甲氰菊酯	Fenpropathrin	29.56	265 (100)	181 (237)	349 (25)	
183	溴苯磷	Leptophos	30.19	377 (100)	375 (73)	379 (28)	
184	苯硫膦	EPN	30.06	157 (100)	169 (53)	323 (14)	
185	环嗪酮	Hexazinone	30.14	171 (100)	252 (3)	128 (12)	
186	伏杀硫磷	Phosalone	31.22	182 (100)	367 (30)	154 (20)	
187	保棉磷	Azinphos – methyl	31.41	160 (100)	132 (71)	77 (58)	
188	氯苯嘧啶醇	Fenarimol	31.65	139 (100)	219 (70)	330 (42)	
189	益棉磷	Azinphos – ethyl	32.01	160 (100)	132 (103)	77 (51)	
190	咪鲜胺	Prochloraz	33.07	180 (100)	308 (59)	266 (18)	
191	蝇毒磷	Coumaphos	33.22	362 (100)	226 (56)	364 (39)	334 (15)
192	氟氯氰菊酯	Cyfluthrin	32.94 33.12	206 (100)	199 (63)	226 (72)	
193	氟胺氰菊酯	Fluvalinate	34.94 35.02	250 (100)	252 (38)	181 (18)	
C 组							
194	敌敌畏	Dichlorvos	7.80	109 (100)	185 (34)	220 (7)	
195	联苯	Biphenyl	9.00	154 (100)	153 (40)	152 (27)	

(续表)

序号	中文名称	英文名称	保留时间/min	定量离子	定性离子1	定性离子2	定性离子3
196	灭草敌	Vernolate	9.82	128 (100)	146 (17)	203 (9)	
197	3,5-二氯苯胺	3,5-Dichloroaniline	11.20	161 (100)	163 (62)	126 (10)	
198	禾草敌	Molinate	11.92	126 (100)	187 (24)	158 (2)	
199	虫螨畏	Methacrifos	11.86	125 (100)	208 (74)	240 (44)	
200	邻苯基苯酚	2-Phenylphenol	12.47	170 (100)	169 (72)	141 (31)	
201	四氢邻苯二甲酰亚胺	Cis-1,2,3,6-Tetrahydrophthalimide	13.39	151 (100)	123 (16)	122 (16)	
202	仲丁威	Fenobucarb	14.60	121 (100)	150 (32)	107 (8)	
203	乙丁氟灵	Benfluralin	15.23	292 (100)	264 (20)	276 (13)	
204	氟铃脲	Hexaflumuron	16.20	176 (100)	279 (28)	277 (43)	
205	扑灭通	Prometon	16.66	210 (100)	225 (91)	168 (67)	
206	野麦畏	Triallate	17.12	268 (100)	270 (73)	143 (19)	
207	嘧霉胺	Pyrimethanil	17.28	198 (100)	199 (45)	200 (5)	
208	林丹	Gamma-HCH	17.48	183 (100)	219 (93)	254 (13)	221 (40)
209	乙拌磷	Disulfoton	17.61	88 (100)	274 (15)	186 (18)	
210	莠去净	Atrizine	17.64	200 (100)	215 (62)	173 (29)	
211	七氯	Heptachlor	18.49	272 (100)	237 (40)	337 (27)	
212	异稻瘟净	Iprobenfos	18.44	204 (100)	246 (18)	288 (17)	
213	氯唑磷	Isazofos	18.54	161 (100)	257 (53)	285 (39)	313 (14)
214	三氯杀虫酯	Plifenate	18.87	217 (100)	175 (96)	242 (91)	
215	丁苯吗啉	Fenpropimorph	19.22	128 (100)	303 (5)	129 (9)	
216	四氟苯菊酯	Transfluthrin	19.04	163 (100)	165 (23)	335 (7)	
217	氯乙氟灵	Fluchloralin	18.89	306 (100)	326 (87)	264 (54)	
218	甲基立枯磷	Tolclofos-methyl	19.69	265 (100)	267 (36)	250 (10)	
219	异丙草胺	Propisochlor	19.89	162 (100)	223 (200)	146 (17)	
220	莠灭净	Ametryn	20.11	227 (100)	212 (53)	185 (17)	
221	西草净	Simetryn	20.18	213 (100)	170 (26)	198 (16)	
222	溴谷隆	Metobromuron	20.07	61 (100)	258 (11)	170 (16)	
223	嗪草酮	Metribuzin	20.33	198 (100)	199 (21)	144 (12)	
224	噻节因	Dimethipin	20.38	118 (100)	210 (26)	103 (20)	
225	ε-六六六	HCH, epsilon-	20.78	181 (100)	219 (76)	254 (15)	217 (40)
226	异丙净	Dipropetryn	20.82	255 (100)	240 (42)	222 (20)	
227	安硫磷	Formothion	21.42	170 (100)	224 (97)	257 (63)	
228	乙霉威	Diethofencarb	21.43	267 (100)	225 (98)	151 (31)	
229	哌草丹	Dimepiperate	22.28	119 (100)	145 (30)	263 (8)	

(续表)

序号	中文名称	英文名称	保留时间/min	定量离子	定性离子1	定性离子2	定性离子3
230	生物烯丙菊酯-1	Bioallethrin-1	22.29	123（100）	136（24）	107（29）	
231	生物烯丙菊酯-2	Bioallethrin-2	22.34	123（100）	136（24）	107（29）	
232	o,p'-滴滴伊	2,4'-DDE	22.64	246（100）	318（34）	176（26）	248（65）
233	芬螨酯	Fenson	22.54	141（100）	268（53）	77（104）	
234	双苯酰草胺	Diphenamid	22.87	167（100）	239（30）	165（43）	
235	氯硫磷	Chlorthion	22.86	297（100）	267（162）	299（45）	
236	炔丙菊酯	Prallethrin	23.11	123（100）	105（17）	134（9）	
237	戊菌唑	Penconazole	23.17	248（100）	250（33）	161（50）	
238	灭蚜磷	Mecarbam	23.46	131（100）	296（22）	329（40）	
239	四氟醚唑	Tetraconazole	23.35	336（100）	338（33）	171（10）	
240	丙虫磷	Propaphos	23.92	304（100）	220（108）	262（34）	
241	氟节胺	Flumetralin	24.10	143（100）	157（25）	404（10）	
242	三唑醇	Triadimenol	24.22	112（100）	168（81）	130（15）	
243	丙草胺	Pretilachlor	24.67	162（100）	238（26）	262（8）	
244	醚菌酯	Kresoxim-methyl	25.04	116（100）	206（25）	131（66）	
245	吡氟禾草灵	Fluazifop-butyl	25.21	282（100）	383（44）	254（49）	
246	氟啶脲	Chlorfluazuron	25.27	321（100）	323（71）	356（8）	
247	乙酯杀螨醇	Chlorobenzilate	25.90	251（100）	253（65）	152（5）	
248	烯效唑	Uniconazole	26.15	234（100）	236（40）	131（15）	
249	氟哇唑	Flusilazole	26.19	233（100）	206（33）	315（9）	
250	三氟硝草醚	Fluorodifen	26.59	190（100）	328（35）	162（34）	
251	烯唑醇	Diniconazole	27.03	268（100）	270（65）	232（13）	
252	增效醚	Piperonyl butoxide	27.46	176（100）	177（33）	149（14）	
253	炔螨特	Propargite	27.87	135（100）	350（7）	173（16）	
254	灭锈胺	Mepronil	27.91	119（100）	269（26）	120（9）	
255	噁唑隆	Dimefuron	27.82	140（100）	105（75）	267（36）	
256	吡氟酰草胺	Diflufenican	28.45	266（100）	394（25）	267（14）	
257	喹螨醚	Fenazaquin	28.97	145（100）	160（46）	117（10）	
258	苯醚菊酯	Phenothrin	29.08 29.21	123（100）	183（74）	350（6）	
259	咯菌腈	Fludioxonil	28.93	248（100）	127（24）	154（21）	
260	苯氧威	Fenoxycarb	29.57	255（100）	186（82）	116（93）	
261	稀禾啶	Sethoxydim	29.63	178（100）	281（51）	219（36）	
262	莎稗磷	Anilofos	30.68	226（100）	184（52）	334（10）	
263	氟丙菊酯	Acrinathrin	31.07	181（100）	289（31）	247（12）	
264	高效氯氟氰菊酯	Lambda-Cyhalothrin	31.11	181（100）	197（100）	141（20）	

(续表)

序号	中文名称	英文名称	保留时间/min	定量离子	定性离子1	定性离子2	定性离子3
265	苯噻酰草胺	Mefenacet	31.29	192（100）	120（35）	136（29）	
266	氯菊酯	Permethrin	31.57	183（100）	184（14）	255（1）	
267	哒螨灵	Pyridaben	31.86	147（100）	117（11）	364（7）	
268	乙羧氟草醚	Fluoroglycofen－ethyl	32.01	447（100）	428（20）	449（35）	
269	联苯三唑醇	Bitertanol	32.25	170（100）	112（8）	141（6）	
270	醚菊酯	Etofenprox	32.75	163（100）	376（4）	183（6）	
271	噻草酮	Cycloxydim	33.05	178（100）	279（7）	251（4）	
272	顺式－氯氰菊酯	Alpha－Cypermethrin	33.35	163（100）	181（84）	165（63）	
273	氟氰戊菊酯	Flucythrinate	33.58 33.85	199（100）	157（90）	451（22）	
274	S－氰戊菊酯	Esfenvalerate	34.65	419（100）	225（158）	181（189）	
275	苯醚甲环唑	Difenonazole	35.40	323（100）	325（66）	265（83）	
276	丙炔氟草胺	Flumioxazin	35.50	354（100）	287（24）	259（15）	
277	氟烯草酸	Flumiclorac－pentyl	36.34	423（100）	308（51）	318（29）	
D 组							
278	甲氟磷	Dimefox	5.62	110（100）	154（75）	153（17）	
279	乙拌磷亚砜	Disulfoton－sulfoxide	8.41	212（100）	153（61）	184（20）	
280	五氯苯	Pentachlorobenzene	11.11	250（100）	252（64）	215（24）	
281	三异丁基磷酸盐	Tri－iso－butyl phosphate	11.65	155（100）	139（67）	211（24）	
282	鼠立死	Crimidine	13.13	142（100）	156（90）	171（84）	
283	4－溴－3,5－二甲苯基－N－甲基氨基甲酸酯－1	BDMC－1	13.25	200（100）	202（104）	201（13）	
284	燕麦酯	Chlorfenprop－methyl	13.57	165（100）	196（87）	197（49）	
285	虫线磷	Thionazin	14.04	143（100）	192（39）	220（14）	
286	2,3,5,6－四氯苯胺	2,3,5,6－tetrachloroaniline	14.22	231（100）	229（76）	158（25）	
287	三正丁基磷酸盐	Tri－n－butyl phosphate	14.33	155（100）	211（61）	167（8）	
288	2,3,4,5－四氯甲氧基苯	2,3,4,5－tetrachloroanisole	14.66	246（100）	203（70）	231（51）	
289	五氯甲氧基苯	Pentachloroanisole	15.19	280（100）	265（100）	237（85）	
290	牧草胺	Tebutam	15.30	190（100）	106（38）	142（24）	
291	蔬果磷	Dioxabenzofos	16.14	216（100）	201（26）	171（5）	
292	甲基苯噻隆	Methabenzthiazuron	16.34	164（100）	136（81）	108（27）	
293	西玛通	Simetone	16.69	197（100）	196（40）	182（38）	
294	阿特拉通	Atratone	16.70	196（100）	211（68）	197（105）	

(续表)

序号	中文名称	英文名称	保留时间/min	定量离子	定性离子1	定性离子2	定性离子3
295	脱异丙基莠去津	Desisopropyl-atrazine	16.69	173 (100)	158 (84)	145 (73)	
296	特丁硫磷砜	Terbufos sulfone	16.79	231 (100)	288 (11)	186 (15)	
297	七氟菊酯	Tefluthrin	17.24	177 (100)	197 (26)	161 (5)	
298	溴烯杀	Bromocylen	17.43	359 (100)	357 (99)	394 (14)	
299	草达津	Trietazine	17.53	200 (100)	229 (51)	214 (45)	
300	氧乙嘧硫磷	Etrimfos oxon	17.83	292 (100)	277 (35)	263 (12)	
301	环莠隆	Cycluron	17.95	89 (100)	198 (36)	114 (9)	
302	2,6-二氯苯甲酰胺	2,6-dichlorobenzamide	17.93	173 (100)	189 (36)	175 (62)	
303	2,4,4'-三氯联苯	DE-PCB 28	18.15	256 (100)	186 (53)	258 (97)	
304	2,4,5-三氯联苯	DE-PCB 31	18.19	256 (100)	186 (53)	258 (97)	
305	脱乙基另丁津	Desethyl-sebuthylazine	18.32	172 (100)	174 (32)	186 (11)	
306	2,3,4,5-四氯苯胺	2,3,4,5-tetrachloroaniline	18.55	231 (100)	229 (76)	233 (48)	
307	合成麝香	Musk ambrette	18.62	253 (100)	268 (35)	223 (18)	
308	二甲苯麝香	Musk xylene	18.66	282 (100)	297 (10)	128 (20)	
309	五氯苯胺	Pentachloroaniline	18.91	265 (100)	263 (63)	230 (8)	
310	叠氮津	Aziprotryne	19.11	199 (100)	184 (83)	157 (31)	
311	另丁津	Sebutylazine	19.26	200 (100)	214 (14)	229 (13)	
312	丁咪酰胺	Isocarbamid	19.24	142 (100)	185 (2)	143 (6)	
313	2,2',5,5'-四氯联苯	DE-PCB 52	19.48	292 (100)	220 (88)	255 (32)	
314	麝香	Musk moskene	19.46	263 (100)	278 (12)	264 (15)	
315	苄草丹	Prosulfocarb	19.51	251 (100)	252 (14)	162 (10)	
316	二甲吩草胺	Dimethenamid	19.55	154 (100)	230 (43)	203 (21)	
317	氧皮蝇磷	Fenchlorphos oxon	19.72	285 (100)	287 (70)	270 (7)	
318	4-溴-3,5-二甲苯基-N-甲基氨基甲酸酯-2	BDMC-2	19.74	200 (100)	202 (101)	201 (12)	
319	甲基对氧磷	Paraoxon-methyl	19.83	230 (100)	247 (93)	200 (40)	
320	庚酰草胺	Monalide	20.02	197 (100)	199 (31)	239 (45)	
321	西藏麝香	Musk tibeten	20.40	251 (100)	266 (25)	252 (14)	
322	碳氯灵	Isobenzan	20.55	311 (100)	375 (31)	412 (7)	
323	八氯苯乙烯	Octachlorostyrene	20.60	380 (100)	343 (94)	308 (120)	
324	嘧啶磷	Pyrimitate	20.59	305 (100)	153 (116)	180 (49)	
325	异艾氏剂	Isodrin	21.01	193 (100)	263 (46)	195 (83)	

(续表)

序号	中文名称	英文名称	保留时间/min	定量离子	定性离子1	定性离子2	定性离子3
326	丁嗪草酮	Isomethiozin	21.06	225（100）	198（86）	184（13）	
327	毒壤磷	Trichloronat	21.10	297（100）	269（86）	196（16）	
328	敌草索	Dacthal	21.25	301（100）	332（31）	221（16）	
329	4,4-二氯二苯甲酮	4,4-dichlorobenzophenone	21.29	250（100）	252（62）	215（26）	
330	酞菌酯	Nitrothal-isopropyl	21.69	236（100）	254（54）	212（74）	
331	麝香酮	Musk ketone	21.70	279（100）	294（28）	128（16）	
332	吡咪唑	Rabenzazole	21.73	212（100）	170（26）	195（19）	
333	嘧菌环胺	Cyprodinil	21.94	224（100）	225（62）	210（9）	
334	麦穗宁	Fuberidazole	22.10	184（100）	155（21）	129（12）	
335	氧异柳磷	Isofenphos oxon	22.04	229（100）	201（2）	314（12）	
336	异氯磷	Dicapthon	22.44	262（100）	263（10）	216（10）	
337	2,2',4,5,5'-五氯联苯	DE-PCB 101	22.62	326（100）	254（66）	291（18）	
338	2-甲-4-氯丁氧乙基酯	MCPA-butoxyethyl ester	22.61	300（100）	200（71）	182（41）	
339	水胺硫磷	Isocarbophos	22.87	136（100）	230（26）	289（22）	
340	甲拌磷砜	Phorate sulfone	23.15	199（100）	171（30）	215（11）	
341	杀螨醇	Chlorfenethol	23.29	251（100）	253（66）	266（12）	
342	反式九氯	Trans-nonachlor	23.62	409（100）	407（89）	411（63）	
343	消螨通	Dinobuton	23.88	211（100）	240（15）	223（15）	
344	脱叶磷	DEF	24.08	202（100）	226（51）	258（55）	
345	氟咯草酮	Flurochloridone	24.31	311（100）	187（74）	313（66）	
346	溴苯烯磷	Bromfenvinfos	24.62	267（100）	323（56）	295（18）	
347	乙滴涕	Perthane	24.81	223（100）	224（20）	178（9）	
348	灭菌磷	Ditalimfos	24.82	130（100）	148（43）	299（34）	
349	2,3,4,4',5-五氯联苯	DE-PCB 118	25.08	326（100）	254（38）	184（16）	
350	4,4-二溴二苯甲酮	4,4-dibromobenzophenone	25.30	340（100）	259（30）	185（179）	
351	粉唑醇	Flutriafol	25.31	219（100）	164（96）	201（7）	
352	地胺磷	Mephosfolan	25.29	196（100）	227（49）	168（60）	
353	乙基杀扑磷	Athidathion	25.63	145（100）	330（1）	129（12）	
354	2,2',4,4',5,5'-六氯联苯	DE-PCB 153	25.64	360（100）	290（62）	218（24）	

(续表)

序号	中文名称	英文名称	保留时间/min	定量离子	定性离子1	定性离子2	定性离子3
355	苄氯三唑醇	Diclobutrazole	25.95	270（100）	272（68）	159（42）	
356	乙拌磷砜	Disulfoton sulfone	26.16	213（100）	229（4）	185（11）	
357	噻螨酮	Hexythiazox	26.48	227（100）	156（158）	184（93）	
358	2,2',3,4,4',5-六氯联苯	DE-PCB 138	26.84	360（100）	290（68）	218（26）	
359	威菌磷	Triamiphos	27.02	160（100）	294（28）	251（16）	
360	苄呋菊酯-1	Resmethrin-1	27.26	171（100）	143（83）	338（7）	
361	环丙唑	Cyproconazole	27.23	222（100）	224（35）	223（11）	
362	苄呋菊酯-2	Resmethrin-2	27.43	171（100）	143（80）	338（7）	
363	酞酸甲苯基丁酯	Phthalic acid, benzyl butyl ester	27.56	206（100）	312（4）	230（1）	
364	炔草酸	Clodinafop-propargyl	27.74	349（100）	238（96）	266（83）	
365	倍硫磷亚砜	Fenthion sulfoxide	28.06	278（100）	279（290）	294（145）	
366	三氟苯唑	Fluotrimazole	28.39	311（100）	379（60）	233（36）	
367	氟草烟-1-甲庚酯	Fluroxypr-1-methylheptyl ester	28.45	366（100）	254（67）	237（60）	
368	倍硫磷砜	Fenthion sulfone	28.55	310（100）	136（25）	231（10）	
369	三苯基磷酸盐	Triphenyl phosphate	28.65	326（100）	233（16）	215（20）	
370	苯嗪草酮	Metamitron	28.63	202（100）	174（52）	186（12）	
371	2,2',3,4,4',5,5'-七氯联苯	DE-PCB 180	29.05	394（100）	324（70）	359（20）	
372	吡螨胺	Tebufenpyrad	29.06	318（100）	333（78）	276（44）	
373	解草酯	Cloquintocet-mexyl	29.32	192（100）	194（32）	220（4）	
374	环草定	Lenacil	29.70	153（100）	136（6）	234（2）	
375	糠菌唑-1	Bromuconazole-1	29.90	173（100）	175（65）	214（15）	
376	脱溴溴苯磷	Desbrom-leptophos	30.15	377（100）	171（97）	375（72）	
377	糠菌唑-2	Bromuconazole-2	30.72	173（100）	175（67）	214（14）	
378	甲磺乐灵	Nitralin	30.92	316（100）	274（58）	300（15）	
379	苯线磷亚砜	Fenamiphos sulfoxide	31.03	304（100）	319（29）	196（22）	
380	苯线磷砜	Fenamiphos sulfone	31.34	320（100）	292（57）	335（7）	
381	拌种咯	Fenpiclonil	32.37	236（100）	238（66）	174（36）	
382	氟喹唑	Fluquinconazole	32.62	340（100）	342（37）	341（20）	
383	腈苯唑	Fenbuconazole	34.02	129（100）	198（51）	125（31）	
E组							
384	残杀威-1	Propoxur-1	6.58	110（100）	152（16）	111（9）	

(续表)

序号	中文名称	英文名称	保留时间/min	定量离子	定性离子1	定性离子2	定性离子3
385	异丙威-1	Isoprocarb-1	7.56	121（100）	136（34）	103（20）	
386	甲胺磷	Methamidophos	9.37	94（100）	95（112）	141（52）	
387	二氢苊	Acenaphthene	10.79	164（100）	162（84）	160（38）	
388	驱虫特	Dibutyl succinate	12.20	101（100）	157（19）	175（5）	
389	邻苯二甲酰亚胺	Phthalimide	13.21	147（100）	104（61）	103（35）	
390	氯氧磷	Chlorethoxyfos	13.43	153（100）	125（67）	301（19）	
391	异丙威-2	Isoprocarb-2	13.69	121（100）	136（34）	103（20）	
392	戊菌隆	Pencycuron	14.30	125（100）	180（65）	209（20）	
393	丁噻隆	Tebuthiuron	14.25	156（100）	171（30）	157（9）	
394	甲基内吸磷	demeton-S-methyl	15.19	109（100）	142（43）	230（5）	
395	硫线磷	Cadusafos	15.13	159（100）	213（14）	270（12）	
396	残杀威-2	Propoxur-2	15.48	110（100）	152（19）	111（8）	
397	菲	Phenanthrene	16.97	188（100）	160（9）	189（16）	
398	螺环菌胺-1	Spiroxamine-1	17.26	100（100）	126（7）	198（5）	
399	唑螨酯	Fenpyroximate	17.49	213（100）	142（21）	198（9）	
400	丁基嘧啶磷	Tebupirimfos	17.61	318（100）	261（107）	234（100）	
401	茉莉酮	prohydrojasmon	17.80	153（100）	184（41）	254（7）	
402	苯锈啶	Fenpropidin	17.85	98（100）	273（5）	145（5）	
403	氯硝胺	Dichloran	18.10	176（100）	206（87）	124（101）	
404	咯喹酮	Pyroquilon	18.28	173（100）	130（69）	144（38）	
405	螺环菌胺-2	Spiroxamine-2	18.23	100（100）	126（5）	198（5）	
406	炔苯酰草胺	Propyzamide	19.01	173（100）	255（23）	240（9）	
407	抗蚜威	Pirimicarb	19.08	166（100）	238（23）	138（8）	
408	磷胺-1	Phosphamidon-1	19.66	264（100）	138（62）	227（25）	
409	解草嗪	Benoxacor	19.62	120（100）	259（38）	176（19）	
410	溴丁酰草胺	Bromobutide	19.70	119（100）	232（27）	296（6）	
411	乙草胺	Acetochlor	19.84	146（100）	162（59）	223（59）	
412	灭草环	Tridiphane	19.90	173（100）	187（90）	219（46）	
413	特草灵	Terbucarb	20.06	205（100）	220（52）	206（16）	
414	戊草丹	Esprocarb	20.01	222（100）	265（10）	162（61）	
415	甲呋酰胺	Fenfuram	20.35	109（100）	201（29）	202（5）	
416	活化酯	Acibenzolar-S-Methyl	20.42	182（100）	135（64）	153（34）	
417	呋草黄	Benfuresate	20.68	163（100）	256（17）	121（18）	
418	氟硫草定	Dithiopyr	20.78	354（100）	306（72）	286（74）	
419	精甲霜灵	Mefenoxam	20.91	206（100）	249（46）	279（11）	

(续表)

序号	中文名称	英文名称	保留时间/min	定量离子	定性离子1	定性离子2	定性离子3
420	马拉氧磷	Malaoxon	21.17	127 (100)	268 (11)	195 (15)	
421	磷胺-2	Phosphamidon-2	21.36	264 (100)	138 (54)	227 (17)	
422	硅氟唑	Simeconazole	21.41	121 (100)	278 (14)	211 (34)	
423	氯酞酸甲酯	Chlorthal-dimethyl	21.39	301 (100)	332 (27)	221 (17)	
424	噻唑烟酸	Thiazopyr	21.91	327 (100)	363 (73)	381 (34)	
425	甲基毒虫畏	Dimethylvinphos	22.21	295 (100)	297 (56)	109 (74)	
426	仲丁灵	Butralin	22.24	266 (100)	224 (16)	295 (60)	
427	苯酰草胺	Zoxamide	22.30	187 (100)	242 (68)	299 (9)	
428	啶斑肟-1	Pyrifenox-1	22.50	262 (100)	294 (15)	227 (15)	
429	烯丙菊酯	Allethrin	22.60	123 (100)	107 (24)	136 (20)	
430	异戊乙净	Dimethametryn	22.83	212 (100)	255 (9)	240 (5)	
431	灭藻醌	Quinoclamine	22.89	207 (100)	172 (259)	144 (64)	
432	甲醚菊酯-1	Methothrin-1	22.92	123 (100)	135 (89)	104 (41)	
433	氟噻草胺	Flufenacet	23.09	151 (100)	211 (61)	363 (6)	
434	甲醚菊酯-2	Methothrin-2	23.19	123 (100)	135 (73)	104 (12)	
435	啶斑肟-2	Pyrifenox-2	23.50	262 (100)	294 (17)	227 (16)	
436	氰菌胺	Fenoxanil	23.58	140 (100)	189 (14)	301 (6)	
437	四氯苯酞	Phthalide	23.51	243 (100)	272 (28)	215 (20)	
438	呋霜灵	Furalaxyl	23.97	242 (100)	301 (24)	152 (40)	
439	噻虫嗪	Thiamethoxam	24.38	182 (100)	212 (92)	247 (124)	
440	嘧菌胺	Mepanipyrim	24.29	222 (100)	223 (53)	221 (9)	
441	克菌丹	Captan	24.55	149 (100)	264 (32)	236 (10)	
442	除草定	Bromacil	24.73	205 (100)	207 (46)	231 (5)	
443		Picoxystrobin	24.97	335 (100)	303 (43)	367 (9)	
444	抑草磷	Butamifos	25.41	286 (100)	200 (57)	232 (37)	
445	咪草酸	Imazamethabenz-methyl	25.50	144 (100)	187 (117)	256 (95)	
446	苯氧菌胺-1	Metominostrobin-1	25.61	191 (100)	238 (56)	196 (75)	
447	苯噻硫氰	TCMTB	25.59	180 (100)	238 (108)	136 (30)	
448	甲硫威砜	Methiocarb Sulfone	25.56	200 (100)	185 (40)	137 (16)	
449	抑霉唑	Imazalil	25.72	215 (100)	173 (66)	296 (5)	
450	稻瘟灵	Isoprothiolane	25.87	290 (100)	231 (82)	204 (88)	
451	环氟菌胺	Cyflufenamid	26.02	91 (100)	412 (11)	294 (11)	
452	嘧草醚	Pyriminobac-Methyl	26.34	302 (100)	330 (107)	361 (86)	
453	噁唑磷	Isoxathion	26.51	313 (100)	105 (341)	177 (208)	
454	苯氧菌胺-2	Metominostrobin-2	26.76	196 (100)	191 (36)	238 (89)	

(续表)

序号	中文名称	英文名称	保留时间/min	定量离子	定性离子1	定性离子2	定性离子3
455	苯虫醚-1	Diofenolan-1	26.81	186（100）	300（57）	225（25）	
456	噻呋酰胺	Thifluzamide	27.26	449（100）	447（97）	194（308）	
457	苯虫醚-2	Diofenolan-2	27.14	186（100）	300（58）	225（31）	
458	苯氧喹啉	Quinoxyphen	27.14	237（100）	272（37）	307（29）	
459	溴虫腈	Chlorfenapyr	27.60	247（100）	328（47）	408（42）	
460	肟菌酯	Trifloxystrobin	27.71	116（100）	131（40）	222（30）	
461	脱苯甲基亚胺唑	Imibenconazole-des-benzyl	27.86	235（100）	270（35）	272（35）	
462	双苯噁唑酸	Isoxadifen-Ethyl	27.90	204（100）	222（76）	294（44）	
463	氟虫腈	Fipronil	28.34	367（100）	369（69）	351（15）	
464	炔咪菊酯-1	Imiprothrin-1	28.31	123（100）	151（55）	107（54）	
465	唑酮草酯	Carfentrazone-Ethyl	28.29	312（100）	340（135）	376（32）	
466	炔咪菊酯-2	Imiprothrin-2	28.50	123（100）	151（21）	107（17）	
467	氟环唑-1	Epoxiconazole-1	28.58	192（100）	183（24）	138（35）	
468	吡草醚	Pyraflufen Ethyl	28.91	412（100）	349（41）	339（34）	
469	稗草丹	Pyributicarb	28.87	165（100）	181（23）	108（64）	
470	噻吩草胺	Thenylchlor	29.12	127（100）	288（25）	141（17）	
471	烯草酮	Clethodim	29.21	164（100）	205（50）	267（15）	
472	吡唑解草酯	Mefenpyr-diethyl	29.55	227（100）	299（131）	372（18）	
473	伐灭磷	Famphur	29.80	218（100）	125（27）	217（22）	
474	乙螨唑	Etoxazole	29.64	300（100）	330（69）	359（65）	
475	吡丙醚	Pyriproxyfen	30.06	136（100）	226（8）	185（10）	
476	氟环唑-2	Epoxiconazole-2	29.73	192（100）	183（13）	138（30）	
477	氟吡酰草胺	Picolinafen	30.27	238（100）	376（77）	266（11）	
478	异菌脲	Iprodione	30.24	187（100）	244（65）	246（42）	
479	哌草磷	Piperophos	30.42	320（100）	140（123）	122（114）	
480	呋酰胺	Ofurace	30.36	160（100）	232（83）	204（35）	
481	联苯肼酯	Bifenazate	30.38	300（100）	258（99）	199（100）	
482	异狄氏剂酮	Endrin ketone	30.45	317（100）	250（31）	281（58）	
483	氯甲酰草胺	Clomeprop	30.48	290（100）	288（279）	148（206）	
484	咪唑菌酮	Fenamidone	30.66	268（100）	238（111）	206（32）	
485	萘丙胺	Naproanilide	31.89	291（100）	171（96）	144（100）	
486	吡唑醚菊酯	Pyraclostrobin	31.98	132（100）	325（14）	283（21）	
487	乳氟禾草灵	Lactofen	32.06	442（100）	461（25）	346（12）	
488	三甲苯草酮	Tralkoxydim	32.14	283（100）	226（7）	268（8）	

（续表）

序号	中文名称	英文名称	保留时间/min	定量离子	定性离子1	定性离子2	定性离子3
489	吡唑硫磷	Pyraclofos	32.18	360（100）	194（79）	362（38）	
490	氯亚胺硫磷	Dialifos	32.27	186（100）	357（143）	210（397）	
491	螺螨酯	Spirodiclofen	32.50	312（100）	259（48）	277（28）	
492	苄螨醚	Halfenprox	32.62	263（100）	237（6）	476（5）	
493	呋草酮	Flurtamone	32.78	333（100）	199（63）	247（25）	
494	环酯草醚	Pyriftalid	32.94	318（100）	274（71）	303（44）	
495	氟硅菊酯	Silafluofen	33.18	287（100）	286（274）	258（289）	
496	嘧螨醚	Pyrimidifen	33.63	184（100）	186（32）	185（10）	
497	啶虫脒	Acetamiprid	33.87	126（100）	152（99）	166（58）	
498	氟丙嘧草酯	Butafenacil	33.85	331（100）	333（34）	180（35）	
499	苯酮唑	Cafenstrole	34.36	100（100）	188（69）	119（25）	
500	氟啶草酮	Fluridone	37.61	328（100）	329（100）	330（100）	

附录 C
（资料性附录）
GC–MS 测定的 A、B、C、D、E 五组农药及相关化学品选择离子监测分组表

C.1 GC–MS 测定的 A、B、C、D、E 五组农药及相关化学品选择离子监测分组表，见表 C.1。

表 C.1

序号	时间 (min)	离子（amu）	驻留时间 (ms)
		A 组	
1	8.30	138, 158, 173	200
2	9.60	124, 140, 166, 172, 183, 211	90
3	10.50	121, 154, 234	200
4	10.75	120, 137, 179	200
5	11.70	154, 186, 215	200
6	14.40	167, 168, 169	200
7	14.90	121, 142, 143, 153, 183, 195, 196, 198, 230, 231, 260, 276, 292, 316	30
8	16.20	88, 125, 246	200
9	16.70	137, 138, 145, 172, 174, 179, 187, 202, 204, 205, 237, 246, 249, 295, 304	30
10	17.80	138, 173, 175, 181, 186, 194, 196, 201, 210, 225, 236, 255, 277, 292	30
11	18.80	150, 165, 173, 175, 222, 223, 251, 255, 279	50
12	19.20	125, 143, 229, 261, 263, 265, 293, 305, 307, 329	50
13	19.80	125, 261, 263, 265, 285, 287, 293, 305, 307, 329	50
14	20.10	170, 181, 184, 198, 200, 206, 212, 217, 219, 226, 227, 233, 234, 241, 246, 249, 254, 258, 263, 264, 266, 268, 285, 286, 314	10
15	21.40	143, 152, 153, 158, 169, 173, 180, 181, 208, 217, 219, 220, 247, 254, 256, 260, 275, 277, 278, 351, 353, 355	10
16	22.30	61, 143, 160, 162, 181, 186, 208, 210, 220, 235, 248, 252, 263, 268, 270, 291, 351, 353, 355	20
17	23.00	133, 143, 146, 157, 209, 211, 246, 268, 270, 274, 298, 303, 320, 357, 359, 373, 375, 377	20
18	23.70	72, 104, 133, 145, 152, 157, 160, 162, 209, 211, 215, 253, 255, 260, 263, 267, 274, 277, 283, 285, 297, 302, 309, 345, 380	10
19	24.80	128, 145, 154, 157, 171, 175, 198, 217, 225, 240, 255, 258, 271, 283, 285, 288, 302, 303	20
20	25.50	154, 185, 217, 252, 253, 254, 288, 303, 319, 324, 334	50
21	26.00	87, 139, 143, 145, 165, 173, 199, 208, 231, 235, 237, 251, 253, 273, 316, 323, 384	20

(续表)

序号	时间(min)	离子（amu）	驻留时间(ms)
22	26.80	145, 150, 156, 165, 173, 179, 199, 231, 235, 237, 245, 247, 280, 288, 322, 323, 384	20
23	27.90	165, 166, 173, 181, 253, 259, 261, 281, 292, 293, 308, 342	40
24	28.60	118, 160, 165, 166, 181, 203, 212, 227, 228, 231, 235, 237, 272, 274, 314, 323	30
25	29.30	135, 163, 164, 212, 227, 228, 232, 233, 250, 252, 278	40
26	30.00	102, 145, 159, 160, 161, 188, 199, 227, 303, 317, 340, 356	40
27	31.00	175, 183, 184, 220, 221, 223, 232, 250, 255, 267, 373	40
28	33.00	127, 180, 181	200
29	34.40	167, 181, 225, 419	150
30	35.70	172, 174, 181	200
B 组			
1	7.80	128, 132, 189	200
2	8.80	146, 156, 217	200
3	9.70	128, 136, 161, 171, 173, 203	90
4	10.70	127, 164, 192, 194, 196, 198	90
5	11.70	191, 193, 206	200
6	13.40	124, 203, 215, 250, 261	100
7	14.40	158, 168, 200, 242, 282, 284, 286	80
8	14.70	116, 120, 128, 148, 153, 171, 176, 188, 202, 211, 213, 234, 236, 238, 264, 266, 282, 284, 286, 306, 322, 335	10
9	16.00	116, 148, 183, 188, 219, 221, 254	80
10	16.80	153, 186, 231, 288	150
11	17.10	153, 160, 164, 169, 172, 173, 176, 197, 206, 210, 214, 223, 225, 229, 270, 318, 330, 347	20
12	18.20	61, 126, 160, 173, 176, 206, 214, 229	60
13	18.70	126, 127, 134, 148, 164, 171, 172, 180, 192, 197, 198, 210, 213, 223, 243, 286, 288, 305, 307	20
14	19.90	134, 171, 188, 197, 198, 210, 213, 237, 269, 276, 290, 305	40
15	20.60	100, 185, 211, 226, 241, 253, 257, 259, 378	50
16	21.20	73, 139, 141, 153, 161, 162, 167, 185, 191, 207, 213, 224, 226, 237, 238, 240, 250, 251, 286, 304, 318, 329, 331, 333, 351, 353, 355, 387	10
17	22.00	161, 167, 207, 222, 224, 226, 238, 264, 280, 286, 351, 353, 355	40
18	22.70	161, 163, 170, 171, 182, 185, 205, 213, 217, 241, 255, 256, 265, 267, 269, 276, 323, 339	20

（续表）

序号	时间 （min）	离子（amu）	驻留时间 （ms）
19	23.40	137, 160, 176, 188, 238, 240, 246, 248, 259, 267, 269, 316, 318, 323, 331, 373, 375, 377	20
20	23.90	61, 160, 166, 176, 188, 193, 194, 246, 248, 250, 259, 292, 294, 297, 316, 318, 329, 331, 333, 339, 374, 377, 379	20
21	24.90	61, 105, 165, 167, 172, 175, 177, 187, 199, 214, 231, 235, 236, 237, 238, 256, 263, 292, 294, 297, 302, 305, 311, 313, 317, 339, 345, 374	10
22	25.60	77, 105, 139, 141, 165, 169, 171, 199, 202, 213, 223, 235, 237, 251, 252, 253, 256, 271, 276, 283, 297, 300, 325, 360, 361	10
23	26.70	105, 157, 165, 195, 199, 235, 237, 246, 276, 297, 325, 339, 342, 360, 363	30
24	27.60	148, 157, 161, 169, 172, 173, 201, 206, 257, 303, 310, 325	40
25	28.90	89, 99, 126, 127, 157, 161, 169, 172, 181, 183, 257, 260, 265, 272, 292, 303, 339, 341, 349, 365, 387, 389	10
26	29.80	79, 181, 183, 265, 311, 349	90
27	30.00	128, 157, 169, 171, 189, 252, 310, 323, 341, 375, 377, 379	40
28	31.20	132, 139, 154, 160, 161, 182, 189, 251, 310, 330, 341, 367	40
29	32.90	180, 199, 206, 226, 266, 308, 334, 362, 364	50
30	34.00	181, 250, 252	200
C组			
1	7.30	109, 185, 220	200
2	8.70	152, 153, 154	200
3	9.30	58, 128, 129, 146, 188, 203	90
4	11.20	126, 161, 163	200
5	11.75	125, 126, 141, 158, 169, 170, 187, 208, 240	50
6	13.50	122, 123, 124, 151, 215, 250	90
7	14.70	107, 121, 150, 264, 276, 292	90
8	16.00	174, 202, 217	200
9	16.50	126, 141, 143, 156, 168, 176, 198, 199, 200, 210, 225, 268, 270, 277, 279	30
10	17.60	88, 173, 183, 186, 200, 215, 219, 254, 274	50
11	18.40	104, 130, 159, 161, 204, 237, 246, 257, 272, 285, 288, 313, 337	40
12	18.90	128, 129, 161, 163, 165, 175, 204, 217, 242, 246, 257, 264, 285, 288, 303, 306, 313, 326, 335	20
13	19.80	73, 89, 146, 162, 185, 212, 223, 227, 250, 265, 267	50
14	20.30	61, 144, 146, 162, 170, 185, 198, 199, 212, 213, 223, 227, 258	40
15	20.70	61, 103, 118, 144, 170, 181, 198, 199, 210, 217, 219, 222, 240, 254, 255	30
16	21.35	108, 117, 151, 160, 161, 170, 219, 221, 224, 225, 257, 267, 351, 353, 355	30

（续表）

序号	时间(min)	离子（amu）	驻留时间(ms)
17	22.20	107, 108, 119, 123, 136, 145, 176, 219, 221, 246, 248, 263, 318, 351, 353, 355	20
18	22.70	77, 141, 165, 167, 174, 176, 206, 234, 239, 246, 248, 267, 268, 297, 299, 318	20
19	23.20	105, 123, 134, 161, 248, 250, 267, 297, 299	50
20	23.50	131, 143, 157, 161, 171, 220, 248, 250, 262, 296, 304, 329, 336, 338, 404	30
21	24.30	112, 130, 162, 168, 238, 262	90
22	25.10	112, 116, 130, 131, 162, 168, 206, 233, 234, 235, 238, 262	40
23	25.30	254, 282, 321, 323, 356, 383	90
24	26.00	131, 152, 206, 233, 234, 236, 251, 253, 315	50
25	26.90	149, 162, 176, 177, 190, 232, 268, 270, 328	50
26	27.90	105, 119, 120, 135, 140, 173, 266, 267, 269, 350, 394	50
27	28.80	105, 117, 123, 140, 145, 160, 183, 266, 267, 350, 394	50
28	29.00	117, 123, 127, 145, 154, 160, 183, 248, 350	50
29	29.60	116, 178, 186, 191, 219, 255	90
30	30.30	132, 162, 178, 184, 219, 226, 281, 293, 334	50
31	31.10	120, 136, 141, 147, 181, 183, 184, 192, 197, 247, 255, 289, 309, 364	30
32	32.00	112, 141, 147, 170, 183, 184, 255, 309, 364, 428, 447, 449	40
33	32.60	112, 141, 163, 170, 183, 376, 428, 447, 449	50
34	33.10	163, 165, 178, 181, 251, 279	90
35	33.80	157, 199, 451	200
36	34.70	181, 225, 250, 252, 419	100
37	35.40	259, 265, 287, 323, 325, 354	90
38	36.40	308, 318, 423	200
		D 组	
1	5.50	110, 153, 154	200
2	8.00	153, 184, 212	200
3	11.00	139, 155, 211, 215, 250, 252	90
4	13.00	142, 156, 165, 171, 196, 197, 200, 201, 202	50
5	14.00	143, 155, 158, 167, 192, 203, 211, 220, 229, 231, 246	40
6	15.00	106, 142, 190, 237, 265, 280	90
7	16.00	108, 136, 145, 158, 164, 171, 173, 182, 186, 196, 197, 201, 211, 216, 213, 288	20
8	17.20	161, 174, 177, 197, 200, 202, 214, 229, 246, 357, 359, 394	40

(续表)

序号	时间（min）	离子（amu）	驻留时间（ms）
9	17.90	89, 114, 128, 172, 173, 174, 175, 186, 189, 198, 223, 229, 230, 231, 233, 253, 256, 258, 263, 265, 268, 277, 282, 292, 297	10
10	19.20	142, 143, 154, 157, 162, 184, 185, 199, 200, 201, 202, 203, 214, 220, 229, 230, 247, 251, 252, 255, 263, 264, 270, 278, 285, 287, 292	10
11	20.00	153, 180, 197, 199, 200, 201, 202, 230, 239, 247, 251, 252, 266, 305, 308, 311, 343, 375, 380, 412	15
12	21.00	115, 184, 193, 195, 196, 198, 215, 221, 225, 250, 252, 263, 269, 276, 285, 297, 301, 332	20
13	21.60	128, 170, 194, 195, 210, 212, 224, 225, 236, 254, 279, 294	40
14	22.10	129, 155, 182, 184, 200, 201, 210, 212, 216, 224, 225, 229, 230, 254, 262, 263, 291, 300, 314, 326, 351, 353, 355	10
15	23.00	136, 171, 199, 215, 230, 251, 253, 266, 289, 407, 409, 411	40
16	23.90	130, 148, 178, 187, 202, 211, 223, 224, 226, 240, 258, 267, 295, 299, 311, 313, 323	20
17	25.00	129, 130, 145, 148, 164, 168, 184, 185, 196, 201, 218, 219, 227, 254, 259, 290, 299, 326, 330, 340, 360	15
18	26.00	156, 159, 184, 185, 213, 218, 227, 229, 270, 272, 290, 360	40
19	27.10	143, 160, 171, 206, 222, 223, 224, 230, 238, 251, 266, 294, 312, 338, 349	30
20	28.00	136, 174, 186, 202, 215, 231, 233, 237, 254, 278, 279, 294, 310, 311, 326, 366, 379	20
21	29.00	136, 153, 192, 194, 220, 234, 276, 318, 324, 333, 359, 394	40
22	30.00	160, 161, 171, 173, 175, 214, 317, 375, 377	50
23	30.80	173, 175, 196, 213, 230, 274, 292, 300, 304, 316, 319, 320, 335, 373	30
24	32.40	147, 236, 238, 340, 341, 342	90
25	34.00	125, 129, 198	200
E组		
1	5.50	110, 111, 152	200
2	7.00	103, 107, 121, 122, 136	100
3	9.00	94, 95, 141	200
4	10.40	160, 162, 164, 205, 206, 220	100
5	12.00	101, 157, 175	200
6	12.90	103, 104, 121, 125, 130, 136, 147, 153, 301	60
7	13.90	125, 156, 157, 171, 180, 209	100
8	14.80	109, 110, 111, 142, 145, 152, 159, 185, 213, 230, 370	50
9	16.80	98, 100, 126, 142, 145, 153, 160, 184, 187, 188, 189, 198, 213, 232, 234, 254, 261, 273, 318	30

（续表）

序号	时间 （min）	离子（amu）	驻留时间 （ms）
10	17.95	98, 100, 124, 126, 130, 144, 145, 173, 176, 177, 187, 198, 206, 213, 225, 232, 240, 273	30
11	18.70	138, 166, 173, 238, 240, 255	100
12	19.20	109, 119, 120, 135, 138, 146, 153, 162, 173, 176, 182, 187, 201, 202, 205, 206, 219, 220, 222, 223, 227, 232, 259, 264, 265, 296	20
13	20.30	109, 121, 127, 135, 153, 163, 182, 195, 201, 202, 206, 249, 256, 268, 279, 286, 306, 354	30
14	20.90	121, 127, 138, 195, 206, 211, 221, 227, 249, 264, 268, 278, 279, 301, 327, 332, 363, 381	30
15	21.95	109, 187, 224, 242, 266, 295, 297, 299, 351, 353, 355	50
16	22.30	104, 107, 123, 135, 136, 144, 151, 172, 187, 209, 211, 212, 227, 240, 242, 255, 262, 294, 299, 363	35
17	23.30	140, 152, 189, 215, 227, 272, 243, 262, 272	50
18	24.00	112, 128, 149, 168, 182, 205, 207, 212, 221, 222, 223, 231, 236, 247, 264, 303, 335, 367	30
19	25.00	91, 112, 128, 136, 137, 144, 168, 173, 180, 185, 187, 191, 196, 200, 204, 215, 231, 232, 238, 256, 286, 290, 294, 296, 412	20
20	26.05	105, 125, 157, 177, 186, 191, 196, 225, 238, 300, 302, 313, 314, 330, 361	40
21	26.90	116, 131, 186, 194, 204, 222, 225, 235, 237, 247, 270, 272, 294, 300, 307, 328, 351, 367, 369, 408, 447, 449	30
22	28.00	107, 123, 138, 151, 183, 192, 235, 260, 270, 272, 295, 312, 327, 340, 351, 367, 369, 376	30
23	28.60	108, 127, 141, 164, 165, 181, 205, 267, 288, 339, 349, 412	50
24	29.20	120, 125, 136, 137, 138, 164, 183, 185, 187, 192, 205, 206, 217, 218, 226, 227, 236, 240, 244, 246, 249, 299, 300, 330, 359, 372	20
25	30.05	122, 136, 140, 148, 160, 185, 187, 199, 204, 206, 214, 226, 229, 232, 238, 244, 246, 250, 258, 266, 268, 285, 288, 290, 300, 317, 319, 320, 376	20
26	31.60	111, 132, 137, 144, 171, 186, 194, 199, 210, 226, 237, 247, 259, 263, 268, 274, 277, 291, 303, 312, 318, 325, 333, 346, 357, 360, 362, 442, 461, 476	20
27	33.00	126, 152, 166, 180, 184, 185, 186, 258, 286, 287, 331, 333	50
28	34.00	100, 119, 188	200
29	37.00	328, 329, 330	200

附录 D
（资料性附录）
标准物质在苹果基质中选择离子监测 GC-MS 图

D.1 A组标准物质在苹果基质中选择离子监测GC-MS图，见图D.1。

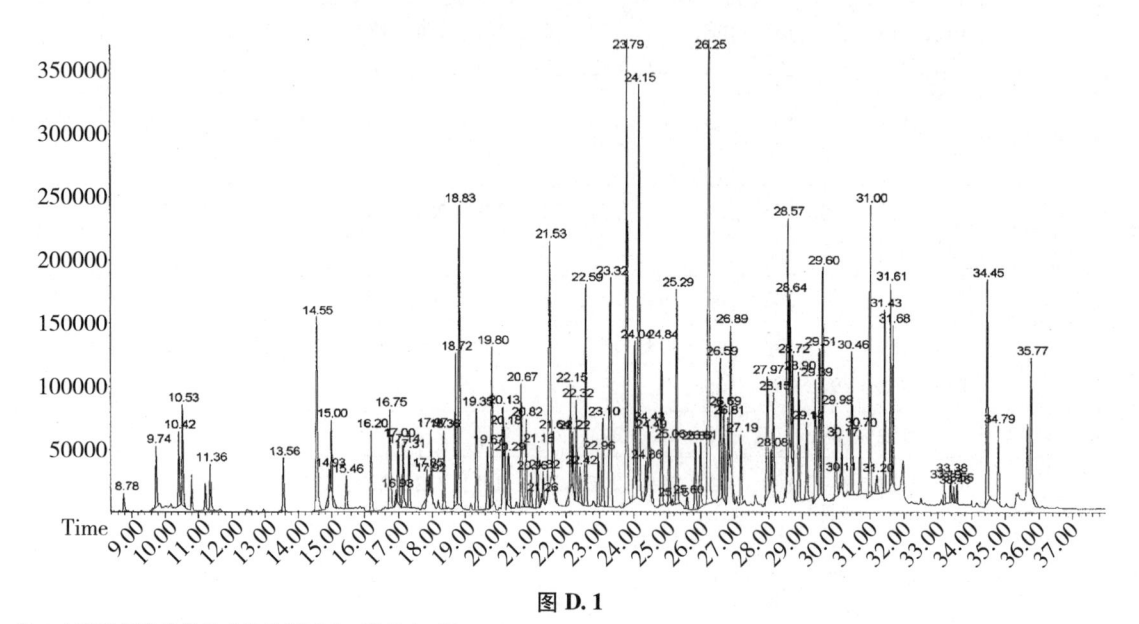

图 D.1

注：农药及相关化学品名称见附录A，序号1-92。

D.2 B组标准物质在苹果基质中选择离子监测GC-MS图，见图D.2。

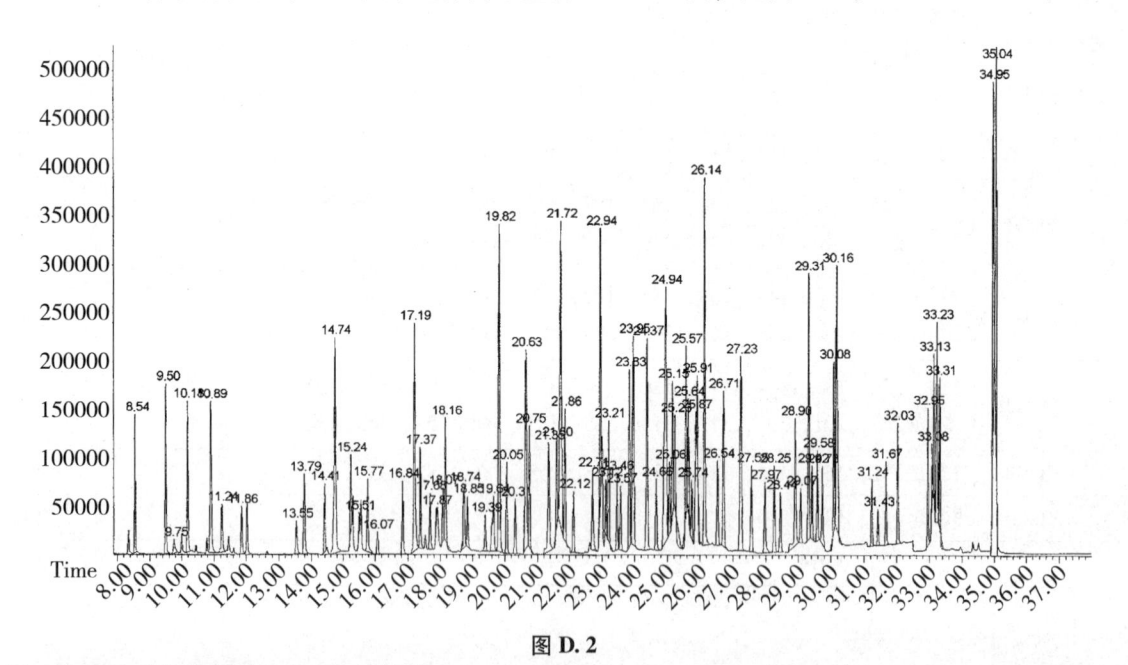

图 D.2

注：农药及相关化学品名称见附录A，序号93-193。

D.3 C 组标准物质在苹果基质中选择离子监测 GC - MS 图,见图 D.3。

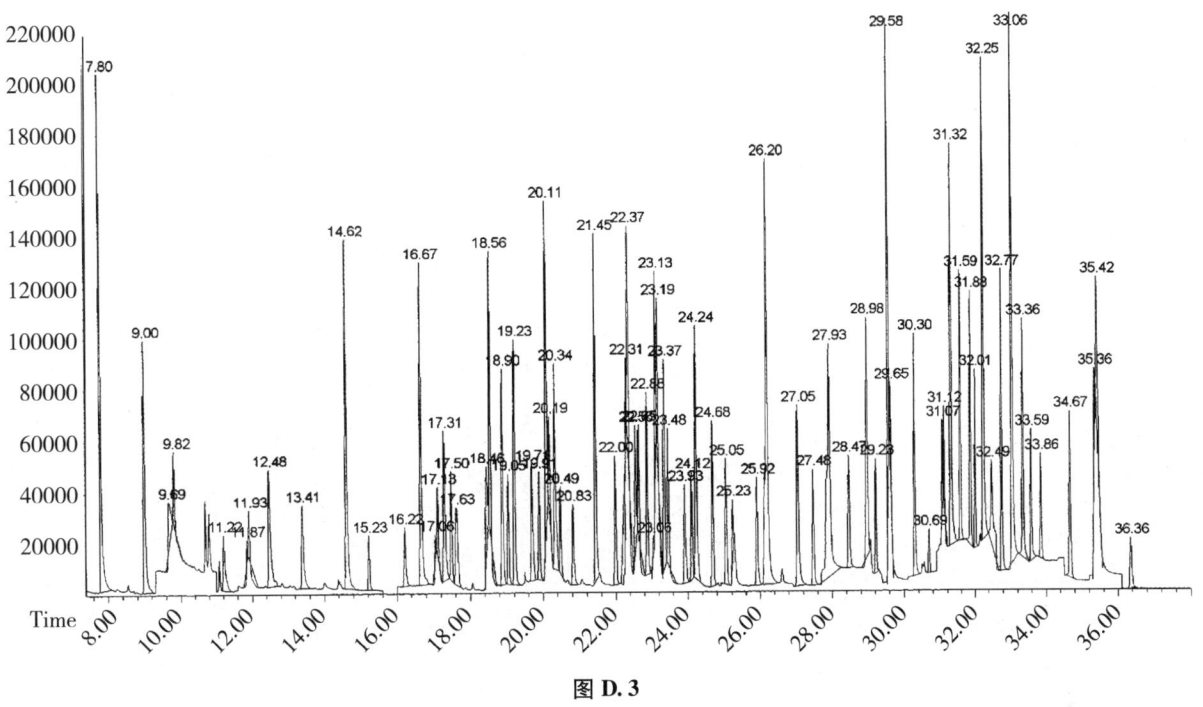

图 D.3

注：农药及相关化学品名称见附录 A，序号 194 - 277。

D.4 D 组标准物质在苹果基质中选择离子监测 GC - MS 图,见图 D.4。

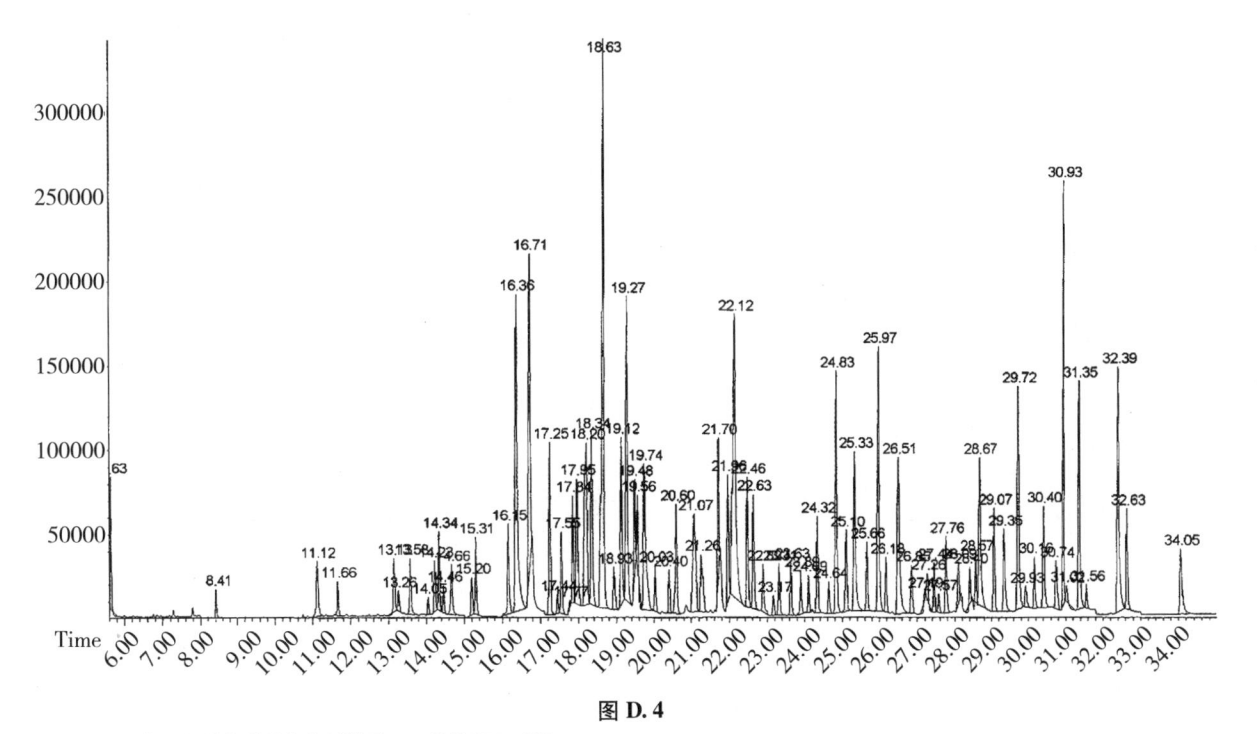

图 D.4

注：农药及相关化学品名称见附录 A，序号 278 - 383。

D.5 E组标准物质在苹果基质中选择离子监测GC-MS图,见图D.5。

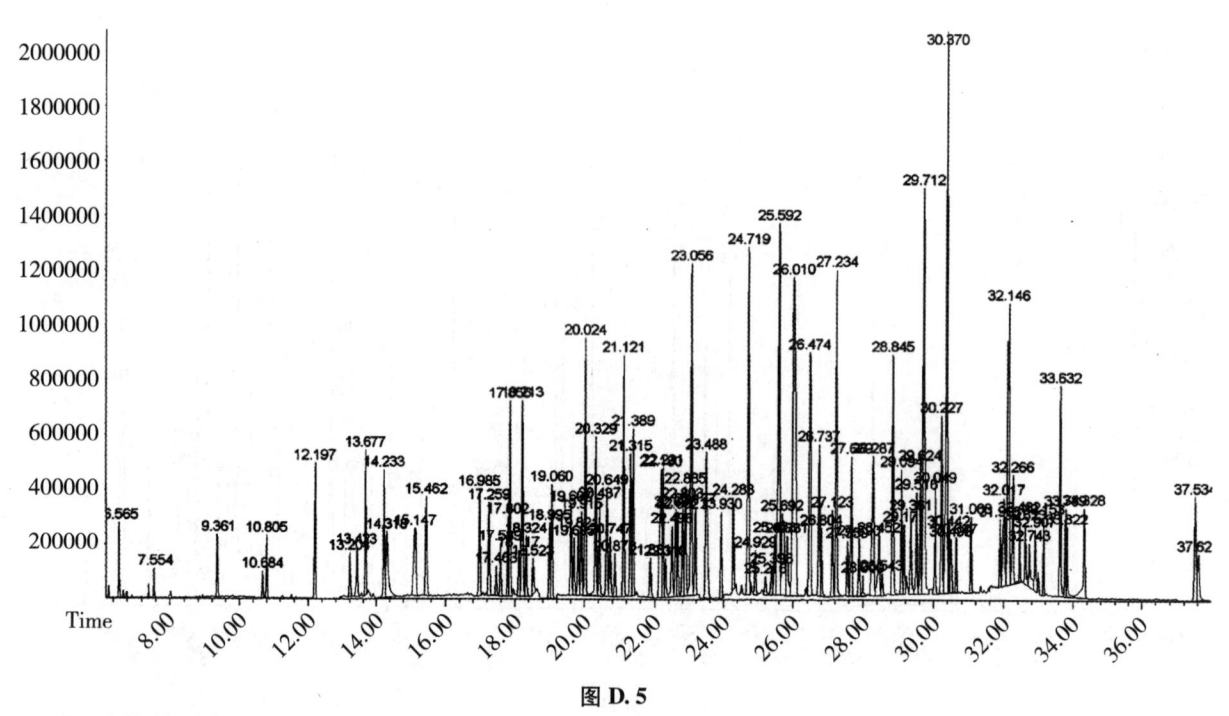

图 D.5

注:农药及相关化学品名称见附录A,序号384-500。

附录 E
（规范性附录）
实验室内重复性要求

表 E.1　　　　　　　　　　　　　　实验室内重复性要求

被测组分含量 mg/kg	精密度 %
≤0.001	36
>0.001≤0.01	32
>0.01≤0.1	22
>0.1≤1	18
>1	14

附录 F
(规范性附录)
实验室间再现性要求

表 F.1　　　　　　　　　　　实验室间再现性要求

被测组分含量 mg/kg	精密度 %
≤0.001	54
>0.001≤0.01	46
>0.01≤0.1	34
>0.1≤1	25
>1	19

附录 G
（资料性附录）

样品的添加浓度及回收率的实验数据

表 G.1 样品的添加浓度及回收率的实验数据

单位：%

<table>
<tr><th rowspan="3">序号</th><th rowspan="3">中文名称</th><th colspan="5">低水平添加</th><th colspan="5">中水平添加</th><th colspan="5">高水平添加</th></tr>
<tr><th colspan="5">1LOQ</th><th colspan="5">2LOQ</th><th colspan="5">5LOQ</th></tr>
<tr><th colspan="15">A 组</th></tr>
<tr><th></th><th></th><th>甘蓝</th><th>芹菜</th><th>西红柿</th><th>苹果</th><th>葡萄</th><th>桔子</th><th>甘蓝</th><th>芹菜</th><th>西红柿</th><th>苹果</th><th>葡萄</th><th>桔子</th><th>甘蓝</th><th>芹菜</th><th>西红柿</th><th>苹果</th><th>葡萄</th><th>桔子</th></tr>
<tr><td>1</td><td>二丙烯草胺</td><td>62.6</td><td>85.5</td><td>31.1</td><td>90.6</td><td>74.9</td><td>44.8</td><td>96.4</td><td>79.7</td><td>66.7</td><td>86.6</td><td>83.0</td><td>74.9</td><td>80.2</td><td>103.0</td><td>100.3</td><td>80.1</td><td>68.2</td><td>76.1</td></tr>
<tr><td>2</td><td>烯丙酰草胺</td><td>61.3</td><td>95.2</td><td>33.7</td><td>78.7</td><td>71.3</td><td>83.0</td><td>87.3</td><td>69.1</td><td>56.2</td><td>78.2</td><td>91.7</td><td>66.3</td><td>74.0</td><td>92.0</td><td>89.9</td><td>82.4</td><td>72.1</td><td>80.7</td></tr>
<tr><td>3</td><td>土菌灵</td><td>66.0</td><td>92.5</td><td>41.4</td><td>84.7</td><td>67.0</td><td>58.4</td><td>50.9</td><td>50.8</td><td>62.3</td><td>39.3</td><td>80.0</td><td>57.3</td><td>59.9</td><td>99.7</td><td>78.6</td><td>57.9</td><td>47.0</td><td>60.7</td></tr>
<tr><td>4</td><td>氯甲硫磷</td><td>72.1</td><td>96.7</td><td>40.3</td><td>81.4</td><td>89.6</td><td>102.5</td><td>80.4</td><td>113.2</td><td>88.4</td><td>91.3</td><td>87.9</td><td>120.6</td><td>68.4</td><td>101.3</td><td>95.0</td><td>80.5</td><td>82.1</td><td>79.5</td></tr>
<tr><td>5</td><td>苯胺灵</td><td>83.9</td><td>101.0</td><td>70.0</td><td>99.1</td><td>69.9</td><td>92.1</td><td>103.3</td><td>69.3</td><td>81.9</td><td>108.6</td><td>90.0</td><td>86.1</td><td>58.0</td><td>98.7</td><td>96.5</td><td>89.5</td><td>108.3</td><td>97.5</td></tr>
<tr><td>6</td><td>环草敌</td><td>95.3</td><td>113.0</td><td>98.4</td><td>101.6</td><td>59.0</td><td>80.8</td><td>86.5</td><td>69.4</td><td>76.9</td><td>90.7</td><td>86.4</td><td>78.3</td><td>86.5</td><td>111.0</td><td>103.0</td><td>94.0</td><td>83.9</td><td>91.7</td></tr>
<tr><td>7</td><td>联苯二胺</td><td>94.3</td><td>586.3</td><td>132.6</td><td>42.5</td><td>96.3</td><td>123.0</td><td>93.0</td><td>110.0</td><td>175.6</td><td>84.6</td><td>96.2</td><td>94.3</td><td>84.9</td><td>105.8</td><td>106.6</td><td>101.0</td><td>90.6</td><td>107.6</td></tr>
<tr><td>8</td><td>杀虫脒</td><td>117.5</td><td>62.7</td><td>60.7</td><td>90.8</td><td>129.2</td><td>129.9</td><td>87.5</td><td>76.9</td><td>102.8</td><td>88.3</td><td>76.1</td><td>89.6</td><td>93.8</td><td>79.4</td><td>91.9</td><td>84.4</td><td>75.7</td><td>91.9</td></tr>
<tr><td>9</td><td>乙丁烯氟灵</td><td>89.0</td><td>108.9</td><td>99.0</td><td>111.8</td><td>94.1</td><td>84.1</td><td>80.4</td><td>67.8</td><td>87.6</td><td>61.3</td><td>100.0</td><td>73.4</td><td>89.2</td><td>119.5</td><td>102.7</td><td>80.4</td><td>76.8</td><td>85.6</td></tr>
<tr><td>10</td><td>甲拌磷</td><td>79.2</td><td>118.4</td><td>91.5</td><td>108.8</td><td>86.6</td><td>79.3</td><td>59.2</td><td>71.0</td><td>90.7</td><td>74.2</td><td>83.8</td><td>100.0</td><td>91.8</td><td>116.7</td><td>102.7</td><td>91.6</td><td>81.7</td><td>90.2</td></tr>
<tr><td>11</td><td>甲基乙拌磷</td><td>81.1</td><td>91.2</td><td>89.5</td><td>103.4</td><td>0.0</td><td>84.3</td><td>49.6</td><td>63.0</td><td>81.8</td><td>65.3</td><td>36.8</td><td>82.7</td><td>86.5</td><td>82.0</td><td>100.3</td><td>90.2</td><td>78.8</td><td>88.0</td></tr>
<tr><td>12</td><td>五氯硝基苯</td><td>94.7</td><td>129.3</td><td>95.8</td><td>116.9</td><td>90.8</td><td>91.3</td><td>75.7</td><td>79.7</td><td>85.5</td><td>66.3</td><td>99.4</td><td>79.9</td><td>95.4</td><td>117.1</td><td>104.1</td><td>91.7</td><td>80.9</td><td>89.5</td></tr>
<tr><td>13</td><td>脱乙基阿特拉津</td><td>105.5</td><td>108.2</td><td>108.5</td><td>114.4</td><td>85.4</td><td>65.4</td><td>85.6</td><td>82.5</td><td>86.1</td><td>72.4</td><td>80.9</td><td>70.7</td><td>104.1</td><td>113.9</td><td>115.2</td><td>101.3</td><td>82.8</td><td>77.1</td></tr>
<tr><td>14</td><td>异噁草松</td><td>103.1</td><td>115.1</td><td>110.2</td><td>117.3</td><td>95.5</td><td>87.6</td><td>87.2</td><td>81.0</td><td>85.2</td><td>84.4</td><td>89.8</td><td>80.1</td><td>105.5</td><td>121.6</td><td>111.6</td><td>99.8</td><td>86.0</td><td>94.8</td></tr>
<tr><td>15</td><td>二嗪磷</td><td>102.3</td><td>118.4</td><td>110.7</td><td>116.7</td><td>90.4</td><td>89.3</td><td>88.6</td><td>81.1</td><td>89.7</td><td>82.7</td><td>95.3</td><td>75.7</td><td>107.0</td><td>132.6</td><td>114.3</td><td>96.6</td><td>80.4</td><td>93.2</td></tr>
<tr><td>16</td><td>地虫硫磷</td><td>94.6</td><td>102.9</td><td>94.5</td><td>118.7</td><td>94.3</td><td>90.8</td><td>88.5</td><td>75.8</td><td>85.7</td><td>82.7</td><td>92.5</td><td>83.8</td><td>100.1</td><td>115.3</td><td>107.9</td><td>99.6</td><td>87.4</td><td>95.7</td></tr>
<tr><td>17</td><td>乙嘧硫磷</td><td>96.6</td><td>94.4</td><td>105.3</td><td>119.6</td><td>94.1</td><td>88.1</td><td>95.2</td><td>84.2</td><td>93.6</td><td>78.7</td><td>98.3</td><td>99.9</td><td>104.2</td><td>139.4</td><td>115.0</td><td>106.3</td><td>88.1</td><td>99.3</td></tr>
</table>

(续表)

序号	中文名称	低水平添加 1LOQ					中水平添加 2LOQ					高水平添加 5LOQ				
		甘蓝	芹菜	西红柿	苹果	葡萄	桔子	甘蓝	芹菜	西红柿	苹果	葡萄	桔子	甘蓝	芹菜	西红柿	苹果	葡萄	桔子
18	西玛津	110.1	106.3	116.5	113.3	76.9	65.2	116.3	102.9	99.7	121.1	79.8	83.6	109.8	121.1	116.5	100.7	85.1	93.6
19	胺丙畏	99.1	112.5	115.2	126.4	98.1	87.2	91.3	61.3	89.9	77.2	96.6	74.4	107.4	104.9	115.5	102.4	91.7	99.7
20	仲丁通	100.2	102.9	105.1	117.1	86.7	78.6	82.8	91.7	100.0	81.7	101.9	86.2	105.8	117.6	113.5	97.1	79.9	93.6
21	除线磷	100.2	104.7	111.7	122.9	101.2	101.2	88.5	80.4	88.5	88.2	93.8	83.5	101.2	115.6	113.1	111.8	95.6	105.7
22	炔丙烯草胺	118.9	125.7	117.9	143.4	110.4	105.3	90.8	82.5	91.0	81.6	95.1	80.6	109.3	124.2	114.8	101.9	88.8	98.7
23	兹克威	82.9	74.4	82.0	88.5	59.7	64.2	69.5	68.7	81.5	53.3	90.3	82.5	97.8	109.3	96.1	76.9	56.2	72.2
24	艾氏剂	94.0	98.7	100.6	111.5	93.1	95.0	83.0	75.9	78.8	88.4	83.9	74.9	93.3	107.8	106.4	100.7	87.4	96.5
25	氨氟灵	96.0	108.1	112.5	135.0	103.2	80.8	67.8	62.1	89.4	62.2	109.7	81.2	91.9	114.0	97.1	73.7	78.1	86.7
26	皮蝇磷	97.3	103.3	105.4	124.0	99.0	91.9	87.8	81.6	89.0	83.8	93.5	94.6	102.4	114.5	111.3	116.3	99.9	111.6
27	扑草净	99.2	99.6	103.9	119.2	90.7	83.3	88.8	88.2	88.2	88.4	94.3	85.8	109.0	120.8	112.9	99.5	81.9	98.0
28	环丙津	101.2	106.2	105.5	121.5	99.0	73.2	83.5	83.8	89.7	81.9	92.1	99.4	108.5	116.7	112.8	99.4	83.2	98.6
29	乙烯菌核利	88.1	95.9	102.6	114.4	98.4	79.6	87.9	86.8	90.4	89.5	91.7	87.6	105.2	116.8	111.0	115.6	87.4	108.5
30	β-六六六	87.7	91.5	94.7	108.4	100.4	76.8	87.3	85.3	83.5	93.1	87.0	79.1	108.6	114.9	116.1	117.3	78.1	103.7
31	甲菌灵	102.4	101.7	112.4	116.8	94.1	78.7	85.9	88.5	122.1	76.3	93.7	73.8	108.7	114.6	117.0	103.9	99.9	95.1
32	毒死啤	99.9	105.9	114.4	124.7	28.6	27.5	95.7	86.2	97.3	87.6	105.6	134.1	106.1	125.8	115.6	94.3	81.8	91.7
33	甲基对硫磷	94.2	110.6	100.7	131.8	110.5	72.3	99.5	105.9	126.2	75.3	105.7	64.3	112.9	133.5	109.4	100.2	96.3	105.7
34	蒽醌	76.6	46.2	83.5	93.5	109.3	85.3	98.6	89.9	58.4	79.5	79.2	99.0	102.7	104.5	99.4	82.2	64.9	100.4
35	δ-六六六	104.7	108.0	110.0	113.0	76.5	66.2	87.8	84.6	85.9	82.1	98.5	149.4	109.1	112.7	113.1	113.4	96.6	108.1
36	倍硫磷	99.4	111.6	114.3	124.5	103.2	86.7	77.7	79.5	90.2	72.4	69.9	85.3	102.7	108.3	111.0	112.5	96.3	114.7
37	马拉硫磷	96.7	116.8	111.0	131.9	100.6	82.4	87.3	86.2	111.8	73.5	103.4	70.9	108.9	122.2	115.7	110.3	94.9	109.6
38	杀螟硫磷	97.5	100.8	100.3	142.4	107.7	76.1	96.0	118.1	136.1	87.5	122.6	64.9	107.8	118.3	107.7	108.3	96.9	108.2
39	对氧磷	82.2	93.7	95.9	153.2	87.0	61.8	79.0	113.9	124.7	112.7	149.3	90.6	107.0	134.3	107.7	108.7	95.7	107.8
40	三唑酮	101.3	105.3	111.1	122.6	93.0	77.8	64.2	73.9	78.6	63.5	76.8	75.0	108.5	117.9	117.9	114.4	93.5	102.9
41	对硫磷	91.6	110.9	103.7	142.6	113.2	84.1	117.9	114.7	63.5	92.6	78.7	93.0	108.0	129.6	112.9	100.8	93.6	107.1

(续表)

序号	中文名称	低水平添加 1LOQ					中水平添加 2LOQ					高水平添加 5LOQ				
		甘蓝	芹菜	西红柿	苹果	葡萄	桔子	甘蓝	芹菜	西红柿	苹果	葡萄	桔子	甘蓝	芹菜	西红柿	苹果	葡萄	桔子
42	二甲戊灵	96.9	112.0	108.3	141.9	108.9	88.8	78.7	98.2	112.9	57.7	107.6	75.9	108.2	125.8	111.3	98.3	90.8	104.4
43	利谷隆	99.8	132.3	116.7	130.8	73.8	67.9	64.0	86.3	79.5	81.1	106.2	62.2	56.8	153.6	122.9	83.8	64.5	123.1
44	杀螨醚	99.5	106.7	103.0	118.4	100.6	87.6	82.7	87.4	94.7	81.0	89.5	80.5	106.4	116.4	110.9	115.1	104.1	115.2
45	乙基溴硫磷	92.4	102.2	105.6	123.9	94.4	96.3	91.4	91.7	94.0	88.4	100.8	79.8	107.1	119.0	115.8	127.1	109.1	123.1
46	喹硫磷	96.5	107.2	105.1	131.2	103.1	91.1	106.5	95.2	107.0	88.1	118.2	90.5	111.3	124.6	116.7	109.0	93.9	109.3
47	反式氯丹	96.9	102.4	105.3	125.6	98.3	102.3	86.1	86.5	85.1	90.1	90.6	75.6	103.8	113.8	115.1	123.1	103.5	114.6
48	稻丰散	94.1	107.1	107.0	130.2	103.4	88.0	79.5	93.0	104.1	74.2	111.3	69.3	106.2	117.9	115.2	113.2	97.8	111.9
49	吡唑草胺	102.3	102.8	109.7	118.9	93.4	77.8	87.1	88.5	93.8	74.7	99.9	73.3	107.3	113.8	116.1	108.7	88.6	98.7
50	苯硫威	96.3	108.7	100.9	122.5	108.7	97.8	99.4	112.3	86.5	96.7	106.1	94.3	115.6	118.2	112.2	108.3	100.4	110.3
51	丙硫磷	89.4	97.9	91.3	123.6	110.9	91.0	81.9	84.0	40.2	72.6	70.9	66.7	101.1	117.4	110.6	111.8	98.5	110.6
52	整形醇	98.2	127.7	107.0	123.9	104.2	69.2	83.8	87.8	96.2	85.1	103.7	79.4	107.6	0.6	115.8	114.1	99.2	103.1
53	狄氏剂	99.1	104.7	107.1	118.0	98.7	97.4	107.3	90.8	85.2	94.7	90.2	80.3	105.8	114.5	116.5	115.0	96.4	108.2
54	腐霉利	98.0	100.3	101.7	121.0	117.4	98.6	88.4	89.0	85.2	88.3	90.2	148.6	128.1	120.7	118.1	117.9	96.2	105.2
55	杀扑磷	95.8	102.7	103.2	104.8	89.1	81.4	83.2	112.9	125.9	56.7	102.8	58.5	107.4	996.5	117.5	109.6	97.8	107.1
56	氰草津	87.9	75.3	79.5	93.2	118.7	127.3	84.0	84.7	93.8	116.4	90.5	85.5	88.8	81.3	82.4	125.0	108.0	108.3
57	敌草胺	102.9	102.9	104.0	115.4	90.3	76.9	89.4	91.3	93.0	86.6	94.9	80.2	107.3	117.2	116.4	109.5	90.7	102.2
58	噁草酮	101.9	99.4	105.4	101.0	81.1	78.8	82.8	90.4	103.6	96.7	96.0	78.6	107.6	112.7	116.3	120.0	100.9	114.1
59	苯线磷	69.1	41.8	71.5	126.8	99.9	72.7	69.2	101.2	120.4	51.0	69.7	59.0	93.6	100.1	109.4	98.1	87.2	99.9
60	杀螨氯硫	83.1	95.8	96.4	120.2	97.4	105.6	86.3	86.9	91.7	91.3	90.2	84.0	102.8	118.9	114.8	125.0	106.2	118.6
61	杀螨特	89.4	159.8	101.9	125.8	112.7	102.0	84.6	96.3	107.1	82.2	108.5	73.9	105.6	137.6	124.9	128.6	98.2	107.1
62	乙嘧酚磺酸酯	90.2	102.9	86.6	116.3	88.6	84.2	89.5	91.3	102.0	91.2	99.2	94.6	101.6	128.7	111.9	115.0	93.1	107.9
63	菱锈灵	66.9	48.8	76.5	104.7	79.5	64.7	70.5	47.4	82.6	56.2	77.1	77.5	60.4	28.2	92.7	101.4	85.6	97.5
64	氟酰胺	93.1	113.5	106.0	122.1	95.2	72.9	94.0	97.7	131.7	91.9	103.5	86.3	104.0	122.7	115.3	114.9	95.5	94.6
65	p,p'-滴滴滴	未添加	未添加	未添加	未添加	未添加	未添加	86.3	91.6	97.2	88.8	94.7	76.4	未添加	未添加	未添加	未添加	未添加	未添加

(续表)

序号	中文名称	低水平添加 1LOQ					中水平添加 2LOQ					高水平添加 5LOQ				
		甘蓝	芹菜	西红柿	苹果	葡萄	桔子	甘蓝	芹菜	西红柿	苹果	葡萄	桔子	甘蓝	芹菜	西红柿	苹果	葡萄	桔子
66	乙硫磷	92.2	114.4	102.9	130.6	104.4	91.8	91.0	95.9	108.0	78.0	108.4	70.6	106.8	128.7	115.9	121.6	105.8	120.6
67	硫丙磷	94.4	102.8	101.6	118.6	96.8	95.1	76.4	92.2	95.7	74.8	69.1	74.6	102.9	104.9	113.1	113.4	95.4	108.8
68	乙环唑	95.6	106.8	73.6	117.1	85.1	77.4	65.4	98.6	110.8	60.4	111.7	53.2	106.5	123.8	158.3	107.5	92.9	113.9
69	腈菌唑	94.3	109.1	81.8	130.4	77.5	85.1	101.7	89.2	84.5	88.7	89.1	26.7	116.8	131.5	128.5	99.7	77.3	108.2
70	禾草灵	113.1	104.5	92.4	104.0	80.9	70.7	90.6	91.4	129.1	68.4	101.6	62.9	103.0	115.4	108.2	109.7	89.4	93.4
71	禾草灵	166.6	160.3	104.8	127.3	110.4	94.0	76.1	99.3	111.4	90.4	131.9	133.0	106.9	110.1	117.2	118.5	102.7	112.8
72	丙环唑	91.9	97.1	100.1	115.7	91.0	83.7	79.6	94.1	87.1	57.6	62.7	102.7	104.1	127.0	115.8	108.8	89.7	114.2
73	丰索磷	97.4	89.4	105.3	107.7	87.9	75.3	87.4	138.6	92.2	120.4	58.3	118.2	106.8	86.1	120.3	164.6	132.3	120.0
74	联苯菊酯	92.2	95.6	101.3	124.7	102.7	99.8	89.6	99.1	83.2	95.1	103.7	83.7	102.9	116.9	118.7	112.3	96.6	109.5
75	灭蚁灵	97.7	99.2	105.5	130.9	97.6	100.4	116.5	80.8	93.5	111.2	104.5	66.5	98.7	109.8	114.8	110.8	92.4	105.6
76	麦锈灵	114.3	127.4	125.2	139.9	103.9	78.1	77.6	106.6	109.6	68.7	111.1	68.4	110.8	120.7	124.2	112.8	98.3	93.0
77	氟苯嘧啶醇	104.1	99.2	104.4	92.2	72.1	77.9	93.9	92.3	96.4	82.7	95.9	74.7	107.9	109.9	115.1	104.3	73.6	95.7
78	甲氧滴滴涕	83.1	106.9	108.6	126.0	94.0	85.9	71.0	76.5	54.9	100.7	124.8	86.0	93.9	124.3	106.6	86.6	63.2	85.4
79	噁霜灵	86.8	102.3	80.0	112.8	97.5	72.1	106.0	102.0	76.4	142.4	107.4	87.3	103.4	118.3	120.5	98.5	84.9	101.4
80	胺菊酯	93.2	96.9	101.7	124.9	95.6	95.2	86.3	102.0	148.8	91.4	116.0	80.2	103.5	114.0	114.0	114.7	95.9	112.6
81	戊唑醇	106.8	85.9	71.6	117.2	87.6	76.6	88.3	100.3	93.7	62.5	119.7	74.2	98.9	95.5	98.8	107.0	86.7	97.2
82	氟草敏	98.2	110.0	95.3	106.6	87.2	66.9	88.9	94.1	98.1	86.6	98.9	85.0	103.2	110.2	114.0	108.1	92.0	75.6
83	哒嗪硫磷	125.0	102.3	104.6	116.8	98.2	82.0	92.2	98.4	121.4	53.2	124.7	53.6	101.3	124.7	115.0	121.3	100.3	108.4
84	亚胺硫磷	87.4	119.4	104.8	131.7	95.7	61.0	86.0	86.9	107.7	99.5	114.5	87.4	109.8	143.5	124.4	106.6	94.8	109.4
85	三氯杀螨砜	99.8	101.6	87.2	127.1	101.7	87.3	92.9	89.7	92.3	89.0	92.4	80.3	105.9	109.2	114.3	124.7	101.3	111.7
86	氧化萎锈灵	78.4	116.4	86.4	96.3	76.0	54.3	84.3	49.8	64.4	100.4	78.0	56.9	78.2	97.8	92.0	78.2	63.5	45.4
87	顺式-氯菊酯	97.5	82.5	102.8	123.8	99.5	101.1	99.6	104.7	118.5	112.1	114.7	116.8	103.3	113.5	119.1	119.4	101.7	115.7
88	反式-氯菊酯	96.2	98.8	123.1	122.1	98.7	97.1	94.1	99.9	108.7	99.0	106.6	76.4	103.2	113.5	118.8	119.9	102.7	116.3
89	吡菌磷	84.4	95.5	109.5	130.7	101.3	85.4	95.7	98.8	112.8	74.0	120.4	57.5	105.3	114.9	120.0	115.7	93.5	115.4

(续表)

序号	中文名称	低水平添加 1LOQ					中水平添加 2LOQ					高水平添加 5LOQ				
		甘蓝	芹菜	西红柿	苹果	葡萄	桔子	甘蓝	芹菜	西红柿	苹果	葡萄	桔子	甘蓝	芹菜	西红柿	苹果	葡萄	桔子
90	氯氰菊酯	81.4	102.0	97.7	120.9	48.7	39.3	87.5	110.8	106.6	89.9	132.7	68.1	102.8	112.6	116.7	106.2	91.7	99.2
91	氰戊菊酯	67.1	73.2	84.4	104.8	91.7	91.2	101.9	90.4	104.0	94.2	108.4	80.3	101.0	103.2	112.9	119.9	101.7	109.0
92	溴氰菊酯	111.0	130.7	114.2	131.4	103.2	88.6	82.4	94.0	93.7	143.9	112.1	64.3	104.0	108.2	114.9	121.8	106.8	114.7

B组

93	茵草敌	69.8	104.0	62.2	64.3	63.3	39.5	77.3	69.1	74.1	79.7	68.5	81.9	90.2	96.4	65.3	77.3	79.8	78.7
94	丁草敌	77.7	101.2	68.0	75.8	82.0	49.7	76.8	68.2	76.8	83.6	66.8	77.0	94.5	101.7	70.3	82.8	84.1	83.5
95	敌草腈	74.8	74.5	49.6	75.0	81.0	49.8	80.9	69.8	74.9	82.9	62.7	60.4	100.5	107.7	70.3	85.8	87.8	89.3
96	克草敌	79.2	109.7	65.7	72.3	74.1	52.0	78.0	68.3	78.8	81.1	69.6	69.3	101.2	107.2	76.9	86.3	84.6	83.3
97	三氯甲基吡啶	69.0	114.9	56.9	66.5	66.7	48.5	71.3	105.2	67.5	74.7	72.5	81.5	100.9	112.3	70.9	82.9	74.8	82.4
98	速灭磷	97.7	106.0	87.9	81.7	79.5	64.5	70.0	108.8	96.9	101.5	75.0	83.3	118.4	116.8	103.5	94.9	93.4	79.8
99	氯苯甲醚	90.9	106.2	74.6	73.9	75.2	61.2	82.9	71.0	75.9	87.6	81.3	86.7	113.0	115.7	91.6	90.3	89.9	89.3
100	四氯硝基苯	86.5	106.8	71.3	75.0	77.2	62.6	81.5	69.4	91.2	68.7	74.7	69.7	109.3	109.6	88.1	92.8	89.8	87.6
101	庚烯磷	101.5	111.0	96.0	93.7	81.6	78.7	86.4	71.1	81.6	78.6	79.1	78.9	119.3	114.7	106.7	98.8	94.9	90.7
102	六氯苯	81.1	99.2	78.1	75.2	68.5	67.0	73.3	64.9	71.8	77.2	68.0	69.3	105.5	100.5	89.9	84.6	87.0	86.3
103	灭线磷	93.0	96.5	87.7	93.6	85.1	79.9	89.7	76.9	85.7	84.7	81.2	82.2	116.1	110.5	105.9	101.6	94.7	92.8
104		100.2	105.0	96.3	88.8	91.3	78.1	83.8	75.2	83.0	85.7	77.4	109.9	115.7	112.1	103.0	97.2	93.0	92.3
105	毒草胺	107.8	106.9	97.3	90.8	87.8	82.5	85.0	119.3	81.1	82.0	75.8	77.4	121.2	115.2	112.0	98.1	92.5	88.9
106	燕麦敌	98.4	103.8	91.8	93.4	84.8	79.6	85.6	101.7	84.0	84.1	77.8	74.9	117.2	112.3	105.7	99.6	93.7	91.7
107	氟乐灵	95.8	105.8	89.3	94.2	85.9	76.3	83.4	57.5	79.9	61.3	78.5	58.8	118.3	119.3	104.0	104.5	97.8	88.7
108	氯苯胺灵	109.3	119.8	110.1	98.6	90.6	90.0	89.6	76.1	87.8	84.9	84.4	84.7	123.6	119.3	114.3	101.0	94.9	90.0
109	治螟磷	102.3	116.7	102.0	95.0	85.8	80.6	88.4	73.5	87.9	83.9	93.1	71.1	120.3	116.7	110.3	101.2	94.1	91.1
110	菜草畏	94.0	97.3	81.6	83.9	77.2	67.8	68.1	92.3	82.8	61.4	66.5	55.9	112.3	80.2	95.6	91.7	89.0	84.0
111	α-六六六	99.3	111.4	97.9	96.6	122.5	126.6	86.1	76.5	87.3	85.6	76.7	122.2	117.8	115.3	106.4	96.5	90.0	89.1
112	特丁硫磷	93.6	102.6	90.0	95.3	86.3	84.1	93.8	79.4	95.2	84.4	86.7	116.3	117.3	113.8	109.4	100.8	94.3	88.3

(续表)

序号	中文名称	低水平添加 1LOQ						中水平添加 2LOQ						高水平添加 5LOQ					
		甘蓝	芹菜	西红柿	苹果	葡萄	桔子	甘蓝	芹菜	西红柿	苹果	葡萄	桔子	甘蓝	芹菜	西红柿	苹果	葡萄	桔子
113	特丁通	113.5	102.0	103.9	92.9	89.3	75.7	89.3	79.4	88.7	84.4	88.4	81.2	123.4	115.5	114.8	100.5	91.7	83.4
114	环丙氟灵	104.9	107.4	89.4	99.9	92.0	81.2	86.6	56.3	79.9	60.2	80.1	58.5	125.7	121.6	111.9	106.5	102.2	91.7
115	敌恶磷	120.0	106.9	121.7	102.9	96.1	79.7	94.6	74.0	77.5	94.4	73.5	88.0	129.0	109.2	128.2	104.8	113.9	102.6
116	扑灭津	113.4	131.9	112.0	99.2	91.6	86.2	89.1	77.1	82.3	83.2	78.5	73.0	124.4	146.0	118.9	103.6	96.0	90.4
117	氯炔灵	112.4	104.9	98.0	95.8	85.2	76.0	109.0	81.9	119.4	70.8	101.1	94.5	120.7	120.7	108.4	108.9	98.3	84.1
118	氯硝胺	122.7	116.7	93.3	70.6	94.6	78.4	100.6	84.5	118.4	87.2	87.3	65.2	130.3	122.2	114.6	99.8	97.3	83.6
119	特丁津	118.9	116.6	121.3	102.1	102.6	95.8	88.4	80.6	109.7	67.6	88.2	75.1	134.1	139.7	141.2	105.0	93.4	89.6
120	绿谷隆	112.0	118.5	104.3	94.8	83.0	76.6	97.9	77.2	97.8	51.3	97.1	85.5	127.2	115.1	110.7	102.2	99.8	86.1
121	氟虫脲	128.9	138.1	112.9	106.9	116.0	78.0	77.9	70.4	80.5	63.8	73.6	47.9	121.3	273.9	224.6	100.9	79.8	72.2
122	杀螟腈	111.4	108.4	107.2	96.1	92.3	83.8	88.4	73.5	88.0	76.4	86.7	77.0	125.6	119.5	117.4	102.7	97.2	85.9
123	甲基毒死蜱	106.8	103.9	101.2	102.8	92.4	89.9	88.2	74.8	88.5	77.6	85.7	88.8	122.4	114.2	112.3	104.0	95.1	93.5
124	敌草净	111.0	102.7	102.9	88.5	78.2	74.4	86.1	72.9	86.1	82.0	80.2	75.6	119.2	111.5	108.7	99.8	87.4	80.5
125	二甲草胺	116.3	106.8	112.1	100.8	93.3	88.4	87.7	74.2	90.1	82.0	80.1	88.1	124.5	116.1	118.2	104.4	98.1	90.4
126	甲草胺	112.0	105.6	109.6	100.9	92.3	89.8	89.6	73.1	102.2	82.6	81.2	76.2	125.3	118.4	118.2	105.0	98.4	92.9
127	甲基嘧啶磷	109.5	107.3	107.9	96.5	91.3	87.4	88.0	72.8	91.1	78.5	82.4	92.1	122.5	115.2	112.9	103.7	95.0	90.2
128	特丁净	110.6	106.7	108.9	92.4	90.6	85.0	88.0	74.4	89.1	83.2	80.9	80.3	123.0	115.1	114.7	102.7	93.6	87.2
129	杀草丹	91.8	86.4	90.1	103.7	95.0	93.2	87.5	73.5	85.4	85.9	79.6	86.3	126.2	116.7	118.7	104.6	98.8	94.6
130	丙硫特普	114.2	111.2	109.1	98.8	98.2	90.1	98.6	89.3	86.7	68.9	79.1	80.4	未添加	未添加	未添加	未添加	未添加	未添加
131	三氯杀螨醇	96.1	140.1	115.9	120.7	91.4	108.9	88.2	105.0	134.4	135.6	124.6	165.2	124.7	135.2	138.4	116.7	324.0	123.3
132	异丙甲草胺	113.7	126.3	110.8	103.8	94.1	89.7	89.9	73.7	90.0	80.2	84.4	83.4	124.7	116.0	116.3	106.8	98.9	91.1
133	氧化氯丹	未添加	未添加	未添加	未添加	未添加	未添加	97.1	73.2	110.2	87.9	77.9	81.2	123.8	111.1	114.0	102.0	99.6	94.3
134	嘧啶磷	116.0	102.7	108.4	98.8	91.3	89.5	89.8	72.4	90.3	80.4	88.0	72.3	129.7	115.1	116.6	107.2	95.7	92.9
135	烯虫酯	108.2	123.7	114.3	108.7	95.0	92.8	77.8	69.7	103.7	88.0	92.0	90.7	123.8	129.2	124.0	104.9	98.5	91.6
136	溴硫磷	110.2	111.2	104.4	97.9	84.2	85.1	91.4	82.6	94.6	84.2	84.7	71.2	124.5	119.0	116.4	106.8	98.7	94.0

（续表）

序号	中文名称	低水平添加 1LOQ					中水平添加 2LOQ					高水平添加 5LOQ				
		甘蓝	芹菜	西红柿	苹果	葡萄	桔子	甘蓝	芹菜	西红柿	苹果	葡萄	桔子	甘蓝	芹菜	西红柿	苹果	葡萄	桔子
137	苯氟磺胺	82.0	266.4	275.4	100.7	88.6	72.4	82.8	132.4	85.2	72.9	121.2	112.3	110.4	136.6	126.0	98.7	88.4	80.3
138	乙氧呋草黄	116.4	105.9	110.1	101.5	93.0	87.9	84.2	105.7	103.4	107.7	98.6	125.1	125.2	117.9	121.1	106.3	99.8	87.3
139	异丙乐灵	101.7	112.1	100.6	102.6	102.5	93.6	87.5	68.7	110.9	59.5	84.7	87.6	80.3	79.0	82.9	99.9	98.1	97.4
140	硫丹 I	116.5	106.8	124.4	109.6	100.9	94.4	89.6	76.3	87.6	88.7	85.6	84.0	126.0	115.4	119.4	98.7	93.0	89.8
141	敌稗	111.5	106.9	99.9	102.8	94.4	84.4	99.4	91.4	112.4	82.3	93.8	120.5	125.5	116.3	112.9	106.2	100.1	83.0
142	异柳磷	113.4	105.5	128.5	91.7	81.7	78.0	93.5	71.9	95.2	80.9	92.3	71.0	126.9	116.2	118.4	107.4	100.7	92.9
143	育畜磷	100.0	108.5	91.5	98.0	86.1	77.2	95.7	87.3	74.4	86.4	105.5	78.4	121.6	110.6	107.5	107.1	99.3	82.2
144	毒虫畏	110.0	108.8	108.4	106.6	95.4	92.6	92.1	78.7	94.9	73.7	89.0	63.2	124.6	114.5	115.0	108.1	102.1	92.8
145	顺式-氯丹	116.3	107.5	111.6	106.1	96.0	95.5	85.5	77.3	82.3	84.0	79.2	72.1	125.2	116.9	120.0	104.5	98.1	93.9
146	甲苯氟磺胺	35.6	265.5	237.0	104.7	96.7	95.8	101.8	98.7	87.1	70.8	62.0	89.0	23.0	141.3	129.3	102.6	91.7	79.9
147	p,p'-滴滴伊	112.5	105.9	110.6	104.2	97.2	94.9	86.0	82.7	80.8	88.6	81.3	113.5	125.1	114.9	119.8	104.8	99.9	95.6
148	丁草胺	115.8	108.8	114.8	95.5	92.0	89.0	91.0	76.3	93.6	81.1	88.1	70.4	122.9	111.3	114.6	106.6	100.2	92.7
149	乙菌利	106.4	99.4	101.0	99.4	86.9	85.9	100.9	92.7	100.1	106.1	95.1	91.7	120.5	113.7	115.7	98.9	94.6	86.9
150	巴毒磷	96.2	110.3	104.2	102.3	93.2	84.2	105.7	85.3	102.0	87.8	86.4	76.9	117.7	106.1	100.8	109.6	104.9	82.5
151	碘硫磷	106.8	110.9	106.4	104.5	95.4	89.6	87.5	84.4	98.7	73.5	88.1	60.4	122.3	114.0	107.8	107.6	98.2	89.0
152	杀虫畏	111.5	115.4	107.9	101.7	95.0	92.7	90.6	74.9	95.7	60.5	95.2	55.5	125.6	115.3	114.8	106.3	100.7	89.4
153	氯溴隆	119.6	234.0	116.5	98.2	86.7	88.1	86.5	105.3	79.4	97.8	90.3	84.5	149.1	199.6	140.8	109.6	104.9	87.6
154	丙溴磷	107.8	110.6	104.0	102.2	92.5	90.3	94.6	76.9	94.8	68.0	93.8	53.8	122.5	112.1	112.9	105.3	99.8	94.2
155	氟咯草酮	未添加	未添加	未添加	未添加	未添加	未添加	91.3	75.9	95.7	75.8	99.8	78.6	115.2	100.3	95.0	101.4	101.4	96.2
156	噻嗪酮	106.7	99.4	105.3	90.2	87.4	87.0	91.0	72.5	75.6	95.9	93.0	99.3	123.0	111.1	107.1	95.2	89.2	87.9
157	o,p'-滴滴滴	128.0	551.6	120.0	112.8	117.1	112.2	90.6	80.9	93.5	92.3	82.5	86.1	126.2	128.5	103.5	96.2	108.8	71.0
158	异米氏剂	117.3	117.0	109.0	102.5	92.2	99.6	89.1	77.9	93.0	72.8	92.2	66.7	125.1	112.3	115.5	105.9	101.8	96.5
159	已唑醇	未添加	未添加	未添加	未添加	未添加	未添加	103.1	76.0	107.1	89.6	101.4	78.6	126.7	114.5	117.4	104.7	100.4	97.2
160	杀螨酯	112.0	99.9	102.2	113.4	107.9	98.2	90.2	81.1	91.4	88.2	86.9	91.1	133.9	121.8	123.1	107.6	101.2	94.9

(续表)

序号	中文名称	低水平添加 1LOQ					中水平添加 2LOQ					高水平添加 5LOQ				
		甘蓝	芹菜	西红柿	苹果	葡萄	桔子	甘蓝	芹菜	西红柿	苹果	葡萄	桔子	甘蓝	芹菜	西红柿	苹果	葡萄	桔子
161	o, p'-滴滴涕	109.9	117.2	109.6	107.5	91.9	92.2	85.1	76.2	96.7	77.3	103.8	114.0	123.2	115.1	118.2	106.5	96.4	93.5
162	多效唑	120.7	106.6	101.4	100.0	87.6	74.0	92.6	72.8	96.2	59.1	89.3	63.9	119.6	106.2	105.9	107.0	101.9	74.4
163	盖草津	111.8	106.1	102.9	94.1	87.4	81.3	92.0	77.3	92.2	80.9	86.5	69.5	122.3	112.2	111.5	101.2	90.5	82.6
164	抑草蓬	111.3	135.1	102.8	95.3	92.1	88.4	71.2	102.5	91.7	80.0	91.8	116.7	126.2	117.1	110.6	101.1	93.4	107.3
165	丙酯杀螨醇	113.4	113.3	109.6	106.7	94.9	91.9	95.4	84.8	107.5	81.9	96.7	81.8	125.0	119.1	114.4	106.8	100.8	92.5
166	麦草氟甲酯	114.1	102.4	112.5	101.0	94.1	91.1	91.4	90.6	102.6	90.3	88.9	80.5	125.6	107.1	117.1	106.6	100.8	86.6
167	除草醚	110.2	132.2	95.4	108.6	97.5	88.6	100.3	118.0	107.4	87.2	115.7	97.9	131.5	124.6	116.5	112.9	106.6	94.2
168	乙氧氟草醚	107.4	121.4	96.1	111.4	100.5	89.1	107.0	92.6	111.3	85.0	104.4	86.4	129.2	122.3	117.2	113.6	105.1	92.2
169	虫螨磷	114.4	108.2	110.7	107.4	96.3	96.7	93.7	77.8	107.9	85.5	88.3	70.6	126.0	115.2	117.4	105.9	97.9	91.7
170		未添加	未添加	未添加	未添加	未添加	未添加	100.9	107.4	105.2	97.2	102.6	85.4	105.6	115.2	117.2	99.3	92.6	86.5
171	麦草氟异丙酯	107.5	122.4	105.3	106.7	91.9	88.5	91.6	86.6	92.8	90.5	86.3	80.0	122.6	118.9	114.6	106.9	99.9	90.5
172	p, p'-滴滴涕	105.6	116.0	109.2	108.0	96.0	94.9	96.6	88.3	94.4	82.3	103.0	95.8	124.6	115.2	119.8	107.3	95.9	93.9
173	三硫磷	108.3	103.6	104.3	109.3	99.0	93.4	96.7	81.2	103.3	85.1	93.3	66.6	124.9	113.0	115.0	108.0	99.5	92.3
174	苯霜灵	110.1	118.4	108.2	102.7	94.3	92.9	92.2	82.8	106.3	89.1	87.6	90.5	127.6	122.1	117.7	105.2	98.8	88.6
175	敌瘟磷	92.8	113.9	91.7	70.8	66.9	66.4	101.8	78.8	105.3	88.2	100.3	95.7	121.2	109.0	107.7	106.5	104.1	73.1
176	三唑磷	114.1	196.9	110.2	105.9	92.4	89.4	117.4	88.1	113.0	97.3	113.2	81.7	127.3	127.5	115.5	107.7	94.3	82.7
177	苯腈磷	110.3	99.1	104.2	109.7	99.1	94.0	95.3	77.3	93.8	93.2	116.1	69.8	126.5	110.3	114.5	106.9	100.2	90.4
178	氯杀螨砜	114.9	105.9	103.0	103.8	97.9	91.9	92.9	80.6	87.9	91.9	87.7	85.5	125.4	112.9	115.4	104.6	99.6	83.4
179	硫丹硫酸盐	125.0	112.0	110.6	110.1	96.8	121.7	91.1	86.5	96.1	87.5	111.6	74.7	124.9	116.4	119.7	105.8	98.6	86.7
180	溴螨酯	113.0	105.2	109.7	110.8	99.0	95.9	100.9	90.0	110.7	95.7	117.1	87.3	127.2	110.7	116.2	106.7	101.0	93.6
181	新燕灵	118.6	106.7	116.6	105.9	103.5	95.2	93.1	80.1	94.5	86.6	83.2	76.7	128.7	116.0	120.1	104.7	98.3	91.0
182	甲氰菊酯	100.8	105.3	107.5	105.7	99.2	102.0	102.0	82.8	108.1	89.3	91.5	72.1	125.1	110.9	115.5	109.1	101.3	94.9
183	溴苯磷	112.9	105.4	109.2	98.4	91.4	96.8	97.3	85.7	104.0	83.7	99.0	67.7	125.2	108.1	112.9	107.1	98.5	93.5
184	苯硫膦	104.2	82.6	73.3	122.3	103.0	103.5	88.7	113.1	87.0	78.9	111.8	73.8	126.1	111.9	109.6	113.0	105.3	89.9

(续表)

序号	中文名称	低水平添加 1LOQ						中水平添加 2LOQ						高水平添加 5LOQ					
		甘蓝	芹菜	西红柿	苹果	葡萄	桔子	甘蓝	芹菜	西红柿	苹果	葡萄	桔子	甘蓝	芹菜	西红柿	苹果	葡萄	桔子
185	环嗪酮	115.9	105.4	107.4	94.6	92.0	64.9	82.9	84.5	97.5	66.9	78.8	53.5	120.8	115.6	118.4	101.2	94.4	68.0
186	伏杀硫磷	127.3	70.4	114.3	107.4	99.8	99.4	113.1	86.9	115.8	77.3	115.1	90.2	122.8	104.8	109.7	109.0	96.5	85.0
187	保棉磷	101.6	120.2	93.0	94.0	94.9	101.1	113.7	81.1	97.5	104.3	105.5	84.7	131.9	106.6	107.7	115.7	96.3	76.5
188	氯苯嘧啶醇	116.5	108.6	111.3	87.7	91.0	86.4	96.9	82.8	93.9	85.2	90.0	78.8	126.1	109.1	115.0	94.6	97.1	80.9
189	益棉磷	122.3	107.5	110.4	107.3	95.8	92.8	91.6	93.6	105.6	71.2	86.1	99.1	128.6	111.7	114.1	108.7	97.6	84.6
190	咪鲜胺	79.1	81.6	70.7	75.6	69.8	77.8	95.8	107.1	96.7	79.7	81.8	90.0	106.9	94.5	106.2	85.9	91.5	59.8
191	氟氯氰菊酯	102.6	94.2	81.6	99.3	90.8	92.9	98.7	98.5	130.2	110.8	113.8	96.7	124.5	108.5	115.5	106.3	98.7	95.9
192	蝇毒磷	114.1	107.3	106.0	103.5	99.0	95.6	104.9	82.0	109.1	93.8	105.6	84.5	129.6	107.6	115.2	107.9	97.6	84.2
193	氟胺氰菊酯	111.4	100.4	108.2	107.4	97.9	94.9	108.9	97.4	108.4	86.5	111.0	92.0	127.4	108.0	118.4	108.1	100.0	94.9

C组

194	敌敌畏	103.5	64.9	79.5	66.9	49.7	57.0	69.4	91.3	67.9	83.9	64.8	81.7	92.2	85.1	63.8	65.6	46.8	75.9
195	联苯	113.4	64.8	79.9	73.0	58.1	57.6	75.4	68.7	64.3	87.0	63.0	74.9	104.6	81.7	66.1	68.6	46.1	70.7
196	灭草敌	114.4	77.6	94.2	71.6	58.5	50.2	78.7	89.5	70.4	94.8	67.5	81.7	99.4	60.9	83.3	75.7	56.5	80.7
197	3,5-二氯苯胺	102.9	49.7	94.9	27.0	40.3	33.6	50.8	56.2	63.0	76.1	67.9	46.1	79.8	63.0	69.6	51.8	32.4	66.3
198	禾草敌	124.3	81.2	114.0	83.0	66.0	73.4	76.6	77.7	73.5	95.6	64.4	86.7	107.4	98.6	96.3	81.3	60.4	83.3
199	虫螨畏	98.2	88.8	104.6	82.3	66.1	70.7	104.5	69.0	68.4	94.9	86.4	83.9	118.3	109.7	109.0	78.5	54.5	86.0
200	邻苯基苯酚	110.6	92.4	121.1	95.8	83.3	78.9	74.1	81.9	83.9	98.2	70.0	101.8	110.9	112.3	111.5	91.1	64.1	81.8
201	四氢邻苯二甲酰亚胺	93.9	90.6	108.9	90.2	80.5	64.6	61.2	82.4	87.7	77.5	58.9	123.7	94.7	102.4	85.3	89.5	66.4	78.3
202	伸丁威	103.0	98.6	105.3	95.1	99.4	85.5	82.8	112.9	86.2	91.8	92.3	132.7	99.6	110.3	103.4	93.9	68.5	87.8
203	乙丁氟灵	134.6	99.7	145.6	95.1	78.6	83.2	90.2	89.5	96.4	91.6	86.6	88.0	127.8	114.6	129.2	98.1	66.2	86.4
204	氟铃脲	未添加	未添加	未添加	未添加	未添加	未添加	69.4	57.7	66.0	81.8	60.5	72.7	49.8	154.6	56.3	68.9	63.3	83.0
205	扑灭通	113.6	93.7	114.2	89.2	79.5	72.9	90.2	88.5	89.0	97.9	84.9	99.6	107.7	107.6	112.2	97.3	66.8	89.0
206	野麦畏	120.6	100.0	120.1	95.8	85.1	90.4	79.5	80.9	76.9	94.0	71.4	86.1	107.0	111.8	109.0	95.7	70.9	89.8

(续表)

序号	中文名称	低水平添加 1LOQ					中水平添加 2LOQ					高水平添加 5LOQ				
		甘蓝	芹菜	西红柿	苹果	葡萄	桔子	甘蓝	芹菜	西红柿	苹果	葡萄	桔子	甘蓝	芹菜	西红柿	苹果	葡萄	桔子
207	嘧霉胺	117.9	98.0	116.5	86.6	82.4	72.5	82.9	87.9	82.9	97.9	70.7	125.6	106.7	114.5	108.6	95.8	72.1	85.9
208	林丹	104.6	88.4	143.9	97.2	88.7	91.3	95.4	83.4	76.8	95.9	71.5	96.8	108.5	119.1	108.7	94.0	71.6	87.3
209	乙拌磷	77.5	108.6	115.9	92.6	95.3	82.8	51.0	81.0	79.1	70.9	75.2	79.5	84.2	46.6	105.9	94.9	68.9	88.2
210	莠去净	118.2	104.7	122.8	95.2	86.3	74.1	82.7	73.8	82.1	92.3	70.4	86.8	107.8	111.1	114.1	98.6	71.6	86.2
211	七氯	87.4	102.7	95.2	92.4	84.3	88.5	90.7	85.8	82.4	81.6	79.0	107.9	84.2	105.9	87.4	94.8	69.5	89.3
212	异稻瘟净	121.4	111.1	136.9	74.2	57.3	68.8	95.9	102.8	110.3	90.5	92.7	83.1	27.4	112.5	27.2	101.7	102.8	96.3
213	氯唑磷	109.0	77.6	264.0	93.5	79.8	78.6	89.5	277.6	127.9	107.3	87.3	109.7	106.5	108.5	128.8	98.4	72.4	90.0
214	三氯杀虫酯	129.0	85.2	128.2	97.4	85.3	92.3	71.0	83.6	89.4	98.3	76.9	261.5	104.3	112.3	106.9	96.8	71.5	90.3
215	丁苯吗啉	102.0	93.1	106.5	89.0	85.2	80.4	86.2	104.6	89.8	106.1	79.6	96.1	94.0	97.3	98.7	94.5	64.7	86.7
216	四氟苯菊酯	116.3	101.6	125.4	98.0	91.1	93.2	84.7	86.7	82.3	100.6	85.3	321.1	104.4	112.1	108.2	99.2	76.0	92.0
217	氯乙氟灵	133.3	101.2	150.2	97.7	92.4	89.5	82.9	80.1	95.2	86.0	84.6	86.8	118.7	113.8	122.6	99.1	71.9	88.1
218	甲基立枯磷	114.5	101.9	123.1	98.5	92.2	93.1	81.2	82.6	83.6	94.6	74.0	86.2	107.6	113.1	112.5	97.8	76.2	91.4
219	异丙草胺	未添加	未添加	未添加	94.9	90.8	86.8	未添加	未添加	未添加	未添加	未添加	未添加	未添加	未添加	未添加	107.3	80.2	100.0
220	莠灭净	116.7	100.7	120.4	88.3	89.8	74.3	81.2	82.6	86.2	94.2	73.3	87.8	108.9	112.1	112.8	96.6	72.2	87.3
221	西草净	102.8	120.3	119.1	88.3	91.5	79.1	81.5	85.3	90.9	102.2	72.4	90.5	109.3	109.9	115.6	94.9	73.5	89.0
222	溴谷隆	112.1	98.2	114.3	91.2	79.8	65.5	101.1	107.6	127.9	63.1	86.8	70.9	100.9	106.7	105.1	96.6	68.1	85.0
223	嗪草酮	107.2	93.0	116.2	91.5	87.5	71.3	83.5	79.9	95.6	86.4	72.1	71.6	97.6	109.2	103.3	96.1	67.7	83.4
224	噻节因	未添加	未添加	未添加	未添加	未添加	未添加	68.7	79.2	70.8	91.0	65.0	102.2	未添加	未添加	未添加	未添加	未添加	未添加
225	ε-六六六	未添加	未添加	未添加	92.7	101.3	78.8	82.0	75.5	84.8	77.8	83.6	107.7	未添加	112.1	113.3	99.8	72.9	88.3
226	异丙草胺	120.0	106.8	126.4	92.7	未添加	未添加	83.7	86.2	88.0	98.7	75.5	89.3	106.9	135.9	108.9	106.2	85.3	93.0
227	安硫磷	未添加	未添加	未添加	未添加	未添加	未添加	98.5	117.7	85.7	74.4	77.2	65.9	100.2	117.2	98.2	96.1	67.7	87.6
228	乙霉威	115.9	103.9	129.8	100.4	85.0	80.6	90.9	98.0	109.2	102.8	85.2	142.3	99.4	111.4	103.5	110.2	83.4	110.3
229	哌草丹	116.9	97.6	130.0	103.3	112.3	123.0	115.9	104.8	127.7	89.7	90.4	111.9	101.1	111.4	103.5	110.2	83.4	110.3
230	生物烯丙菊酯	103.1	91.8	163.6	95.7	83.7	79.1	88.7	93.6	110.2	95.9	112.8	79.3	108.0	115.3	109.9	100.6	62.3	76.3

550

(续表)

序号	中文名称	低水平添加 1LOQ					中水平添加 2LOQ					高水平添加 5LOQ				
		甘蓝	芹菜	西红柿	苹果	葡萄	桔子	甘蓝	芹菜	西红柿	苹果	葡萄	桔子	甘蓝	芹菜	西红柿	苹果	葡萄	桔子
231	生物烯丙菊酯	130.4	111.1	155.4	95.5	81.4	79.8	81.8	88.3	120.2	97.9	110.0	83.7	99.4	93.7	104.0	100.7	74.5	92.0
232	o, p'-滴滴伊	104.1	101.2	110.4	98.7	95.3	97.9	76.8	81.6	78.6	96.4	71.3	85.6	101.6	111.2	106.3	97.1	75.7	93.0
233	芬螨酯	103.6	101.4	137.4	101.3	90.9	89.8	95.0	83.7	85.3	98.7	86.7	84.9	100.9	101.0	124.7	99.7	76.5	89.3
234	双苯酰草胺	118.2	103.5	119.1	94.4	93.6	83.5	87.5	90.3	90.0	103.2	78.6	148.9	103.5	110.2	109.5	99.9	73.9	86.4
235	氯硫磷	129.3	101.3	153.4	99.0	89.9	97.1	102.1	122.9	158.1	114.0	102.2	82.2	125.7	130.7	129.2	109.1	77.5	88.1
236	快丙菊酯	96.1	111.7	108.1	98.2	102.1	84.9	93.6	120.5	115.0	87.5	95.8	266.8	118.8	111.2	126.5	105.1	77.3	91.9
237	戊菌唑	105.6	99.6	108.6	93.1	86.0	78.4	76.5	91.8	71.3	61.5	52.2	48.3	100.1	109.6	102.9	97.4	70.8	86.6
238	灭螨醌	111.6	102.4	122.0	98.8	111.3	87.0	87.9	102.1	100.8	100.2	84.5	84.7	101.0	112.2	105.4	100.6	77.9	91.8
239	四氟醚唑	105.8	99.8	113.9	94.3	90.5	75.9	89.2	92.3	96.4	92.3	79.0	76.8	101.6	112.8	107.2	100.6	73.5	85.3
240	丙虫磷	63.9	81.4	62.7	50.1	73.0	59.2	88.7	92.1	68.0	56.5	76.0	58.6	71.1	78.7	74.6	65.9	47.2	64.7
241	氟节胺	138.9	101.8	119.7	101.5	92.3	79.7	89.5	126.2	108.2	116.7	105.1	118.7	117.1	88.1	124.5	104.5	76.1	87.3
242	三唑醇	88.8	91.1	124.9	91.7	80.3	67.1	84.1	86.6	98.2	85.1	84.8	107.9	95.4	116.4	112.2	100.5	70.5	81.8
243	丙草胺	97.7	101.1	108.8	103.5	90.0	85.7	83.9	87.1	99.7	92.6	79.0	76.8	97.5	114.6	103.6	102.3	75.2	89.7
244	醚菌酯	93.3	102.5	106.0	99.7	94.1	84.7	73.0	75.1	98.9	85.0	64.5	86.1	91.5	114.6	99.0	101.4	77.2	88.4
245	吡氟醚草灵	98.1	94.1	104.1	100.1	97.0	85.7	88.3	95.9	100.7	109.6	86.0	98.6	98.0	114.4	101.9	103.1	80.1	94.4
246	氟啶脲	56.2	88.9	30.4	110.2	160.0	119.7	71.1	53.6	33.6	78.4	42.5	55.8	69.6	127.0	51.3	67.5	72.5	82.4
247	乙酯杀螨醇	109.8	94.5	120.3	95.0	91.1	87.1	93.4	109.4	116.4	98.9	90.9	115.3	97.3	116.7	105.6	101.9	76.8	89.7
248	烯效唑	32.9	92.9	120.9	129.6	85.2	92.5	122.5	126.8	146.8	115.7	131.4	28.7	106.7	115.5	116.8	97.5	78.8	89.3
249	氟哇唑	97.2	101.5	104.2	91.8	131.1	86.8	97.7	102.0	112.9	93.5	87.6	87.2	95.5	111.4	99.7	100.2	77.2	88.1
250	三氟硝草醚	未添加	未添加	104.2	未添加	未添加	未添加	116.9	127.4	159.6	154.0	100.6	90.4	未添加	未添加	未添加	未添加	未添加	未添加
251	烯唑醇	90.9	95.0	132.4	91.9	75.0	56.7	88.0	98.3	114.1	101.5	87.8	63.2	91.3	118.0	104.5	99.9	75.2	80.9
252	增效醚	110.1	101.5	129.8	100.7	83.5	85.5	91.6	102.6	106.9	109.2	90.4	80.9	96.7	150.2	104.4	104.3	80.2	92.5
253	炔螨特	52.0	68.4	65.6	110.8	88.1	88.2	89.3	76.0	79.7	77.6	116.5	106.6	99.0	114.9	85.3	80.2	68.4	84.4
254	灭锈胺	214.6	101.1	154.8	101.0	96.7	81.4	98.5	104.0	101.2	129.4	87.2	90.8	106.8	114.0	112.4	99.8	77.7	83.6

551

（续表）

序号	中文名称	低水平添加 1LOQ					中水平添加 2LOQ					高水平添加 5LOQ				
		甘蓝	芹菜	西红柿	苹果	葡萄	桔子	甘蓝	芹菜	西红柿	苹果	葡萄	桔子	甘蓝	芹菜	西红柿	苹果	葡萄	桔子
255	噁唑隆	54.4	116.0	110.2	124.1	115.1	60.6	70.5	82.9	60.0	91.4	55.0	52.9	83.7	168.3	44.3	94.9	85.1	63.5
256	吡氟酰草胺	98.8	99.0	105.8	99.7	88.7	82.9	97.2	101.2	105.6	114.1	92.7	96.7	94.8	114.7	99.5	105.0	83.3	91.2
257	喹螨醚	68.7	59.4	93.9	70.5	63.4	56.4	94.1	98.1	152.5	107.3	88.7	94.9	86.8	86.4	86.4	77.6	48.5	72.4
258	苯醚菊酯	128.2	89.6	99.2	95.6	87.8	92.7	83.9	92.2	115.7	110.2	98.6	101.5	91.1	111.3	94.8	103.6	83.5	97.1
259	咯菌腈	82.5	81.2	84.6	98.2	81.3	83.6	87.3	109.3	120.8	103.7	72.8	115.5	76.9	100.9	75.3	99.9	80.3	74.1
260	苯氧威	5.8	68.8	138.5	110.6	119.7	106.5	74.3	61.6	42.7	89.5	69.1	85.2	42.6	102.9	33.5	90.4	79.5	96.4
261	稀禾啶	31.3	38.7	84.7	62.2	54.4	64.7	61.2	63.8	104.6	72.0	58.6	107.1	62.6	82.7	58.1	92.8	48.2	76.5
262	莎砷磷	115.9	101.4	162.7	100.1	73.0	79.2	108.7	112.1	148.0	76.5	116.0	88.6	101.1	118.7	114.6	105.9	77.2	94.7
263	氟丙菊酯	94.4	79.7	132.2	104.9	95.2	92.2	133.4	140.0	182.4	132.6	143.9	198.3	85.9	109.5	96.4	109.1	109.4	94.8
264	高效氯氟菊酯	80.3	99.5	98.7	101.3	92.4	95.7	102.8	111.1	414.1	139.0	102.9	143.0	95.2	116.3	98.9	113.8	88.2	88.2
265	苯噻酰草胺	86.7	101.7	99.1	95.5	82.9	74.1	88.0	104.8	206.0	75.4	83.2	144.0	80.7	115.0	87.6	101.7	78.9	88.2
266	氯菊酯	85.8	97.5	93.2	100.9	93.0	92.9	88.2	105.8	104.4	124.7	86.3	97.6	88.3	114.7	91.8	102.9	84.4	95.3
267	哒螨灵	83.7	96.2	93.9	83.8	68.6	68.0	89.3	103.9	121.7	79.5	243.3	68.3	87.7	117.9	92.2	100.7	80.8	92.6
268	乙羧氟草醚	107.9	97.1	125.8	95.8	88.7	78.3	104.3	125.0	169.4	76.7	120.3	64.4	85.3	129.1	90.4	109.3	82.0	90.0
269	联苯三唑醇	76.8	96.9	92.0	90.1	84.5	67.1	130.5	134.1	174.8	108.4	133.9	75.2	82.7	114.8	92.3	103.2	70.6	82.5
270	醚菊酯	82.3	166.2	91.6	102.2	97.0	98.9	72.4	80.6	86.9	123.8	100.7	110.3	82.0	114.2	84.4	102.2	85.9	96.5
271	噻草酮	11.4	23.0	31.1	63.4	79.3	60.9	65.2	50.5	58.2	66.9	47.5	53.8	65.4	66.6	52.9	80.1	33.6	74.3
272	氟氰戊菊酯	74.7	230.5	100.7	117.5	97.0	90.1	53.5	8.2	51.6	63.6	53.0	53.1	60.9	77.0	85.6	67.7	88.2	77.7
273	顺式-氯氰菊酯	82.5	89.3	102.4	107.3	103.3	99.2	95.5	99.5	93.1	84.0	91.3	74.0	79.6	114.6	69.3	100.6	82.4	91.1
274	苯醚甲环唑	72.9	97.7	81.7	101.1	90.5	89.3	106.6	105.7	107.4	225.1	104.9	127.3	77.1	101.8	82.3	97.6	77.9	92.2
275	丙炔氟草胺	92.4	66.0	171.2	84.5	79.0	97.7	122.4	132.6	123.8	112.2	109.9	93.3	59.1	91.7	65.6	97.6	77.5	85.7
276	氟啶草酸	99.8	57.4	103.8	111.2	121.6	68.6	110.5	116.8	113.3	126.2	121.9	76.2	未添加	未添加	未添加	未添加	未添加	未添加
277	氟烯草酸	73.9	89.2	83.5	97.6	91.3	87.0	113.0	104.3	111.8	108.0	118.8	74.9	80.1	112.0	88.6	107.4	84.3	91.7
278	甲氰磷	83.3	66.0	59.1	58.0	67.1	59.5	74.3	71.9	63.5	66.1	48.7	37.2	124.0	96.8	102.9	112.8	123.5	97.0

D 组

(续表)

序号	中文名称	低水平添加 1LOQ						中水平添加 2LOQ						高水平添加 5LOQ					
		甘蓝	芹菜	西红柿	苹果	葡萄	桔子	甘蓝	芹菜	西红柿	苹果	葡萄	桔子	甘蓝	芹菜	西红柿	苹果	葡萄	桔子
279	乙拌磷亚砜	116.4	103.0	112.4	86.8	107.4	81.6	115.7	114.6	124.6	108.1	100.7	64.1	115.4	97.1	117.7	109.1	110.8	81.3
280	五氯苯	83.5	92.4	53.1	68.3	81.1	78.3	86.8	93.0	75.1	75.6	64.9	53.2	96.5	95.7	93.0	102.7	117.3	105.0
281	三异丁基磷酸盐	112.5	108.6	123.9	54.5	99.5	73.6	115.2	105.8	135.8	95.6	84.7	63.5	121.3	115.0	108.7	112.9	110.4	113.7
282	鼠立死	124.5	104.3	108.0	79.1	87.2	66.0	112.9	106.6	117.5	85.0	56.7	57.0	115.8	102.8	111.9	98.5	83.8	108.3
283	燕麦酯	未添加	80.6	未添加	99.4	未添加	未添加	78.0	131.9	78.3	113.3	106.7	74.0	115.8	102.3	120.1	110.1	118.2	114.7
284	虫线磷	92.4	100.5	84.9	87.2	95.0	103.4	104.3	109.6	103.0	91.3	71.9	65.8	111.9	98.2	107.6	109.2	120.8	120.8
285		89.2	106.1	123.8	83.1	未添加	未添加	124.2	112.6	133.1	96.9	86.5	93.2	120.3	112.9	114.7	107.0	108.4	115.1
286	2,3,5,6-四氯苯胺	112.4	88.5	95.6	83.4	97.5	92.5	104.6	115.2	105.9	94.4	80.5	66.0	106.5	102.9	109.9	107.4	114.0	117.9
287	三丁基磷酸盐	136.2	124.9	139.9	95.2	114.4	86.3	125.0	105.9	144.8	105.2	87.8	64.6	116.9	101.7	119.5	101.6	106.7	118.4
288	2,3,4,5-四氯甲氧基苯	109.9	98.6	93.4	84.9	98.7	94.2	105.9	105.9	110.0	96.6	81.0	68.8	109.3	104.1	111.2	107.8	113.1	116.6
289	五氯甲基苯	108.8	97.3	93.4	82.0	95.0	88.9	105.0	109.7	106.6	94.0	79.4	67.2	105.7	99.8	106.7	108.5	113.9	114.5
290	牧草胺	116.7	99.2	110.9	90.9	100.0	96.5	117.0	110.9	121.9	105.2	80.7	70.8	117.1	102.8	115.0	108.5	113.9	115.1
291	疏果磷	116.2	103.5	107.0	90.8	99.6	79.9	112.8	119.5	117.9	98.9	86.1	62.7	117.4	104.3	112.1	109.6	116.1	113.8
292	甲基隆隆	184.4	125.7	199.2	92.4	88.3	64.2	116.9	121.7	129.7	93.2	73.2	46.2	117.3	97.1	116.7	101.1	103.7	105.8
293	西玛通	128.3	112.0	125.4	87.9	93.6	64.1	122.9	113.2	126.8	94.4	71.9	52.5	119.0	99.4	117.7	100.1	97.2	93.5
294	阿特拉通	121.4	93.9	116.9	95.4	98.5	80.0	123.1	114.2	126.2	97.7	74.8	59.9	116.5	98.7	115.6	100.4	101.3	98.2
295	脱异丙基甲硫莠去津	102.8	100.0	93.8	88.8	91.6	38.0	118.8	106.6	110.8	92.5	84.3	37.9	105.8	96.9	110.9	94.0	88.0	50.4
296	特丁硫磷砜	127.0	103.5	120.7	89.2	103.7	97.9	116.0	107.1	124.9	101.8	87.6	72.5	113.8	103.5	113.4	109.3	115.1	117.8
297	七氟菊酯	123.4	103.2	123.1	95.2	103.8	108.1	116.4	113.7	122.1	108.3	91.8	81.0	117.5	106.0	118.6	109.3	114.7	122.1
298	溴烯杀	109.5	102.9	105.5	86.3	未添加	未添加	107.1	109.1	114.1	99.0	86.5	72.6	109.3	104.3	110.1	109.6	115.3	115.4
299	草达津	120.4	105.0	126.7	90.2	98.6	91.7	118.5	116.9	130.9	107.9	82.1	71.0	116.3	123.9	121.1	107.4	107.4	113.0
300	氧乙嘧硫磷	126.9	104.9	124.4	93.0	104.7	96.5	119.2	113.3	126.3	108.1	88.1	72.7	116.7	104.8	115.1	108.5	113.4	117.8

(续表)

序号	中文名称	低水平添加 1LOQ						中水平添加 2LOQ						高水平添加 5LOQ					
		甘蓝	芹菜	西红柿	苹果	葡萄	桔子	甘蓝	芹菜	西红柿	苹果	葡萄	桔子	甘蓝	芹菜	西红柿	苹果	葡萄	桔子
301	环莠隆	367.9	84.6	492.7	91.2	134.9	70.2	318.4	93.3	323.0	101.9	66.8	45.4	98.4	83.5	94.8	87.2	94.7	92.0
302	2,6-二氯苯甲酰胺	120.0	94.3	128.3	87.5	94.5	34.0	144.9	109.7	146.3	111.7	89.5	31.8	93.4	101.5	114.2	99.9	97.1	38.3
303		61.0	92.1	50.8	46.9	78.9	61.2	64.0	129.8	65.3	430.7	645.6	99.0	78.4	75.3	87.8	52.3	50.9	63.3
304		114.1	99.4	110.1	51.1	104.7	104.2	110.2	112.8	63.5	61.6	51.3	74.5	115.6	108.0	125.3	120.9	124.5	136.0
305	脱乙基另丁津	119.0	106.9	117.3	91.7	104.1	67.4	119.9	109.0	124.5	100.0	94.2	54.4	114.1	99.5	115.3	102.3	105.5	72.5
306	2,3,4,5-四氯苯胺	100.6	93.1	103.1	74.2	101.4	72.5	109.1	89.6	119.1	97.5	82.0	63.6	105.9	94.7	109.9	104.7	114.1	116.3
307		125.6	未添加	129.6	未添加	100.7	92.8	128.2	未添加	144.5	110.0	93.1	75.4	120.3	118.9	119.2	106.2	107.7	112.0
308		121.3	未添加	130.0	未添加	98.5	88.4	125.8	未添加	140.8	112.5	96.6	75.7	115.8	115.5	114.3	105.4	108.3	111.4
309	五氯苯胺	130.5	97.1	112.9	94.3	117.3	115.4	109.9	109.9	126.5	106.9	84.3	72.8	113.6	102.4	114.0	108.6	112.4	115.9
310	叠氮津	140.2	102.0	118.8	95.7	117.5	94.6	131.9	110.1	129.9	114.7	100.1	70.6	124.1	107.7	119.6	113.2	121.3	126.0
311	另丁津	116.5	104.4	119.2	90.6	107.4	91.8	118.6	113.0	129.1	106.1	84.3	67.1	115.5	101.1	115.9	105.7	109.8	110.1
312	丁咪酰胺	109.7	98.2	112.1	90.5	105.0	53.0	117.3	103.9	121.2	94.7	95.3	47.1	99.3	98.9	114.2	98.9	94.0	66.9
313		114.8	103.7	116.4	89.6	102.0	109.4	108.5	119.1	114.3	111.0	93.3	78.8	113.3	101.1	116.0	107.2	113.0	117.8
314		120.8	未添加	126.0	未添加	100.8	92.2	123.6	未添加	138.6	115.3	97.2	77.4	120.1	116.8	115.3	106.6	108.3	112.7
315	苯草丹	114.5	105.0	113.0	96.2	105.2	105.6	120.6	113.4	127.9	106.4	90.6	77.4	117.2	100.1	115.0	107.1	113.3	119.3
316	二甲吩草胺	118.5	106.4	119.3	92.7	104.8	94.3	115.0	115.6	124.8	107.5	85.4	69.6	115.2	98.0	115.3	107.3	113.8	111.3
317	氧皮蝇磷	114.0	105.7	114.2	94.0	109.9	100.1	114.7	112.0	122.7	111.4	92.1	73.5	115.5	98.9	113.2	110.6	115.5	118.0
318		73.5	129.3	67.8	87.6	106.2	62.6	60.4	101.2	63.3	99.1	88.7	53.3	116.4	100.7	110.8	107.8	110.0	97.6
319	甲基对氧磷	117.9	105.2	116.4	86.7	106.2	99.2	105.9	102.1	125.0	105.8	87.2	70.2	104.2	86.4	101.5	105.2	103.4	58.5
320	庚酰草胺	120.4	101.3	120.1	95.7	107.5	94.3	120.4	123.4	126.1	109.6	88.4	68.7	117.7	100.7	118.7	111.2	115.6	113.7
321		112.6	141.3	123.1	96.1	100.9	92.9	124.0	138.8	135.8	111.0	96.8	76.7	119.1	113.5	114.4	108.3	110.2	112.5
322	碳氯灵	108.6	104.6	110.9	90.8	未添加	未添加	105.4	113.1	114.0	108.9	91.0	79.1	113.7	98.2	114.3	110.0	114.0	117.5

(续表)

序号	中文名称	低水平添加 1LOQ						中水平添加 2LOQ						高水平添加 5LOQ					
		甘蓝	芹菜	西红柿	苹果	葡萄	桔子	甘蓝	芹菜	西红柿	苹果	葡萄	桔子	甘蓝	芹菜	西红柿	苹果	葡萄	桔子
323	嘧啶磷	94.0	98.8	100.6	92.6	104.7	108.7	102.7	109.6	111.4	106.3	88.6	79.1	108.3	96.9	110.6	108.3	108.6	117.7
324		86.2	100.3	109.2	92.3	113.2	84.2	105.7	85.3	102.0	87.8	86.4	76.9	117.7	106.1	100.8	109.6	104.9	82.5
325	异狄氏剂	124.5	76.7	133.3	90.7	100.6	64.4	195.0	95.7	137.7	136.8	110.6	113.5	104.0	96.7	110.0	109.6	122.7	118.2
326	丁嗪草酮	92.8	96.8	105.1	69.6	77.7	29.6	108.2	94.3	120.3	75.2	61.2	48.7	101.2	78.4	90.9	98.1	96.9	74.2
327	毒壤磷	115.2	109.4	120.9	87.7	106.7	102.0	116.8	114.5	128.1	110.1	95.7	77.9	114.6	98.4	112.7	109.5	112.6	116.7
328	敌草素	117.9	105.9	118.0	95.8	106.1	101.4	116.9	118.7	122.8	113.4	89.9	72.8	119.6	108.6	120.0	111.7	115.9	119.7
329	4,4′-二氯二苯甲酮	108.2	107.3	105.0	94.3	105.6	100.1	115.6	114.2	113.7	126.0	91.3	78.8	120.2	101.2	117.4	107.0	111.3	117.0
330	酞菌酯	127.2	110.8	134.9	81.7	112.2	103.9	130.2	108.3	147.2	119.4	90.6	67.0	122.6	110.4	115.6	109.3	114.0	116.1
331		113.6	未添加	122.6	未添加	102.1	93.1	118.9	未添加	133.7	116.1	94.1	72.9	119.0	118.3	115.4	105.3	106.5	107.6
332	吡咪唑	83.0	72.7	103.9	83.7	未添加	未添加	88.0	122.6	77.2	未添加	76.4	未添加	113.0	84.0	104.9	98.2	81.7	61.8
333	嘧菌环胺	115.4	104.8	112.9	90.6	103.6	80.0	113.5	115.2	116.5	102.4	70.3	66.2	117.1	102.6	113.9	102.7	103.7	109.5
334	麦穗宁	55.4	45.3	82.7	70.8	7.9	23.6	121.9	55.5	95.9	70.4	11.8	17.2	147.2	156.5	230.3	94.2	30.0	37.5
335	氧异柳磷	90.7	73.6	52.3	76.1	89.6	44.2	50.0	66.4	85.5	39.2	50.0	59.8	56.6	58.0	62.6	46.8	40.7	59.6
336	异氯磷	127.8	111.2	127.1	90.5	121.1	84.5	117.1	108.9	128.8	103.9	89.7	56.2	117.0	98.6	108.7	106.9	113.5	108.5
337		110.2	103.5	108.8	95.3	108.0	108.4	110.2	114.1	117.9	109.2	92.7	79.9	115.2	99.0	114.6	108.7	112.4	118.1
338		114.4	109.4	131.4	95.2	未添加	未添加	115.7	115.7	123.3	109.0	97.6	75.0	118.5	101.5	114.3	111.9	116.1	120.6
339	水胺硫磷	112.8	85.7	117.1	94.1	105.6	74.9	106.4	796.9	114.8	105.9	94.4	60.7	121.8	112.4	114.8	109.8	107.5	83.6
340	甲拌磷砜	119.8	103.2	122.3	94.8	115.8	81.4	125.7	111.7	134.8	106.2	89.7	59.9	117.2	100.0	113.3	109.7	114.0	88.9
341	杀螨砜	129.7	105.2	135.3	94.5	110.0	101.4	119.8	115.2	130.7	110.8	89.9	68.2	116.3	101.1	114.0	107.6	113.1	110.1
342	杀螨醇	109.9	104.8	113.2	94.1	109.9	109.4	110.8	114.7	118.6	108.9	93.5	76.4	114.4	100.5	114.5	109.5	116.6	117.0
343	消螨通	未添加	61.2	未添加	80.6	未添加	未添加	97.0	84.0	74.7	103.9	121.5	102.6	137.2	95.2	141.9	103.0	107.5	88.0
344		129.9	95.5	152.1	47.2	150.0	125.8	111.7	89.6	187.2	90.2	82.6	63.9	112.3	232.7	118.7	109.4	113.9	115.4
345		112.7	105.0	119.5	93.9	113.2	87.7	108.9	115.5	119.2	108.0	92.1	60.9	117.8	105.0	115.8	108.1	113.7	99.5

(续表)

序号	中文名称	低水平添加 1LOQ					中水平添加 2LOQ					高水平添加 5LOQ				
		甘蓝	芹菜	西红柿	苹果	葡萄	桔子	甘蓝	芹菜	西红柿	苹果	葡萄	桔子	甘蓝	芹菜	西红柿	苹果	葡萄	桔子
346	溴苯烯磷	116.2	103.8	183.3	96.5	123.4	103.8	119.7	113.5	159.5	105.7	92.9	69.7	112.5	98.0	112.5	108.5	113.4	109.4
347	乙滴涕	86.9	107.8	92.3	96.0	116.1	108.4	96.7	114.8	107.4	109.9	94.6	75.2	115.3	103.4	117.8	108.5	114.4	116.4
348	灭菌磷	80.4	52.8	67.3	77.1	61.9	59.6	70.0	61.7	82.8	59.6	70.1	58.3	54.0	87.6	66.2	74.3	70.9	61.7
349		101.0	111.0	132.6	91.9	121.3	113.3	105.1	117.7	110.8	107.9	89.4	74.9	113.4	98.3	112.3	106.6	111.2	115.9
350	4,4-二溴二苯甲酮	95.9	106.2	108.2	93.0	未添加	未添加	103.6	114.1	109.4	98.7	90.2	89.7	114.0	98.6	110.5	105.6	116.0	113.2
351	粉唑醇	114.6	107.5	122.4	87.0	110.9	64.9	100.9	106.9	105.7	115.5	96.7	60.0	112.1	96.3	113.5	107.9	110.8	72.4
352	地胺磷	87.0	103.3	101.8	92.7	147.8	89.9	105.8	107.1	118.4	85.4	108.0	55.3	101.8	93.0	109.2	102.7	102.9	67.2
353	艾赛达松	127.8	108.0	95.1	124.8	未添加	未添加	107.3	99.5	104.0	115.2	91.7	83.9	111.7	90.9	113.3	104.7	109.8	119.3
354		101.9	100.8	107.4	95.6	106.8	109.0	107.5	113.8	113.7	109.6	87.1	77.1	110.5	100.9	112.8	106.7	107.6	115.4
355	苄氯三唑醇	115.4	100.4	118.4	86.1	120.5	92.4	101.5	110.9	113.6	110.7	88.4	69.0	113.0	101.4	111.1	104.1	108.1	99.4
356	乙拌磷	90.2	107.1	98.1	93.5	117.4	86.7	103.3	114.2	109.8	107.3	100.2	58.1	114.8	104.5	114.3	109.3	112.1	75.2
357	噻螨酮	92.5	103.0	90.6	93.3	108.4	104.0	82.5	112.8	90.5	121.3	84.3	63.9	113.8	99.5	113.5	111.1	110.3	109.1
358	威菌磷	22.3	102.6	25.6	88.7	129.4	116.2	49.7	113.4	57.2	105.0	90.8	68.7	115.2	107.5	131.8	117.0	123.3	122.0
359		63.4	46.8	52.6	33.2	51.0	49.7	86.2	100.3	120.7	119.5	103.2	83.0	111.7	111.7	95.6	89.4	85.7	56.3
360	苄呋菊酯	43.2	77.3	57.6	61.4	74.4	55.2	62.5	75.7	97.0	75.6	58.6	62.8	10.2	63.9	97.9	55.4	79.9	77.8
361	环菌唑	94.1	75.0	67.7	78.0	97.8	80.6	91.5	104.4	96.8	158.2	78.6	42.7	102.2	93.2	107.6	101.9	104.1	99.3
362	苄呋菊酯	59.5	106.2	84.1	61.1	74.5	57.4	69.0	83.7	112.0	63.5	56.3	67.4	9.9	68.9	99.9	54.3	80.6	102.3
363		114.7	99.1	109.2	92.7	114.8	111.5	114.4	110.9	129.0	110.1	90.4	70.5	114.2	104.4	114.1	106.3	113.8	112.1
364	炔草酸	105.5	111.0	117.6	86.6	119.0	86.0	103.6	110.4	124.0	102.1	87.9	53.4	114.1	109.6	108.0	105.9	109.7	94.5
365		71.9	97.0	73.0	93.0	146.9	90.4	85.0	142.8	83.7	99.6	89.1	62.4	102.6	89.4	114.0	106.3	106.8	71.5
366	三氟苯唑	87.6	100.9	88.7	76.5	90.1	59.6	99.8	105.5	100.7	77.8	57.6	58.5	107.0	91.3	99.9	105.4	111.5	91.5
367		未添加	102.3	未添加	96.9	未添加	未添加	97.0	117.2	112.2	107.6	88.6	106.3	110.5	96.6	109.7	109.0	113.7	111.2
368		100.2	109.2	110.7	91.3	114.9	58.2	113.1	114.4	123.3	101.5	88.0	46.4	107.1	97.6	109.5	104.8	112.8	57.2

（续表）

序号	中文名称	低水平添加 1LOQ							中水平添加 2LOQ							高水平添加 5LOQ						
		甘蓝	芹菜	西红柿	苹果	葡萄	桔子		甘蓝	芹菜	西红柿	苹果	葡萄	桔子		甘蓝	芹菜	西红柿	苹果	葡萄	桔子
369	三苯基磷酸盐	96.8	104.7	98.4	95.5	114.3	98.5		100.8	113.8	105.1	117.1	85.3	65.8		115.8	101.9	115.2	107.5	113.5	106.1
370	苯嗪草酮	155.3	256.5	179.1	356.2	213.1	86.8		163.8	255.5	173.2	101.7	160.4	54.5		118.6	217.4	116.0	120.3	127.9	74.9
371		75.5	96.8	96.5	95.7	107.0	108.8		99.8	112.8	108.5	108.6	85.0	75.7		106.2	95.7	109.6	104.3	104.4	112.0
372	吡螨胺	81.0	103.0	85.7	99.1	113.9	107.2		112.1	115.0	106.9	109.9	85.3	73.2		112.6	97.1	112.6	106.4	112.2	111.9
373	解草酯	72.5	105.3	68.8	87.0	117.0	84.0		68.0	109.7	70.8	79.3	62.8	58.2		95.2	84.5	95.2	98.8	101.8	102.7
374	环草定	94.9	98.3	100.0	89.6	107.6	79.7		99.6	108.7	105.6	99.4	85.7	56.3		111.8	96.1	111.8	101.7	102.8	76.0
375	糠菌唑	94.4	83.7	101.0	92.1	118.0	84.1		128.6	101.8	127.0	86.0	64.3	70.3		102.2	87.1	107.6	103.0	103.3	101.3
376		100.3	104.5	105.6	92.0	122.8	108.3		101.6	112.2	114.3	106.1	85.9	66.7		106.9	96.8	109.7	106.0	111.7	109.4
377	糠菌唑	93.4	96.0	91.9	90.6	96.4	65.7		100.6	114.1	101.4	91.6	69.9	54.3		109.2	93.3	111.2	102.3	103.7	91.1
378	甲磺乐灵	116.0	101.5	129.7	78.4	121.8	76.3		135.5	108.7	170.9	105.9	96.3	46.3		113.4	96.7	112.5	107.6	113.6	65.2
379	苯线磷亚砜	77.4	97.0	68.3	86.0	未添加	未添加		64.2	85.1	87.9	66.0	68.2	56.4		59.3	126.1	104.6	88.1	77.1	27.7
380	苯线磷砜	84.2	107.9	96.1	91.4	100.1	27.3		100.6	108.2	122.4	93.6	61.4	30.0		76.6	98.7	118.3	97.6	85.8	23.9
381	拌种咯	74.7	92.3	74.8	93.4	130.2	69.0		79.6	101.1	85.3	114.1	73.7	25.3		94.0	90.7	106.6	101.1	119.0	40.1
382	氟喹唑	83.6	103.7	84.2	89.2	135.2	115.1		79.3	114.7	94.5	104.8	69.4	52.2		109.1	94.8	114.4	105.0	110.2	86.3
383	腈苯唑	81.0	180.1	78.0	51.6	108.9	68.8		87.6	162.8	85.2	185.9	114.9	101.0		106.7	93.4	109.0	103.5	107.9	58.6

续 G-1 水果蔬菜中 124 种农药及相关化学品（E 组）添加回收率精密度数据

序号	英文名称	低水平添加 1LOQ						高水平添加 4LOQ					
		甘蓝	苹果	芹菜	柑桔	西红柿	葡萄	甘蓝	苹果	柑桔	芹菜	西红柿	葡萄
1	Propoxur-1	99.9	103.6	118.5	97.5	101.4	104.5	96.8	97.6	90.7	91.9	96.2	86.8
2	Isoprocarb-1	109.3	87.7	125.9	101.9	113.3	95.6	82.9	87.4	78.1	77.9	82.5	86.6
3	Methamidophos	90.7	119.5	95.7	100.6	85.6	24.2	81.1	73.1	89.2	61.7	66.5	56.4
4	Acenaphthene	79.3	84.1	87.9	83.0	73.9	86.8	87.8	76.5	71.1	85.9	73.7	68.2

(续表)

序号	英文名称	低水平添加 1LOQ					高水平添加 4LOQ				
		甘蓝	苹果	柑桔	芹菜	西红柿	葡萄	甘蓝	苹果	柑桔	芹菜	西红柿	葡萄
5	Dibutyl succinate	92.4	105.3	94.8	106.6	89.6	96.6	106.5	97.3	91.7	98.7	98.8	83.0
6	Phthalimide	78.2	150.5	103.0	108.5	74.8	81.9	93.7	93.1	86.8	101.5	79.2	91.5
7	Chlorethoxyfos	97.1	87.7	87.5	98.4	91.7	134.9	114.5	102.9	97.6	103.9	97.1	75.8
8	Isoprocarb-2	87.3	118.1	95.7	101.0	83.5	99.4	124.3	109.0	105.8	111.8	112.1	87.2
9	Pencycuron	86.3	115.1	97.9	134.0	81.9	134.1	115.3	106.5	99.7	79.8	62.9	116.0
10	Tebuthiuron	91.4	121.9	104.6	109.6	87.4	93.4	113.9	104.9	98.8	101.8	100.5	85.2
11	Demeton-S-methyl	80.8	86.2	94.9	98.4	82.0	100.5	155.3	130.6	128.8	93.4	111.9	85.9
12	Cadusafos	91.6	113.8	101.3	107.1	93.8	99.8	116.8	107.8	101.6	103.3	104.5	89.2
13	Propoxur-2	87.9	121.5	89.9	99.3	73.4	88.6	152.4	115.2	118.7	99.0	122.4	91.9
14	Naled	217.4	108.4	68.5	99.2	214.6	67.3	83.4	58.4	74.1	85.3	78.2	68.6
15	Phenanthrene	95.7	102.3	96.0	107.6	95.2	99.3	107.2	98.1	91.8	102.2	101.4	94.3
16	Spiroxamine-1	96.2	107.6	103.8	113.4	90.9	97.3	119.4	111.9	99.7	93.5	105.7	86.4
17	Fenpyroximate	88.5	137.3	101.8	114.5	86.1	95.4	127.5	115.8	93.0	104.0	101.0	147.6
18	Tebupirimfos	93.7	106.9	98.7	106.3	91.6	98.4	118.0	108.0	103.2	104.3	105.6	92.7
19	Prohydrojamon	117.5	70.1	82.4	60.3	102.5	54.0	99.4	99.9	97.6	110.1	127.4	69.0
20	Fenpropidin	93.6	109.6	102.4	87.6	86.9	75.5	125.4	117.4	112.6	99.8	98.2	86.2
21	Dichloran	91.3	133.2	97.0	88.9	88.0	96.5	118.0	108.4	98.9	105.0	98.3	101.8
22	Pyroquilon	86.8	115.5	102.6	106.9	85.3	102.9	112.6	102.7	98.0	101.5	100.6	91.3
23	Spiroxamine-2	88.6	113.0	101.9	112.8	84.9	91.5	121.5	112.5	104.5	88.5	98.2	85.1
24	Dinoterb	76.7	75.8	66.6	122.8	58.9	123.0	173.0	108.5	72.9	68.4	22.5	80.9
25	propyzamide	95.8	113.6	103.2	108.9	93.1	101.7	119.5	110.0	103.9	104.8	104.5	91.3
26	Pirimicicarb	95.1	97.9	96.3	101.1	91.1	95.0	108.0	99.1	90.1	97.9	103.0	89.1
27	Phosphamidon-1	74.4	114.4	115.9	95.1	59.0	78.1	171.6	127.0	134.6	121.1	106.5	98.9
28	Benoxacor	89.2	98.6	104.6	102.8	90.2	108.7	132.5	117.4	113.2	110.5	96.4	82.0

（续表）

序号	英文名称	低水平添加 1LOQ					高水平添加 4LOQ				
		甘蓝	苹果	柑桔	芹菜	西红柿	葡萄	甘蓝	苹果	柑桔	芹菜	西红柿	葡萄
29	Bromobutide	103.0	100.7	63.8	91.4	98.4	132.3	96.3	102.5	97.6	102.2	88.6	83.2
30	Acetochlor	95.9	105.5	102.3	106.5	93.8	98.9	114.9	105.4	98.2	103.4	107.1	88.9
31	Tridiphane	100.5	未添加	未添加	94.5	92.0	未添加	126.8	122.5	124.3	91.3	76.8	88.4
32	Terbucarb-2	95.1	108.2	101.0	109.7	93.5	104.9	114.1	104.5	97.9	106.8	111.0	89.5
33	Esprocarb	48.5	未添加	未添加	112.8	48.2	未添加	102.3	102.6	103.1	103.0	106.1	89.5
34	Fenfuram	74.7	61.9	102.4	48.8	72.2	83.8	109.2	100.9	96.3	41.6	98.2	92.3
35	Acibenzolar-S-methyl	94.4	未添加	未添加	10.1	93.4	未添加	94.1	98.6	94.8	85.2	未添加	未添加
36	Benfuresate	97.5	100.1	95.8	110.3	95.5	93.7	108.9	100.4	95.9	103.8	107.1	89.8
37	Dithiopyr	98.0	107.1	100.4	109.8	95.6	99.8	114.6	105.2	99.5	103.6	106.8	88.7
38	Mefenoxam	90.0	111.6	101.8	106.0	88.5	93.9	111.4	104.1	97.4	103.3	106.0	87.3
39	Malaoxon	78.6	126.5	109.8	101.8	57.9	87.3	145.4	157.0	161.4	137.4	106.3	97.9
40	Phosphamidon-2	65.2	133.5	113.3	100.7	57.2	77.2	157.8	140.5	137.3	118.0	95.4	92.8
41	Simeconazole	91.2	120.6	103.9	109.7	87.9	84.2	125.8	114.1	105.9	98.8	99.4	88.5
42	Chlorthal-dimethyl	96.8	105.8	98.5	111.2	95.3	107.6	114.4	109.3	99.5	104.3	108.4	90.9
43	Thiazopyr	99.1	106.3	100.8	114.6	96.9	98.3	116.2	106.9	98.8	103.6	108.2	89.0
44	Dimethylvinphos	82.2	132.7	111.7	111.8	78.1	112.2	153.2	131.9	127.7	120.2	111.5	91.7
45	Butralin	95.6	118.4	110.8	108.4	90.0	93.8	140.6	123.3	115.4	108.3	103.5	89.3
46	Zoxamide	103.7	97.9	102.5	111.9	96.9	88.3	110.3	107.4	101.7	82.3	91.6	93.0
47	Pyrifenox-1	92.4	115.7	101.6	107.7	91.3	89.5	115.9	107.6	96.7	99.5	102.5	86.1
48	Allethrin	89.0	114.5	105.7	106.6	84.9	97.5	118.4	107.5	101.3	106.7	107.1	88.0
49	Dimethametryn	97.5	111.5	102.1	110.1	94.4	96.6	116.6	106.3	97.8	104.3	106.6	90.5
50	Quinoclamine	74.9	74.6	112.4	103.0	70.6	86.7	129.5	116.5	110.3	106.9	94.8	96.5
51	Methothrin-1	100.9	108.2	102.2	103.3	97.0	97.7	118.3	107.5	99.6	103.0	110.3	92.1
52	Flufenacet	73.2	104.0	107.7	108.9	68.6	131.0	148.6	130.0	124.2	115.8	112.4	91.4

(续表)

序号	英文名称	低水平添加 1LOQ							高水平添加 4LOQ						
		甘蓝	苹果	柑桔	芹菜	西红柿	葡萄		甘蓝	苹果	柑桔	芹菜	西红柿	葡萄	
53	Methothrin-2	96.0	107.6	101.8	105.6	91.9	98.7		116.8	107.8	98.3	102.6	110.8	91.7	
54	Pyrifenox-2	90.4	114.9	104.3	109.5	89.2	86.8		116.5	106.8	97.0	100.3	101.2	85.3	
55	Fenoxanil	105.5	119.7	107.5	141.2	112.7	130.1		91.6	97.3	89.0	96.1	151.4	78.9	
56	Phthalide	未添加	未添加	未添加	未添加	未添加	未添加		未添加	未添加	未添加	未添加	未添加	未添加	
57	Furalaxyl	94.8	106.6	102.4	105.0	93.0	99.7		113.5	104.0	99.1	102.0	106.2	89.4	
58	Thiamethoxam	57.5	107.4	91.8	93.6	85.6	71.6		47.6	32.8	47.3	57.7	61.3	78.9	
59	Mepanipyrim	92.1	117.6	110.6	110.2	90.3	91.1		132.2	118.0	105.9	106.6	101.9	97.7	
60	Captan	100.3	100.9	83.8	94.3	110.6	138.3		112.3	114.6	130.6	131.7	131.3	106.5	
61	Bromacil	59.7	95.7	111.4	77.6	57.5	67.4		114.1	110.9	96.4	113.2	0.0	82.0	
62	Picoxystrobin	98.3	110.8	103.3	109.7	95.9	98.8		115.8	109.9	101.2	104.9	108.1	88.4	
63	Butamifos	94.0	未添加	未添加	未添加	87.4	未添加		129.1	132.7	124.0	未添加	未添加	未添加	
64	Imazamethabenz-methyl	75.4	108.5	95.6	106.8	75.8	101.6		91.0	89.9	88.2	153.9	101.7	83.1	
65	Metominostrobin-1	98.5	未添加	未添加	未添加	未添加	未添加		98.6	108.2	99.3	101.8	92.2	91.9	
66	TCMTB	83.0	未添加	未添加	未添加	未添加	未添加		146.3	148.8	144.0	99.1	87.2	94.1	
67	Methiocarb sulfone	26.5	57.3	113.4	77.7	16.4	85.2		89.3	81.9	89.0	99.7	50.4	108.9	
68	Imazalil	81.2	134.7	112.2	108.1	75.3	75.6		90.3	100.9	84.8	57.2	100.0	59.9	
69	Isoprothiolane	92.4	124.3	103.0	105.2	91.4	94.7		120.2	110.2	103.8	105.9	98.7	90.9	
70	Cyflufenamid	未添加	未添加	未添加	未添加	未添加	未添加		未添加	未添加	未添加	未添加	未添加	未添加	
71	Methyl trithion	未添加	未添加	未添加	未添加	未添加	未添加		未添加	未添加	未添加	未添加	未添加	未添加	
72	Pyriminobac-methyl	未添加	未添加	未添加	未添加	未添加	未添加		未添加	未添加	未添加	未添加	未添加	未添加	
73	Isoxathion	未添加	未添加	未添加	未添加	未添加	未添加		146.1	176.4	133.1	87.5	118.4	135.2	
74	Metominostrobin-2	未添加	未添加	未添加	未添加	未添加	未添加		143.2	144.2	139.5	92.5	97.6	110.6	
75	Diofenolan-1	95.9	113.7	105.6	109.0	92.5	98.8		119.0	108.7	100.8	104.9	106.2	94.3	
76	Thifluzamide	未添加	未添加	未添加	未添加	未添加	未添加		未添加	未添加	未添加	未添加	未添加	未添加	

(续表)

序号	英文名称	低水平添加 1LOQ					高水平添加 4LOQ				
		甘蓝	苹果	柑桔	芹菜	西红柿	葡萄	甘蓝	苹果	柑桔	芹菜	西红柿	葡萄
77	Diofenolan-2	96.9	109.7	105.9	109.4	95.5	103.7	115.5	107.6	99.2	105.4	106.9	96.0
78	Quinoxyphen	97.4	101.7	103.4	110.2	91.3	88.0	115.2	108.2	93.2	103.7	106.0	98.2
79	Chlorfenapyr	98.3	106.7	100.9	106.9	95.1	106.0	116.4	107.6	100.1	108.5	111.9	93.2
80	Trifloxystrobin	95.3	108.2	104.9	108.7	90.0	90.2	122.4	112.3	105.3	108.5	105.6	90.4
81	Imibenconazole-des-benzyl	44.8	193.4	132.1	101.1	47.8	76.1	81.6	60.9	84.5	92.0	77.4	99.2
82	Isoxadifen-ethyl	103.0	未添加	未添加	94.6	96.0	未添加	104.4	105.7	101.6	98.8	未添加	未添加
83	Fipronil	94.9	108.2	103.2	102.6	92.0	122.6	121.0	107.4	107.6	115.3	110.4	90.9
84	Imiprothrin-1	54.2	76.3	87.8	106.9	54.8	68.7	140.0	99.1	93.4	64.9	69.9	101.3
85	Carfentrazone-ethyl	87.0	102.8	110.0	107.5	87.4	101.3	125.7	115.3	107.3	108.9	106.7	91.8
86	Imiprothrin-2	78.6	105.1	99.7	113.6	73.7	90.5	150.9	141.3	125.5	107.9	95.4	104.5
87	Halosulfuran-methyl	未添加	未添加	未添加	未添加	未添加	未添加	未添加	未添加	未添加	未添加	未添加	未添加
88	Epoxiconazole-1	96.0	122.3	96.4	108.3	86.5	97.2	91.3	90.3	79.6	95.1	123.9	116.6
89	Pyraflufen ethyl	95.2	108.6	103.2	110.6	90.5	97.0	116.5	106.8	100.3	104.6	109.4	93.3
90	Pyributicarb	84.2	113.7	108.3	108.3	85.3	110.6	122.0	112.4	103.9	105.8	103.1	91.5
91	Thenylchlor	76.8	98.0	102.9	106.8	83.5	98.8	124.1	113.6	104.8	101.9	106.1	86.5
92	Clethodim	84.4	48.3	67.3	30.9	51.5	59.9	96.5	79.8	39.8	29.5	36.7	22.5
93	Chrysene	0.0	0.0	0.0	0.0	0.0	0.0	0.6	1.2	0.8	0.4	0.5	0.8
94	Mefenpyr-diethyl	94.8	111.5	97.3	105.5	92.5	96.6	118.0	106.5	101.8	104.9	107.8	91.4
95	Famphur	87.3	122.3	112.7	109.4	84.1	171.1	141.9	132.1	126.7	127.9	121.1	94.9
96	Etoxazole	95.0	110.9	102.4	108.4	90.5	101.5	114.3	106.9	98.7	103.8	107.5	89.1
97	Pyriproxyfen	84.7	110.1	103.9	101.6	78.9	90.0	119.8	107.9	96.3	101.5	98.7	89.6
98	Epoxiconazole-2	90.3	110.7	111.1	106.4	86.8	92.4	128.6	116.2	114.6	104.9	91.6	87.5
99	Tepraloxydim	205.6	39.5	119.7	105.2	93.6	99.9	35.1	20.2	102.6	120.6	117.9	97.5
100	Picolinafen	93.7	100.8	107.0	108.9	95.2	97.0	119.3	110.8	99.3	105.7	104.8	103.3

(续表)

序号	英文名称	低水平添加 1LOQ						高水平添加 4LOQ					
		甘蓝	苹果	柑桔	芹菜	西红柿	葡萄	甘蓝	苹果	柑桔	芹菜	西红柿	葡萄
101	Iprodione	89.5	147.7	108.1	110.9	85.3	95.1	128.9	119.4	109.3	90.4	85.1	93.9
102	Piperophos	89.4	84.8	109.9	89.6	82.6	98.9	113.5	91.3	109.3	108.0	108.3	90.1
103	Ofurace	52.1	102.1	108.9	106.1	55.7	102.7	107.7	97.0	100.9	105.0	99.9	87.8
104	Bifenazate	未添加	未添加	未添加	未添加	未添加	未添加	143.3	149.8	138.0	120.4	127.4	0.0
105	Chromafenozide	未添加	未添加	未添加	未添加	未添加	147.3	96.6	89.3	88.6	109.4	98.4	90.9
106	Endrin ketone	90.0	92.8	98.1	116.4	88.4	未添加	129.2	116.3	111.2	109.3	110.5	83.6
107	Clomeprop	112.2	未添加	未添加	未添加	102.4	未添加	104.1	109.1	100.5	未添加	未添加	未添加
108	Fenamidone	95.9	未添加	未添加	未添加	90.0	未添加	99.6	108.2	103.4	未添加	未添加	未添加
109	Naproanilide	92.6	未添加	未添加	未添加	85.8	未添加	104.7	108.9	103.0	未添加	未添加	未添加
110	Pyraclostrobin	79.2	215.6	131.6	112.2	99.5	94.2	101.1	106.8	140.2	90.5	106.0	105.2
111	Lactofen	91.9	108.9	119.2	101.4	81.2	94.4	195.9	162.2	144.6	118.4	102.5	90.8
112	Tralkoxydim	94.2	53.7	62.0	38.2	57.2	63.0	96.4	80.6	43.4	40.5	35.9	20.0
113	Pyraclofos	74.0	未添加	未添加	未添加	68.4	未添加	173.1	170.7	166.5	未添加	未添加	未添加
114	Dialifos	79.1	未添加	未添加	未添加	77.9	未添加	129.7	133.6	130.6	未添加	未添加	未添加
115	Spirodiclofen	109.9	107.0	97.8	113.0	107.8	114.6	111.7	103.5	105.5	104.1	123.3	84.9
116	Halfenprox	94.6	95.6	116.6	66.8	84.2	79.5	120.5	124.9	117.2	116.1	未添加	未添加
117	Flurtamone	65.2	95.5	124.8	108.0	57.8	88.4	126.8	116.8	118.3	105.5	90.5	103.3
118	Pyrifralid	93.9	131.5	99.6	109.2	86.1	96.3	124.4	111.4	105.1	104.6	103.1	102.4
119	Silafluofen	93.0	119.0	116.3	108.2	85.8	80.3	120.1	111.1	102.7	104.3	107.4	100.0
120	Pyrimidifen	87.2	未添加	未添加	未添加	86.1	未添加	109.2	114.5	77.9	未添加	未添加	未添加
121	Acetamiprid	11.2	11.7	13.8	12.9	11.9	20.0	83.5	59.6	91.6	57.4	98.0	71.8
122	Butafenacil	90.9	95.9	108.7	104.9	80.5	86.2	122.4	114.0	108.7	104.2	104.7	92.2
123	Cafenstrole	63.0	未添加	未添加	未添加	64.5	未添加	136.6	137.6	135.9	未添加	未添加	未添加
124	Fluridone	37.9	119.9	107.8	106.5	40.0	66.2	121.9	101.2	115.2	88.9	64.7	96.1

ICS

GB

中华人民共和国国家标准

GB 23200.17—2016
代替 NY/T 1649—2008

食品安全国家标准
水果、蔬菜中噻菌灵残留量的测定
液相色谱法

National food safety standards—
Determination of thiabendazole residue in fruits and vegetables
Liquid chromatography

2016-12-18 发布

2017-06-18 实施

中华人民共和国国家卫生和计划生育委员会
中华人民共和国农业部 发布
国家食品药品监督管理总局

前　言

本标准代替 NY/T 1649—2008《水果、蔬菜中噻苯咪唑残留量的测定　高效液相色谱法》。
本标准与 NY/T 1649—2008 相比主要修改如下：
——对标准名称进行了修改，增加了食品安全国家标准部分；
——根据食品安全标准的格式进行了修改。
——规范性引用文件中增加 GB 2763《食品中农药最大残留限量》标准；
——在试样制备中增加了取样部位的规定及细化了试样制备的要求；
——增加了精密度要求。

食品安全国家标准
水果、蔬菜中噻菌灵残留量的测定 液相色谱法

1 范围

本标准规定了蔬菜和水果中噻菌灵残留量的高效液相色谱测定方法。

本标准适用于蔬菜和水果中噻菌灵残留量的测定。

2 规范性引用文件

下列文件对于本文件的应用是必不可少的。凡是注日期的应用文件，仅注日期的版本适用于本文件。凡是不注日期的引用文件，其最新版本（包括所有的修改单）适用于本文件。

GB 2763 食品安全国家标准 食品中农药最大残留限量

GB/T 6682 分析实验室用水规格和试验方法

3 原理

样品中噻菌灵经甲醇提取后，根据噻菌灵在酸性条件下溶于水，碱性条件下溶于乙酸乙酯的原理，进行净化，再经反相色谱分离，紫外检测器300nm检测，根据保留时间定性，外标法定量。

4 试剂与材料

除非另有说明，在分析中仅使用确认为分析纯的试剂和符合GB/T 6682一级的水。

4.1 试剂

4.1.1 甲醇（CH_3OH），色谱纯。

4.1.2 乙酸乙酯（$CH_3COOC_2H_5$）。

4.1.3 氯化钠（NaCl）。

4.1.4 无水硫酸钠（Na_2SO_4）：650℃灼烧4h，干燥器中保存。

4.2 溶液配制

4.2.1 盐酸溶液（0.1mol/L）：吸取8.33mL盐酸，用水定容至1 L。

4.2.2 氢氧化钠溶液（1.0mol/L）：称取40g氢氧化钠，用水溶解，并定容至1 L。

4.3 标准品

噻菌灵（CAS 148-79-8）：纯度大于99%。

4.4 标准溶液配制

标准贮备溶液（100mg/L）：准确称取噻菌灵0.0100g，用甲醇溶解后，定容至100mL，置4℃保存，有效期3个月。

5 仪器与设备

5.1 高效液相色谱仪，配有紫外检测器。
5.2 分析天平：感量0.01g和0.1mg。
5.3 组织捣碎机。
5.4 旋转蒸发仪。
5.5 机械往复式振荡器。
5.6 布氏漏斗。

6 试样制备

将蔬菜和水果样品取样部位按GB 2763—2014附录A规定取样，对于个体较小的样品，取样后全部处理；对于个体较大的基本均匀样品，可在对称轴或对称面上分割或切成小块后处理；对于细长、扁平或组分含量在各部分有差异的样品，可在不同部位切取小片或截成小段或处理；取后的样品将其切碎，充分混匀，用四分法取样或直接放入组织捣碎机中捣碎成匀浆。匀浆放入聚乙烯瓶中于－16℃～－20℃条件下保存。

7 分析步骤

7.1 提取及净化

称取10g样品，精确至0.01g，放入250mL具塞锥形瓶中，加40mL甲醇，均质1min，在机械往复式振荡器上振摇20min，布氏漏斗抽滤，并用适量甲醇洗涤残渣2次，合并滤液于150mL梨形瓶中，在50℃下减压蒸发至剩余5mL～10mL，用20mL盐酸溶液洗入250mL分液漏斗中，加入20mL乙酸乙酯振荡、静置，乙酸乙酯层再用20mL盐酸溶液萃取一次。合并水相用氢氧化钠溶液调pH至8～9，加入4g氯化钠，移入250mL分液漏斗中，用40mL乙酸乙酯分别萃取2次，合并乙酸乙酯，经无水硫酸钠脱水，在50℃下减压旋转蒸发近干，残渣用流动相溶解并定容至5mL，经0.45μm滤膜过滤后待测。

7.2 液相色谱参考条件

检测器：紫外检测器。
色谱柱：C_{18}，4.6×250mm（5μm）或相当者。
流动相：甲醇+水=50+50。
流速：1.0mL/min。
检测波长：300nm。
柱温：室温。
进样量：10μL。

7.3 标准工作曲线

吸取标准储备溶液 0mL、0.1mL、0.5mL、1mL 和 2mL，用流动相定容至 10mL，此标准系列质量浓度为 0mg/L、1.00mg/L、5.00mg/L、10.0mg/L 和 20.0mg/L，以测得峰面积为纵坐标，对应的标准溶液质量浓度为横坐标，绘制标准曲线，求回归方程和相关系数。

7.4 测定

将标准工作溶液和待测溶液分别注入高效液相色谱仪中，以保留时间定性，以待测液峰面积代入标准曲线中定量，样品中噻菌灵质量浓度应在标准工作曲线质量浓度范围内。同时做空白试验。

8 结果计算

试料中噻菌灵残留量以质量分数 W 计，单位以毫克每千克（mg/kg）表示，按公式（1）计算：

$$W = \frac{\rho \times V}{m} \tag{1}$$

式中：

ρ——由标准曲线得出试样溶液中噻菌灵的质量浓度，单位为毫克每升（mg/L）；

V——最终定容体积，单位为毫升（mL）；

m——试样质量，单位为克（g）。

计算结果应扣除空白值，计算结果以重复性条件下获得的两次独立测定结果的算术平均值表示，保留两位有效数字。

9 精密度

在重复性条件下获得的两次独立测定结果的绝对差值与其算术平均值的比值（百分率），应符合附录 A 的要求。

在再现性条件下获得的两次独立测定结果的绝对差值与其算术平均值的比值（百分率），应符合附录 B 的要求。

10 定量限

本标准方法定量限为 0.05mg/kg。

11 色谱图

噻菌灵标准溶液图谱见图 1。

图1 1.0mg/L 的噻菌灵标准溶液图谱见图

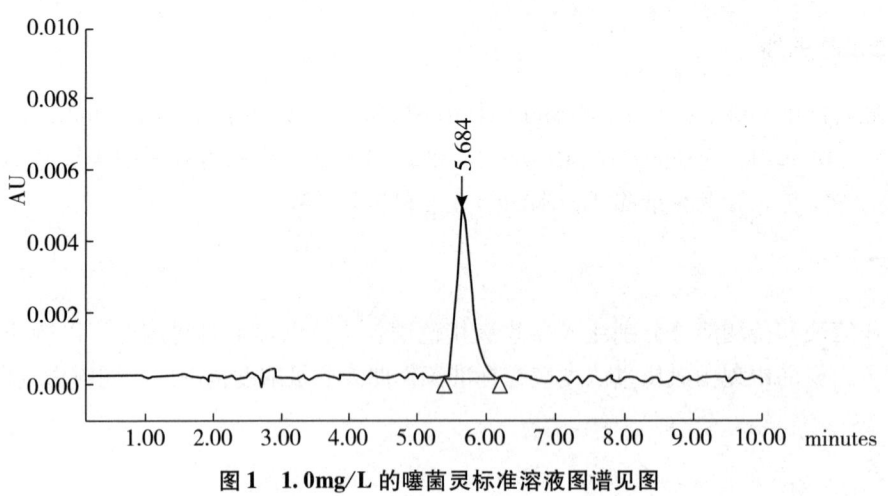

附录 A
（规范性附录）
实验室内重复性要求

表 A.1　　　　　　　　　　　　　　实验室内重复性要求

被测组分含量 mg/kg	精密度 %
≤0.001	36
>0.001≤0.01	32
>0.01≤0.1	22
>0.1≤1	18
>1	14

附录 B
（规范性附录）
实验室间再现性要求

表 B.1　　　　　　　　　　　　实验室间再现性要求

被测组分含量 mg/kg	精密度 %
≤0.001	54
>0.001≤0.01	46
>0.01≤0.1	34
>0.1≤1	25
>1	19

ICS

GB

中华人民共和国国家标准

GB 23200.19—2016
代替 SN/T 2114—2008

食品安全国家标准
水果和蔬菜中阿维菌素残留量的测定
液相色谱法

National food safety standards—
Determination of abamectin residue in fruits and vegetables
Liquid chromatography

2016-12-18 发布　　　　　　　　　　　　2017-06-18 实施

中华人民共和国国家卫生和计划生育委员会
中华人民共和国农业部　发布
国家食品药品监督管理总局

前　言

本标准代替 SN/T 2114—2008《进出口水果和蔬菜中阿维菌素残留量检测方法 液相色法》。
本标准与 SN/T 2114—2008 相比，主要变化如下：
——标准文本格式修改为食品安全国家标准文本格式；
——标准名称中"进出口水果和蔬菜"改为"水果和蔬菜"。
——标准范围中增加"其他食品可参照执行"。
本标准所代替标准的历次版本发布情况为：
——SN/T 2114—2008

食品安全国家标准
水果和蔬菜中阿维菌素残留量的测定 液相色谱法

1 范围

本标准规定了水果及蔬菜中阿维菌素检测的制样和液相色谱检测方法。本标准适用于苹果及菠菜中阿维菌素残留量的检测。其他食品可参照执行。

2 规范性引用文件

下列文件对于本文件的应用是必不可少的。凡是注日期的引用文件，仅所注日期的版本适用于本文件。凡是不注日期的引用文件，其最新版本（包括所有的修改单）适用于本文件。

GB 2763 食品安全国家标准食品中农药最大残留限量

GB/T 6682 分析实验室用水规格和试验方法

3 方法提要

试样中的阿维菌素用丙酮提取，经浓缩后，用 SPE C_{18} 柱净化，并用甲醇洗脱。洗脱液经浓缩、定容、过滤后，用配有紫外检测器的高效液相色谱测定，外标法定量。

4 试剂和材料

除另有规定外，所有试剂均为分析纯，水为符合 GB/T 6682 中规定的一级水。

4.1 试剂

4.1.1 丙酮（C_3H_6O）：色谱纯。

4.1.2 甲醇（CH_4O）：色谱纯。

4.2 标准品

4.2.1 阿维菌素标准品（分子式 $C_{48}H_{72}O_{14}$）：纯度≥96.0%。

4.3 标准溶液配制

4.3.1 阿维菌素标准储备液：称取 0.1g（准确至 0.0002g）阿维菌素标准品于 100mL 容量瓶中，用甲醇溶解并定容至刻度配制成浓度为 1.0mg/mL 的标准储备液。

4.3.2 阿维菌素标准工作液：根据需要移取适量的阿维菌素标准储备液，用甲醇稀释成适当浓度的标准。标准工作液需每周配制一次。

5 仪器和设备

5.1 高效液相色谱仪：配有紫外检测器。
5.2 分析天平：感量 0.01g 和 0.0001g。
5.3 组织捣碎机。
5.4 振荡器。
5.5 旋转蒸发器。
5.6 固相萃取柱：SPE C18。规格：60mg/3mL 使用前用 5mL 甲醇和 5mL 水活化。

6 试样制备与保存

6.1 试样制备

将所取样品缩分出 1kg，取样部位按 GB 2763 附录 A 执行，样品经组织捣碎机捣碎，均分为两份，装入洁净容器内，作为试样密封并标明标记。

6.2 试样保存

将试样于 -18℃ 以下保存。

在抽样和制样的操作过程中，应防止样品受到污染或发生残留物含量的变化。

7 分析步骤

7.1 提取

称取试样约 20g（精确至 0.1g）于 100mL 具塞锥形瓶中，加入 50mL 丙酮，于振荡器上振荡 0.5h 用布氏漏斗抽滤，用 20mL×2 丙酮洗涤锥形瓶及残渣。合并丙酮提取液，于 40℃ 水浴旋转蒸发至约 2mL。

7.2 净化

将上述的浓缩提取液完全转入 SPE C18 柱，再用 5mL 水淋洗，去掉淋洗液。最后用 5mL 甲醇洗脱，收集洗脱液，用氮气吹至近干。准确加入 1.0mL 甲醇溶解残渣，用 0.45μm 滤膜过滤，滤液供液相色谱测定。外标法定量。

7.3 测定

7.3.1 高效液相色谱参考条件：
a) 色谱柱：ODS-C_{18} 反相柱，4.6mm×125mm；
b) 流动相：甲醇：水 = (90+10，V/V)；
c) 流速：1.0mL/min；
d) 检测波长：245nm；
e) 柱温：40℃；
f) 进样量：20μL。

7.3.2 色谱测定

根据样液中阿维菌素含量情况,选定峰高相近的标准工作液,标准工作液和样液中阿维菌素响应值均应在仪器检测线性范围内,标准工作液和样液等体积参插进样。在上述色谱条件下,阿维菌素保留时间约为5.3min。

标准色谱图参见附录A,标准品紫外光谱图参见附录B。

7.4 空白试验

除不加试样外,均按照上述测定步骤进行。

8 结果计算与表述

用色谱数据处理机,或按式(1)计算试样中阿维菌素残留量:

$$X = h \cdot c \cdot V / h_s \cdot m \tag{1}$$

式中:

X——试样中阿维菌素残留量,单位为毫克每千克(mg/kg);

h——样液中阿维菌素峰高,单位为毫米(mm);

h_s——标准工作液中阿维菌素峰高,单位为毫米(mm);

c——标准工作液中阿维菌素浓度,单位为毫克每升(mg/L);

V——样液最终定容体积,单位为毫升(mL);

m——最终样液代表的试样量,单位为克(g)。

注:计算结果须扣除空白值,测定结果用平行测定的算术平均值表示,保留两位有效数字。

9 精密度

9.1 在重复性条件下获得的两次独立测定结果的绝对差值与其算术平均值的比值(百分率),应符合附录C的要求。

9.2 在再现性条件下获得的两次独立测定结果的绝对差值与其算术平均值的比值(百分率),应符合附录D的要求。

10 定量限和回收率

10.1 定量限

本方法的定量限为0.01mg/kg。

10.2 回收率

苹果样品中添加阿维菌素的浓度和回收率的实验数据:

——在0.01mg/kg时,回收率为82.5%;

——在0.05mg/kg时,回收率为87.5%;

——在0.50mg/kg时,回收率为95.0%。

菠菜中添加阿维菌素的浓度和回收率的实验数据：
——在 0.01mg/kg 时，回收率为 83.0%；
——在 0.05mg/kg 时，回收率为 89.0%；
——在 0.50mg/kg 时，回收率为 97.0%。

Annex A
(informative)
Chromatogram of the standard

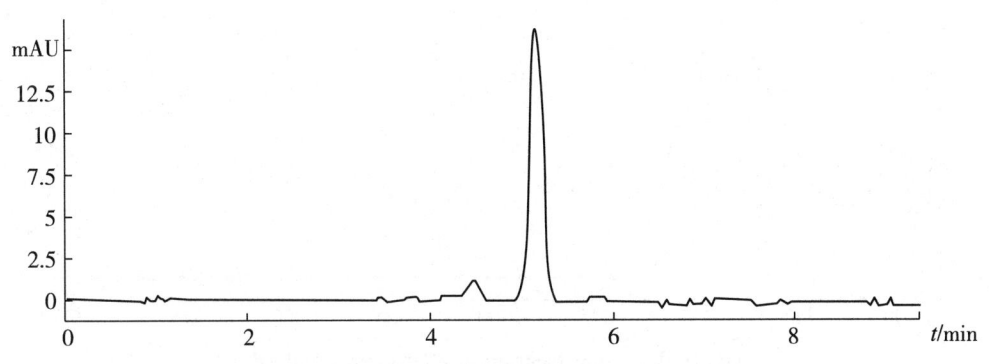

Figure A.1 – Liquid chromatogram of abamectin standard

Annex B
(informative)
Spectrogram of standard

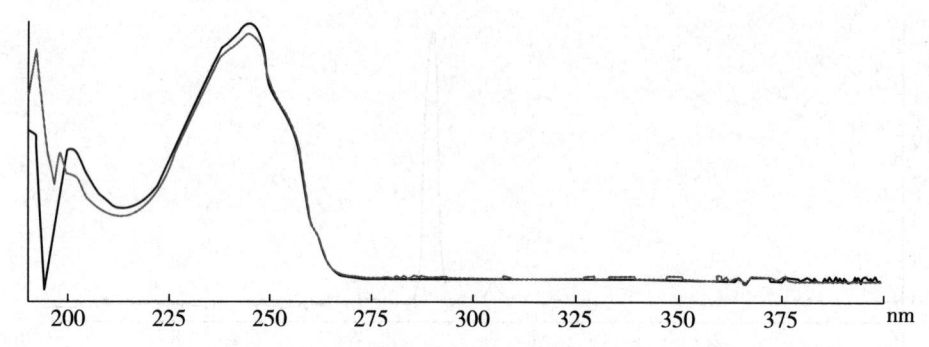

Figure B.1 – Spectrogram of abamectin standard

附录 C
（规范性附录）
实验室内重复性要求

表 C.1　　　　　　　　　　　　　　　实验室内重复性要求

被测组分含量 mg/kg	精密度 %
≤0.001	36
>0.001≤0.01	32
>0.01≤0.1	22
>0.1≤1	18
>1	14

附录 D
（规范性附录）
实验室间再现性要求

表 D.1　　　　　　　　　　　　　实验室间再现性要求

被测组分含量 mg/kg	精密度 %
≤0.001	54
>0.001≤0.01	46
>0.01≤0.1	34
>0.1≤1	25
>1	19

ICS

GB

中华人民共和国国家标准

GB 23200.21—2016
代替 SN 0350—2012

食品安全国家标准
水果中赤霉酸残留量的测定
液相色谱－质谱/质谱法

National food safety standards—
Determination of gibberellic acid residue in fruit
Liquid chromatography-mass spectrometry

2016-12-18 发布　　　　　　　　　　　　　　　2017-06-18 实施

中华人民共和国国家卫生和计划生育委员会
中华人民共和国农业部　发布
国家食品药品监督管理总局

前 言

本标准代替 SN/T 0350—2012《进出口水果中赤霉素残留量的测定 液相色谱-质谱/质谱法》。

本标准与 SN/T 0350—2012 相比，主要变化如下：

——标准文本格式修改为食品安全国家标准文本格式；

——标准名称中"进出口水果"改为"水果"；

——标准范围中增加"其他食品可参照执行"。

本标准所代替标准的历次版本发布情况为：

——SN/T 0350—2012。

食品安全国家标准
水果中赤霉酸残留量的测定 液相色谱－质谱/质谱法

1 范围

本标准规定了水果中赤霉酸残留量的制样和液相色谱－质谱/质谱测定方法。

本标准适用于进出口苹果、桔子、桃子、梨和葡萄中赤霉酸残留量的检测，其他食品可参照执行。

2 规范性引用文件

下列文件对于本文件的应用是必不可少的。凡是注日期的引用文件，仅所注日期的版本适用于本文件。凡是不注日期的引用文件，其最新版本（包括所有的修改单）适用于本文件。

GB 2763 食品安全国家标准 食品中农药最大残留限量

GB/T 6682 分析实验室用水规格和试验方法。

3 原理

用乙腈提取试样中残留的赤霉酸，提取液经液液分配净化后，用液相色谱－质谱/质谱测定和确证，外标法定量。

4 试剂和材料

除另有规定外，所有试剂均为分析纯，水为符合 GB/T 6682 中规定的一级水。

4.1 试剂

4.1.1 乙腈（C_2H_3N）：色谱纯。

4.1.2 甲醇（CH_4O）：色谱纯。

4.1.3 乙酸乙酯（$C_4H_8O_2$）：色谱纯。

4.1.4 甲酸（CH_2O_2）：色谱纯。

4.1.5 磷酸二氢钾（K_2HPO_4）。

4.1.6 氢氧化钠（NaOH）。

4.1.7 硫酸（H_2SO_4）。

4.1.8 氯化钠（NaCl）。

4.2 溶液配制

4.2.1 硫酸水溶液（pH 2.5）：1 滴硫酸加入 100mL 水中，调节水 pH 为 2.5。

4.2.2 磷酸盐缓冲溶液（pH 7）：6.7g 磷酸二氢钾和 1.2g 氢氧化钠溶解于 1 L 水中。

4.2.3 0.15%甲酸溶液：移取 0.15mL 甲酸，用水稀释至 100mL。

4.3 标准品

4.3.1 赤霉酸标准品（gibberellic acid，CAS NO. 为 77-06-5，$C_{19}H_{22}O_6$）：纯度≥98%。

4.4 标准溶液配制

4.4.1 赤霉酸标准储备溶液：称取适量标准品，用甲醇溶解，溶液浓度为 100μg/mL。0℃~4℃冷藏避光保存。有效期三个月。

4.4.2 标准工作溶液：根据需要用空白样品溶液将标准储备液稀释成 4ng/mL、5ng/mL、10ng/mL、100ng/mL 和 150ng/mL 的标准工作溶液，相当于样品中含有 8μg/kg、10μg/kg、20μg/kg、200μg/kg、300μg/kg 赤霉酸。临用前配制。

4.5 材料

4.5.1 有机相微孔滤膜：0.45μm。

5 仪器和设备

5.1 液相色谱-质谱/质谱仪：配有电喷雾离子源。

5.2 分析天平：感量 0.01g 和 0.0001g。

5.3 pH 计。

5.4 旋转蒸发器。

5.5 旋涡混合器。

5.6 离心机：4 000r/min。

6 试样制备与保存

从所取全部样品中取出有代表性样品约 500g，取样部位按 GB 2763 附录 A 执行，用粉碎机粉碎，混合均匀，均分成两份，分别装入洁净容器作为试样，密封，并标明标记。将试样于-18℃冷冻保存。

在抽样和制样的操作过程中，应防止样品污染或发生残留物含量的变化。

7 测定步骤

7.1 提取

称取 5g 试样（精确到 0.01g）置于 50mL 塑料离心管中，加入 25mL 乙腈和 2g 氯化钠，涡旋 1min，以 4 000r/min 离心 5min，将上层乙腈提取液转移至浓缩瓶中，下层溶液再用 20mL 乙腈提取一次，合并乙腈提取液，在 45℃以下水浴减压浓缩至近干，用 10mL 硫酸水溶液将残渣转移至 50mL 塑料离心管中，加入 20mL 乙酸乙酯，涡旋 1min，以 4 000r/min 离心 5min，乙酸乙酯转移至另一 50mL 塑料离心管中，再加入 20mL 乙酸乙酯，重复上述操作，合并乙酸乙酯提取液，加入 10mL 磷酸盐缓冲溶液，涡旋，以 4 000r/min 离心 5min，分取磷酸盐缓冲盐溶液，乙酸乙酯层中再加入 10mL 磷酸盐缓冲溶液提取一次，合并磷酸盐缓冲溶液，滴加50%硫酸溶液调节溶液pH为2.5±0.2，加入20mL乙酸乙酯，涡旋1min，以4 000r/min离心5min，将上层乙酸乙酯转移至浓缩瓶中，磷酸盐缓冲盐溶液层中再加入20mL乙酸乙酯提取一次，合并乙酸乙酯提取液在45℃以下水浴减压浓缩至近干，加10.0mL甲醇-水（1+1，体积比）溶解残渣，混匀，过0.45μm滤膜，供液相色谱-质谱/质谱仪测定。

7.2 测定

7.2.1 液相色谱-质谱/质谱

液相色谱-质谱/质谱参考条件如下：

a) 色谱柱：C_{18}柱，150mm×4.6mm（i.d），5μm或相当者；
b) 流动相：乙腈-0.15%甲酸水溶液（35+65，体积比）；
c) 流速：0.4mL/min；
d) 进样量：30μL；
e) 离子源：电喷雾离子源；
f) 扫描方式：负离子扫描；
g) 检测方式：多反应监测；
h) 雾化气、气帘气、辅助气、碰撞气均为高纯氮气；使用前应调节各气体流量以使质谱灵敏度达到检测要求，参考条件参见附录A表A.1。

7.2.2 液相色谱—质谱/质谱测定

根据样液中赤霉酸的含量情况，选定响应值适宜的标准工作液进行色谱分析，标准工作液应有五个浓度水平。待测样液中赤霉酸的响应值均应在仪器检测的工作曲线范围内。在上述色谱条件下，赤霉酸的参考保留时间约为4.9min。标准溶液的选择性离子流图参见附录B中图B.1。

7.2.3 液相色谱-质谱/质谱确证

按照上述条件测定样品和标准工作液，如果检测的质量色谱峰保留时间与标准工作液一致，允许偏差小于±2.5%；定性离子对的相对丰度与浓度相当标准工作液的相对丰度一致，相对丰度允许偏差不超过表1规定，则可判断样品中存在相应的被测物。

表1 定性确证时相对离子丰度的最大允许偏差

相对丰度（基峰）	>50%	>20%至50%	>10%至20%	≤10%
允许的相对偏差	±20%	±25%	±30%	±50%

7.3 空白试验

除不加试样外，均按上述操作步骤进行。

8 结果计算和表述

用色谱数据处理机或按式（1）计算试样中赤霉酸残留含量，计算结果需扣除空白值：

$$X = \frac{C_i \times V \times 1000}{m \times 1000} \tag{1}$$

式中：

X——试样中赤霉酸的残留量，单位为微克每千克（μg/kg）；

C_i——从标准曲线上得到的赤霉酸浓度，单位为纳克每毫升（ng/mL）；

V——样液最终定容体积，单位为毫升（mL）；

m——最终样液代表的试样质量，单位为克（g）。

注：计算结果须扣除空白值，测定结果用平行测定的算术平均值表示，保留两位有效数字。

9 精密度

9.1 在重复性条件下获得的两次独立测定结果的绝对差值与其算术平均值的比值（百分率），应符合附录 D 的要求。

9.2 在再现性条件下获得的两次独立测定结果的绝对差值与其算术平均值的比值（百分率），应符合附录 E 的要求。

10 定量限和回收率

10.1 定量限

本方法的定量限为 10μg/kg。

10.2 回收率

在不同添加水平条件下的回收率数据见附录 C。

附录 A
（资料性附录）
API 4000 LC–MS/MS 系统电喷雾离子源参考条件

监测离子对及电压参数

a) 电喷雾电压（IS）：-4500 V；
b) 雾化气压力（GS1）：241.15 kPa（35 psi）；
c) 气帘气压力（CUR）：172.25 kPa（25 psi）；
d) 辅助气流速（GS2）：310.05 kPa（45 psi）；
e) 离子源温度（TEM）：550℃；
f) 碰撞气（CAD）：6；
g) 离子对、去簇电压（DP）、碰撞气能量（CE）及碰撞室出口电压（CXP）见 A.1。

表 A.1　　离子对、去簇电压、碰撞气能量和碰撞室出口电压

名称	母离子 m/z	子离子 m/z	去簇电压（DP） V	碰撞气能量（CE） V	碰撞室出口电压（CXP） V
赤霉酸	345.1	239.2*	-45	-21	-11
		143.2		-34	

注："*"为定量离子。

非商业性声明：附录表 B 所列参数是在 API 4000 质谱仪完成的，此处列出试验用仪器型号仅是为了提供参考，并不涉及商业目的，鼓励标准使用者尝试不同厂家和型号的仪器。

附录 B
（资料性附录）
赤霉酸标准品选择性离子流图

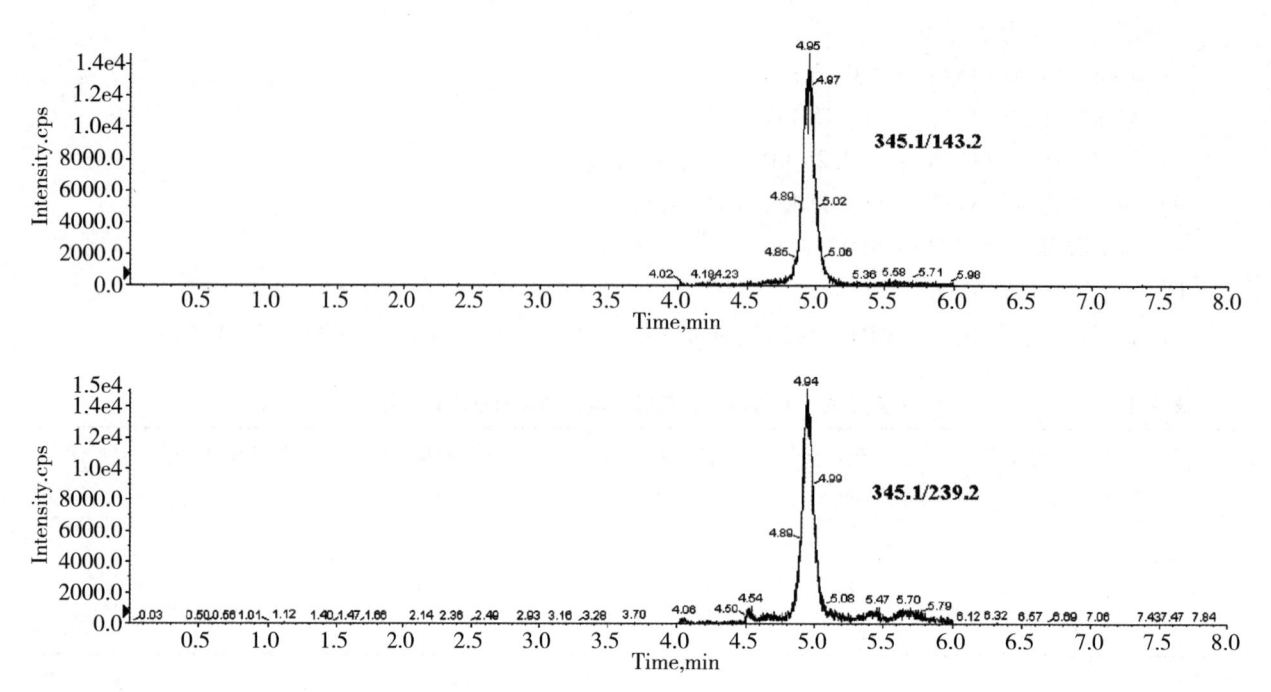

图 B.1 赤霉酸（5ng/mL）标准品的选择性离子流图

附录 C
（资料性附录）
样品的添加浓度及回收率的实验数据

表 C.1　　样品的添加浓度及回收率的实验数据

基质	添加浓度/μg/kg	回收率范围/%	精密度范围/%
苹果	10	70.4~98.7	7.5
苹果	20	70.8~100.8	5.2
苹果	200	70.3~106.0	3.2
桔子	10	74.0~97.4	4.2
桔子	20	74.0~97.5	4.3
桔子	200	75.2~103.6	7.1
桃子	10	71.6~99.3	13.7
桃子	20	73.8~102.8	10.5
桃子	200	71.6~103.0	12.6
梨	10	70.4~109.0	5.3
梨	20	73.3~102.2	8.8
梨	200	73.7~101.0	5.7
葡萄	10	70.2~98.3	13.0
葡萄	20	70.3~98.1	9.4
葡萄	200	70.0~102.0	8.9

附录 D
（规范性附录）
实验室内重复性要求

表 D.1　　　　　　　　　　　　实验室内重复性要求

被测组分含量 mg/kg	精密度 %
≤0.001	36
>0.001≤0.01	32
>0.01≤0.1	22
>0.1≤1	18
>1	14

附录 E
（规范性附录）
实验室间再现性要求

表 E.1　　　　　　　　　　　　　　　实验室间再现性要求

被测组分含量 mg/kg	精密度 %
≤0.001	54
>0.001≤0.01	46
>0.01≤0.1	34
>0.1≤1	25
>1	19

ICS

GB

中华人民共和国国家标准

GB 23200.25—2016
代替 SN/T 1115—2002

食品安全国家标准
水果中噁草酮残留量的检测方法

National food safety standards—
Determination of oxadiazon residue in fruits

2016-12-18 发布　　　　　　　　　　　2017-06-18 实施

中华人民共和国国家卫生和计划生育委员会
中 华 人 民 共 和 国 农 业 部　发布
国 家 食 品 药 品 监 督 管 理 总 局

前　言

本标准代替 SN/T 1115—2002《进出口水果中噁草酮残留量的检验方法》。

本标准与 SN/T 1115—2002，主要变化如下：

——标准文本格式修改为食品安全国家标准文本格式；

——标准名称中"进出口水果"改为"水果"；

——标准范围中增加"其他食品可参照执行"。

本标准所代替标准的历次版本发布情况为：

——SN/T 1115—2002。

食品安全国家标准
水果中噁草酮残留量的检测方法

1 范围

本标准规定了水果中噁草酮残留量检验的抽样、制样和气相色谱－质谱测定及确证方法。

本标准适用于柑桔、苹果中噁草酮残留量的检验，其他食品可参照执行。

2 规范性引用文件

下列文件对于本文件的应用是必不可少的。凡是注日期的引用文件，仅所注日期的版本适用于本文件。凡是不注日期的引用文件，其最新版本（包括所有的修改单）适用于本文件。

GB 2763 食品安全国家标准 食品中农药最大残留限量

GB/T 6682 分析实验室用水规格和试验方法

3 试剂和材料

除另有规定外，所有试剂均为分析纯，水为符合 GB/T 6682 中规定的一级水。

3.1 试剂

3.1.1 苯（C_6H_6）：重蒸馏。

3.1.2 正己烷（C_6H_{14}）：重蒸馏。

3.1.3 氯化钠（NaCl）。

3.1.4 无水硫酸钠（Na_2SO_4）：经过 650℃ 灼烧 4h，置于干燥器中备用。

3.2 溶液配制

3.2.1 苯－正己烷溶液（1+1）：取 100mL 苯，加入 100mL 正己烷，摇匀备用。

3.2.2 苯－正己烷溶液（2+1）：取 200mL 苯，加入 100mL 正己烷，摇匀备用。

3.3 标准品

3.3.1 噁草酮标准品：纯度≥99%。

3.4 标准溶液配制

3.4.1 噁草酮储备液：准确称取适量噁草酮标准品，用少量正己烷溶解，并以正己烷配制成浓度为 1000μg/mL 标准储备液。根据需要再用正己烷将标准储备液稀释成适当浓度的标准工作液。

3.5 材料

3.5.1 活性碳小柱：SUPELCLEAN ENVI – CARB 小柱，125mg，3mL 或相当者。

4 仪器和设备

4.1 气相色谱仪，配质量选择性检测器。

4.2 分析天平：感量 0.01g 和 0.0001g。

4.3 固相萃取装置，带真空泵。

4.4 离心机：3000r/min。

4.5 涡旋混匀器。

4.6 离心管：15mL。

4.7 刻度试管：15mL。

4.8 微量注射器：10μL。

5 试样制备与保存

5.1 试样制备

将所取原始样品缩分出 1kg，取样部位按 GB 2763 附录 A 执行，经组织捣碎机捣碎，均分成两份，装入洁净容器内，作为试样。密封，并标明标记。

5.2 试样保存

将试样于 -18℃ 以下冷冻保存。

注：在抽样和制样的操作过程中，必须防止样品受到污染或发生残留物含量的变化。

6 分析步骤

试样中噁草酮残留物用苯 – 正己烷提取，然后过活性炭小柱净化，用配有质量选择性检测器的气相色谱仪测定及确证，外标法定量。

6.1 提取

准确称取 2.0g 均匀试样（精确至 0.001g）于 15mL 离心管中，加入 1g 氯化钠，于混匀器上混匀 30s，加入 2mL 苯 – 正己烷混合溶液在混匀器上充分混匀 3min，于 2 500r/min 离心 2min，将上清液移动到另一 15mL 刻度试管中，残渣再分别用 2mL 苯 – 正己烷混合溶液重复提取 2 次，合并提取液，加入 1.0g 无水硫酸钠使之干燥。

6.2 净化

将活动碳小柱安装固相萃取的真空抽滤装置上，用 1mL × 3 苯 – 正己烷先预淋洗小柱，保持流速为 0.5mL/min，弃去洗脱液。将样品提取液加到小柱上，再用 1.5mL × 3 苯 – 正己烷混合溶液洗涤试管并一起转移到小柱中，收集全部洗脱液，在 45℃ 下。空气流吹至近干，用正己烷溶解残渣并定容于 0.50mL，供 CC/MSD 分析。

6.3 测定

6.3.1 气相色谱-质谱参考条件

a) 色谱柱：石英毛细管柱 HP-5，25 m×0.2mm（内径），膜厚 0.33μm，或相当者；
b) 色谱柱温度：100℃保持1min，以5℃/min上升至200℃，再以10℃/min，上升至280℃，保持5min；
c) 进样口温度：280℃；
d) 色谱-质谱接口温度：250℃；
e) 载气：氮气，纯度≥99.995%，0.6mL/min；
f) 进样量：1μL；
g) 进样方式：无分流进样，1min后开阀；
h) 电离方式：EI；
i) 电离能量：70 eV；
j) 测定方式：选择离子检测方式（SIM）；
k) 检测离子（m/z）：177、258、344；
l) 溶剂延迟：20min。

6.3.2 色谱测定

根据样液中噁草酮的含量，选定峰面积相近的标准工作溶液，标准工作溶液和样液中噁草酮的响应值均应在仪器检测的线性范围内，对标准工作液和样液等体积参插进样测定，在上述色谱条件下，噁草酮的保留时间约为25.95min，标准品 SIM 色谱图及全扫描质谱图见附录 A 中图 A.1、A.2。

6.3.3 质谱确证

对标准溶液及样液均按6.3.2规定的条件进行测定，如果样液中与标准溶液相同的保留时间有峰出现，则对其进行质谱确证。在上述气相色谱-质谱条件下，噁草酮的保留时间约为25.95min，监测离子强度比（m/z）258∶177∶344-（65±10）∶100∶（16±2）。

6.4 空白实验

除不加试样外，均按上述测定步骤进行。

7 结果计算和表述

用色谱数据处理机或按下式（1）计算式样中的噁草酮的含量：

$$X = \frac{A \times C_s \times V}{A_s \times m} \tag{1}$$

式中：

X——试样中噁草酮的含量，单位为毫克每千克（mg/kg）；
A——样液中噁草酮的峰面积；
C_s——标准工作液中噁草酮的浓度，单位为微克每毫升（μg/mL）；
A_s——标准工作液中噁草酮的峰面积；
V——样液最终定容体积，单位为毫升（mL）；
m——最终样液所代表的试样量，单位为克（g）。

注：计算结果须扣除空白值，测定结果用平行测定的算术平均值表示，保留两位有效数字。

8 精密度

在重复性条件下获得的两次独立测定结果的绝对差值与其算术平均值的比值（百分率），应符合附录 C 的要求。

在再现性条件下获得的两次独立测定结果的绝对差值与其算术平均值的比值（百分率），应符合附录 D 的要求。

9 定量限和回收率

9.1 定量限

本方法噁草酮的定量限为 0.010mg/kg。

9.2 回收率

当添加水平为 0.01mg/kg、0.05mg/kg、0.5mg/kg 时，噁草酮在不同基质中的添加回收率参见附录 B。

附录 A
（资料性附录）
噁草酮标准品色谱和质谱图

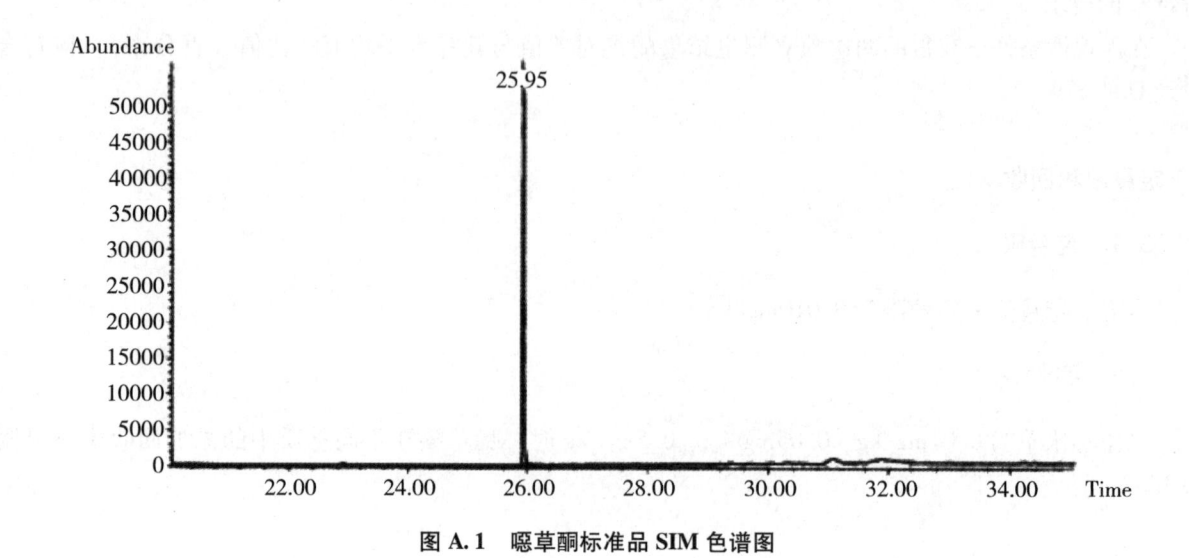

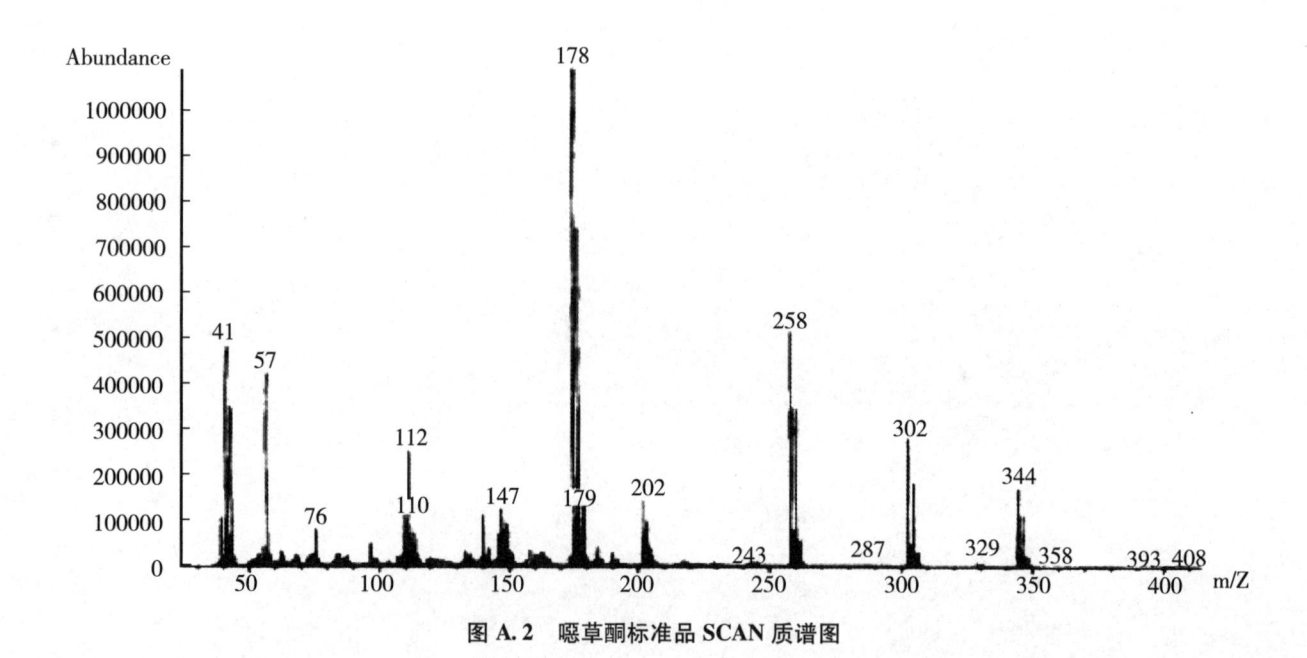

图 A.1 噁草酮标准品 SIM 色谱图

图 A.2 噁草酮标准品 SCAN 质谱图

附录 B
（资料性附录）
不同基质中噁草酮的添加回收率

表 B.1　　　　　　　　　　不同基质中噁草酮的添加回收率　　　　　　　单位：%

农药名称	样品基质	
	柑橘	苹果
噁草酮	95.0 – 98.4	96.7 – 98.3

附录 C
（规范性附录）
实验室内重复性要求

表 C.1　　　　　　　　　　　实验室内重复性要求

被测组分含量 mg/kg	精密度 %
≤0.001	36
>0.001≤0.01	32
>0.01≤0.1	22
>0.1≤1	18
>1	14

附录 D
（规范性附录）
实验室间再现性要求

表 D.1　　　　　　　　　　　　　　　实验室间再现性要求

被测组分含量 mg/kg	精密度 %
≤0.001	54
>0.001≤0.01	46
>0.01≤0.1	34
>0.1≤1	25
>1	19

GB

中华人民共和国国家标准

GB 2761—2017

食品安全国家标准
食品中真菌毒素限量

2017-03-17 发布

2017-09-17 实施

中华人民共和国国家卫生和计划生育委员会
国家食品药品监督管理总局 发布

前　言

本标准代替 GB 2761—2011《食品安全国家标准　食品中真菌毒素限量》。

本标准与 GB 2761—2011 相比，主要变化如下：

——修改了应用原则；

——增加了葡萄酒和咖啡中赭曲霉毒素 A 限量要求；

——增加了特殊医学用途配方食品、辅食营养补充品、运动营养食品、孕妇及乳母营养补充食品中真菌毒素限量要求；

——删除了表 1 中酿造酱后括号注解；

——更新了检验方法标准号；

——修改了附录 A。

食品安全国家标准
食品中真菌毒素限量

1 范围

本标准规定了食品中黄曲霉毒素 B_1、黄曲霉毒素 M_1、脱氧雪腐镰刀菌烯醇、展青霉素、赭曲霉毒素 A 及玉米赤霉烯酮的限量指标。

2 术语和定义

2.1 真菌毒素

真菌在生长繁殖过程中产生的次生有毒代谢产物。

2.2 可食用部分

食品原料经过机械手段（如谷物碾磨、水果剥皮、坚果去壳、肉去骨、鱼去刺、贝去壳等）去除非食用部分后，所得到的用于食用的部分。

注1：非食用部分的去除不可采用任何非机械手段（如粗制植物油精炼过程）。

注2：用相同的食品原料生产不同产品时，可食用部分的量依生产工艺不同而异。如用麦类加工麦片和全麦粉时，可食用部分按100%计算；加工小麦粉时，可食用部分按出粉率折算。

2.3 限量

真菌毒素在食品原料和（或）食品成品可食用部分中允许的最大含量水平。

3 应用原则

3.1 无论是否制定真菌毒素限量，食品生产和加工者均应采取控制措施，使食品中真菌毒素的含量达到最低水平。

3.2 本标准列出了可能对公众健康构成较大风险的真菌毒素，制定限量值的食品是对消费者膳食暴露量产生较大影响的食品。

3.3 食品类别（名称）说明（附录A）用于界定真菌毒素限量的适用范围，仅适用于本标准。当某种真菌毒素限量应用于某一食品类别（名称）时，则该食品类别（名称）内的所有类别食品均适用，有特别规定的除外。

3.4 食品中真菌毒素限量以食品通常的可食用部分计算，有特别规定的除外。

4 指标要求

4.1 黄曲霉毒素 B_1

4.1.1 食品中黄曲霉毒素 B_1 限量指标见表1。

表1 食品中黄曲霉毒素 B_1 限量指标

食品类别（名称）	限量 μg/kg
谷物及其制品	
玉米、玉米面（渣、片）及玉米制品	20
稻谷[a]、糙米、大米	10
小麦、大麦、其他谷物	5.0
小麦粉、麦片、其他去壳谷物	5.0
豆类及其制品	
发酵豆制品	5.0
坚果及籽类	
花生及其制品	20
其他熟制坚果及籽类	5.0
油脂及其制品	
植物油脂（花生油、玉米油除外）	10
花生油、玉米油	20
调味品	
酱油、醋、酿造酱	5.0
特殊膳食用食品	
婴幼儿配方食品	
婴儿配方食品[b]	0.5（以粉状产品计）
较大婴儿和幼儿配方食品[b]	0.5（以粉状产品计）
特殊医学用途婴儿配方食品	0.5（以粉状产品计）
婴幼儿辅助食品	
婴幼儿谷类辅助食品	0.5
特殊医学用途配方食品[b]（特殊医学用途婴儿配方食品涉及的品种除外）	0.5（以固态产品计）
辅食营养补充品[c]	0.5
运动营养食品[b]	0.5
孕妇及乳母营养补充食品[c]	0.5

[a] 稻谷以糙米计。
[b] 以大豆及大豆蛋白制品为主要原料的产品。
[c] 只限于含谷类、坚果和豆类的产品。

4.1.2 检验方法：按 GB 5009.22 规定的方法测定。

4.2 黄曲霉毒素 M_1

4.2.1 食品中黄曲霉毒素 M_1 限量指标见表 2。

表 2　食品中黄曲霉毒素 M_1 限量指标

食品类别（名称）	限量 μg/kg
乳及乳制品[a]	0.5
特殊膳食用食品	
婴幼儿配方食品	
婴儿配方食品[b]	0.5（以粉状产品计）
较大婴儿和幼儿配方食品[b]	0.5（以粉状产品计）
特殊医学用途婴儿配方食品	0.5（以粉状产品计）
特殊医学用途配方食品[b]（特殊医学用途婴儿配方食品涉及的品种除外）	0.5（以固态产品计）
辅食营养补充品[c]	0.5
运动营养食品[b]	0.5
孕妇及乳母营养补充食品[c]	0.5

[a] 乳粉按生乳折算。
[b] 以乳类及乳蛋白制品为主要原料的产品。
[c] 只限于含乳类的产品。

4.2.2 检验方法：按 GB 5009.24 规定的方法测定。

4.3 脱氧雪腐镰刀菌烯醇

4.3.1 食品中脱氧雪腐镰刀菌烯醇限量指标见表 3。

表 3　食品中脱氧雪腐镰刀菌烯醇限量指标

食品类别（名称）	限量 μg/kg
谷物及其制品	
玉米、玉米面（渣、片）	1 000
大麦、小麦、麦片、小麦粉	1 000

4.3.2 检验方法：按 GB 5009.111 规定的方法测定。

4.4 展青霉素

4.4.1 食品中展青霉素限量指标见表 4。

表4　食品中展青霉素限量指标

食品类别（名称）[a]	限量 μg/kg
水果及其制品 　水果制品（果丹皮除外）	50
饮料类 　果蔬汁类及其饮料	50
酒类	50

[a] 仅限于以苹果、山楂为原料制成的产品。

4.4.2 检验方法：按 GB 5009.185 规定的方法测定。

4.5　赭曲霉毒素 A

4.5.1　食品中赭曲霉毒素 A 限量指标见表5。

表5　食品中赭曲霉毒素 A 限量指标

食品类别（名称）	限量 μg/kg
谷物及其制品 　谷物[a] 　谷物碾磨加工品	5.0 5.0
豆类及其制品 　豆类	5.0
酒类 　葡萄酒	2.0
坚果及籽类 　烘焙咖啡豆	5.0
饮料类 　研磨咖啡（烘焙咖啡） 　速溶咖啡	5.0 10.0

[a] 稻谷以糙米计。

4.5.2 检验方法：按 GB 5009.96 规定的方法测定。

4.6　玉米赤霉烯酮

4.6.1　食品中玉米赤霉烯酮限量指标见表6。

表6 食品中玉米赤霉烯酮限量指标

食品类别（名称）	限量 μg/kg
谷物及其制品	
小麦、小麦粉	60
玉米、玉米面（渣、片）	60

4.6.2 检验方法：按 GB 5009.209 规定的方法测定。

附录 A
食品类别（名称）说明

A.1 食品类别（名称）说明见表 A.1。

表 A.1　食品类别（名称）说明

水果及其制品	新鲜水果（未经加工的、经表面处理的、去皮或预切的、冷冻的水果） 　　浆果和其他小粒水果 　　其他新鲜水果（包括甘蔗） 水果制品 　　水果罐头 　　水果干类 　　醋、油或盐渍水果 　　果酱（泥） 　　蜜饯凉果（包括果丹皮） 　　发酵的水果制品 　　煮熟的或油炸的水果 　　水果甜品 　　其他水果制品
谷物及其制品 （不包括焙烤制品）	谷物 　　稻谷 　　玉米 　　小麦 　　大麦 　　其他谷物［例如粟（谷子）、高粱、黑麦、燕麦、荞麦等］ 谷物碾磨加工品 　　糙米 　　大米 　　小麦粉 　　玉米面（渣、片） 　　麦片 　　其他去壳谷物（例如小米、高粱米、大麦米、黍米等） 谷物制品 　　大米制品（例如米粉、汤圆粉及其他制品等） 小麦粉制品 　　生湿面制品（例如面条、饺子皮、馄饨皮、烧麦皮等） 　　生干面制品 　　发酵面制品 　　面糊（例如用于鱼和禽肉的拖面糊）、裹粉、煎炸粉 　　面筋 　　其他小麦粉制品 玉米制品 　　其他谷物制品［例如带馅（料）面米制品、八宝粥罐头等］

(续表)

豆类及其制品	豆类（干豆、以干豆磨成的粉） 豆类制品 　　非发酵豆制品（例如豆浆、豆腐类、豆干类、腐竹类、熟制豆类、大豆蛋白膨化食品、大豆素肉等） 　　发酵豆制品（例如腐乳类、纳豆、豆豉、豆豉制品等） 　　豆类罐头
坚果及籽类	生干坚果及籽类 　　木本坚果（树果） 　　油料（不包括谷物种子和豆类） 　　饮料及甜味种子（例如可可豆、咖啡豆等） 坚果及籽类制品 　　熟制坚果及籽类（带壳、脱壳、包衣） 　　坚果及籽类罐头 　　坚果及籽类的泥（酱）（例如花生酱等） 　　其他坚果及籽类制品（例如腌渍的果仁等）
乳及乳制品	生乳 巴氏杀菌乳 灭菌乳 调制乳 发酵乳 炼乳 乳粉 乳清粉和乳清蛋白粉（包括非脱盐乳清粉） 干酪 再制干酪 其他乳制品（包括酪蛋白）
油脂及其制品	植物油脂 动物油脂（例如猪油、牛油、鱼油、稀奶油、奶油、无水奶油） 油脂制品 　　氢化植物油及以氢化植物油为主的产品（例如人造奶油、起酥油等） 　　调和油 　　其他油脂制品
调味品	食用盐 味精 食醋 酱油 酿造酱 调味料酒 香辛料类 　　香辛料及粉 　　香辛料油 　　香辛料酱（例如芥末酱、青芥酱等） 　　其他香辛料加工品 水产调味品 　　鱼类调味品（例如鱼露等） 　　其他水产调味品（例如蚝油、虾油等） 复合调味料（例如固体汤料、鸡精、鸡粉、蛋黄酱、沙拉酱、调味清汁等） 其他调味品

(续表)

饮料类	包装饮用水 　　矿泉水 　　纯净水 　　其他包装饮用水 果蔬汁类及其饮料（例如苹果汁、苹果醋、山楂汁、山楂醋等） 　　果蔬汁（浆） 　　浓缩果蔬汁（浆） 　　其他果蔬汁（肉）饮料（包括发酵型产品） 蛋白饮料 　　含乳饮料（例如发酵型含乳饮料、配制型含乳饮料、乳酸菌饮料等） 　　植物蛋白饮料 　　复合蛋白饮料 　　其他蛋白饮料 碳酸饮料 茶饮料 咖啡类饮料 植物饮料 风味饮料 固体饮料［包括速溶咖啡、研磨咖啡（烘焙咖啡）］ 其他饮料
酒类	蒸馏酒（例如白酒、白兰地、威士忌、伏特加、朗姆酒等） 配制酒 发酵酒（例如葡萄酒、黄酒、啤酒等）
特殊膳食用食品	婴幼儿配方食品 　　婴儿配方食品 　　较大婴儿和幼儿配方食品 　　特殊医学用途婴儿配方食品 婴幼儿辅助食品 　　婴幼儿谷类辅助食品 　　婴幼儿罐装辅助食品 特殊医学用途配方食品（特殊医学用途婴儿配方食品涉及的品种除外） 其他特殊膳食用食品（例如辅食营养补充品、运动营养食品、孕妇及乳母营养补充食品等）

第六部分 进口出口

中华人民共和国进出口商品检验行业标准

SN/T 0315—94

出口无核红枣、蜜枣检验规程

Rules for the inspection of red dates without stone
and preserved dates for export

1994－12－02 发布　　　　　　　　　　　　　1995－05－01 实施

中华人民共和国国家进出口商品检验局　发布

中华人民共和国国家进出口商品检验行业标准

出口无核红枣、蜜枣检验规程

SN/T 0315—94

Rules for the inspection of red dates without stone
and preserved dates for export

1 主题内容与适用范围

本标准规定了出口无核红枣、蜜枣的抽样和检验方法。

本标准适用于出口无核红枣、蜜枣的检验。

2 引用标准

GB 8170 数值修约规则

ZB X24 016 出口果脯检验规程

3 分类

3.1 无核红枣：亦名无核糖枣，系指红枣去核后用糖水煮制、烘烤至软硬适度的枣制品。

3.1.1 鲜无核红枣：鲜红枣所加工的制品。

3.1.2 干无核红枣：干红枣所加工的制品。

3.2 蜜枣：系指红枣不切除枣核，经糖水煮制、烘烤至软硬适度的枣制品。

3.2.1 A型蜜枣：亦名硬枣，煮制后不整型的蜜枣。

3.2.2 B型蜜枣：亦名软枣，煮制后整型的蜜枣。

4 术语

4.1 外观：本品整体应有的粒形、健全、匀整程度。

4.2 色泽：本品应有的正常颜色和光泽。

4.3 气味：本品应有的气味。

4.4 口味：本品应有的正常口感和滋味。

4.5 杂质。

4.5.1 一般杂质：混入本品不属于4.5.2项非本品物质，包括枣枝、叶、微量泥沙、灰尘及无食用价值的枣粒。

4.5.2 有害杂质：各种有毒、有害、有碍食品卫生使人厌恶的物质。如玻璃碎片、矿物质、毛发、昆虫尸体、塑料丝或块等。

4.6 不完善果

4.6.1 破损果：亦名破头果，指破损、破头、不变色、不霉烂的自然裂果或机械损伤，果肉损伤部分达枣粒1/4以上者。

4.6.2 虫伤果：明显被虫蛀或存有虫排泄物者。

4.6.3 不透糖果：加工中浸糖不透，使枣粒或局部枣肉不透明者。

4.6.4 流糖果：表面有明显化糖的果粒。

4.6.5 干条果：生长不成熟、浸糖不饱满、外观显著干瘪的无核红枣。

4.6.6 沾污果：明显附着杂质和被污染的果料。

4.6.7 返沙果：表面有明显糖结晶的果粒。

4.6.8 霉果：枣粒受病原菌侵害、外观呈现发霉的果粒。

4.7 带梗果：果粒带有枣蒂、枣梗者。

4.8 带核果：加工去核不净，果粒带有果核或果核碎片的无核红枣。

4.9 水分：按本标准方法测得的无核红枣、蜜枣的水分百分含量。

4.10 二氧化硫：按本标准方法测得的无核红枣、蜜枣的二氧化硫百分含量。

4.11 总糖：按本标准方法测得的转化糖计的无核红枣、蜜枣水溶性糖总百分含量。

4.12 还原糖：按本标准方法测得还原糖占无核红枣、蜜枣中总糖的含量的百分数。

4.13 总酸度：按本标准方法测得的以指定有机酸计的酸的总百分含量。

5 抽样

抽样应具有代表性。

5.1 检验批

以同一报验单、同一品种作批，作批数量一般不超过20 t；超过时应分别产地、生产批次或堆存地点等分小批抽样。

5.2 用具

5.2.1 盛样筒（袋）：金属或塑料制，可密闭。

5.2.2 辅助工具：食品铲、薄膜手套、混样布等。

5.3 抽样数量

10件及以下：逐件抽取；

10~100件：任取10件；

101件及以上按式（1）计算应抽件数：

$$a = \sqrt{N} \tag{1}$$

式中：

N——抽样批次的总件数；

a——应抽件数。

注：应抽件数不足1件时，以1件计。

每件抽样数量应基本一致，每件取样不得少于200g，每批抽取原始样品总重量不少于4kg。

5.4 抽样方法

5.4.1 准备：抽样前应审查报验单证和合同，核实品名、批号、数量、标记，检查货垛环境条件，了解进货、备货、加工情况等。

5.4.2 抽样：在货垛的上、中、下部位，按规定比例随机抽件，于抽取的包件中，任意打开箱盖或箱底，戴上手套或用食品铲，从箱中的上、中、下部分抽取样品，装入盛样筒（袋）中，在抽取样品时，如发现部分包件品质低劣或货件品质不匀等异常情况，可中止抽样，待报验人整理后再行抽样。

5.4.3 缩分：抽样完毕后，立即将样品全部倒在洁净的混样布上，充分混合，点取所需样品不得少于4kg，装入盛样筒（袋），携回检验室检验。

6 检验

检验室收到样品后，应核对报检单，按品质检验流程图制备样品和进行检验。

6.1 品质检验流程图

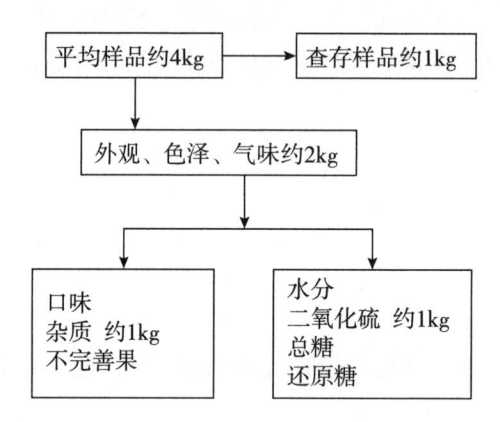

```
平均样品约4kg ──→ 查存样品约1kg
      │
      ↓
外观、色泽、气味约2kg
      │
   ┌──┴──┐
   ↓     ↓
口味     水分
杂质 约1kg   二氧化硫 约1kg
不完善果   总糖
          还原糖
```

6.2 感官检验

6.2.1 气味：打开检验盛样容器，立即嗅辨气味是否正常。

6.2.2 外观、色泽检验：在明亮无炫目光线下，将样品平摊在检验台上，观察外观色泽是否正常，是否均匀一致。

6.2.3 杂质、不完善果、带梗果、带核果检验：将检验外观的全部样品，分取约1kg，按本检验方法4.5规定检出杂质，做详细记录，按4.6规定分别检出各类不完善果，按4.7和4.8规定分别检出带梗果、带核果，按式（2）计算其百分率。

$$\text{不完善果（总量或子项）、带梗果、带核果（\%）} = \frac{W_1}{W} \times 100 \qquad (2)$$

式中：

W_1——不完善果总量或各不完善果子项重量或带梗果、带核果总重量，g；

W——试样总重量，g。

注：同一果粒上兼有多种缺陷时，按影响品质较重的项目归属。

6.2.4 口味检验

6.2.4.1 用具：圆头镊子、样品盘、漱口用具。

6.2.4.2 品尝程序：将检验杂质和不完善果的全部样品置入样品盘，评定记录其口味是否正常，有无牙碜感，进行综合评定。

6.3 理化检验

6.3.1 检验项目：水分，二氧化硫、总糖、还原糖、总酸度检验。

6.3.2 样品制备

6.3.2.1 用具：剪刀、样品盘、镊子、磨口瓶。

6.3.2.2 样品处理：将检验外观的样品 2kg，取出 1kg。每果顺枣核分别剪取四分之一枣肉，然后再剪成 $2\sim3mm^3$ 的碎块，充分混匀，放入磨口瓶中备用。

6.3.3 检验方法

水分、二氧化硫、总糖、还原糖、总酸度检验按 ZB X24 016 标准检验。

7 包装检验

检查外包装有无破损、水湿、污染；检查是否坚固，洁净，钉合及粘封是否严密、牢固、整齐，唛头、标记是否完整、正确、清晰。内包装是否严密、洁净及是否符合食品卫生及其他有关要求。

8 检验结果的数据处理

8.1 检验结果保留位数

不完善果	保留小数点后一位
水　分	保留小数点后一位
二氧化硫	
高硫产品	保留小数点后二位
低硫产品	保留小数点后三位
总糖（以转化糖计）	保留小数点后二位
还原糖（占总糖,%）	保留小数点后二位
总酸度（以××酸计）	保留小数点后一位

8.2 有效数字后的数值，按 GB 8170 修约

9 存查样品

依 6.1 检验流程图分取的存查样品，装入样品袋中，外贴或悬挂标签，注明品名、报验号、批号、规格、数量、重量、取样人员及日期等项目，样品保存至少三个月。

样品应保管在避光、干燥、低温、通风的条件下，并有防虫、防霉及防鼠措施。

附加说明:
本标准由中华人民共和国国家进出口商品检验局提出。
本标准由中华人民共和国河北进出口商品检验局负责起草。
本标准主要起草人萧广福、姚大文。

中华人民共和国出入境检验检疫行业标准

SN/T 1803—2006

进出境红枣检疫规程

Rules for the quarantine of red dates for import and export

2006-08-28 发布

2007-03-01 实施

中华人民共和国
国家质量监督检验检疫总局 发布

前 言

本标准由国家认证认可监督管理委员会提出并归口。

本标准起草单位：中华人民共和国山西出入境检验检疫局。

本标准主要起草人：丁三寅、任传永、武建生、党海燕、程新峰、王瑞芳。

本标准系首次发布的出入境检验检疫行业标准。

进出境红枣检疫规程

1 范围

本标准规定了进出境红枣的检疫方法和结果判定。
本标准适用于进出境新鲜红枣、干制红枣的检疫。

2 术语和定义

下列术语和定义适用于本标准。

2.1 新鲜红枣 fresh red dates

选用新鲜、洁净，经过一定加工或保鲜处理的红枣。

2.2 干制红枣 dried red dates

经自然风干或烘烤干燥等方式加工成的红枣。

3 检疫依据

3.1 进境国家或地区的植物检疫要求。
3.2 政府间双边植物检疫协定、协议以及参加国际公约组织应遵守的规定。
3.3 中国的进出境植物检疫法律、法规和相关规定。
3.4 进境许可证、贸易合同、信用证等关于植物检疫的条款。

4 检疫准备

4.1 审核单证

仔细审核货物有关单证，了解产地疫情和输入国家或地区的植物检疫要求，明确检疫条款，拟定检疫方案。

4.2 检疫工具

剪刀、镊子、放大镜、指形管、不锈钢刀、分样筛、白瓷盘、毛笔、取样袋、样品标签、检疫记录单等。

5 现场检疫

5.1 检疫方法

5.1.1 核查货物情况

核查货物堆放货位、生产批号、唛头标记、件数、质量，以及生产加工单位、原料来源地等情况，并做好有关现场记录。

——新鲜红枣还应了解保鲜条件；

——干红枣还应了解干燥方式，如自然晾干、烘干等环境条件。

5.1.2 存放场所检疫

仔细检查货物堆放场所的四周墙角、地面，以及覆盖货物用的篷布、铺垫物等，检查是否有害虫感染的痕迹或有活害虫发生。

5.1.3 包装物检疫

检查货物外包装及所抽样品的内包装是否有害虫或霉变和其他检疫物，如土壤、动物尸体等。

5.1.4 货物检疫

按本标准5.2.1和5.2.2确定的抽样方法和抽样数量抽检货物。打开包装将货物取出放在白瓷盘上逐一进行检查，对有虫蛀、虫孔以及带有其他可疑症状的样品用刀剖开检查，并收集有可疑症状样品。

——新鲜红枣检查货物中有无病斑、虫孔、活虫、霉变、腐烂、杂质（包括树叶等），以及昆虫残体等；

——干制红枣检查货物中有无害虫感染，以及土粒、杂质、昆虫残体等，必要时对样品进行过筛检查，检查是否带有虫粪、虫卵、螨类，以及杂草籽等。

5.1.5 运输工具检疫

对装载进出境红枣的运输工具如集装箱等实施现场检疫，查看箱体内外、上下四壁、缝隙边角、铺垫物等害虫易潜伏藏身的地方有无害虫、蜕皮壳、杂草（籽）、泥土等。

5.2 抽样

5.2.1 抽样方法

从货垛的上、中、下不同部位随机抽取被抽检的货物和样品。

5.2.2 抽样数量

以每个检疫批为单位按下列比例进行抽查。

——10件以下全部查验；

——11件~100件查验10件；

——101件~1 000件，每增加100件，查验件数增加1件；

——1 001件以上，每增加500件，查验件数增加1件。

如发现可疑疫情，适当增加抽查件数。

5.2.3 样品送检

将现场检疫发现的有害生物及有可疑症状的样品，注明编号、品名、数量、产地、进出境日期、取样地点、取样人、取样日期，送实验室作进一步检验。

6 实验室检验

6.1 病害检验

对发现有可疑症状的样品进行详细的症状检查，观察有无典型病害症状，然后再进行病菌组织切片检验，尚不能确定的可进行组织分离培养鉴定。

6.2 害虫、螨类检验

对现场检疫中发现的害虫、螨类置于解剖镜或显微镜下检验鉴定。对难以直接鉴定的幼虫、虫卵、蛹，应进行饲养，需要时连同样品一并置于害虫饲养箱中进行饲养，成虫后进行检验鉴定。

6.3 杂草检疫

对现场检疫中发现的杂草籽置于解剖镜或显微镜下根据相关鉴定方法进行检验鉴定。

7 结果评定与处置

7.1 合格的评定

经检疫，符合3.1、3.2、3.3、3.4的检疫规定，评定为合格。

7.2 不合格的评定

经检疫，发现有下列情况之一的，评定为不合格：
——发现检疫性有害生物的；
——发现禁止进境物；
——发现协定中有害生物的；
——发现其他不符合本标准第3章规定的。

7.3 不合格的处理

出境的，应针对情况实施检疫除害、重新加工等处理，并对处理结果进行复检，复检不合格的作不准出境处理。

进境的，应实施检疫除害处理。无有效检疫除害处理方法的，作退货或销毁处理。

中华人民共和国出入境检验检疫行业标准

SN/T 1886—2007

进出口水果和蔬菜预包装指南

Guide of prepackaging for export and import fruit and vegetables

2007-04-06 发布

2007-10-16 实施

中华人民共和国
国家质量监督检验检疫总局 发布

前　言

本标准的附录 A 为资料性附录。

本标准由国家认证认可监督管理委员会提出并归口。

本标准起草单位：中华人民共和国天津出入境检验检疫局等。

本标准主要起草人：王利兵、李秀平、冯智劼、闫婧、郭顺、胡新功。

本标准系首次发布的出入境检验检疫行业标准。

进出口水果和蔬菜预包装指南

1 范围

本标准规定了进出口水果和蔬菜预包装的卫生要求。

本标准适用于水果和蔬菜的预包装。

2 术语和定义

下列术语和定义适用于本标准。

2.1 预包装 prepackaging

对产品可能遇到的伤害，采取保护方法防止产品品质退化使其保持新鲜，并显示给消费者。

3 预包装材料

预包装的材料应符合健康和卫生的标准并且能保护产品。可以使用以下材料：

——便于携带的塑料薄膜和纸包，或塑料薄膜和纸包、塑料板。

——便于携带的网套，或由网套和塑料、纤维胶、纺织纤维或同类材料做成的包。

——平面或底由硬纸板、塑料或木浆做成的浅盘或盒子（盒子的高需大于25mm）。包装材料应有显示功能的表示面和颜色，比如薄膜应是透明的，黄瓜包装应显其绿色。应使产品在视觉上的瑕疵，不能因其设计、颜色、网孔的大小等所掩盖。

——采用在水果生长期间进行套袋包裹。即在花后幼果期即给果品套上特制的防护纸袋，套袋纸应由100%木浆纸构成，应具有透气、防水、防虫等性能。

——复合保鲜纸袋包装。外层用塑料薄膜，内层用纸基材料袋，且两层之间加入能均匀放出一定量的二氧化碳或山梨酸气体的保鲜剂。塑料薄膜应具有防水性和适当的透气性，使得保鲜袋外部的氧气向袋内渗透，保证水果的正常呼吸。而二氧化碳、乙烯气体向薄膜外渗透。水分和二氧化碳（CO_2）分子在纸袋内停留时间长，保鲜剂可持久发挥作用。纸基材料袋应具有抵御害虫、灰尘等有害物质对水果侵害的能力，纸袋作为保鲜剂的载体，同时应防止保鲜剂直接与水果接触。纸袋透气度应保证保鲜剂释收的二氧化碳（CO_2）和山梨酸气体能透过纸张的孔隙扩散到水果表面。

4 预包装分类

预包装应保持产品的自然品质，清楚地显示给消费者。适当的包装定量应适合消费者的需求，同时便于销售。主要的预包装分类：

a）直接应用伸缩薄膜

主要用于包装大体积的单个水果或蔬菜（如：柑橘类水果，温室的黄瓜、莴苣、莴苣头、圆头卷心菜等）。

b) 对浅盘或盒子应用裹包薄膜

专门用于小体积的水果或蔬菜。将几个包装在一起。它由裹包薄膜（通常是收缩的薄膜）包裹的浅盘或盒子构成。

裹包薄膜由浅盘或盒子较长的一侧捆至另一侧以留下缺口。在包装完成后，较短的两侧可以进行空气流通（因为较高的相对湿度会加速由细菌引起的污染）。这种预包装特别适合于那些由于蒸发而水分流失特别快的水果和蔬菜。

不损坏薄膜，应不能从包装中拿出任何一个产品。包装薄膜一般用热接合，平行于容器（浅盘或盒子）的较长方。包装定量一般不超过1kg。

c) 对浅盘或盒子应用薄膜构成完整的包装

用于小体积的水果和蔬菜，将几个包装在一起。采用能渗透水蒸气的薄膜（如：带有抗凝结层的聚乙烯薄膜）。

单向的收缩薄膜应等同或略宽于浅盘或盒子的最大尺寸（长度）。双向收缩薄膜应该比浅盘或盒子的最大尺寸宽，以使薄膜收缩后能盖住浅盘或盒子较短方的边缘。

拉伸薄膜一般用热封，平行于浅盘或盒子的较长方。拉伸薄膜一般贴缚于盒子底部。

d) 网套预包装

主要用于不易受机械损坏影响的、较小的水果和蔬菜。将几个包装在一起。

网套在填充之前先封闭一端，装满之后封闭另一端，这样就形成封闭的包。当采用直径可增大的网套时，应保证在放入产品后，最终直径不超过原直径的三倍。

网套一般用于球形的产品（如：柑橘类水果，洋葱和马铃薯等）。包装定量一般在1kg～3kg之间。

e) 网袋预包装

使用情况类似d），网袋底部的闭合口可在包装前或制作网袋时做好，第二个闭合口在填充东西后封合。包装定量一般在1kg～3kg之间。这个系统也可用于大定量包装，有时可至15kg（特殊的马铃薯）。

f) 塑料薄膜和纸包预包装

使用情况类似d)和e)，包装定量一般不超过2kg，包装可能被打孔，见g)。

塑料薄膜封合后可能会收缩。

g) 可携带的塑料薄膜和纸包或网套预包装

使用情况类似d)。底和侧面的部分已经由包装生产商或包装者做好，形成一个"半套"。在包装填充前，装入产品后，上面封合，并且留一定长度以便携带包裹。包装定量一般在2kg～3kg之间。

h) 盒子预包装

相对于前面提到的其他系统，用折叠的盒子预包装更加手工化。这种包装主要用在昂贵的水果收获时（如：猕猴桃或其他国外进口的水果），或其他易受机械伤害的水果（如：樱桃、草莓、黑莓）盒子能被直接填装，置放于运输箱中。

5 预包装应用

水果和蔬菜只有符合相关食品质量标准才能被预包装，常见蔬菜和水果的预包装参见附录A。

6 包装（预包装）前的处理

包装（预包装）前所有的商品应根据相关质量标准分类。
根据蔬菜和水果的种类，实行不同的初步处理方法，如：
——洗或干刷蔬菜的根部；
——磨光苹果；
——去掉菜花外面损坏的叶子；
——去掉洋葱松散的表皮；
——去掉莴苣头，圆头的卷心菜等外面的叶子；
——去掉大头菜的花茎。

7 标记

建议每个预包装包裹或预包装单元根据产品的特点和经销的需要，应标志以下内容：
——产品名称；
——级别（根据相关质量标准）；
——包装公司名称（通常是公司的地点和名称）；
——包装日期；
——包装内商品的净重；
——零售价格；
——每千克的价格（这项不是必需的要求）；
——品种；
——产品的产地。

附录 A
（资料性附录）
预包装的应用

A.1 蔬菜

常见蔬菜预包装见表 A.1。

表 A.1　　　　　　　　　　　常见蔬菜预包装

蔬菜	a	b	c	d	e	f	g	h
芦笋[1]	+	+	+		+			
小玉米			+					
甜菜根				+	+	+	+	
芽甘蓝				+	+			
结球莴苣、莴苣头[5]	+					+	+	
胡萝卜（无叶子）				+	+	+		
胡萝卜（有叶子）					+	+		
花椰菜	+						+	
芹菜（无叶子）	+			+	+	+	+	
芹菜（有叶子）						+		
大白菜	+					+	+	
菜豆·四季豆（在豆荚中）		+						
黄瓜	+					+	+	
羽衣甘蓝						+		
莳萝	+					+		
茄子	+				+	+		
茴香	+					+		
大蒜			+	+	+			
朝鲜蓟	+	+	+		+	+		
山葵	+				+	+		
青蒜[1]	+					+	+	
甜瓜	+						+	
混合蔬菜（切碎的）[2]		+	+		+	+		
洋葱（干）				+	+		+	
洋葱（有叶子）					+			
欧芹					+	+	+	
豌豆·青豆（去壳去皮）		+			+	+	+	+

(续表)

蔬菜	a	b	c	d	e	f	g	h
马铃薯[3]				+	+	+	+	
萝卜（无叶子）				+	+	+		
萝卜（有叶子）[1]					+			
大黄	+					+	+	
圆头卷心菜[4]	+					+	+	
皱叶甘蓝[5]	+					+	+	
菠菜		+	+			+		
南瓜、笋瓜	+			+				
糖豆（有豆荚）		+	+					
小甜玉米	+						+	
番茄		+	+	+	+	+	+	
菊苣	+				+		+	

[1] 捆扎包装。
[2] 只能用网"套"。
[3] 包装好的马铃薯应避光保存。
[4] 只适用于即摘的卷心菜。
[5] 只适用于有结实的连接，并较少受到机械损伤的种类。

A.2 温带水果

常见温带水果预包装见表A.2。

表 A.2　　　　　　　　常见温带水果预包装

温带水果	a	b	c	d	e	f	g	h
苹果		+	+	+		+	+	+
杏		+	+	+			+	+
越桔			+					+
黑莓			+					+
醋栗		+	+			+		+
葡萄		+	+					+
樱桃		+	+					+
桃子、油桃		+	+			+	+	+
梨子		+	+			+	+	+
李子		+	+			+	+	+
温柏		+	+					+
覆盆子、黑莓		+	+					+
红浆果		+	+					+
酸樱桃		+	+			+	+	+
草莓		+	+					+

A.3 亚热带和热带水果

常见亚热带和热带水果预包装见表 A.3。

表 A.3　　　　　　　　　　常见亚热带和热带水果预包装

亚热带和热带水果	a	b	c	d	e	f	g	h
鳄梨	+	+	+		+	+		
香蕉		+	+			+		
柚子				+	+	+	+	
梅	+	+	+		+	+		
猕猴桃		+	+		+	+		+
柠檬		+	+	+	+	+	+	
橘子		+	+	+	+	+	+	
芒果[1]	+	+	+		+	+		+
莽吉柿、倒捻子			+					+
甜橙	+	+	+	+	+	+	+	
番木瓜	+							+
菠萝	+					+		+
石榴		+	+		+	+	+	+
山榄果、人心果、赤铁科果实								+
甜酸豆果			+					+
[1]除去易受低氧气浓度影响的种类。

中华人民共和国出入境检验检疫行业标准

SN/T 2455—2010

进出境水果检验检疫规程

Rules for the inspection and quarantine of fruit for import and export

2010-01-10 发布　　　　　　　　　　　　　　　　2010-07-16 实施

中华人民共和国
国家质量监督检验检疫总局　发布

前　言

本标准附录 A 为资料性附录。

本标准由国家认证认可监督管理委员会提出并归口。

本标准起草单位：中华人民共和国广东出入境检验检疫局。

本标准主要起草人：郭权、何日荣、陈思源、林宗炘、钟伟强、陈晓路。

本标准系首次发布的出入境检验检疫行业标准。

进出境水果检验检疫规程

1 范围

本标准规定了进出境水果的检验检疫方法和检验检疫结果的判定。

本标准适用于进出境水果的检验检疫。

2 规范性引用文件

下列文件中的条款通过本标准的引用而成为本标准的条款。凡是注日期的引用文件，其随后所有的修改单（不包括勘误的内容）或修订版均不适用于本标准，然而，鼓励根据本标准达成的协议的各方研究是否可使用这些文件的最新版本。凡是不注日期的引用文件，其最新版本适用于本标准。

GB/T 8210—1987　出口柑桔鲜果检验方法

SN/T 0188　进出口商品重量鉴定规程　衡器鉴重

SN/T 0626—1997　出口速冻蔬菜检验规程

3 术语和定义

3.1 水果 fruit

新鲜水果、保鲜水果与冷冻水果果实。

4 检验检疫依据

4.1 进境国家或地区的植物检验检疫法律法规和相关要求。

4.2 政府间的双边植物检验检疫协定、协议、议定书、备忘录。

4.3 中国进出境植物检验检疫法律法规及其相关规定。

4.4 进境植物检疫许可证、贸易合同和信用证等文本中订明的植物检验检疫要求。

5 果园、包装厂注册登记

5.1 果园注册登记

出境水果果园应经所在地检验检疫机构考核，取得注册登记资格。

5.2 包装厂注册登记

出境水果包装厂应经所在地检验检疫机构考核，取得注册登记资格。

6 检验检疫准备

6.1 审核报检所附单证资料是否齐全有效，报检单填写是否完整、真实，与进境植物检疫许可证、输出国官方植检证书、贸易合同（或信用证）、装箱单、发票等资料内容是否相符。进境水果应进行植检证书真伪性核查，有网上证书核查要求的应进行网上核查。

6.2 查阅有关法律法规和技术资料，确定检验检疫依据及检验检疫要求。

6.3 了解输出国产地疫情或输入国检验检疫要求，明确检验检疫规定。

7 现场检验检疫

7.1 检验检疫工具

瓷盘或白色硬质塑料纸、手持放大镜、毛刷、指形管、酒精瓶、酒精、剪刀、镊子、样品袋、标签、记号笔、照明设备、照相机等。查验有冷处理要求的进境水果还需要标准水银温度计、搅拌棒、保温壶、洁净的碎冰块、蒸馏水等工具和材料进行冷处理水果果温探针校正检查。

7.2 核查货证

7.2.1 进境水果核查货证

核查核对集装箱等运输工具、所装载货物的号码与封识、货物的标签、品名、唛头、封箱标志、规格、批号、产地、日期、数量、质量、件数、包装、原产国的果园或包装厂的名称或代码等是否与报检单证相符、是否符合第4章规定的检验检疫要求。

核查水果的种类、数（质）量，并检查其间是否夹带、混装未报检的水果品种，是否符合关于进境水果指定入境口岸的规定。经香港和澳门地区中转进入内地的进境水果，要核对货物、封识是否与经国家质量监督检验检疫总局认可的港澳地区检验机构出具的确认证明文件内容相符。

有热处理要求的进境水果应核查植物检疫证书上的热处理技术指标及处理设施等注明内容是否符合第4章规定的检验检疫要求。有冷处理要求的进境水果应核查植物检疫证书上的冷处理温度、处理时间和集装箱号码封识号及附加声明等注明内容，以及由输出国官员签字盖章的果温探针校正记录等，是否符合第4章规定的检验检疫要求。

7.2.2 出境水果核查货证

核对包装上的唛头标记、水果的件数和质量等是否与报检相符。

出境水果应来自经检疫注册登记的果园和包装厂，符合注册登记管理的有关要求。出境查验时还应核对果园、包装厂注册登记证书或其复印件，及水果包装箱上的水果种类、产地、果园和包装厂名称或注册号以及批次号等信息，是否符合第4章规定的检验检疫要求。果园与包装厂不在同一辖区的，还应核查产地供货证明，并对供货证明的数量进行核销。

7.3 运输工具及装载容器检验检疫

检查装运水果的集装箱、汽车、飞机或船舶等运输工具是否干净，有无有害生物、土壤、杂草或其他污染物。

7.4 进境水果冷处理核查

对有冷处理要求的进境水果，核查由船运公司下载的冷处理记录、检查果温探针安插的位置及对果温探针进行校正检查，是否符合第4章规定的检验检疫要求。

7.5 出境水果处理

有特殊处理要求的出境水果，包括出口前冷处理、运输途中冷处理、出口前蒸热处理和蒸热低温杀虫处理等处理，应按相关要求和处理指标进行处理，出具相应的处理报告和植检证书，在植物检疫证书中应包含冷处理或热处理相关信息。

7.6 包装物检验检疫

7.6.1 抽样前检查整批包装是否完整、有无破损，检查内外包装有无虫体、霉菌、杂草、土壤、枝叶及其他污染物。

7.6.2 带木包装或其他植物性包装材料的，按相关规定实施检疫。

7.7 抽样与取样

有双边植物检验检疫协定要求的，按双边协定要求进行抽查；无双边协定要求的，按随机和代表性原则多点抽样检查，抽查件数和取样数量如下：

a）进境水果

以每一检验检疫批为单位进行抽查取样，抽查件数和取样数量见表1。可根据国内外近期有害生物的发生情况及口岸有害生物的截获情况，在范围内相应地调整抽查件数和取样数量。初次进口的水果品种及以往查验发现可疑疫情的，适当增加抽查件数。

表1　　　　　　　　　　进境水果抽查取样数量表

水果总数/件	抽查数量/件	取样量/kg
≤500	10（不足10件的，全部查验）	0.5~5
501~1 000	11~15	6~10
1 001~3 000	16~20	11~15
3 001~5 000	21~25	16~20
5 001~50 000	26~100	21~50
>50 000	100	50

b）出境水果

以每一检验检疫批为单位进行抽查取样，按水果总件数的2%~5%（不少于5件）随机开箱抽查，按货物的0.1%~0.5%（不少于5kg）随机抽取样品，可根据国内近期有害生物的发生情况在范围内适当调整抽查件数和取样数量。

7.8 货物检验检疫

7.8.1 大船运输的，分上、中、下三层边卸货边检查。

7.8.2 集装箱装载运输的，必要时在集装箱中间卸出60cm的通道进行查验。

7.8.3 抽样逐个检查水果是否带虫体、枝叶、土壤和病虫为害状。重点检查果柄、果蒂、果脐及其他凹陷部位；害虫检查包括实蝇类、鳞翅目、介壳虫、蓟马、蚜虫、瘿蚊、螨类等虫体（如：卵、幼虫、蛹及成虫）及其为害状，如虫孔、褐腐斑点、斑块、水渍状斑、边缘呈褐色的圆孔等；病害检查包括霉变、腐烂、畸形、变色、斑点、波纹等病害症状。

收集各种虫体、病虫果及其他可疑的样品，放入样品袋或指形管，作好标记并送实验室检验鉴定。

进境水果还应根据实际进境的水果品种和数（质）量，对进境动植物检疫许可证进行核销。

7.9 现场剖果

7.9.1 剖果数量

对抽查的水果现场剖果检疫。对于进境水果，以每一检验检疫批为单位按表2的规定进行剖果，首先剖检可疑果。发现有可疑疫情的，适当增加剖果数量。

表2　　　　　　　　　　　　　　现场剖果数量表

水果个体大小	剖果数量
个体较小的水果，如葡萄、荔枝、龙眼、樱桃等	每一抽查件数不少于0.5kg
中等个体的水果，如芒果、柑桔类、苹果、梨等	每一抽查件数不少于5个
个体较大的水果，如西瓜、榴莲、菠萝蜜等	每批不少于5个
香蕉	总件数5 000件以下的，不少于5kg； 总件数大于等于5 000件的，不少于10kg

对于出境水果，参照进境水果现场剖果数量进行剖果检查。

7.9.2 剖果后仔细检查果实内有无昆虫虫卵、幼虫及其为害状，有无霉变；收集可疑的样品，放入样品袋、作好标记并送实验室检验鉴定。

7.10 视频监控及拍照或录像

进境水果还应对查验过程按相关要求进行视频摄录保存。查验发现有害生物或可疑疫情的，对有害生物及疑受为害的果实、包装箱及装载的运输工具进行拍照或录像。

7.11 现场查验记录

记录内容包括：查验日期地点、单证核对情况、抽查数量、有害生物发现情况、现场查验人员、相关照片录像等。

8 实验室检验检疫

8.1 品质检验

8.1.1 感官检验

8.1.1.1 外观卫生检验

结合现场查验，检查果面有无破损、是否洁净，是否沾染泥土或不洁污染物。

8.1.1.2 品种规格检验

结合现场查验，检查品种是否具有本品种固有的色泽、形状，检验品种和规格是否符合相关标准规定。

8.1.1.3 风味检验

品尝其风味和口感是否具有本品种固有的风味和滋味，有无异味。

8.1.1.4 杂质检验

结合现场检验检疫，检查果实是否带有本身的废弃部分及外来物质。

8.1.1.5 缺陷检验

进境水果按 GB/T 8210—1987 中 5.4 执行。

出境水果按输入国家或地区要求执行。

8.1.1.6 可食部分检验

进境水果按 GB/T 8210—1987 中 5.7.3 执行。

出境水果按输入国家或地区要求执行。

8.1.1.7 可溶性固形物检验

进境水果按 GB/T 8210—1987 中 5.7.5 执行。

出境水果按输入国家或地区要求执行。

8.1.2 重量鉴定

进境水果按 SN/T 0188 执行。

出境水果按输入国家或地区要求执行。

8.1.3 微生物检验

进境水果按 SN/T 0626—1997 中 5.7 执行。

出境水果按输入国家或地区要求执行。

8.1.4 理化检验

进境水果果实中的糖、酸、维生素含量的测定方法按 GB/T 8210 执行。

出境水果按输入国家或地区要求执行。

8.1.5 有毒有害物质检验

根据输入国家或地区规定或标准，或合同信用证规定的方法进行有毒有害物质如重金属、农药残留等项目的检验；如无指定方法，按国家标准或检验检疫行业标准检验。

8.2 有害生物检疫鉴定

8.2.1 病害检疫鉴定

对抽取的样品进行仔细的症状检查，检查有无发霉、腐烂等典型病害症状，发现可疑症状的进一步做病原检查。

8.2.2 害虫、螨类检疫鉴定

将现场检验检疫中发现的害虫螨类样本和可疑病虫害水果放入白瓷盘，在光线充足条件下逐袋逐个进行剖果与检查，检查是否有蛆状或其他害虫，将截获的害虫置于解剖镜或显微镜下检验鉴定。

对难以直接鉴定的幼虫、卵、蛹，应进行饲养，需要时连同样品一并置于昆虫饲养箱中进行饲养，成虫羽化后进行鉴定。

8.2.3 杂草检疫鉴定

将截获的杂草籽置于解剖镜或显微镜下或用其他方法进行检验鉴定。

9 结果评定与处置

9.1 合格评定

根据本标准检验检疫结果，对照第 4 章规定的检验检疫要求，综合判定是否合格。感官检验项目如无指定要求，附录 A 供参考。

经检验检疫，符合第 4 章规定的检验检疫要求的，评定为合格。

9.2 不合格评定

检验检疫结果有下列情况之一的水果，评定为不合格：

——发现检疫性有害生物的；
——发现禁止进境物的；
——发现协定应检有害生物的；
——发现包装箱上的产地、种植者或果园、包装厂、官方检验检疫标志等不符合检验检疫议定书要求或其他相关规定的；
——有毒有害物质检出量超过相关安全卫生标准规定的；
——发现水果检疫处理无效的；
——发现其他不符合第 4 章规定的。

9.3 不合格的处理

进境的，应实施检疫除害处理。无有效处理方法的，予以退货或销毁。

出境的，应针对情况进行除害处理或换货处理，并对处理后的货物进行复检，复检仍不合格的货物，作不准出境处理。

附录 A
（资料性附录）
水果感官指标

表 A.1　　　　　　　　　　　　　　　水果感官指标表

项目	判断	
	合格	不合格
包装	清洁，牢固	变形，不清洁
质量	符合规定	少于规定，或大于规定2%
卫生	果面洁净，不沾染泥土或为不洁物污染	果面不洁，附有泥土等
形状	具该品种应有的果形特征	畸形
异品种	≤2%	>2%
风味	具该品种正常的风味，无异味	有异味
杂质	不带有水果本身的废弃部分及外来物质	带有水果本身的废弃部分及外来物质
缺陷	一般缺陷或严重缺陷合计≤10%，其中严重缺陷<3%	一般缺陷和严重缺陷合计>10%，其中严重缺陷>3%

注：上述项目中，杂质、卫生、风味、缺陷四项中有一项不合格，整批判为不合格；其余项目中有两项不合格，整批判为不合格。

中华人民共和国出入境检验检疫行业标准

SN/T 4069—2014

输华水果检疫风险考察评估指南

Guidelines for onsite assessment of quarantine risk of fresh fruit exported to P. R. of China

2014-11-19 发布

2015-05-01 实施

中华人民共和国
国家质量监督检验检疫总局 发布

前 言

本标准按照 GB/T 1.1—2009 给出的规则起草。

本标准由国家认证认可监督管理委员会提出并归口。

本标准起草单位：中华人民共和国广东出入境检验检疫局、中国检验检疫科学研究院。

本标准主要起草人：吴佳教、林莉、何日荣、刘海军、陈乃中、武目涛、李春苑、胡学难。

输华水果检疫风险考察评估指南

1 范围

本标准规定了赴外考察评估输华水果检疫风险的对象、要求和程序。
本标准为检疫专家赴外考察评估输华水果检疫风险提供指南。
本标准适用于检疫专家赴外考察评估输华水果检疫风险。

2 规范性引用文件

下列文件对于本文件的应用是必不可少的。凡是注日期的引用文件，仅所注日期的版本适用于本文件。凡是不注日期的引用文件，其最新版本（包括所有的修改单）适用于本文件。

GB/T 20478　植物检疫术语
GB/T 23694　风险管理　术语

3 术语和定义

GB/T 20478 和 GB/T 23694 界定的以及下列术语和定义适用于本文件。

3.1 风险　risk

某一事件发生的概率和其后果的组合。通常仅应用于至少有可能会产生负面结果的情况。

3.2 风险管理　risk management

在本标准中特指有害生物风险管理，即评价和选择降低有害生物传入和扩散风险的方案。

3.3 产地　original area

某种物品的生产、出产或制造的地点。常指某种物品的主要生产地。

3.4 考察　investigation

在本标准中特指官方评估的过程，意为中方检验检疫机构派出检疫专家赴外对水果等原产地进行实地观察调查。

3.5 产地考察 produced-area investigation

产地考察分为植物产地考察和动物产地考察。

植物产地考察是指植物检疫机构在水果等植物种子、苗木等繁殖材料和水果等植物产品生产地（原种场、良种场、苗圃以及其他繁育基地）进行考察。

3.6 议定书 protocol

经过谈判、协商而制定的共同承认、共同遵守的文件。

4 对象

考察的输华水果是指首次申请输华，或提出解除禁止进境，或已签定了准入协议（如：议定书等）并处于出口季节中的水果。

5 要求

赴外考察专家需熟悉检验检疫相关法律法规，尤其是水果检疫相关的法律法规；收集并掌握双方签定的等考察水果的有关协议（如：议定书）以及与之相关的技术资料信息，如风险分析报告；掌握中方关注的有害生物基础信息。

赴外考察专家需科学、客观和公正。

考察评估内容包括有害生物的监测计划、防治措施和输华果园、包装厂、储藏和冷处理设施、检疫卫生条件、管理措施、以及准入协议（如：议定书等）中列明的其他要求。

6 程序

6.1 由水果输出国家或地区的官方机构发出邀请函，邀约中方检验检疫机构派出检疫专家赴外考察。

6.2 中方检验检疫机构受理申请后，依据相关检验检疫法规条例规定，确定2名或以上赴外考察专家。组成专家小组。

6.3 专家小组成员按对方邀请函以及相关批文和规定办理出入境手续。

6.4 赴外专家实施考察同时填写相应的考察评估表（参见附录A、附录B和附录C）。

6.5 为了客观评估检疫风险，赴外专家赴外考察期间，对考察过程中的了解的原则性信息可适时与对方专家做技术层面上的交流。

6.6 赴外专家返回后，对各考察报告表做出评估意见，并形成考察评估报告初稿，参见附录D。
报告初稿提交，由国家质检总局确定不少于5人组成的专家组作进一步审议，形成考察评估报告终稿，上报质检总局。

6.7 国家质检总局将考察评估报告终稿以公函形式回复给邀请方，并明确作出是否允许向中方输出水果或是否同意解除禁止相关水果进境的答复。

6.8 申请方如对考察评估结果有异议的，可向我方检验检疫机构提出，我方检验检疫机构将于30个工作日内作出回复。

7 结果判定

以外派专家现场考察评估表的信息为基础,由外派专家小组作出评估意见,并形成评估报告初稿,以审核专家组形成的评估报告终稿作为依据,判定输华水果检疫风险,并提出是否允许同意水果输华或是否同意解除禁止水果进境的建议。

附录 A
（资料性附录）
针对官方职能部门的考察评估表

序号	内容	评估结果	备注
1	是否能提供目标水果品种、产区分布、种植面积和采收季节等方面的基本信息	□是 □否	
2	是否能提供目标水果销售情况信息	□是 □否	
3	水果此前是否已向其他国家或地区出口？如是，请列举出口的国家或地区以及各自年出口量	□是 □否	列举：
4	拟输华水果的果园是否经国家植保部门（NPPO）或检疫机构注册登记？如是，请提供名单	□是 □否	
5	拟输华水果的包装厂是否经国家植保部门（NPPO）或检疫机构注册登记？如是，请提供名单	□是 □否	
6	是否能提供果园申请注册登记和审批的相关程序文件	□是 □否	
7	是否能提供包装厂申请注册登记和审批的相关程序文件	□是 □否	
8	是否存在没有通过注册登记的果园？如是，请陈述原因	□是 □否	原因：
9	是否存在没有通过注册登记的包装厂？如是，请陈述原因	□是 □否	原因：
10	是否对每个注册果园质量体系运行情况进行复审？如是，请出示相关报告，并说明复审的频率	□是 □否	频率：
11	是否对每个注册包装厂质量体系运行情况进行复审？如是，请出示相关报告，并说明复审的频率	□是 □否	频率：
12	是否制订了有害生物田间综合防控计划？如是，请陈述或出示相关依据	□是 □否	
13	如果发现检疫性有害生物，是否有相应的执行程序文件？如有，请提供	□是 □否	
14	果实采收前，是否对果园开展合格评定？如有，请出示相关的记录	□是 □否	
15	针对发现中方关注的有害生物，是否有相应的应急措施计划？如有，请陈述或出示相关材料	□是 □否	
16	是否建立了实蝇等有害生物非疫区或非疫产地或非疫生产点（如有要求）？	□是 □否	

（续表）

序号	内容	评估结果	备注
17	是否有非疫区或非疫产区或非疫生产点的维护详细措施（如有要求）？如有，请提供	□是 □否	
18	非疫区或非疫产区的维护是否达到效果（如有要求）？重点查看相关记录	□是 □否	
19	是否有针对实蝇类害虫如地中海实蝇的监测方案（如有要求）？如有，请出示相关资料	□是 □否	
20	是否有针对中方关注的其他有害生物如苹果蠹蛾等的监测方案（如有要求）？如有，请出示相关资料	□是 □否	
21	是否有中方关注的其他有害生物如火疫病的田间和实验室检测要求方案（如有要求）？如有，请出示相关资料	□是 □否	
22	出口前检疫操作相关要求是否明确？重点是了解检查比例、方法和相应的记录	□是 □否	
23	抽查3份此前的出口前检疫记录（如果有），是否发现需对方解释之处	□是 □否	
24	出口前检疫过程中发现不符合要求的水果，是否会及时处理？请陈述具体处理措施	□是 □否	措施:
25	是否明确双方达成的检疫除害处理指标和操作规程（如有要求）	□是 □否	
26	是否对负责签发检疫除害处理（如有要求）报告的官员进行过培训？如有，请出示相关记录	□是 □否	
27	是否建立了药剂（农药、杀菌剂等）和肥料的采购和使用管理制度？如是，请出示相关依据	□是 □否	
评估意见			

附录 B
（资料性附录）
针对水果包装厂的考察评估表

包装厂名：　　　　　　　　　　　　　　　　地址：
登记证号：　　　　　　　　　　　　　　　　考察日期：

序号	内容	评估结果	备注
1	是否经国家植保部门（NPPO）或检疫机构注册登记？如是，请出示批准的文件	□是 □否	
2	是否将所有职责，特别是质量管理体系的职责明确分工？如是，请出示相关依据	□是 □否	
3	是否定期对自身的质量管理体系运行情况进行内容审核？如是，请告知审核的频率。并请出示相关记录	□是 □否	频率：
4	相关员工是否经过专业培训？如是，请陈述或出示相关依据	□是 □否	
5	培训的内容是否涉及中方关注的有害生物内容，如是，请陈述或出示相关依据	□是 □否	
6	是否具备较完备的果实溯源体系	□是 □否	
7	是否配备了质量检测技术员	□是 □否	
8	质量检测技术员是否有资质（专业背景或接受相应的培训）？如是，请陈述或出示相关记录	□是 □否	
9	质量检测员是否了解中方关注的有害生物	□是 □否	
10	质量检测员是否掌握双方同意的注册果园与相应的编码	□是 □否	
11	质量检测是否以不含有害生物为重点	□是 □否	
12	质量检测项目是否包括不含叶片	□是 □否	
13	抽查3份此前的质量检测记录，是否发现需对方解释之处	□是 □否	
14	是否有处理残次果和枝叶残体的相关规定或具体做法	□是 □否	
15	包装厂是否有防止有害生物再感染的措施	□是 □否	

(续表)

序号	内容	评估结果	备注
16	包装厂布局是否合理？重点考察是否能做到防止有害生物交叉感染	□是 □否	
17	车间是否有充足的照明	□是 □否	
18	包装/贮藏区域是否清洁？重点考察是否不含泥土、植物残体等	□是 □否	
19	不能及时加工的原料果与加工过的水果是否能独立存放	□是 □否	
20	已经通过自检的水果是否能与未开展自检的水果分开存放	□是 □否	
21	经检疫待装运的输华水果是否会单独存放	□是 □否	
22	是否明确出口前检疫操作有相关要求？重点是了解检查比例，方法和相应的记录	□是 □否	
23	抽查3份此前的出口前检疫记录（如果有），是否发现需要对方解释之处	□是 □否	
24	出口前检疫过程中发现不符合要求的果，是否会及时处理？请陈述具体处理措施	□是 □否	具体措施：
25	是否具备相应的检疫除害处理措施（如有要求），指热水处理、蒸热处理、冷处理、熏蒸处理或辐照处理	□是 □否	
26	是否明确双方达成的检疫除害处理指标和操作规程（如有要求）	□是 □否	
27	负责签发检疫除害处理（如有要求）报告的官员是否有资质？请陈述或提供依据	□是 □否	
28	该实施此前是否已应用于针对其他国家或地区需求的水果检疫除害处理？如有，请告知处理指标	□是 □否	指标：
29	负责签发除害处理（如有要求）报告的官员是否此前针对其他国家需求签发过类似的除害处理报告	□是 □否	
30	包装箱是否符合双方协议要求	□是 □否	
31	包装箱上的信息是否符合双方协议要求	□是 □否	
32	水果清洗剂、杀菌剂和蜡等生物杀灭剂或产品保护剂的使用是否有相关规定？如是，请陈述或出示依据	□是 □否	
评估意见			

附录 C
（资料性附录）
针对果园的考察评估表

果园名称：　　　　　　　　　　　　　地址：
登记证号：　　　　　　　　　　　　　考察日期：

序号	内容	评估结果	备注
1	是否经国家植保部门（NPPO）或检疫机构注册登记？如是，请出示批准的文件	□是 □否	
2	是否将所有职责，特别是质量管理体系的职责明确分工？如是，请出示相关依据	□是 □否	
3	是否定期对自身的质量管理体系运行情况进行内容修改？如是，请告知审核的频率，并请出示相关记录	□是 □否	频率：
4	是否建立了药剂（农药、杀菌剂等）和肥料的采购和使用管理制度？如是，请出示相关依据	□是 □否	
5	是否有专业技术人员负责农药（农药、杀菌剂等）和肥料管理和使用？如有，请出示相关依据	□是 □否	
6	是否配备了植保技术员	□是 □否	
7	植保技术员是否有资质（专业背景或相应的培训），如是，请陈述或出示相关记录	□是 □否	
8	相关员工是否经过了专业培训？如是，请陈述或出示相关依据	□是 □否	
9	培训的内容是否涉及中国关注的有害生物内容，如是，请陈述或出示相关依据	□是 □否	
10	是否制订了有害生物综合防治计划？如有，请陈述出示相关依据	□是 □否	
11	是否开展针对实蝇类害虫如地中海实蝇的监测（如果有要求）？如有，请出示相关记录	□是 □否	
12	实蝇监测方法是否符合中方要求（使用的诱剂和诱捕器、布点规划、维护频率与方法等）？重点查看相关记录	□是 □否	
13	是否开展针对中方关注的其他有害生物如苹果蠹蛾等的监测（如有要求）？如有，请出示相关记录	□是 □否	
14	其他有害生物监测方法是否符合中方要求（使用的诱剂和诱捕器、布点规划、维护频率与方法等）？重点查看相关记录	□是 □否	
15	是否开展中方关注的其他有害生物如火疫病的田间和实验室检测活动（如有要求）？如有，请陈述方法并出示相关记录	□是 □否	

(续表)

序号	内容	评估结果	备注
16	是否建立了实蝇等有害生物非疫区或非疫产地或非疫生产点（如有要求）	□是 □否	
17	是否有非疫区或非疫产区或非疫生产点的维护详细措施（如有要求）？如有，请提供	□是 □否	
18	非疫区或非疫产区或非疫生产点的维护是否达到效果（如有要求）？重点查看相关记录	□是 □否	
19	针对发现的中方关注的有害生物，是否有相应的应急措施计划？如有，请陈述或出示相关材料	□是 □否	
20	是否有果实采收的成熟度识别标准（如有要求）？如有，请出示相关材料	□是 □否	
21	果实从果园采收后到运抵包装厂之前是否有防止有害生物再感染的措施？如有，请陈述	□是 □否	
22	植保技术员是否能回答出该地区发生的主要有害生物及防控措施要领	□是 □否	
23	植保技术员或果园其他人员是否能回答出中方关注的主要有害生物	□是 □否	
24	监测方法（如有要求）是否科学？重点考察布点真实，诱剂是否有效等环节	□是 □否	
25	田间是否保持卫生整洁（如，是否及时清除落果）。如不是，对方是否给出合理解释	□是 □否	解释：
26	田间区块编号是否易于识别和溯源	□是 □否	
27	田间果样目测调查是否发现了中方关注的有害生物？调查果数	□是 □否	果样数：
28	田间落果目测调查是否发现了中方关注的有害生物？调查果数	□是 □否	果样数：
29	田间树体目测调查是否发现了中方关注的有害生物？调查样数	□是 □否	样数：
30	监测（如果有）维护人员是否能说出监测操作技术要领	□是 □否	
31	监测（如果有）维护人员是否能说出近年来监测结果	□是 □否	
32	相关人员是否掌握采收时机（成熟度）	□是 □否	
33	相关人员是否知晓采后防止有害生物再感染措施	□是 □否	
评估意见			

附录 D
（资料性附录）
考察报告大纲

前言

人员和考察目的。概述考察评估任务完成情况以及取得的成效。

一、赴外考察准备

包括信息收集情况、考察依据和计划制订情况，以及其他与考察任务相关的工作准备。

二、考察评估

介绍完成的主体考察任务，各项任务开展和执行情况，详细介绍考察评估的新发现，对资料和现场印证情况进行介绍，并开展科学评估，提出各项考察重点内容潜在的有害生物风险，以及关键控制方法的建议。

三、工作建议

提出考察评估中发现的问题和风险控制的关键点，及其解决问题的综合建议。提出后续工作重点或下一步措施建议。

四、工作体会

阐述考察评估工作中较成功的做法或值得推广的工作经验。

五、附表或附图

列出考察评估过程中的资料信息。包括表格、图片或关键文字资料等。

六、署名

列出参与考察的人员信息。